matematica
e cultura 2007

matematica
e cultura 2007

a cura di Michele Emmer

 Springer

MICHELE EMMER
Dipartimento di Matematica "G. Castelnuovo"
Università degli Studi "La Sapienza", Roma

ISBN 978-88-470-0630-0

Springer fa parte di Springer Science+Business Media
springer.com
© Springer-Verlag Italia 2007

Traduzioni: Gilberto Bini per gli articoli di O.J. Abdounur, C. Bosse, M. Eisenberg, B. Evans, N. Georgiadis, G. Hart, I. James, D. Rockmore e G. Leibon, E. Maddow e P. Zimet, S. Masui, A. Phillips, C. Scaletti; Fausto Saleri per l'articolo di T. Lévy
Coordinamento editoriale: Marina Forlizzi
Redazione: Barbara Amorese
Progetto grafico della copertina: Simona Colombo, Milano
Fotocomposizione e impaginazione: Graficando, Milano
Stampa: Signum Srl, Bollate, Milano

In copertina: incisione di Matteo Emmer tratta da "La Venezia perfetta", Centro Internazionale della Grafica, Venezia, 1993; immagini di Paolo Barlusconi, Chris Bosse, Brian Evans, Nikos Georgiadis, Gian Marco Todesco
Occhielli: incisioni di Matteo Emmer, op. cit.

Il congresso è stato realizzato grazie alla collaborazione di: Dipartimento di Matematica Applicata, Università di Ca' Foscari, Venezia; Dipartimento di Matematica "G. Castelnuovo", Università di Roma "La Sapienza"; Dipartimento di Matematica, Università di Bologna; Dipartimento di matematica, Università di Milano; Dipartimento di matematica, Università di Trento; Galileo - Giornale di scienza e problemi globali; Dipartimento di Scienze per l'Architettura dell'Università di Genova; Liceo Scientifico U. Morin di Mestre; S. P. "Matematica: Scienza senza Frontiere", Università di Lecce; UMI - Unione Matematica Italiana.

Springer-Verlag Italia Srl, via Decembrio 28, I - 20137 Milano

Introduzione

La filosofia è scritta in questo grandissimo libro che continuamente ci sta aperto innanzi agli occhi (io dico l'universo), ma non si può intendere se prima non s'impara a intender la lingua e conoscer i caratteri, ne' quali è scritto. Egli è scritto in lingua matematica, e i caratteri son triangoli, cerchi, ed altre figure geometriche, senza i quali mezzi è impossibile a intenderne umanamente parola: senza questi è un aggirarsi vanamente per un oscuro labirinto.

Così scriveva Galileo Galilei nel *Saggiatore* (1623). Sappiamo quali problemi ha avuto Galilei ad essere uno scienziato.
Pochi mesi fa, il 10 ottobre 2006, venivano pronunciate queste parole:

Una caratteristica fondamentale delle scienze moderne e delle relative tecnologie è l'impiego sistematico degli strumenti della matematica per poter operare con la natura e mettere al nostro servizio le sue immense energie. La matematica, come tale, è una creazione della nostra intelligenza: la corrispondenza tra le sue strutture e le strutture reali dell'universo – che è il presupposto di tutti i moderni sviluppi scientifici e tecnologici, già espressamente formulato da Galileo Galilei con la celebre affermazione che il libro della natura è scritto in linguaggio matematico – suscita la nostra ammirazione e pone una grande domanda. Implica infatti che l'universo stesso sia strutturato in maniera intelligente, in modo che esista una corrispondenza profonda tra la nostra ragione soggettiva e la ragione oggettivata nella natura. Diventa allora inevitabile chiedersi se non debba esservi un'unica intelligenza originaria, che sia la comune fonte dell'una e dell'altra. Così, proprio la riflessione sullo sviluppo delle scienze ci riporta verso il *Logos* creatore. Viene capovolta la tendenza a dare il primato all'irrazionale, al caso e alla necessità, a ricondurre ad esso anche la nostra intelligenza e la nostra libertà. Su queste basi diventa anche di nuovo possibile allargare gli spazi della nostra razionalità, riaprirla alle grandi questioni del vero e del bene, coniugare tra loro la teologia, la filosofia e le scienze, nel pieno rispetto dei loro metodi propri e della loro reciproca autonomia, ma anche nella consapevolezza dell'intrinseca unità che le tiene insieme.

Chi scrive è Papa Benedetto XVI in occasione di un discorso a Verona. Al di là di alcuni accenti, che possono essere condivisi o meno, non è un fatto usuale che un

Pontefice tenga un grande elogio della matematica, pur vista come chiave che porta alla comprensione e alla necessità della Divinità.

Morris Kline ha scritto in "La matematica nella cultura occidentale", il libro che ha ispirato idealmente la serie di incontri a Venezia, citando S. Agostino, che

Il buon cristiano dovrebbe guardarsi dai matematici e da tutti coloro che fanno vane profezie. C'è il pericolo che i matematici abbiano stretto un patto con il diavolo per oscurare lo spirito e per relegare l'uomo all'inferno.

Sarebbe facile affermare che le opinioni e le condizioni cambiano, la matematica resta, immutabile, sempre viva, e piena di idee.
Quello che è certo è che la matematica è cultura, parte importante della cultura. Non se ne può fare a meno.

Sono dieci anni di "Matematica e cultura" a Venezia!

MICHELE EMMER

Indice

Il primo numero

Massimo Cacciari

> *Tutto facevano senza conoscenza, finché io insegnai loro a distinguere il sorgere e tramontare degli astri, e il numero, éxochon sophismútōn.*
> Prometeo nella sua immortale "Apologia" in Eschilo (456-459) *Prometeo incatenato.*

Se la ragione è la "potenza" di quell'ente *deinón*, tremendo-meraviglioso su tutti, che è l'uomo, il numero, *arithmòs*, appare ciò che fonda tale "potenza"; anzi, essa è davvero tale soltanto quando eccelle nella conoscenza del numero. Questa intuizione appare assolutamente originaria per la filosofia e cioè per quel fenomeno, davvero "meraviglioso", che caratterizza l'Ellade e, da quel momento, informa tutta la scienza, tutto il sapere dell'Occidente. È significativo anche l'accostamento che si opera, nelle parole di Eschilo, tra numero e astronomia; la scienza dei numeri non può essere successiva alla "contemplazione", ma deve accompagnarla; impossibile distinguere nascita e tramonto degli "dei visibili" senza disporre del numero. E forse la radice della nostra stessa parola rimanda a questo. Difficile infatti l'etimo che la connette a *némo* greco (da cui il significato di suddividere, spartire; traccia comunque illuminante, poiché per essa si stabilirebbe una affinità tra "numerus" e "nomos", legge). Quello straordinario linguista "fuorilegge" che era Giovanni Semerano ha ricordato termini accadici che indicano l'apparire lucente della luna, aventi la stessa base delle parole significanti il "calcolare", il "sommare". In *numeros* vi sarebbe, perciò, memoria del *conto* dei giri della luna (o del sole), che segnano il nostro tempo. Ma come ha a che fare con gli astri, sul cui "perfetto" movimento *ritmiamo* il tempo (o, semplicemente, *facciamo* il tempo), così il numero ha a che fare con quell'altra capacità che si distingue da ogni altro ente, il parlare, l'accordare molteplici suoni per esprimere e trasmettere significati. E cioè, non per manifestare istantaneamente una sensazione, ma, appunto, per raccontare, rendere e renderci *conto* di ciò che proviamo e vediamo in forma comprensibile, stabile e perciò insegnabile. Nelle lingue germaniche questa affinità è palese per la base comune tra *Zahl-zahlen* (*Er-zählunh*: racconto) e *tell* (dire a, raccontare). Non c'è racconto senza *ritmo*; non c'è parlare che possa essere appreso se non si sa *numerare* le proprie parti. È veramente insegnabile-apprendibile-trasmettibile soltanto quel parlare che sulla potenza del numero si struttura. E *mathéma* significa null'altro che questo: un discorso giunto a una tale chiarezza di forma, di struttura, di dettato da poter essere appreso, mandato a *mente*, non dimenticato. Un discorso non equivoco, che non possa alterarsi nella sua trasmissione, capace di vincere-convincere la oscillante opinione, la vacillante *doxa*. Insomma, il discorso della *episteme* nasce così come *lumen de luminem*, irradiazione-manifestazione della stessa saldezza che si contempla nel movimento degli astri, che conducono la nostra vita e ritmano-ordinano il nostro tempo. I mortali, effimeri, dispongono tuttavia di tale formidabile *arma*, riflesso della divina immutabilità degli astri. E solo per essa possono dire di partecipare al divino. Lo stesso Demiurgo del *Timeo* non è divino se non in quanto opera secondo la divinità del numero, in quanto il suo discorso, che è il manifestare le cose che sono secondo ordine, l'universo degli enti in quanto *kosmos*, appare, sul piano ontologico, lo stesso della perfetta *episteme*. Se manca il numero (e il Demiurgo opera, tesse, costruisce sulla base di ben riconoscibili armonie musicali) tutto precipita nell'*anarmostia*. E qui di nuovo si afferma il nesso *simbolico* più forte tra il procedere secondo le leggi universali numericamente esprimibili proprio dalla *episteme* e la prassi politica in quanto produzione di leggi valide per tutti, almeno nell'ambito della città.

Nel numero, insegnavano i pitagorici, non c'è *pseūdos*, non c'è menzogna né inganno (a differenza di quanto può avvenire nel *mythos* delle Muse). E nulla sarebbe comprensibile senza di lui; la nostra vita trascorrerebbe da sensazione a sensazione, senza la possibilità di istituire un nesso, una relazione tra di loro. L'affermazione decisiva è la seguente:

> Il numero armonizza *katà ten psichén*, nell'anima o secondo l'anima, tutte le cose *aisthénsaei*, con la facoltà di sentire, avvertire, percepire, e le rende perciò *gnotá*, cose conosciute.

L'armonia ha, cioè, luogo nell'anima, l'armonia non proviene affatto direttamente dalla cosa o dalla sensazione della cosa, ma nell'anima il numero "trasforma" le cose da meramente *aisthetá*, percepite, a conosciute, *gnotá*. Questa conoscenza è in relazione armonica (fondata, indistruttibile) con la percezione; il numero *salva* la percezione inverandola nel conoscere. La sensazione non mente affatto, ma va *conosciuta*; e conoscerla significa ri-porla nel contesto della sua relazione con tutte le altre, ciò che solo il numero è in grado di determinare. L'*uno* della percezione è conosciuto solo nella *misura* che si relazione ai *molti*: *hen kai pollà*. La relazione più fondamentale e universale e, insieme, la più effettuale e concreta per ogni ricerca davvero filosofico-scientifica: quella tra *uno e molti*.

La matematica occidentale è lo sviluppo di queste originarie intuizioni, ma proprio nel senso del *diaporeín*, dell'evidenziarne e recarne sempre oltre l'aporia, cioè le difficoltà non tanto tecniche, quanto filosofiche e ermeneutiche complessive. "Che cosa" permette che il numero renda conoscibilità *aisthetá*, e cioè li renda disponibili secondo successioni, ordini, nessi, che esso, e solo esso, può formulare come leggi universali? Come è possibile che il numero disveli un ordine effettualmente immanente nella *physys* che noi percepiamo? Se questa non fosse in sé conoscibile, mai potrebbe essere conosciuta – o il nostro affermare di conoscerla sarebbe puro nominalismo. Ma poiché noi possiamo conoscerla solo attraverso l'armonia che il numero produce, allora la natura dovrà essere in sé numericamente disposta, anche se tale struttura fondamentale non può esprimerla né l'*aísthesis*, né la *dóxa*, né la Musa (e nessuna delle *maníai* divine del *Fedro*). Il fondamento ontologico di ogni atto di conoscenza è il formidabile carattere comune dell'idea di episteme tra platonismo e aristotelismo.

È la fede in tale rapporto ad essere sempre più messa in dubbio nel *diaporeīn* dell'episteme? Possiamo ritenere risolta la questione dell'armonia del numero (*katà ten psichén*) con la cosa immediatamente esperita per il "successo" che la conoscenza ottiene nel renderci disponibile *physis*? Ma se questa armonia fosse un semplice *matter of fact*, che cosa ne garantirebbe l'universalità? Se le armonie che costruiamo "secondo l'anima" in base al numero, solo "di fatto" concordassero con i dati dell'esperienza, nessun *principio universale* fonderebbe l'oggettività del conoscere, e cioè che il dato della percezione (*aisthetá*) sia davvero la stessa cosa del fatto conosciuto (*gnotá*). Le diverse risposte al problema e i suoi diversi sviluppi non sono che la storia della filosofia e delle epistemologie moderne –e sarebbe qui assurdo anche solo accennarne. Un presupposto, invece, sembra sottostare, più o meno sottaciuto, a tutte le distinte prospettive della ricerca e esso ha ancora a che fare con l'idea originaria della matematica (del dominio del sapere che, per avere il numero a oggetto e mezzo del discorso, può giungere a formulazioni senza *pseūdos*, scevre da ogni falsità e equivocità, perfettamente insegnabili e apprendibili). Questo presupposto potrebbe così esprimersi: la molteplicità delle esperienze (e delle rappresentazioni che a esse cercano di corrispondere) è riducibile a unità sempre più alte; questo insieme di fenomeni è rappresentabile da *una* legge, ma le leggi stesse devono risultare tra loro armonizzabili in unità. L'idea dell'unità "finale" di tutte le leggi della natura e, corrispondentemente, di una unità suprema del molteplice dei fenomeni è l'*idea* che necessariamente guida l'*episteme*, che solo il numero rende possibile. Ma l'armonia *pollá-hen*, che si "conclude" con l'affermazione dell'Hen, è insieme anche reintegrazione dell'*Hen* da cui i *pollá* sono sorti. E il fatto che tra essi possano essere definite leggi di relazione è quasi memoria dell'unità originaria. Il "respiro" di tale unità (mai perciò veramente perduta) è conoscibile nella specificità delle diverse leggi – e la ricerca si rivolge, cosciente o meno, all'*attimo* in cui è stato emesso. Inevitabilmente, prospettive cosmologiche si connettono qui a elementi teologici; ma ciò che è essenziale è comprendere come tale *idea* (proprio nel senso kantiano) costituisca l'irrinunciabile presupposto della comprensione delle cose in quanto *mathémata*. E ciò rende costitutiva la matematica nel nostro sapere originariamente, a priori da ogni "rivoluzione scientifica" e da ogni "successo" della Tecnica moderna. Pensare, come si è variamente tentato da parte di alcuni tra i più illustri filosofi contemporanei, ad un "inizio" greco del *philosophein* "altro" rispetto al numero *éxechon sophismátōn* è credere a una fonte "innocente" del divenire del fiume.

matematica e infinito

L'idea di infinito: osservazioni storiche e filosofiche

Tony Lévy

Chiudete gli occhi e provate a rispondere alle seguenti domande: se la successione dei numeri 1, 2, 3 e così via, è infinita, inesauribile, *come* possiamo esaurire questi numeri, ben sapendo che se ne potrà sempre trovare uno più grande? Tramite la forza della nostra mente, della nostra immaginazione? O piuttosto nella realtà delle cose?

Allo stesso modo, se divido in due un segmento, e poi divido nuovamente le parti ottenute in due, e continuo questo processo di bisezione finirò per esaurire il segmento di partenza, arrivando per esempio a un segmento microscopico che sarà indivisibile, quel che potremmo chiamare un atomo? Oppure questa divisione, questo taglio, potrà proseguire all'infinito, senza che mai lo si possa terminare?

E ancora, osservando la volta celeste, come sfuggire alla domanda se ci sia qualcosa oltre? E se l'universo non ha limite, come si può descrivere questa sua illimitatezza?

Ponendovi questo tipo di domande, sia che siate un bimbo o un anziano pieno di saggezza, state ponendo la questione di cosa sia l'infinito. Ed è ben strano che proprio noi, che ben sappiamo di essere finiti, vogliamo dare una risposta al problema dell'infinito. Già Descartes, nella terza delle sue *Méditations Métaphysiques*, sottolineava quanto potesse apparire strana la presenza in noi, esseri finiti, dell'idea di infinito. Accettiamo di chiamare "idea dell'infinito" tutte quelle forme d'espressione, necessariamente finite, che caratterizzeranno la nostra indagine; a questo punto non possiamo però evitare di domandarci da cosa l'idea stessa di infinito è stata ideata, qual è il suo *ideatum*? Bisogna rassegnarsi: una distanza insormontabile separa l'idea e l'*ideatum* al quale questa idea si riferisce: dell'infinito, non posso averne *che* un'idea.

Questo è il mio approccio filosofico al problema che io peraltro prendo a prestito a E. Lévinas [1].

Tuttavia che senso ha cercar di delimitare l'infinito, di denominare cioè quel che ci oltrepassa totalmente, quando sappiamo che questa idea non potrà che sfuggirci, resistendo al nostro desiderio di circoscriverla?

Ed ecco che si impone alla nostra mente una seconda evidenza: anche se il nostro tentativo di definire l'infinito è vano, non potendo circoscriverlo o intrappolarlo in una definizione, non possiamo fare a meno di porci la questione dell'infinito. È una domanda che ci incalza, che ci costringe a rompere il silenzio. Io sono convinto che tutte le forme d'espressione, discorsive o no (mi riferisco alla poesia), linguistiche o no (penso alla pittura o alla musica) si nutrano di questo interrogativo sull'infinito, del desiderio di tracciare un percorso che possa avvicinarci ad esso.

E la matematica non fa eccezione: il discorso matematico si nutre dell'idea di infinito nelle forme d'espressione che gli sono proprie, e che si sono evolute nel corso dei secoli. Se dovessi sintetizzare in una frase il rapporto specifico che la matematica, o il discorso matematico, intrattiene con l'idea di infinito, direi: "in matematica, c'è la dimostrazione *e* c'è l'infinito". Mi sembra che quest'unione tra l'idea d'infinito e la pratica della dimostrazione sia il carattere peculiare del discorso matematico. Al punto che Hermann Weyl ha potuto dire che "la matematica è la scienza dell'infinito" [2]. Immediatamente si percepisce la difficoltà, o il paradosso: dato che l'infinito, o l'idea di infinito, sfugge a una definizione generale rigorosa, come può essere questa nozione compatibile con i severi vincoli che regolano l'esercizio della dimostrazione matematica? Quando il matematico elabora delle dimostrazioni che mettono in gioco l'idea d'infinito (per esempio, quando manipola *tutti* i numeri interi o *tutti* i punti contenuti in un segmento), di cosa veramente si occupa? Esiste un oggetto matematico che corrisponda in modo coerente a questa idea? E si tratta di qualcosa di diverso da una semplice metafora?

Nonostante la brevità di questa esposizione, spero di avvalorare la seguente conclusione, un poco provocante: il discorso matematico non può rivendicare alcun sapere positivo che abbia come oggetto l'idea di infinito e, in tal senso, non sottoscrivo l'affermazione di Hermann Weyl; anzi, oggi il modo di funzionare del discorso matematico esclude di fatto una qualsiasi esplicitazione dell'idea di infinito. E tuttavia l'idea di infinito rimane una risorsa essenziale per la fecondità del lavoro matematico; nelle forme d'espressione che gli sono proprie, il matematico ci fa sentire il suo desiderio ossessivo di... rendere finito l'infinito.

Nella storia delle idee, il matematico Georg Cantor (1845-1918) è stato colui che è andato più avanti nel tentativo di dare uno *status* matematico al concetto di infinito. Ma il suo scopo non era soltanto matematico. Grazie alla sua teoria *matematica* dell'infinito, che ha chiamato "teoria degli insiemi transfiniti", Cantor pensava di poter unificare la metafisica dell'infinito (così come la filosofia e la teologia) e la matematica dell'infinito. Nel suo sforzo di mantenere l'unità tra matematica, filosofia e teologia, Cantor assomiglia ai teologi medioevali, che d'altra parte ben conosceva, e che pure si erano appassionati all'idea di infinito, mescolando senza alcuna reticenza matematica, filosofia, teologia e cosmologia. Mi propongo di rievocare tre episodi relativi ai dibattiti sull'infinito, dibatti che implicano, in un modo o nell'altro, il trattamento matematico di questa nozione. Parlerò dell'idea di infinito in Aristotele, quindi dei dibattiti che essa ha suscitato nel Medio Evo e, infine, del destino paradossale della teoria matematica sostenuta da Cantor.

Aristotele: non ci sono totalità infinite; l'infinito non è che incompiutezza, pura potenzialità avvolta dal finito

La concezione dell'infinito in Aristotele domina tutte le discussioni filosofiche fino al Rinascimento. Commentata, precisata, spiegata, emendata da alcuni, essa fu più raramente rifiutata da altri. La sua portata è, di volta in volta, fisica, cosmologica, matematica, filosofica e teologica. Non perderemo mai di vista questo aspetto della storia del concetto di infinito: è proprio nell'unità di questi diversi registri del sapere, nelle tensioni che li collegano o li oppongono che si può cogliere la dinamica del dibattito sull'infinito, farne cioé la storia.

Gli sforzi teorici d'Aristotele si concentrano su interrogativi relativi alla struttura del mondo. La scienza della natura (la fisica, per Aristotele) e l'analisi del movimento che ne è il fondamento, conducono a porsi il problema dell'infinito: l'infinito esiste? E in caso affermativo, in che senso? In effetti, il moto, la grandezza fisica, il tempo sono delle nozioni sottomesse a un'alternativa: essere limitate o illimitate. Le nostre domande sull'infinito sono dovute al fatto che "la natura è principio del movimento", che il movimento si rinnova di continuo e che la divisibilità del continuo è senza fine [3]. Riteniamo questo punto, che contrappone Aristotele alle scuole atomiste, essenziale: la divisione di una grandezza fisica non ha termine; ecco perché bisogna render conto di questa proprietà, l'"essere senza termine", che caratterizza la divisibilità di una grandezza (linea, superficie o solido).

In una prima descrizione, che non è ancora una definizione, diremo (con Aristotele): "è infinito (*apeiron*)" ciò che si può "percorrere per natura, ma che non si lascia percorrere e che non ha fine (*peras*)". L'idea di "percorso", di "cammino", e la metafora spaziale associata, ci spinge a collocare l'analisi sul territorio del quantificabile. Ed è proprio nella categoria della quantità (quella che deve rispondere alla domanda su "quanto") che Aristotele inscrive la sua definizione dell'infinito. Chi dice "quantità", intende grandezza o numero e, per misurare o contare, bisogna poter distinguere il tutto dalle sue parti e porre così, immediatamente, che il tutto in questione è "partizionabile", cioè "divisibile".

Per Aristotele, l'infinito riguarda essenzialmente tre concetti. La grandezza, che è "divisibile all'infinito"; il numero, che è "componibile all'infinito"; il tempo che è "componibile e divisibile".

La prima conclusione d'Aristotele è negativa: l'infinito *non esiste come totalità*, come "essere in atto", come forma realizzata. Questa impossibilità vale sia per una totalità corporale che per una incorporale, sostanza o principio [3]. In particolare, il mondo inteso come grandezza fisica è finito, chiuso dall'*ultima* delle sfere celesti.

Tuttavia, l'infinito esiste secondo un altro modo d'essere: l'infinito *esiste in potenza*. Si tratta di un modo d'esistere inferiore, subordinato all'essere in atto, ma che non è meno reale. L'infinito in potenza, virtuale e possibile, si esprime della seguente proprietà della grandezza continua: per quanto io la possa dividere, potrò sempre proseguire questa divisione [3].

Questa proprietà della divisione del continuo si accompagna anche a un'altra proprietà, fondamentale per la storia della matematica, che si può così formulare: dividete un segmento di retta a metà, e poi i due sotto-segmenti così ottenuti (lunghi la metà del segmento iniziale) ancora in due e così via; questa divisione o "dicotomia" come abbiamo detto, non ha fine; ma in più, se riunirete i sotto-segmenti ottenuti successivamente da questa dicotomia, potrete "avvicinarvi" al segmento iniziale; e maggiore sarà il numero di sotto-segmenti più vi "avvicinerete", "per addizione", al segmento finito iniziale [3].

Allontanandosi un po' da una lettura letterale del testo aristotelico, ma non dallo spirito del suo autore, potremmo dire: l'infinito così concepito è un cammino che ci permette di ritrovare il finito (il segmento iniziale), senza mai esaurire il finito.

Si giungerà quindi a quella che noi oggi chiamiamo la "convergenza" della serie geometrica: $1/2 + 1/4 + 1/8 + ... + 1/2^n + ... = 1$. D'altra parte ci guarderemo dall'attribuire ad Aristotele l'idea moderna di "limite", che nulla a che vedere con i suoi propositi.

Trattandosi del numero, verrà detto "aumentabile in potenza all'infinito"; basta pensare al numero di sotto-segmenti prodotti dalla divisione del segmento: qualunque sia il numero considerato, lo si potrà ancora aumentare. Così come la suddivisione del segmento non ha mai fine, non potremo ottenere un ultimo numero, un numero "infinito in atto".

Il terzo elemento dell'analisi aristotelica riguarda il tempo, che è definito dal movimento e, tramite questo espediente, è associato alla grandezza. Il tempo è a sua volta divisibile e continuo. Per Aristotele, il moto delle sfere celesti è "senza inizio e senza fine", il che lo porta a far apparire l'infinito "nel tempo e la generazione degli uomini" [3]. Questo tema, comunemente designato come quello dell'"eternità del mondo" (il mondo è sempre esistito!), susciterà numerose obiezioni, soprattutto fra i sostenitore delle religioni rivelate, preoccupati di fondare in modo filosofico l'idea della creazione del mondo per atto divino. Sottolineiamo questo aspetto: le prime discussioni suscitate dalla teoria di Aristotele ebbero un punto di partenza di carattere teologico.

Mondo eterno o mondo creato?
I paradossi dell'infinito aristotelico

Giovanni Filopono, un pensatore cristiano d'Alessandria (inizio del VI secolo), è l'iniziatore di diversi argomenti diretti contro l'idea dell'eternità del mondo. Queste argomentazioni, *che utilizzano le stesse idee d'Aristotele relative all'infinito*, mirano a scompaginare le conclusioni di quest'ultimo sull'infinità del tempo, per arrivare a giustificare l'idea di un mondo creato per volontà di Dio. Così facendo, Giovanni Filopono metteva alla prova la teoria aristotelica dell'infinito, suscitando tra i sostenitori di Aristotele, specialmente nel Medio Evo, precisazioni, emendamenti e nuovi sviluppi.

La critica principale di Filopono, del tutto pertinente, sfrutta il seguente paradosso: l'eternità temporale sostenuta da Aristote non fa lei stessa necessariamente riferimento a quell'"infinito in atto" che lo stesso Aristotele aveva dichiarato impossibile? Alla prima occasione, Filopono ricorreva così a uno degli argomenti sviluppati da Aristotele per rifiutare la possibilità di un infinito in atto. Questa argomentazione riveste una considerevole portata per la storia che ci riguarda. Precisiamola.

Supponiamo, giusto per il tempo di una riflessione, che *esista realmente* una sostanza (anzi un principio, come lo concepivano i pitagorici o anche Anassimandro) la cui sola *essenza* è d'essere un infinito. Per Aristotele, è la definizione d'un essere che esaurisca la realtà; o, per dirla altrimenti, la definizione e la realtà di una tale sostanza sono una ed una sola cosa. Se l'infinito è una sostanza divisibile, come se ne possono "definire" le sue parti? Potremmo rispondere così: allo stesso modo che una qualunque parte di una sostanza come l'aria non può essere definita che come aria, ugualmente una parte della sostanza infinito non può essere definita se non come dell'infinito. Ne consegue che l'infinito sarebbe *divisibile in più infiniti*. Arrivato a questo punto, Aristotele conclude brevemente: "... ma è impossibile che la stessa cosa sia più infiniti" [3].

Molti autori hanno inteso questo argomento di impossibilità in questi termini: se un *tutto* è infinito, e se una *parte* di questo tutto è parimenti infinita, allora, essendo il tutto necessariamente *maggiore* di una sua parte, giungeremmo a un infinito che è maggiore d'un infinito; e qui sta la vera assurdità. Riportato al quadro concettuale fissato da Aristotele, si può comprendere questa "assurdità" così: l'infinito non è un'entità, è un processo incompiuto; in quest'ottica, non ha *alcun senso* trattarlo come se fosse una quantità, distinguere diversi infiniti, confrontare degli infiniti, in breve manipolarli come se fossero una forma.

Qualunque direzione abbiano seguito, tutti coloro che si sono messi sul piano della teoria aristotelica per difenderla o per ricusarne determinate conclusioni, hanno largamente utilizzato questo tipo d'argomento.

Se il mondo è senza inizio, scriverà ancora Filopono, allora si deve ammettere che il numero di uomini generati fino al tempo di Socrate è infinito; aggiungendovi il numero di uomini nati dopo Socrate fino ai giorni nostri, si otterebbe un "qualcosa maggiore dell'infinito" [4]. Un altro paradosso enunciato da Filopono: nel tempo in cui il sole compie una rivoluzione, la luna ne ha compiute dodici; supponendo che il mondo sia senza un inizio, si deve ammettere, in un modo o in un altro, che le rivoluzioni compiute dal sole sono in un numero infinito e, di conseguenza, quelle della luna sono dodici volte più numerose, abbiamo cioè un infinito che è dodici volte maggiore d'un altro infinito; un'altra "assurdità".

Possiamo a questo punto indovinare la conclusione di Filopono: è il punto di partenza di questa catena di deduzioni che deve essere abbandonato e gli aristotelici devono quindi convenire che il mondo ha avuto un inizio.

Le critiche di Filopono incontreranno un'eco notevole nella tradizione greca, araba, ebraica e latina e saranno all'origine di un numero enorme di argomentazioni derivate. Per esempio, alcuni teologi mussulmani opposero ai filosofi arabi aristotelici un argomento che avrà fortuna nei dibattiti scolastici medioevali. Supponiamo un mondo senza inizio, allora il numero delle anime separate dai corpi dopo la morte, e che sopravvivranno eternamente ai loro corpi, costituisce a sua volta un numero infinito e in atto; non vi è dunque una contraddizione nei ragionamenti dei filosofi (aristotelici), che dovrebbe portarli a riconoscere che la tesi dell'eternità del mondo è (filosoficamente) insostenibile? Maneggiando gli strumenti logici e concettuali del discorso filosofico con una efficacia spesso temibile, questi teologi concludevano parimenti dell'impossibilità di tutte le specie di infinito, in potenza come in atto.

Senza dubbio le repliche dei filosofi, preoccupati di legittimare la coerenza del pensiero d'ispirazione aristotelica, non sono mancate e gli argomenti, sviluppati per questo scopo, hanno nutrito il dibattito sull'infinito che si prolungherà poi nelle tradizioni teologiche e filosofiche d'espressione latina ed ebraica [5].

Ma la critica del punto di vista aristotelico si è anche sviluppata in altre direzioni. Molto più raramente, in verità, ma con non meno rigore, alcuni hanno adottato un "infinitismo" di principio, che li ha condotti a rimettere in discussione l'insieme del dispositivo concettuale aristotelico. È questo il caso del sapiente arabo del IX secolo, Thâbit ibn Qurra [6].

In seguito, nell'Europa medioevale dei secoli XIII e XIV, numerosi e vigorosi dibattiti hanno scosso il mondo della scolastica, specialmente dei teologi: in che senso si può affermare che la perfezione di Dio è infinita? Che la Sua potenza o la Sua scienza siano infinite? E in che senso si può dire che Dio stesso sia un essere infinito? Per quale ragione l'universo è finito, come afferma Aristotele? Perché mai ci dovrebbe essere un mondo solo? Dio ha potuto creare un universo infinito? Avrebbe potuto creare più mondi? Diversi teologi scolastici hanno cercato di risolvere queste difficoltà, che noi diremmo paradossi, generate dal pensiero di Aristotele. Alcuni tra loro hanno tentato di trasformare la nozione di numero e la nozione di infinito per poter sostenere la possibilità d'un infinito in atto [7].

Giunti quasi al termine di questa mia trattazione, farò un salto di alcuni secoli per descrivere brevemente la situazione creata dalla teoria matematica dell'infinito, sviluppata da Cantor alla fine del XIX secolo.

Georg Cantor (1845-1918): una gerarchia infinita di numeri infiniti

Cantor rifugge immediatamente dall'interdizione aristotelica verso l'infinito in atto. Per lui un numero infinito può essere considerato come un tutto, a condizione che venga definito "matematicamente" e che si mostri la coerenza "matematica" d'una nozione siffatta.

Egli inizia a distinguere l'infinito assoluto, l'infinito divino, che può essere *riconosciuto*, ma non *conosciuto*, dal numero infinito, che chiama "transfinito" o "transfinitum", per sottolineare ancora di più che viene concepito a partire dalla nozione di numero finito [8].

Il primo numero infinito, o transfinito, è, secondo la definizione di Cantor, "il numero che è il più grande fra tutti i numeri interi". Questa definizione gli permette di considerare "l'insieme di tutti i numeri interi" come un tutto e di attribuire a questo insieme un numero, ovviamente infinito, che il più piccolo di tutti gli infiniti che seguiranno [9].

Cantor non si accontenta di definire una successione crescente di numeri transfiniti, che designa con le prime lettere dell'alfabeto ebraico, aleph-zero, aleph-uno, aleph-due, e così via, ma va oltre: propone un'estensione delle operazioni elementari dell'aritmetica a questi nuovi numeri. Il successo dell'opera di Cantor poggia sulla sua coerenza matematica, anche se lui stesso pensava di risolvere, grazie alla sua teoria matematica, i problemi filosofici e teologici legati all'idea d'infinito. Di fatto, la sua teoria di transfinito, non appena fu resa nota (a partire dal 1883), suscitò polemiche appassionate nei circoli matematici del suo tempo. Oggi, a più di un secolo di distanza, che bilancio possiamo fare della scommessa di Cantor?

Due sono le domande essenziali dalle quali dipendeva il successo della sua teoria dal punto di vista matematico: si può attribuire un numero transfinito assegnato ad un qualsivoglia insieme? Si può confrontare l'infinità dei numeri interi con l'infinità dei punti di una retta? O, per parlare in termini matematici, "nella scala dei cardinali infiniti, dove si pone la potenza del continuo rispetto alla potenza del numerabile?".

Cantor stesso presagiva, nel 1899, che la teoria che aveva sviluppato non sarebbe stata in grado di rispondere a queste domande, se i suoi fondamenti non fossero stati precisati meglio [9].

Grazie ai lavori di Hilbert negli anni '20, di Gödel negli anni '30 e '40 e di Paul Cohen negli anni '60, si può dare la risposta seguente al nostro interrogativo, una risposta che è, a prima vista, alquanto sconcertante: le domande legate alla teoria di Cantor sono matematicamente *indecidibili*. Il termine "indecidibile" ha un senso matematico ben preciso, che è legato al sistema di assiomi scelto dai logici matematici per fungere da quadro al lavoro matematico. In questo quadro, *l'esistenza* d'un insieme infinito è assicurata da un assioma ("esiste un primo ordinale non finito") [7].

Giungo così alla seguente conclusione, che è una conclusione di carattere filosofico, è la seguente:

alla domanda "la matematica permette d'afferrare l'infinito? Di rinchiuderlo nel suo discorso?", io rispondo di no. Tuttavia, è proprio grazie allo sforzo della matematica, che ha tentato d'esprimere nel suo linguaggio specifico (la logica matematica) il fondamenti del problema, che noi oggi *sappiamo* che *non sappiamo* quale sia la natura dell'infinito; nonostante il sogno di Cantor e di Hilbert e grazie ai loro sforzi teorici. Sogno che era anche quello di Aristotele.

Il lavoro matematico continua pertanto a nutrirsi dell'idea d'infinito: il matematico non smette di *parlarci* dell'infinito partendo dal finito.

Non c'è progresso nella ricerca dell'infinito, ci sono soltanto dei cammini possibili, dei cammini... senza fine.

Lasciamo allora l'ultima parola al poeta:

Sempre caro mi fu quest'ermo colle,
E questa siepe, che da tanta parte
Dell'ultimo orizzonte il guardo esclude.
Ma sedendo e mirando, interminati
Spazi di là da quella, e sovrumani
Silenzi, e profondissima quiete
Io nel pensier mi fingo ; ove per poco
Il cor non si spaura. E come il vento
Odo stormir tra queste piante, io quello
Infinito silenzio a questa voce
Vo comparando : e mi sovvien l'eterno,
E le morte stagioni, e la presente
E viva, e il suon di lei. Così tra questa
Immensità s'annega il pensier mio :
E il naufragar m'è dolce in questo mare.

L'infinito, Giacomo Leopardi, *Canti* XII (1819)

Bibliografia

[1] E. Lévinas (1984) *Totalité et infini*, Martinus Nijhoff Publishers, The Hague / Boston / Lancaster, pp. 19-20

[2] H. Weyl (4.Aufl. 1976) *Philosophie der Mathematik und Naturwissenschaft*, R. Oldenburg, Monaco, p. 89

[3] Aristotele (6e tirage, 1983) *Physique (I-IV)* (ed. H. Carteron), Société d'édition Les Belles Lettres, Parigi

[4] J. Philopon (1899) *De Aeternitate Mundi contra Proclum* (ed. H. Rabe), Teubner, Leipzig, p. 11

[5] H. A. Davidson (1987) *Proofs of Eternity, Creation and the Existence of God in Medieval Islamic and Jewish Philosophy*, Oxford University Press, New-York/Oxford

[6] T. Lévy (2001) Thâbit ibn Qurra e l'infinito numerico, *Le Scienze* 8, pp. 18-23

[7] T. Lévy (1987) *Figures de l'infini. Les mathématiques au miroir des cultures*, Editions du Seuil, Parigi

[8] J. Dauben (1979) *Georg Cantor. His Mathematics and Philosophy of the Infinite*, Harvard University Press, Cambridge (Mass.)/Londra

[9] G. Cantor (1883) *Grundlagen einer allgemeinen Manning faltikeitslehre*, Teubner, Leipzig

Lo strano concetto di punto materiale

Giorgio Israel

Vogliamo discutere un concetto fondamentale della meccanica: il concetto di *punto materiale*. Vedremo quante sottigliezze e difficoltà possa sollevare una nozione apparentemente così spontanea e innocua e come queste difficoltà siano strettamente connesse a quelle sollevate dal concetto di infinito e di infinitamente piccolo.

La nozione di punto materiale emerge nella rappresentazione matematica dei fenomeni del moto. Questi fenomeni coinvolgono sempre corpi aventi dimensioni considerevoli e forme peculiari, e spesso le caratteristiche del moto dipendono da tali forme e dimensioni. Eppure, in molti casi, dimensioni e forme possono essere trascurate e il corpo può essere considerato come un "punto". Si tratta di un'astrazione suggerita da molte intuizioni della vita comune. Non è forse abituale considerare le stelle nel cielo come dei punti, nonostante esse siano enormi? E quando fissiamo la posizione di una nave su una carta geografica non è abituale farlo assegnando due numeri (latitudine e longitudine), identificandola così con un punto, anche se possiede dimensioni tutt'altro che trascurabili? Certo, l'identificazione di un corpo con un punto è ammissibile se le sue dimensioni sono piccole rispetto alle distanze in gioco e se tale approssimazione è compatibile con i fini della descrizione. Se studiamo il moto dei pianeti del sistema solare è legittimo assimilare quest'ultimo a un sistema di punti materiali: prima supponiamo che i corpi celesti siano perfettamente sferici e quindi pensiamo le loro masse concentrate nel centro delle sfere, e così li identifichiamo con dei *punti materiali*. Ma se vogliamo studiare il moto di rotazione della Terra attorno all'asse, considerarla come un punto sarebbe insensato.

Nella voce "Punto", pubblicata negli anni trenta nell'Enciclopedia Italiana Treccani, il celebre matematico Federigo Enriques compendiava in due aspetti le condizioni sotto le quali è lecito rappresentare un corpo come un punto materiale:
1) la piccolezza delle sue dimensioni rispetto alle distanze in esame;
2) l'isotropia del fenomeni considerati in relazione al corpo in esame, ovvero la loro indipendenza rispetto alle direzioni spaziali.

Per esempio, se ci occupiamo di fenomeni luminosi, un frammento di specchio, anche se piccolo rispetto alle distanze in esame, non potrà mai essere considerato come un punto materiale. Difatti, non tutte le direzioni spaziali sono equivalenti: un raggio luminoso che incida sullo specchio nella direzione ad esso perpendicolare si riflette in se stesso, il che non accade per nessuna delle altre direzioni. Quindi, l'identificazione di un corpo con un punto geometrico dipende dalla natura fisica del problema in esame. Inoltre, tale identificazione comporta l'attribuzione al punto geometrico della proprietà fisica fondamentale del corpo: la *massa*. Di conseguenza, un *punto materiale* non è altro che un *punto geometrico dotato di una massa*.

Questa definizione mette insieme due nozioni eterogenee: la nozione di massa, che è fisica e si esprime mediante un numero, e la nozione di punto matematico che, secondo la definizione di Euclide, è l'oggetto geometrico "che non ha parti" e quindi ha dimensioni nulle. Come osservava Enriques una siffatta definizione è legata alla "concezione razionale degli enti geometrici, spiegata da Zenone e appartenente già al suo maestro Parmenide" e che è l'unica capace di evitare i paradossi di Zenone, in cui ricadeva invece l'idea del "punto-monade" dei Pitagorici, che consideravano il punto come una particella elementare indivisibile di materia e le linee e le superficie come composte di punti. Quindi il punto geometrico è un oggetto privo di qualsiasi "spessore" fisico, cui viene appesa una caratteristica così materialmente "spessa" come la massa.

Appare evidente che il punto materiale è un oggetto strano, una sorta di "centauro": etereo e immateriale, in quanto oggetto matematico, una semplice localizzazione nello spazio; e, al contempo, quanto mai "materiale", perché possiede una delle proprietà più concrete di un corpo fisico, la massa. Come sospendere una caratteristica concreta come la massa a un supporto così inconsistente come un punto geometrico?

Queste difficoltà possono essere accantonate quando identifichiamo un corpo con un punto, in genere con il suo baricentro, il che accade quando sono soddisfatte le due condizioni enunciate da Enriques. Ma se consideriamo un corpo come un aggregato di indivisibili elementari, di "atomi", e poi li pensiamo come punti materiali, i paradossi di Zenone sono pronti ad afferrarci come mostri in agguato. Un corpo che sia l'aggregato di parti aventi dimensioni nulle non può avere dimensioni non nulle. Viceversa, se lo pensiamo come l'unione di corpuscoli indivisibili di dimensione finita, questi non potranno essere pensati come punti: anzi, la stessa nozione di punto geometrico si evapora, e con essa ogni possibilità di rappresentazione matematica.

Eppure, la meccanica dei corpi non avrebbe fatto un solo passo in avanti, senza maneggiare in modo disinvolto il concetto di punto materiale. Lo ricordava chiaramente il celebre matematico italiano Tullio Levi-Civita – nelle sue *Lezioni di meccanica razionale* [1] (scritte con il suo collaboratore Ugo Amaldi), che sono ancora uno dei più bei manuali di meccanica classica della letteratura mondiale – sottolineando tuttavia l'ambiguità di quel concetto:

> Il punto materiale, per ciò che riguarda i caratteri puramente cinematici (posizione, traiettoria, velocità, accelerazione, ecc.), andrà, per la sua stessa definizione, considerato come un punto geometrico; ma, di fronte all'azione delle forze, non cesserà di comportarsi come un corpo naturale. La semplicità schematica degli aspetti cinematici dei moti di un punto materiale ci permetterà di coglierne le leggi dinamiche fondamentali; e la Dinamica del punto fornirà la base di tutta la Meccanica, in quanto [...] le leggi del moto di ogni altro corpo, di cui non sia lecito trascurare le dimensioni (rispetto a quelle della regione spaziale in cui ha luogo il moto), si possono stabilire, considerando codesto corpo come un aggregato di punti materiali.

Ci troviamo così di fronte a una di quelle tipiche situazioni che mostrano come la scienza sia costretta talvolta a seguire approcci informali e pragmatici per non dover arrestare la propria marcia. Senza il concetto di punto materiale non faremmo un passo nella costruzione di una scienza quantitativa del moto, perché ci priveremmo della possibilità di ricorrere alla matematica, ma esso introduce delle *aporie*. Per chiarire meglio le difficoltà che derivano dal concetto di punto materiale, proviamo a elencare le differenti alternative che si presentano e che, di fatto, riassumono sinteticamente i diversi punti di vista che si sono succeduti nel corso dello sviluppo storico.

Come si è accennato, la difficoltà si concentra nella seguente questione: occorre considerare lo spazio fisico e i corpi secondo una concezione *atomistica* (ovvero come aggregati di parti indivisibili), oppure secondo una concezione *continuista* (ammettendo, cioè, la divisibilità all'infinito degli enti fisici)? E in che modo queste diverse concezioni possono trovare espressione nel linguaggio della matematica?

La prima possibilità è di supporre che lo spazio sia continuo, infinitamente divisibile, e che in esso esistano soltanto corpi continui perfettamente divisibili. In tal caso, la rappresentazione fisica è perfettamente riconciliata con la rappresentazione matematica continua, l'unica che la geometria può offrire. Il punto geometrico non è inteso come un elemento dello spazio o del corpo, ma come un luogo, una posizione, e allora esso non può possedere una massa: la massa è concepibile soltanto con riferimento al corpo nella sua totalità. Possiamo continuare a pensarla concentrata in un punto, per ragioni di pura convenienza nella rappresentazione matematica: la nozione di punto materiale riemerge quindi quando assimiliamo un corpo al suo baricentro, ma essa non ha alcun realismo. Si tratta di un puro artifizio descrittivo. Questo punto di vista fu sostenuto, alla fine dell'Ottocento, dal fisico-matematico Gian Antonio Maggi.

Possiamo supporre, all'opposto, che i corpi fisici siano composti da "atomi", da componenti elementari separate da spazi vuoti: questa condizione è necessaria, per non ricadere nel punto di vista continuista, e mette in evidenza il fatto che l'idea del vuoto è strettamente legata alla concezione atomistica. Quest'ultima non è tuttavia applicabile allo spazio che "contiene" i corpi, altrimenti non sapremmo come rappresentare matematicamente i processi fisici: la geometria non conosce rappresentazioni atomistiche dello spazio (e sappiamo cosa costi, in termini di paradossi di Zenone, pensare i punti geometrici come "atomi"). Quindi, gli atomi e i corpi composti da atomi nuotano in uno spazio matematico continuo ma non lo riempiono mai del tutto: questa è la concezione che domina la meccanica di Newton. Essa pone tuttavia un problema: se l'ambiente è continuo, gli "atomi" non sono indivisibili nel senso della matematica. Dal punto di vista geometrico, essi hanno uno "spessore" e quindi ridiventano corpuscoli continui, anche se, a livello strettamente fisico, sono indivisibili, per ragioni che nulla hanno a che fare con la rappresentazione matematica. Ricadiamo così nella situazione precedente. Potremmo tutt'al più dire che esistono due tipi di corpi: di prima specie, costitutivi o "atomici", e di seconda specie, ovvero composti da aggregati dei secondi. Ma si tratta di una distinzione fisica che non può riflettersi nella rappresentazione matematica. In quest'ultima tutti i corpi sono continui e la nozione di punto materiale può essere soltanto applicata nel senso della nozione di baricentro.

Vediamo quindi che la struttura delle rappresentazioni geometriche e del calcolo infinitesimale (che è basato sul concetto di limite e di divisibilità all'infinito) non lascia molto spazio all'atomismo fisico. La rappresentazione matematica non sembra riuscire a rifletterlo in modo soddisfacente. L'unica via sembrerebbe quella di accogliere una concezione pitagorica dello spazio geometrico, fondato sull'idea degli "indivisibili", alla maniera del matematico Bonaventura Cavalieri: anche in geometria esisterebbero entità "atomiche", componenti elementari indivisibili dotate di dimensioni "infinitamente piccole", tali da essere considerati come se fossero "niente", e tuttavia non effettivamente nulle, per cui aggregandosi producono tutti gli enti geometrici. Naturalmente un simile punto di vista è una sfida temeraria ai paradossi e, oltretutto, resta continuista, sia pure in modo tutto speciale. Difatti, l'idea di vuoto viene esclusa e gli indivisibili si pressano l'uno contro l'altro, riempiendo lo spazio senza lasciare interstizi, e così riflettono male l'idea della struttura atomica della materia. Difatti, quando un siffatto punto di vista fu adottato, finì col riproporre la visione continuista, non offrendo vantaggi apprezzabili.

Accanto a tre questi tre punti di vista esiste una panoplia di soluzioni intermedie – che furono effettivamente adottate – fra le quali emerge la seguente. Si ammette l'esistenza di punti geometrici dotati di massa (i punti materiali) in senso *realistico* e non come mera immagine matematica. Si ammette altresì che gli enti geometrici non possono essere pensati come aggregati di punti geometrici, mentre i corpi materiali sono invece aggregati di punti materiali *in numero finito*. Questa visione supera le difficoltà della seconda, ma ne introduce un'altra: l'identificazione di un atomo con un ente privo di dimensioni spaziali.

Tutte queste difficoltà sono legate al fatto che la matematica non offre schemi concettuali aderenti al concetto di atomo fisico, ovvero di un oggetto indivisibile e di dimensioni spaziali non nulle e tale che, per giunta, ogni corpo sia costituito da un aggregato *finito* di atomi. Questa difficoltà è una delle radici dei paradossi di Zenone, i quali non hanno come bersaglio soltanto i concetti di divisibilità all'infinito e di atomo, ma il concetto di movimento (e, più in generale, di mutamento), che è considerato incompatibile con quello di spazio. Non stupisce quindi che questi paradossi si siano riproposti ogni volta che si è tentata una descrizione quantitativa e matematica del moto. E non è un caso che, per realizzare questo obbiettivo fu necessario costruire la nuova matematica dell'infinitamente piccolo (il *calcolo infinitesimale*) che doveva far fronte alle antiche aporie. Quasi tre secoli furono necessari per fondare, in modo concettualmente soddisfacente, questa nuova matematica, ma non bastarono a eliminare ogni difficoltà quando si adotti un approccio atomistico.

Già nel Medioevo troviamo numerose testimonianze dell'interesse per queste tematiche, sotto la spinta del nascente sviluppo dell'analisi scientifica del moto dei corpi celesti e della struttura della materia. Citiamo due esempi per tutti.

Il celebre filosofo medioevale ebreo Mosé Maimonide, nella sua *Guida degli Smarriti* [2], menziona le teorie atomistiche di una corrente di scolastici arabi (continuatrice delle teorie di una scuola di atomisti ebrei del secolo VIII), i *Mote-*

kallim, che concepivano l'atomo come una sorta di punto materiale o particella senza dimensioni, nel senso della concezione indivisibilista:

> Essi sostenevano che l'universo intero, cioè ciascuno dei corpi che racchiude è composto da particelle piccolissime che, a causa della loro sottigliezza, non si lasciano dividere. Ciascuna di queste particelle è assolutamente senza quantità; ma quando sono riunite le une alle altre, questo insieme ha quantità ed è allora un corpo. Tutte queste particelle sono simili e uguali le une alle altre e non vi è fra loro alcuna specie di differenza. Non è possibile, essi dicono, che esista un corpo qualsiasi che non sia composto di particelle simili, per giustapposizione; di modo che, per essi, la nascita è la riunione (degli atomi) e la distruzione è la separazione.

Va notato che Maimonide cita questo punto di vista per criticarlo e rigettarlo.

A sua volta, Nicola Oresme rifiuta ogni assimilazione fra il concetto di punto matematico e quello di corpo materiale. Nel confutare le tesi contrarie al moto terrestre, egli così replica all'argomento di Averroé, secondo cui ogni moto da luogo a luogo deve essere posto in relazione con un corpo in quiete e quindi occorre ammettere che la Terra sia fissa al centro dell'Universo:

> Supponendo che il moto circolare richieda la presenza di qualche altro corpo in quiete, non ne segue che il corpo in quiete debba essere all'interno del corpo che si muove, perché non vi è nulla in quiete dentro una macina, *eccetto un singolo punto matematico, che non è un corpo* [3].

Quindi la fissità del centro di una macina in rotazione non implica la fissità di alcuna sua parte *fisica*, in quanto il centro è un *punto matematico* e quindi è privo di corrispettivo reale. In tal modo, le difficoltà sono evitate al prezzo di escludere ogni corrispondenza fra fatti fisici e rappresentazione matematica.

Non stupisce quindi che una mente tanto audace quanto prudente come quella di Cartesio cercò di evitarle con una doppia strategia: da un lato, prendendo le distanze dalla nuova matematica (il calcolo infinitesimale), che gli sembrava fonte di troppe difficoltà; dall'altro, assumendo una posizione radicalmente continuista, al punto di respingere persino il concetto di infinito. Secondo Cartesio, la materia e lo spazio geometrico (che sono per lui la stessa cosa), sono divisibili indefinitamente, mediante un processo ripetibile quante volte si voglia, ma non possono essere divisi infinite volte con un solo atto. Insomma, Cartesio accetta il concetto di infinito potenziale e respinge quello di infinito attuale, che riserva a Dio.

Il punto di vista di Newton è più complesso e non presenta conclusioni definitive. In quanto fautore dell'esistenza dello spazio vuoto, Newton è atomista, ma si guarda bene dal considerare come facilmente riconciliabile la visione dello spazio matematico continuo e divisibile all'infinito con quella della costituzione atomica dei corpi fisici. Nella seconda edizione dell'*Ottica* [4], egli adotta senza riserve l'ipotesi atomistica:

> Noi immaginiamo che le particelle dei corpi siano disposte in tal modo che gli intervalli o spazi vuoti occupino un volume eguale a quello delle particelle e che

queste particelle siano composte da altre particelle molto più piccole, che avrebbero altrettanti spazi vuoti fra di esse [...] e così di seguito, fino ad arrivare a particelle solide che non abbiano più fra di loro pori o spazi liberi. Ma la costituzione interna di queste particelle resta a noi sconosciuta.

L'ultima frase esprime una prudente riserva e difatti, nei *Principia Matematica* [5], Newton si mostra ancora più prudente e apre la strada alla reintroduzione del principio cartesiano della divisibilità all'infinito:

Noi sappiamo dai fenomeni che le parti contigue dei corpi possono essere separate e la matematica ci insegna che le parti indivise più piccole possono essere distinte le une dalle altre con la mente. Si ignora ancora se queste parti distinte, e non divise, possano essere separate dalle forze della natura; ma se fosse certo, attraverso una sola esperienza, che una delle parti che si considerano indivisibili abbia sofferto una qualche divisione, separando o spezzando un corpo duro qualsiasi, ne concluderemmo che non soltanto le parti divise sono separabili, ma che quelle indivise possono essere divise all'infinito.

Come si è detto, non è possibile tracciare qui il percorso di una storia che richiederebbe un intero volume. Ci limiteremo a dire che, nella fase dello sviluppo trionfante del calcolo infinitesimale, una certa spregiudicatezza si fece largo nel ricorrere ora all'uno ora all'altro dei punti di vista che abbiamo sopra sommariamente elencato.

Così, uno dei fondatori della meccanica moderna, Joseph Louis Lagrange, assunse sostanzialmente il terzo punto di vista da noi descritto senza preoccuparsi troppo delle difficoltà che comportava. Nella sua *Mécanique Analytique* [6], così scriveva:

Finora abbiamo considerato i corpi come punti; [...] poiché un corpo di un volume o di una figura qualsiasi non è altro che l'aggregato di un'infinità di parti o di punti materiali, ne segue che si possono determinare anche le leggi dell'equilibrio dei corpi di figura qualsiasi, attraverso l'applicazione dei principi precedenti. In effetti, il modo ordinario di risolvere le questioni di Meccanica consiste nel considerare all'inizio soltanto un certo numero di punti, posti a distanze finite le une dalle altre, e nel cercare le leggi del loro equilibrio o del loro moto; quindi, nell'estendere questa ricerca a un numero indefinito di punti; infine, nel supporre che il numero dei punti divenga infinito e che, allo stesso tempo, le loro distanze divengano infinitamente piccole e a introdurre, nelle formule trovate per un numero finito di punti, le riduzioni e le modificazioni che richiede il passaggio dal finito all'infinito. [...] Osservo inoltre che, invece di considerare la massa data come un aggregato di un'infinità di punti contigui, occorrerà, secondo lo spirito del calcolo infinitesimale, considerarla come composta da elementi infinitamente piccoli che siano del medesimo ordine di dimensione della massa intera.

La concezione del calcolo cui Lagrange si richiama è quella indivisibilista, che deriva da Leibnitz, e che lo conduce a decomporre la massa totale m del corpo in elementi infinitesimi *dm*, che sono le masse infinitesime (non nulle!) delle parti geometriche infinitesime in cui è suddiviso il corpo stesso. Gli straordinari risultati ottenuti da Lagrange nel campo della meccanica con un apparato concettuale così discutibile costituiscono la prova di quanto dicevamo prima, e cioè che la scienza è capace di ottenere risultati brillanti anche accettando consistenti compromessi sul piano della coerenza e del rigore concettuale.

Sarebbe tuttavia avventato concludere che i problemi concettuali siano orpelli inutili e concedere troppo a una visione pragmatica della costruzione scientifica. Difficoltà e aporie possono essere accantonate o evitate, ma, alla lunga, si ripropongono nei momenti più delicati dell'evoluzione della scienza. Abbiamo già accennato al tentativo compiuto, al volgere dell'Ottocento, dal fisico-matematico italiano Gian Antonio Maggi di liberare la presentazione della meccanica dal concetto di punto materiale. Questo tentativo viene ricordato da Federigo Enriques nel suo celebre volume *Problemi della scienza* [7] come di grande "interesse filosofico e matematico", per il vantaggio che presenterebbe l'accantonare questa "finzione" che è il concetto di punto materiale e che Maggi realizza mostrando "come si possa fondare tutta la Meccanica dei corpi estesi senza riguardare il corpo come un sistema di punti" e, soprattutto, evitando ogni idea di indivisibile, con tutte le spiacevoli conseguenze che da essa derivano. Abbiamo tuttavia osservato che la via di Maggi comportava un appesantimento della trattazione, cosa che costituiva un prezzo difficile da pagare.

Ci soffermeremo ora sul punto di vista di uno degli scienziati che più combatté a viso aperto con questi problemi e ne mise in luce tutta la complessità e la difficoltà: il grande fisico Ludwig Boltzmann. Il punto di vista di Boltzmann è di particolare interesse, perché egli fu un fautore deciso dell'atomismo e ritenne che la fisica dovesse incamminarsi sulla via di una rappresentazione integralmente meccanica dei fenomeni.

In matematica, il punto di vista di Boltzmann è risolutamente finitista. Il concetto di infinito attuale è per lui privo di senso e soltanto i processi di accrescimento all'infinito possono essere considerati. Ma egli va oltre. Il calcolo infinitesimale acquista senso soltanto nel contesto di una rappresentazione atomista dei fenomeni:

I concetti del calcolo differenziale e integrale, liberati da ogni rappresentazione atomista, sono puramente metafisici, se per metafisica intendiamo, secondo una famosa definizione di Mach, le cose di cui abbiamo dimenticato il modo in cui le abbiamo ottenute[8].

Di qui l'attacco di Boltzmann a quella che egli chiama la *fenomenologia*, ovvero "l'ideale del semplice stabilire delle equazioni differenziali e del predire i fenomeni mediante queste", il cui torto è di aver "dimenticato la radice fisica delle equazioni differenziali".

Non bisogna credere – aggiunge Boltzmann – che parlando di *continuum* o scrivendo un'equazione differenziale si dia in questo modo una definizione precisa di continuo. Un esame più approfondito mostra che un'equazione differenziale esprime soltanto il fatto che occorre dapprima immaginare un numero finito di elementi; in seguito, che questo numero deve crescere fino a che un aumento ulteriore non abbia più alcuna influenza. [...] Mi scuso di dire banalmente che gli alberi nascondono la foresta a coloro che ritengono di essersi liberati dall'atomistica attraverso la considerazione delle equazioni differenziali.

Si noti che l'incremento degli elementi non ha nulla a che fare con quello prospettato da Lagrange, che conduceva effettivamente a una somma infinita di quantità infinitesime, mentre qui l'arresto del processo è determinato da un aspetto fisico, e cioè dall'ininfluenza di un ulteriore processo di divisione.

L'approccio finitista nella costruzione delle equazioni differenziali dovrebbe far prevedere una simpatia di Boltzmann per il concetto di punto materiale, come schema rappresentativo essenziale per passare da una rappresentazione atomistica reale a una rappresentazione continua. Al contempo, la sua concezione realista dell'atomo dovrebbe far prevedere una diffidenza per il concetto di punto materiale, in quanto nozione matematica e astratta. Le cose stanno effettivamente così: nel pensiero di Boltzmann è possibile rintracciare entrambi gli atteggiamenti, in tutta la loro contraddittorietà. Due opere temporalmente sovrapposte esprimono questa situazione: mentre i *Vorlesungen über die Prinzipien der Mechanik* [9] sono basati su un approccio più matematico e deduttivo in cui la nozione di punto materiale ha un ruolo centrale, le lezioni *Über die Grundprinzipien und Grundleichungen der Mechanik* [10] esprimono un approccio fisico e induttivo in cui quella nozione ha un ruolo marginale.

Boltzmann informa che le *Vorlesungen* sono ispirate dal punto di vista di Hertz, il quale "parte dai punti materiali, che considera come semplici immagini del pensiero". Come lui, dichiara Boltzmann, "sono partito da quei semplici esseri della ragione che sono i punti materiali". Anzi:

> ... il difetto di chiarezza nei principi della meccanica sembra derivare dal fatto che non si è voluto iniziare con immagini mentali di carattere ipotetico, ma attaccarsi fin dall'inizio all'esperienza.

Nessuna sorpresa, quindi, se quest'opera presenta una costruzione astratta e assiomatica della meccanica. Tuttavia, per tener fede all'approccio finitista, Boltzmann introduce assiomi spericolati sul piano concettuale, come quello secondo cui "nello stesso punto dello spazio, o in un intorno infinitamente piccolo, non vi sono mai due punti materiali distinti". Egli ha come bersaglio i tentativi di rappresentare la materia in modo continuo, ma paga il prezzo di ricorrere a nozioni incerte come quella di intorno *infinitamente piccolo*. Dotato di uno spirito critico fuori del comune, Boltzmann è consapevole dei problemi sollevati dal "circolo vizioso" che nasce quando si introduce il concetto di *corpo molto piccolo* e, al contempo, si pensano i volumi elementari, "che di fatto sono piccoli corpi", "come semplici punti dello spazio". In tal modo, la difficoltà del rapporto fra atomismo fisico e continuismo matematico è messa in luce in tutta la sua evidenza.

Nei *Grundprinzipien* troviamo invece un richiamo alla necessità di fondare la meccanica su un *metodo induttivo*, ovvero sui fatti d'esperienza. Questo approccio induce Boltzmann a considerare come concetto costitutivo della meccanica non il punto materiale, bensì il "corpo assolutamente invariabile che chiamiamo solido rigido". Il modo di rappresentazione dei corpi dovrà consistere nella divisione di un corpo in *elementi di volume*. Esso deve essere considerato come composto da un'infinità di volumi elementari *dv* e la massa contenuta in ogni elemento di volume sarà *dm*. In tal modo, la fondazione dell'atomismo sembra dover ricorrere di nuovo al concetto di indivisibile. Tuttavia, per tener fede all'approccio atomistico, Boltzmann propone di esaminare il solido rigido al microscopio. Allora, si marcheranno su di esso dei "luoghi molto piccoli che materializzeremo con dei segni molto fini, con l'intersezione di linee ben distinte, con la perforazione di buchi finissimi" e sarà necessaria "una nuova idealizzazione per immaginare questi segni come *punti materiali*". Essi ci servono per verificare il carattere invariabile della struttura del corpo nel suo moto, oppure per identificare il luogo d'applicazione di una forza che rappresentiamo, per idealizzazione, con un semplice punto. Il punto materiale, cacciato dalla porta, rientra così dalla finestra…

In cosa si differenzia questo punto di vista dal precedente?

L'essenza del metodo induttivo – osserva Boltzmann – consiste nel fatto che non postuliamo il concetto di punto materiale come quello di un corpo senza estensione ma dotato di massa. Evitiamo così le conclusioni che vengono abitualmente tratte da questo concetto, mediante la rappresentazione degli elementi di volume, che sembra più vicina all'esperienza di quella di punto materiale. Abbiamo già dovuto, a dire il vero, far ricorso due volte al concetto di *punto matematico*, considerando il moto di un punto selezionato su un corpo e immaginando il punto d'applicazione di una forza, ma l'astrazione corrispondente era più semplice e più chiara di quella di un corpo senza estensione e dotato di massa.

La trattazione di Boltzmann rimane così sospesa fra differenti approcci, nella consapevolezza della difficoltà del problema che egli così sottolinea nel suo trattato *Über die Prinzipien der Mechanik* [11]:

Vediamo quindi che la vecchia antinomia kantiana, l'opposizione fra la divisibilità all'infinito della materia e la sua costituzione atomica, tiene ancora la scienza con il fiato grosso. Noi, per il momento, non riteniamo che questi due punti di vista siano carichi di contraddizioni logiche interne circa le leggi del pensiero, ma vedremo in ciascuno di essi una costruzione della mente e ci chiederemo quale delle due costruzioni può essere seguita più chiaramente e più facilmente e può riprodurre i fenomeni con un massimo di esattezza e un minimo di ambiguità.

È una conclusione improntata al realismo e tuttavia consapevole della serietà dell'antinomia che tiene ancora la scienza con il "fiato grosso". Si tratta di un realismo che non può essere confuso con un banale pragmatismo, come dimostra l'intensità con cui Boltzmann non cessò di affannarsi attorno a questo problema concettuale.

Un esempio del riproporsi, in un contesto nuovo, di antichi problemi è messo in luce da Federigo Enriques in un saggio scritto negli ultimi anni della sua vita: *La teoria della conoscenza scientifica da Kant ai giorni nostri* [12]. Il matematico italiano connette con precisione le difficoltà legate al concetto di punto materiale con quelle nuove poste dalla meccanica quantistica e, quindi, con il problema della validità del determinismo.

L'ipotesi determinista – osserva Enriques – potrebbe conciliarsi con il principio d'indeterminazione di Heisenberg se si lascia cadere la rappresentazione corpuscolare degli elettroni. Il principio di Heisenberg significa che

> … il fenomeno che tentiamo di rappresentare come "movimento di un punto materiale (elettrone)" non si lascia assimilare a un movimento di questo genere se non per approssimazione.

È una spiegazione – egli prosegue – che ha trovato d'accordo fisici e scienziati come Levi-Civita e Langevin, ma che ha trovato un obiettore sul terreno gnoseologico nel filosofo Émile Meyerson [13]:

> secondo lui, la rappresentazione corpuscolare sarebbe una esigenza di ordine superiore al determinismo. Ma l'illustre pensatore cede qui a un'illusione, paragonabile a quella di Kant, quando questi credeva di cogliere dentro il fenomeno qualcosa di sostanziale.

Certo, per salvare il determinismo su questa linea occorre pagare dei prezzi. Occorre ammettere che

> … gli elettroni non sono affatto dei punti che abbiano una sostanza propria e perciò riconoscibili nelle differenti posizioni in cui possono ritrovarsi; non sono altro che delle singolarità di uno stato fisico complesso, e soltanto a quest'ultimo noi possiamo attribuire un'esistenza reale.

Ma abbandonare l'idea del "punto materiale" non significa soltanto sacrificare una rappresentazione comoda. Significa

> attentare a un presupposto che figura da molto tempo come una pietra angolare dell'edificio scientifico: la certezza che i fenomeni complessi possano essere ridotti a fenomeni elementari e che, in questi ultimi, si avrebbe a che fare con oggetti semplici, *individualmente* definiti. [...] Ed ecco che noi perdiamo la nozione dell'individuo! A seguito di questa perdita, bisognerà rinunciare anche alla nozione di serie causali ben definite.

Vediamo così come, attraverso considerazioni filosofiche apparentemente astratte, Enriques anticipi uno dei temi che sono al centro della riflessione scientifica dei nostri giorni: la dolorosa necessità di abbandonare una visione "semplice" dei fenomeni e di dover far fronte a sistemi e processi che manifestano aspetti di una "complessità" irriducibile.

Bibliografia

[1] T. Levi-Civita, U. Amaldi (1929) *Lezioni di meccanica razionale*, Zanichelli, Bologna (rist. 1949, 1987)

[2] M. Maimonide (2003) *La guida dei perplessi*, Utet, Milano

[3] Cit. in R. Dugas (1955) *Histoire de la Mécanique*, Neuchâtel, Editions du Griffon

[4] I. Newton (1717) *Optiks*, London

[5] I. Newton (1687) *Philosophiae Naturalis Principia Matematica*, London

[6] J.L. Lagrange (1788) *Méchanique analytique*, Paris

[7] F. Enriques (1906) *Problemi della scienza*, Zanichelli, Bologna

[8] L. Boltzmann (1897) "Über die Unentberlichkeit der Atomistik in der Naturwissenschaften", *Wiedemann Annalen*, 60 (anche in Boltzmann L. (1905), *Populäre Schriften*, Leipzig, Barth, pp. 141-1579

[9] L. Boltzmann (1895-1898) *Vorlesungen über die Gastheorie* , 2 voll. Leipzig, Barth (trad. fr. di A. Galotti con introduzione e note di M. Brillouin, 2 voll., Paris, Gauthier-Villars, 1902-5; ried. Paris, Gabay, 1987)

[10] L. Boltzmann (1899) *Über die Grundprinzipien und Grundgleichungen der Mechanik*, Clark University (anche in Boltzmann L. (1905) *Populäre Schriften*, Leipzig, Barth, pp. 253-307)

[11] Boltzmann (1900.1902) *Über die Prinzipien der Mechanik* , I, Leipzig, Nov 1900; II , Vienna, Okt.1902 (anche in Boltzmann L. (1905) *Populäre Schriften* , Leipzig, Barth, pp. 308-337)

[12] F. Enriques (1983) *La teoria della conoscenza scientifica da Kant ai giorni nostri*, Zanichelli, Bologna (prima ed. francese 1938, Paris, Hermann)

[13] E. Meyerson (1951) *Identité et réalité*, Vrin, Paris

matematica, forme e architettura

Dai radiolari ai vasi di Gallé

Michele Emmer

Alcune straordinarie coincidenze

La nave oceanografica H. S. M. Challenger, una corvetta di legno a tre alberi di 2300 tonnellate, lasciò Portsmounth il 21 dicembre 1872. Comandava la corvetta il capitano Georges Nares, che diventerà un esperto in esplorazioni artiche. La nave ritornò in Inghilterra nel 1876 dopo aver circumnavigato il globo e aver percorso più di 68.000 miglia marine. Si trattava di una spedizione scientifica sponsorizzata dal governo inglese, dalla Royal Society in collaborazione con l'Università di Edimburgo. Gli scopi del viaggio erano molteplici: lo studio dei fondali marini, della vita negli oceani, la ricerca di minerali, l'analisi delle correnti e del clima. Vi partecipavano numerosi scienziati guidati dal professor W. Thompson. L'enorme mole di dati e osservazioni venne raccolta nei 50 grandi volumi del *Report of the Scientific Results of the Exploring Voyage of the HSM Challenger during the years 1873-1876*, pubblicati tra il 1885 e il 1895 sotto la direzione di Sir John Murray [1], che aveva partecipato alla spedizione.

Nel 1867 il pittore francese Eduard Manet dipingeva il quadro *Les Bulles de savon*, un ragazzo che gioca con le bolle di sapone [2, 3].

Nel 1873 il fisico belga Joseph Plateau pubblicava i due volumi intitolati *Statique expérimental et Théorique des liquides soumis aux seules forces moléculaires*, volumi dedicati allo studio della geometria delle lamine di acqua saponata [4].

Un famoso dipinto, dei volumi dedicati alla geometria della lamina di acqua saponata, la partenza di una nave per un viaggio scientifico intorno al mondo. Che cosa hanno in comune questi tre avvenimenti che accadono nell'arco di pochissimi anni?

Nel fondo degli oceani

Il motivo per il quale il viaggio del Challenger è legato alle bolle e alle lamine di sapone era nascosto in fondo agli oceani. Una parte del lavoro degli scienziati della nave oceanografica consisteva nella ricerca di forme di vita anche molto piccole, microscopiche, nelle grandi distese marine. Tra le tante forme di vita vennero recuperati in mare e studiati dei microscopici animali marini presenti nel plancton: *i Radiolari*. Il volume in cui sono descritte le forme dei Radiolari, quello curato dal naturalista tedesco Ernst Haeckel, è il XVII, diviso in tre parti, due di testo e una di tavole. Quelle illustrazioni, quei disegni naturalistici erano destinati ad avere una larga influenza negli anni a venire.

Non vi è alcun dubbio che non sono pochi i casi in cui si è cercato ad ogni costo di trovare i solidi platonici nelle forme della natura, salvo poi scoprirli dove non li si attendeva. Nel classico studio *On Growth and Form* [5], D'Arcy Wentworth Thompson cerca di analizzare i processi biologici partendo dai loro aspetti matematici e fisici. Osserva Thompson, nella nota introduttiva scritta per l'edizione ampliata del 1942, che non è il biologo con una infarinatura di matematica, ma è il matematico esperto e di vasta cultura che deve occuparsi di questi problemi.

Non ritengo di avere una profonda conoscenza matematica – afferma Thompson – ma ho cercato di fare il maggior uso possibile degli strumenti che possedevo; ho trattato casi semplici e i metodi matematici che ho utilizzato sono del tipo più semplice e facile.

Una delle sezioni del saggio è dedicata alle strutture degli scheletri dei Radiolari; Thompson analizzò i disegni che erano stati realizzati.

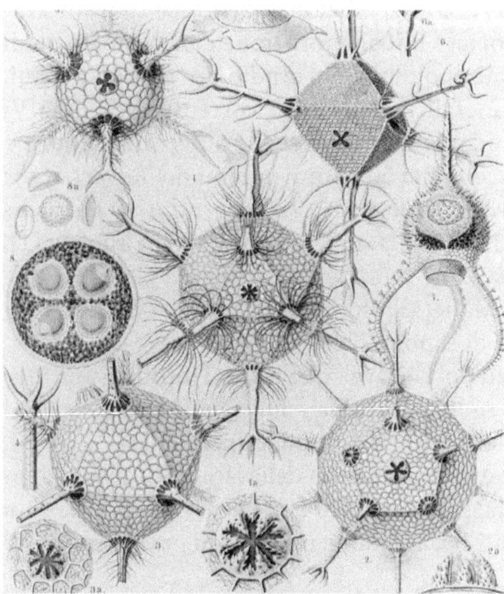

Fig. 1. *Radiolari* dalle tavole di E. Haeckel, riportate nel libro di D'Arcy Thompson

Egli osservò che:

Gli scheletri dei Radiolari sono di una straordinaria finezza e complessità, pur essendo organismi unicellulari molto semplici e piccoli; queste strutture complesse hanno un meraviglioso e peculiare aspetto di regolarità geometrica.

Thompson mise in relazione la forma degli scheletri di alcuni Radiolari, composti in gran parte di silice che gli animali assorbono dall'acqua del mare, con la geometria delle lamine di sapone studiata anni prima da Plateau. Le leggi delle lamine di sapone funzionavano anche nel fondo degli Oceani. O almeno così pensava Thompson. Egli aveva osservato che il corpo dei Radiolari è costituito normalmente di una massa sferica, intorno alla quale vi è un protoplasma schiumoso composto di una moltitudine di strutture a forma di bolle detti alveoli, riempiti di un fluido la cui composizione non è molto diversa da quella del mare. I vacuoli, sotto l'azione della tensione superficiale, la stessa forza che agisce nelle lamine di sapone, possono presentarsi più o meno isolati e sferici o uniti insieme in una schiuma di cellule poliedriche; in quest'ultimo caso essi tendono ad avere uguali dimensioni e il reticolo poligonale risultante è perfettamente regolare.

Non è ancora stato chiarito se le forme che i Radiolari assumono siano dovute alle sole forze di tensione superficiale tra i vacuoli che compongono gli animali e, in particolare, se queste forze siano abbastanza rilevanti. Si ipotizza che, come avviene nelle lamine di acqua saponata, il fluido contenuto nella schiuma si concentri prevalentemente nei punti di intersezione delle superfici, formando uno scheletro assai intricato prodotto dalla precipitazione della silice. Si tratta cioè di una struttura reticolare le cui maglie corrispondono alle linee di unione tra le vescicole.

È proprio lungo queste linee, e più ancora negli angoli, che si concentra l'energia superficiale e si ha il massimo assorbimento; in questo modo, sottolineava Thompson, tutto il sistema segue o tende a seguire le regole di minimizzazione dell'area, per cui le pareti si incontreranno secondo le regole trovate da Plateau. Di conseguenza, gli angoli che formano tre pareti devono essere di 120°. Ora, gli esagoni regolari hanno angoli di 120° e con gli esagoni, come ben sanno le api quando costruiscono i loro favi, si può ricoprire una parete senza lasciare vuoti; è quindi naturale aspettarsi che vi siano Radiolari il cui scheletro ricordi quello di un insieme di esagoni; ne è un esempio la *Aulonia Hexagona*, uno dei radiolari descritti da Haeckel stesso (Fig. 2).

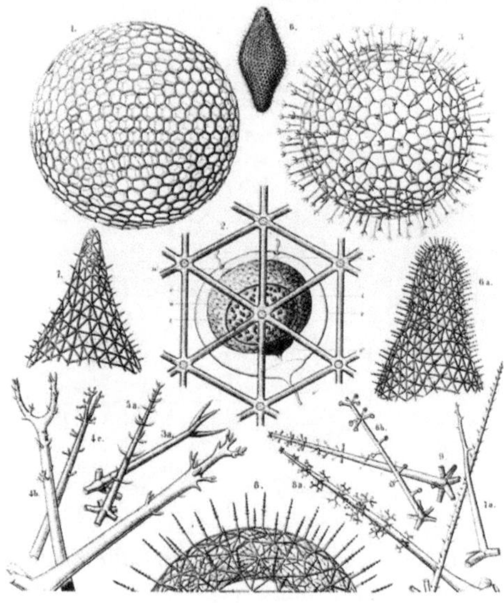

Fig. 2. E. Haeckel, *Aulonia Hexagona*

I disegni tracciati da Haeckel si ritrovano nelle immagini al microscopio elettronico realizzate molti anni dopo. Vi è tuttavia un problema di geometri elementare. Un sistema di esagoni può sì riempire senza vuoti una superficie piana, ma non può racchiudere completamente un volume. Questo perché, per racchiudere uno spazio tridimensionale un sistema di figure deve formare in ogni vertice un angoloide in modo tale che gli angoli al vertice delle figure che lo compongono abbiano una somma minore di 360°. Ora, se si considerano gli esagoni, che hanno angoli al vertice di 120°, e se ne fanno incontrare tre, si ha che la somma degli angoli delle diverse facce che formano un angoloide è proprio di 360°. Sembrerebbe allora impossibile che esista in natura uno scheletro di Radiolare come quello descritto da Haeckel. In realtà la spiegazione è molto semplice: non tutte le figure presenti sono degli esagoni regolari, cosa che notò lo stesso Haeckel.

Alcune delle forme descritte dallo zoologo colpiscono per la stretta somiglianza con strutture ottenibili con lamine saponate. Peraltro, alcune delle immagini disegnate da Haeckel possono apparire abbastanza fantasiose, per non dire totalmente inventate. Si sono tuttavia avuti notevoli riscontri tramite la tecnica del microscopio a scansione. Il caso più stupefacente è quello della *Callimitria* (Fig. 3) del gruppo dei *Nassellaria*. L'animale risulta praticamente identico la disegno.

La struttura dei *Nassellaria* (Fig. 4) è molto simile a quella che si ottiene considerando un telaio tetraedrico, in cui viene inserita una bolla al centro.

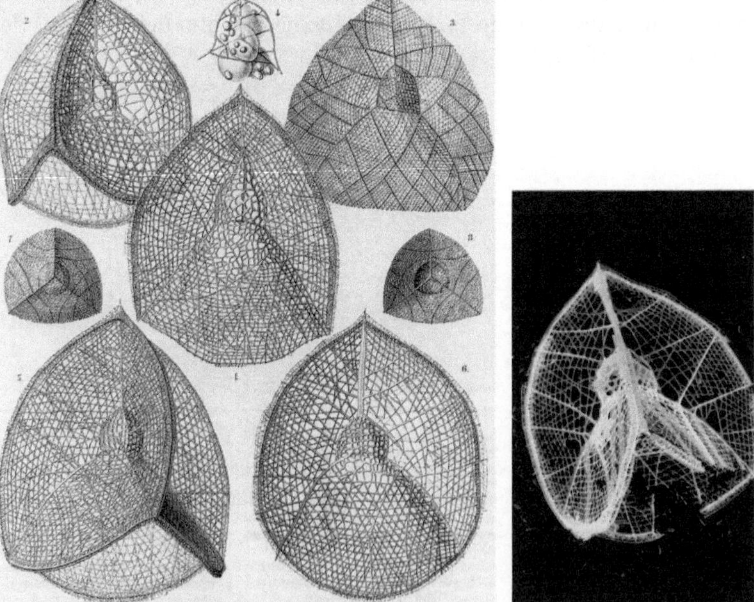

Fig. 3. E. Haeckel, *Callimitra*. A lato *Callimitra;* foto al microscopio elettronico, dal libro *Bolle di sapone* di M. Emmer

Fig. 4. Modello con lamine di sapone

La cosa difficile da capire è come fece Haeckel, utilizzando un microscopio ottico, ad ottenere tali immagini! Immagini che, agli inizi del Novecento, non passano inosservate tra coloro che si occupano dei legami tra la Natura e l'arte. Una selezione delle tavole, opportunamente colorate, sono andate a costituire un volume che ha avuto notevole influenza. Un classico per coloro che credono alla *Bellezza della Natura* (*Kunstformen der Natur*), libro che apparve tra il 1899 e il 1904.

I vasi di Gallé

Le immagini di Haeckel influenzeranno molto quel genio delle forme del vetro che è stato Emile Gallé. Philippe Thiébaut, conservatore capo del Musée d'Orsay di Parigi per l'Art Nouveau, ha scritto nel catalogo della mostra *Gallé: le testament artistique* (giugno-settembre 2004) [7]:

Nel suo discorso *Le décor symbolique* pronunciato il 17 maggio 1900 Gallé rende omaggio agli oceanografi, nei quali vede gli agenti potenziali di un rinnovamento delle arti decorative: "Finalmente la scienza, per tanti aspetti, apre ai decoratori degli orizzonti nuovi [...] Ci vengono svelati dai ricercatori i segreti degli Oceani. Vengono raccolti degli oggetti marini che fanno dei laboratori, degli *atelier* di arte decorativa, dei musei di modelli. Gli scienziati disegnano, pubblicano i loro disegni per l'artista, questi materiali insospettabili ed inaspettati, gemme e tesori del mare" (Fig. 5).
Evocando questi materiali inaspettati senza alcun dubbio Gallé sta pensando ai lavori di Ernst Haeckel [...]. Haeckel, proprio pensando agli artisti, pubblica *Kunstformen der Natur*, la cui grande influenza esercitata su numerosi artisti

creativi è oggi ammessa da tutti. Gallé si procura la prima edizione dell'opera al momento della pubblicazione nel 1899 [...] Gallé diventa, a sua volta, difensore dell'alleanza tra arte e scienza. Il 28 aprile 1901 egli illustra la seconda seduta di insegnamento alla scuola di Nancy, proiettando delle immagini che costiutiscono per molti, a parere di Emile Nicolas, che era presente, una vera rivelazione: si tratta di ingrandimenti di Radiolari.

Fig. 5. E. Gallé, *Vaso con alghe e conchiglie*, 1892

Lo storico dell'arte René Huyghe ha dedicato nel 1971 una parte del volume *Forme set Forces: de L'atome à Rembrandt* [8] alle leggi delle lamine di sapone; egli era rimasto affascinato dalla trattazione che ne aveva fatto D'Arcy Thompson. Huyghe tratta anche della *Architecture sphérique des Radiolaires*:

Può accadere che la forma sferica iniziale si moltiplichi in sistemi concentrici ripetuti che, in singolare coincidenza con il lavoro dell'uomo, ricordano alcune opere in avorio dei secoli scorsi, costituite da sfere intarsiate una dentro l'altra.

Non può non sottolineare che:

La sfera regolare è a volte sostituita da poliedri e si formano allora poliedri regolari e si riscopre la serie dei solidi platonici. Di nuovo il Genio geometrico della Natura produce il cubo, il tetraedro, l'ottaedro e anche il dodecaedro e l'icosaedro... Di nuovo le più dotte fantasie matematiche sembrano nascere dal nulla.

Si può osservare che per un matematico contemporaneo sono ben altre le *fantaisies* interessanti, ma in effetti il fascino dei cinque solidi platonici continua.

Huyghe conclude osservando che "La perfezione estetica si sposa con la complessità della struttura dando luogo a una doppia magia". Una delle tavole di Haeckel che aveva maggiormente colpito D'Arcy Thompson era la tavola 117 (Fig. 1) del *Challenger Report* in cui erano riportati i disegni di Radiolari in forma di solidi platonici. Quale migliore prova, per Thompson, della geometria della natura?

Non vi è alcun dubbio che la teoria delle lamine di acqua saponata sembra poter fornire un approccio valido per almeno alcune delle forme dei Radiolari. La questione, sollevata da Haeckel e ripresa poi da Thompson e Huyghe, secondo cui nei Radiolari si trovano le forme dei cinque solidi regolari, non è invece del tutto chiara. In cristallografia è ben noto che non possono esistere strutture cristalline con la forma dell'icosaedro o del dodecaedro. Si potrebbe risolvere la questione semplicemente dicendo che le immagini di Haeckel sono un poco fantasiose, ma una splendida fotografia ottenuta dallo zoologo marino Schaff permette di osservare che esistono Radiolari che hanno strutture derivate proprio dall'icosaedro e dal dodecaedro (Fig. 6). Non è forse azzardato parlare, come faceva Huyghe, di *perfection esthétique*.

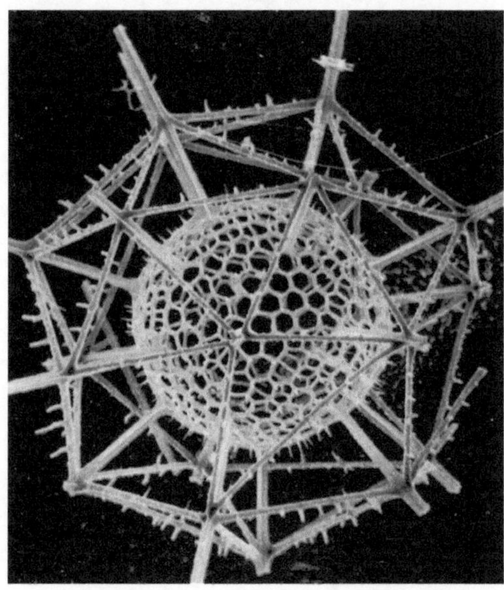

Fig. 6. A. Schaaf, *foto di Radiolare al microscopio elettronico*, dal libro *Bolle di sapone* di M. Emmer

Ecco allora che quei fili sottili che legano il quadro di Manet, la partenza della nave Challenger e la geometria della lamina di sapone di Plateau si sono intrecciati nelle profondità degli Oceani.

E gli architetti ne hanno approfittato. Jacques Rougerie e Edith Vignes hanno fondato anni fa il *Centre d'Architecture de la Mer* (C.A.M.). Hanno poi descritto la loro esperienza in un libro in cui un capitolo è intitolato proprio *l'architecture et la mer* [9]:

Esistono dei posti difficili da descrivere, che ci lasciano un'impressione strana, insolita, irreale, indescrivibile; l'universo sottomarino è uno di questi. Sono le forme di questo mondo così diverso che si devono trasferire nel campo dell'architettura. In questa ricerca di strutture che siano perfettamente adatte all'universo acquatico, abbiamo cominciato con un approccio intuitivo e sperimentale allo stesso tempo [...] Con i Radiolari approdiamo a delle forme di per sé architettoniche che possiedono una struttura stabile che ricorda un edificio molto complicato a forma di tiara o di lampada di moschea. Con il microscopio elettronico, per esempio, è possibile osservare forme sconosciute che l'architettura ha il dovere di inserire tra le sue conoscenze. L'architetto ha bisogno del biologo e viceversa.

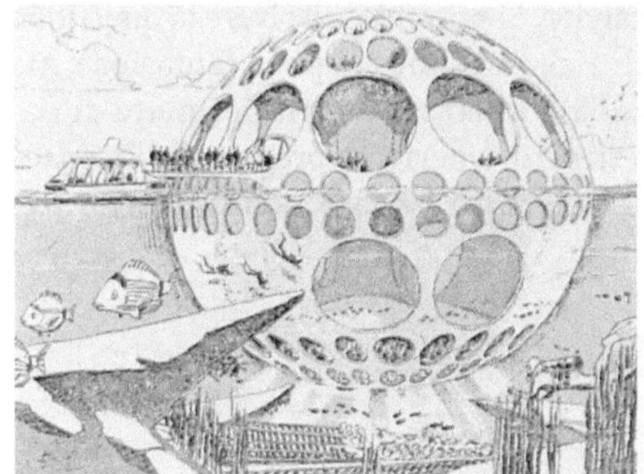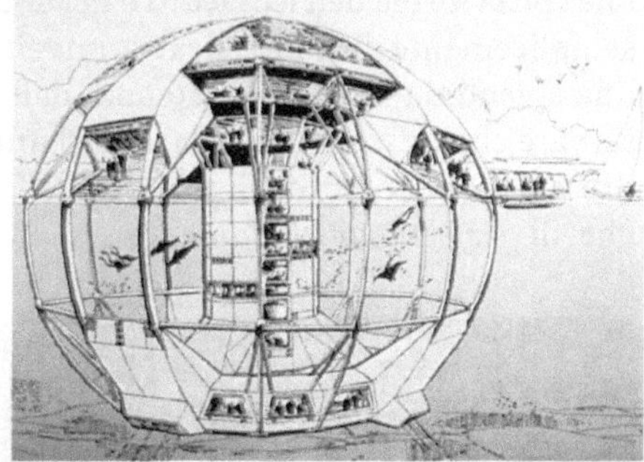

Fig. 7. J. Rougerie, E. Vignes, *Abitazioni sottomarine* (1978)

Se per gli architetti sottomarini è un discorso di analogia di forme, per i biologi il problema è quello di arrivare a comprendere in che modo i Radiolari costruiscono i loro scheletri e se è possibile realizzare modelli che ne ricostruiscono le forme. André Schaaf [10] ha cercato di costruire con lamine e bolle di sapone modelli che spiegassero alcune delle forme dei Radiolari. Schaaf è stato influenzato nella sua ricerca, oltre che dai classici lavori di Haeckel e Thompson, da un articolo pubblicato sul *Scientific American* nel 1976 sulla geometria delle lamine di sapone, scritto da due matematici, Fred Almgren e Jean Taylor [11], e dal volume di P. Stevens *Patterns in Nature* [12]. Esaminando diversi esempi Schaaf arriva alla conclusione che è il rapporto superficie-volume che ha determinato l'evoluzione della morfologia dell'involucro dei Radiolari a partire dall'epoca paleozoica, quando i Nassellari erano molto più numerosi di oggi.

Uno dei modelli di Radiolari che Schaaf considera riguarda l'animale che Haeckel chiamò *Cyrtolagena Laguncula*.

Si considerano così più bolle che si attaccano insieme; la forma che si ottiene deve ovviamente rispettare le regole di Plateau per gli angoli. Schaaf introduce alcuni tipi di vincoli che permettono di rispettare le regole e di spiegare alcune delle forme osservate. Se i centri delle bolle devono essere tutti lungo una retta, considerando bolle di volume diverso si ottiene un modello sperimentale del Nassellare *Cyrtolagena Laguncula*. Altro che una geometria fragile quella delle bolle di sapone!

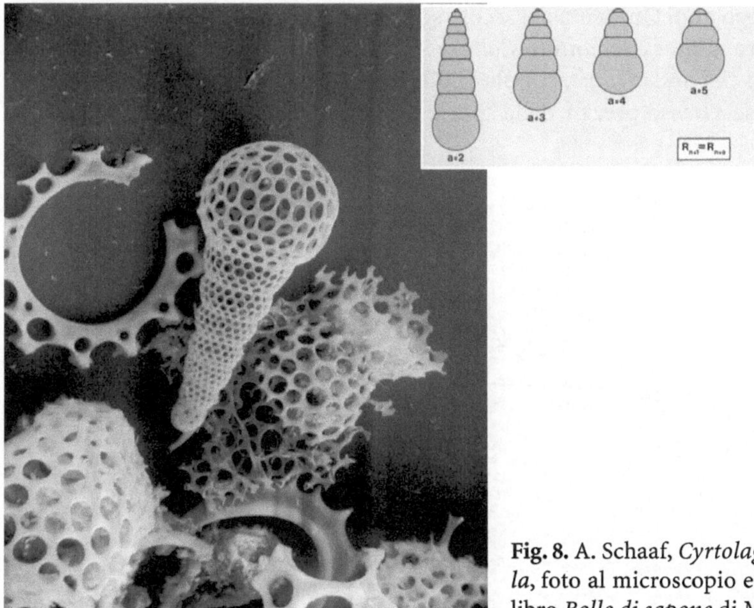

Fig. 8. A. Schaaf, *Cyrtolagena laguncula*, foto al microscopio elettronico, dal libro *Bolle di sapone* di M. Emmer

Virus e Domes

Il *capside*, la capsula proteica che contiene l'acido nucleico, può crescere praticamente all'infinito aumentando con regolarità il numero di triangoli equilateri sulla forma iniziale icosaedrica, effettuando cioè delle triangolazioni sulle facce dell'icosaedro. Le strutture che si ottengono contengono sempre degli esagoni e dei pentagoni e mantengono la simmetria dell'icosaedro. Come scrivono Koch e Tarnai [13], la ricerca al microscopio elettronico delle strutture dei virioni è stata:

largamente ispirata e stimolata dai *geodesic domes*, strutture architettoniche diffuse dall'architetto degli USA Buckminster Fuller. Tanto che il matematico Coxeter tenne negli anni settanta una famosa conferenza dedicata a *Virus Macromolecules and Geodesic Domes* [14].

Le strutture dei virioni mostrarono di possedere in alcuni casi anche simmetrie di tipo diverso, che a loro volta hanno ispirato nuove idee architettoniche. Scrivono Koch e Tarnai che i virus:

per farsi perdonare i loro disastri, hanno ispirato architetti e studiosi di geometria per rendere migliore l'ambiente in cui viviamo con costruzioni moderne, attraenti e *friendly*,

amichevoli, che detto di un virus…

Alla fine degli anni Quaranta del secolo scorso Buckminster Fuller era professore di architettura al *Black Mountain College* in North Carolina, negli USA. Nel 1948 creò il primo *Geodesic Dome*, cupola geodesica [15]. Fuller aveva l'ambizione di realizzare case a basso prezzo, della specie di moderni igloo (Fig. 9).

Fig. 9. B. Fuller, *Geodesic Dome*, Montreal (1967)

L'idea delle cupole geodetiche è quella di considerare una sfera e di cercare di realizzare una struttura che abbia la massima capienza possibile all'interno (proprietà che ha la sfera) e allo stesso tempo una struttura stabile. Si parte dall'icosaedro, che ha 20 facce che sono triangoli equilateri. Su ogni faccia triangolare si prende il centro; si tracciano altri triangoli più piccoli e la struttura viene spinta verso l'esterno. Si fa la stessa operazione su ogni faccia dell'icosaedro aumentando così il volume contenuto. Si ripete poi l'operazione. Si ottengono così *geodesic domes* in cui diventa via via più alto il numero di triangoli sempre più piccoli che aumentano il volume contenuto nella struttura. Si chiamano cupole geodetiche perché sono delle *quasi-sfere*, su cui si considerano cerchi massimi che, intersecandosi sulla superficie sferica, formano degli elementi triangolari.

In realtà Fuller non fu il primo ad avere l'idea, ma sicuramente fu colui che intuì i grandi vantaggi di una struttura di questo tipo. Vantaggi che consistono nel fatto che la struttura triangolare è molto stabile, forte, e la stabilità aumenta con l'aumentare del numero di triangoli. Inoltre è molto semplice costruire le strutture base che non sono molto pesanti e sono costituite da parti tutte uguali tra loro. Sono fortemente stabili e resistono bene agli eventi atmosferici avversi, anche se di grande portata. Ma il sogno di Fuller di realizzare case a basso costo fallì perché, a parte alcuni esempi le cupole geodetiche non sono, in generale, utilizzate come abitazioni proprio per gli svantaggi causati dalla loro forma a cupola. A questo si aggiunge che cose normali in una casa tradizionale diventano molto complicate nelle cupole geodetiche, come per esempio inserire una finestra. Per l'esposizione mondiale di Montreal del 1967 gli USA chiesero a Fuller di realizzare il padiglione nazionale, una cupola geodesica alta più di sessanta metri. Qualche anno dopo il padiglione andò a fuoco e rimase solo l'intelaiatura metallica, che metteva in evidenza la struttura triangolare. Oggi il padiglione di Fuller è utilizzato dal centro di monitoraggio dello stato delle acque del fiume San Lorenzo.

Insomma, sembra che i fili che tengono insieme questa storia dalle acque provengano e alle acque tendano a ritornare.

Bibliografia

[1] Sir C. W. Thompson, Sir J. Murray (a cura di) *Report on the Scientific Result of the Voyage of the S. H. Challenger during the years 1873-1876, Zoologia, Vol. XVIII, Tavole*, Adams and Charles Black, Edimburgo

[2] F. Cachin (22 aprile-1 agosto 1983) *Le Bulles de savon*, in *Manet 1832-1883*, catalogo della mostra, Grand Palais, Parigi, n. 102, pp. 268-269

[3] M. Emmer (1993) *Bolle di sapone*, La Nuova Italia, Firenze

[4] J. Plateau (1873) *Statique expérimental et Théorique des liquides soumis aux seules forces moléculaires*, Gautuer-Villars, Parigi

[5] D'Arcy W. Thompson (1942) *On Growth and Form*, Cambridge University Press, Cambridge, seconda edizione

[6] E Haeckel (1974) *Arts and Forms in Nature*, Dover Publ. Inc., New York, ristampa anastatica dell'edizione Verlag des Bibliographischen Instituts (1904), Lipsia e Vienna

[7] P. Thiébaut (2004) *Gallé: le testament artistique*, catalogo della mostra, Musee D'Orsay, giugno-settembre 2004, Edition Hazan, Parigi

[8] R. Huyghe (1971) *Formes et Forces: de l'atome à Rembrandt*, Flammarion, Parigi, p. 173

[9] J. Rougerie, E. Vignes (1978) *Habiter la mer*, Edit. Maritimes & d'Outre-mer, Parigi

[10] A. Schaaf (1981) *Introduction à la morphologie evolutive: une application à la classes de Radiolares*, N. Jb. Geol. Palant. Abh., vol. 161, pp. 209-253

[11] F. Algren, J. Taylor (luglio 1976) *The Geometry of Soap Bubbles and Soap Films*, Scientif American, pp. 82-93

[12] P. S. Steven (1974) *Patterns in Nature*, Little, Brown and co., Toronto

[13] A. S. Koch, T. Tarnai, The Aesthetics of Viruses, in M. Emmer (a cura di) (1993) *The Visual Mind*, MIT Press, Boston, pp. 223-228

[14] A. S. M. Coxeter, Virus Macromolecoles and Geodesic Domes, in J. C. Butcher (ed.) (1972) *A Spectrum of Mathematics*, Oxford University Press, Oxford, pp. 98-107

[15] R. Snyder (1980) *Buckminster Fuller: an Autobiographical Monologue*, St Martin's Press, New York

L'architettura delle bolle di sapone

Chris Bosse[1]

Ornamenti e struttura

Le cattedrali sono probabilmente più vicine all'idea che la struttura, l'architettura e lo spazio sono la stessa cosa e la struttura rappresenta allo stesso tempo gli ornamenti di un edificio. Se si guarda una finestra gotica, gli archi, i motivi dei fiori ecc., si vede che la loro ragion d'essere sta nel fatto che un arco poteva sopportare meglio i carichi e che la finestra doveva essere suddivisa per essere in grado di reggere il vetro. Questi allora diventano gli elementi espressivi e architettonici di un edificio.

Dato che Loos ha dichiarato che gli ornamenti architettonici sono un delitto, gli architetti si sono spaventati persino a parlarne, dando così vita a edifici freddi e sterili. Oggi usiamo di nuovo la struttura come parte del linguaggio degli edifici, scoprendo la bellezza dei sistemi nonlineari: ne è un esempio il CCTV.

Fig. 1. Cattedrale di Cologne (1248-1880)

Il ruolo dell'architetto

Il ruolo dell'architetto è sempre stato quello di coordinare le differenti discipline coinvolte nel processo di costruzione. Ai tempi di Andrea Palladio era un'attività relativamente gestibile. Ai giorni nostri questo processo è diventato estremamente complicato. Tuttavia, Ulrich Koenigs e Andreas Ruby hanno dichiarato nel 1997:

Con le nuove scoperte in settori come il microcomputing, l'intelligenza artificiale e la bioteconologia, l'innovazione scientifica e tecnologica ha ben poca influenza sull'architettura di oggi.

---

[1] *Ptw architects, Sidney*

L'architettura è sempre stata il riflesso della società e la società ha subito enormi cambiamenti negli ultimi cento anni. Gli ingegneri strutturali furono tra i primi a venire incontro a nuove tecnologie e nuovi metodi di calcolo al fine di poter rimanere al vertice della sempre più crescente complessità delle sfide proposte dalla società odierna.

Gli architetti stanno abituandosi soltanto adesso agli strumenti e alle tecnologie del nuovo millennio. E lo devono fare per forza, perché soltanto in questo modo possono comunicare in modo appropriato con tutte le parti coinvolte nel processo di costruzione, e possono di nuovo assumere il ruolo di supervisori globali del progetto e della sua realizzazione.

I progetti portati avanti dagli ingegneri presentano spesso soluzioni sterili e puramente tecniche a causa della mancanza di insegnamenti interdisciplinari e umanistici nel loro curriculum. Gli aspetti della natura umana, della sociologia e della psicologia, della conoscenza dei colori, delle ambientazioni, delle proporzioni, la sensazione tattile dei materiali e la sensibilità per il progetto sono parte integrante del curriculum di un architetto.

"L'architetto ha bisogno dell'ingegnere, ma l'ingegnere non ha bisogno dell'architetto" è uno stereotipo piuttosto diffuso, che la dice lunga sulla confusione fatta su queste due discipline. Con la sola scienza ingegneristica si può realizzare una parte di una costruzione, che però non si potrà considerare architettura. Tuttavia, l'ingegnere ha una conoscenza profonda da *problem solving*, con cui analizza i parametri che portano a una struttura di successo.

Se l'architetto capisse qualcosa di ingegneria, e se l'ingegnere ne capisse di design, allora avrebbero un punto in comune per cominciare a collaborare. Frei Otto, che è un architetto, ma ha sempre lavorato al confine con l'ingegneria, ha trovato ispirazione nell'auto-organizzazione e nei sistemi che si evolvono naturalmente in natura. Guardando i suoi lavori non si pone nemmeno la domanda se si tratti di architettura o di ingegneria. Si tratta di entrambe le cose. Gli edifici hanno delle belle strutture, ispirate alla natura, sono belli di per sé e creano spazi e atmosfere piacevoli.

Persone come Cecil Balmond e la sua unità di geometria avanzata a Londra ci hanno mostrato come "colmare il gap tra architettura e ingegneria".

La separazione tradizionale tra architettura e struttura non sembra aver più senso.

Imparare dalla natura

Penso che la "tendenza" a imparare dalla natura ci sia sempre stata. Si rinnova continuamente grazie alle nuove tecnologie e con i computer. Dobbiamo distinguere tra copiare la natura e imparare dalla natura. Imparare dall'intelligenza della natura significa avere degli edifici più leggeri, meno spreco di materiali, più efficacia delle risorse energetiche e più ambienti naturali. Di solito, sono anche naturalmente più belli.

Copiare significa provare a imitare una forma senza capirne i principi e facendo uno sforzo immenso di energie e di materiali per l'imitazione. Persone come An-

Fig. 2. Un esempio di come sia possibile per un architetto ispirarsi alla natura

tonio Gaudi e, più tardi, Otto Frei hanno iniziato ad avere un approccio intelligente su come imparare dalla natura per le loro opere architettoniche e noi proseguiamo su questa strada con i mezzi digitali. Tutto a un tratto il *Blob* dei primi anni '90 diventa costruibile e assume anche un significato, perché non è più semplicemente un esercizio su come si plasmano le forme.

Nella serie di padiglioni che abbiamo costruito in tutto il mondo (Il marchio IL MOET ha appena vinto il premio IDEA a Melbourne in tutte le categorie), usiamo il principio delle *Superfici Minime* in Natura. Minimizzando il materiale da usare (per esempio, 17 kg per 500 metri cubi di spazio) riempiamo uno spazio enorme, sulla base delle proprietà di auto-organizzazione delle strutture di una membrana. Otto Frei ha usato questi principi, immergendo dei cavi nelle bolle di sapone per creare un tetto a forma di nuvola sospesa nell'ambiente circostante, in occasione delle olimpiadi di Monaco del 1972. In questo modo, possiamo creare superfici minime che non sarebbero state possibili senza alcun calcolo e che risultano veramente utili e sembrano incredibilmente sexy. La luce anima queste strutture e le riempie di vita.

Fig. 3. Progetti del tetto a forma di nuvola realizzato da Otto Frei

Altri praticanti, come Jon McCormack, usano la programmazione per creare vita artificiale (digitale) in modi straordinariamente elaborati. Il modo più bello in cui ho sentito parlare dei loro lavori è stato da parte della Giuria della Biennale di Venezia del 2004:

Il premio speciale per il lavoro più elaborato nella sezione Atmosfera viene assegnato allo studio di architettura australiano PTW Architects, CSCEC + Design e ARup, per il progetto del Centro Nazionale di nuoto, per le Olimpiadi di Pechino, Cina. Il progetto mostra in modo sconvolgente come modellare deliberatamente la scienza molecolare, l'architettura e la fenomenologia possa creare un'atmosfera fumosa e vaga per una esperienza personale di piacere con l'acqua.

Auto-organizzazione

Michael Weinstock ha pubblicato il cubo d'acqua con uno dei miei primi progetti, il *Bubblehighrise* a Berlino, nel suo libro *Morphogenetic Design* nel capitolo "Auto-organizzazione e costruzioni di materiali".

Nel 2002 siamo stati invitati (SMO architektur, Mad Oreyzi ed io) a un appalto per grattacieli. Avevamo l'idea di stravolgere il concetto di una torre in sporgenza con una facciata creando una torre che era una facciata e una struttura allo stesso tempo. Abbiamo guardato degli scheletri, delle ragnatele, dei coralli e della schiuma. Con un paio di immagini siamo andati in un laboratorio con Charles Walker del Gruppo di Geometria Avanzata di Arup a Londra. Ci venne l'idea delle sfere tangenti nello spazio. Una scatola riempita con delle sfere tenderebbe ad assumere lo stato di concentrazione più densa quando viene sballottata. In un certo senso, si tratta di un sistema stabile. Se ne prendiamo una porzione, otteniamo una parte di struttura che sembra organica e casuale, ma è molto efficace e strutturale. Ci ricordammo che Otto Frei (il mio mentore all'istituto di strutture leggere all'Università di Stoccarda) aveva fatto degli esperimenti con la schiuma e con le bolle di sapone[1].

Fig. 4. Un contenitore pieno di palline colorate che si auto-organizzano nello spazio

[1] *L'Istituto per le Strutture Leggere ha sperimentato per più di 30 anni "la ricerca delle forme" in Natura e ha ispirato alcuni degli edifici più straordinari come il* Pavillion *a Montreal nel 1968, le Olimpiadi di Monaco nel 1972 e recentemente la stazione centrale di Stoccarda con gli architetti Ingenhoven (http://www.uni-stuttgart.de/ilek/Fotoarchiv/Fotoarchiv.html)*

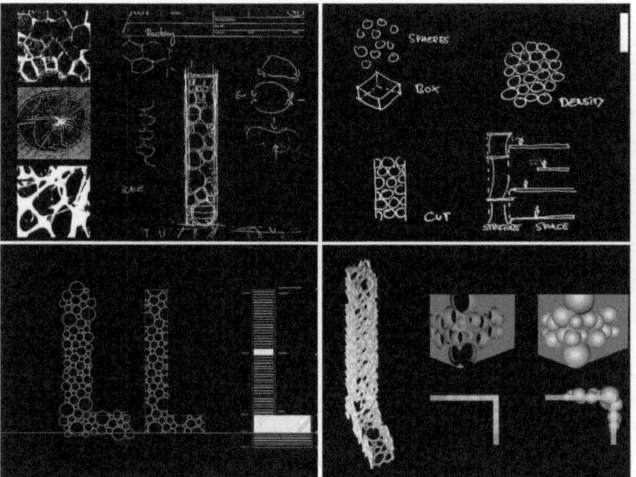

Fig. 5. Studi progettuali per la realizzazione di un nuovo concetto di torre in sporgenza con una facciata (2002)

Il progetto Highrise purtroppo è terminato, ma abbiamo avuto una copia del libro di Otto Frei da Charles Walker, che mostra dei cerchi che si trasformano nella schiuma tridimensionale.

Quando mi sono trasferito a Sydney, un anno più tardi, e abbiamo cominciato il progetto, potevamo prendere di nuovo in considerazione quest'idea, che era uno stimolo perfetto per l'idea di usare l'acqua per la forma di un edificio. Tuttavia, come detto prima, ci vollero altri tre mesi prima che ci impegnassimo a farlo e che Tristam Carfrae e il suo team ad Arup ricercassero una geometria tridimensionale della schiuma sul sito web dell'Istituto Irlandese di Fisica della Schiuma alla Trinity University di Dublino.

Poetica

Un edificio funzionale deve risultare tale a vari livelli. Mentre il cubo d'acqua è incredibilmente tecnico, allo stesso tempo è molto poetico, effimero e surreale. L'elemento culturale di integrare il quadrato come la forma principale nella mitologia/architettura cinese dà un quadro completo della situazione.

La cosidetta architettura high-tech manca spesso di immediatezza e di sensualità intuitiva. I lavori di Peter Zumthors, come le terme a Vals o il Bregenz Kunsthaus, sono grandi esempi di architettura intuitiva e emotiva, che richiama i sensi, ma è allo stesso tempo molto high-tech. Non viene celebrata la tecnologia, ma le qualità spaziali che si possono realizzare grazie ad essa. Peter mi ha insegnato (all'accademia di Mendrisio) a credere nella propria intuizione.

L'idea spaziale del centro acquatico è di creare un'atmosfera surreale sott'acqua, con luce soffusa e filtrata simile a quando si fa *snorkeling* vicino alla Grande Barriera Corallina. Come risposta tecnologica si ottiene una struttura leggera, complessa, con un involucro multistrato di Teflon.

L'impressione esterna è quella di avere a che fare con un blocco d'acqua, apparentemente una contraddizione, qualcosa di solido, ma che dà la sensazione di essere fluido, non fermo.

L'idea per cui il muro e il tetto sono lo stesso elemento, un organismo, che non separa le funzioni da orizzontale a verticale: la struttura e l'involucro sono un tutt'uno.

E tecnicamente questo ha dimostrato di essere antisismico ed efficiente da un punto di vista dei materiali.

Icone

I due stadi saranno gli edifici iconici del 2008. Si potranno vedere ogni giorno da un elicottero in volo attorno ad essi e mentre vengono annunciati i Giochi Olimpici al mondo di milioni di spettatori in TV. Per noi il *Birdnest* offrì l'ispirazione per progettare un edificio che fa da contraltare all'altro, uno rotondo e l'altro quadrato, uno rosso e l'altro blu, uno legato al fuoco e l'altro all'acqua. Per questo il gruppo cinese ha dato un grande contributo. Crediamo che i due edifici siano l'uno il complemento dell'altro e in contrapposizione fra loro. Le differenze e le somiglianze cominciano a risaltare ora che si possono vedere ultimati.

Fig. 6. Progetto dei due stadi visti dall'alto

Outlook, il digitale e il reale

Il mondo dell'architettura è sottosopra, o soprasotto, non a causa del centro acquatico, ma per una nuova generazione di architetti che è incredibilmente eccitante. La chiamo la seconda generazione dell'architettura digitale o, citando le parole di Andrew Benjamins, "post-digitale".

Il computer viene usato per progettare a livello intuitivo, ma intelligentemente, e non per fare soltanto dei *blob*. Per il cubo d'acqua, abbiamo cercato di comprendere i principi dell'addensamento delle sfere e la disposizione naturale delle bolle di sapone, dei minerali e delle celle organiche. I principi si ripresentano quasi ovunque in natura e la ragione non è l'estetica ma l'ottimizzazione e l'efficienza. Quando abbiamo osservato il primo modello fisico (litografia stereo) della struttura siamo rimasti senza parole. Abbiamo creato un oggetto del tutto artificiale che sembrava qualcosa di simile a ciò che si ritrova in natura.

I progetti

Il Cubo d'acqua

Il cosidetto *Cubo d'acqua* associa l'acqua, come *leitmotiv* strutturale e tematico, con la forma del quadrato, la forma primigenia della casa nella tradizione e nella mitologia cinese. L'intera struttura del Cubo d'acqua è basata su un unica costruzione leggera, svillupata da PTW e ARUP, e derivata dalla struttura dell'acqua nello stato di aggregazione della schiuma. Dietro l'apparenza del tutto casuale si nasconde una geometria come quella che si può trovare in sistemi naturali come i cristalli, le cellule e le strutture molecolari (la suddivisione più efficiente dello spazio tridimensionale con celle di uguale volume). Utilizzando questo nuovo materiale e applicando tale tecnologia, la trasparenza e l'apparente casualità viene trasposta negli strati interni ed esterni dei cuscini ETFE. A differenza delle strutture tradizionali degli stadi con colonne giganti e travi, cavi e campate a cui viene applicato un sistema per la facciata, nel progetto del Cubo d'acqua, lo spazio architettonico, la struttura e la facciata sono una e una sola cosa.

Concettualmente, la scatola quadrata e gli spazi interni sono ricavati da un grappolo indefinito di bolle di sapone, che simboleggiano una condizione naturale che viene trasformata in una condizione culturale. L'apparenza del centro acquatico è perciò un "cubo di molecole d'acqua" - il *Cubo d'acqua*.

In combinazione con lo stadio principale olimpico, viene creata una dualità tra fuoco e acqua, maschile e femminile, Yin e Yang con tutte i relativi punti di attrazione/tensione.

Acqua e aspetto visivo

Uno degli elementi di design del progetto del Cubo d'Acqua è il suo aspetto visivo. Si tratta di un edificio incentrato sull'acqua, che diventa un materiale profondo per la costruzione, che smaterializza l'edificio in modo significativo. In altre parole, la struttura molecolare dell'acqua nel suo stato di schiuma viene amplificato fino a formare la struttura dell'edificio.

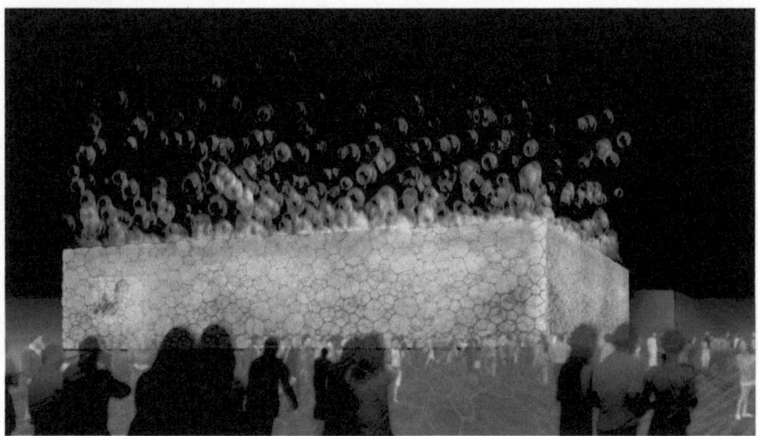

Fig. 7. *Cubo d'acqua*; progetto virtuale

La struttura dell'acqua dissolve e addolcisce tutti i bordi e dà dei micro dettagli sofisticati della totalità monolitica. La sofisticazione e il divertimento dei vari componenti, la semplicità e la monumentalità del tutto, dà all'edificio una dualità interessante.

In una città dell'entroterra come Pechino, l'acqua diventa molto preziosa e avere dell'acqua intorno è un gran lusso nella vita delle persone. A noi sembra che il Centro Acquatico trascenda la sua funzionalità di un semplice edificio per le Olimpiadi; è anche un paradiso nel cuore di Pechino, che porta alle persone la felicità infinita, la gioia e tutti i tipi di fantasia di avere dell'acqua intorno. La giustapposizione di bolle apparentemente soffici, curve, a forma di cuscino, con la forma rettangolare del piano terra fornisce un altro punto di interesse.

I principi ESD

Il Centro Nazionale Acquatico di Pechino è un edificio con molti punti a suo favore:
1. Il progetto consente di illuminare gli interni dell'edificio con molta luce naturale, in modo da riscaldare indirettamente gli ambienti e l'acqua della piscina.
2. Il sistema high-tech ETFE di isolamento termico funziona nello stesso modo in cui funzionerebbe una serra isolata molto efficiente, che assorbe la radiazione solare e evita la perdita del calore. La facciata a doppio strato delle bolle è isolata talmente bene da avere il potenziale di far risparmiare un anno di riscaldamento. Il principio è quello di catturare le radiazioni solari nell'area dell'edificio dove ce n'è più bisogno, attorno alla piscina, e di conservarle in tale aree. La massa termica del cemento e dell'acqua assorbe e irradia nuovamente questo calore di notte, quando ce n'è più bisogno.
Per raggiungere il giusto equilibrio, la facciata dell'edificio ha tre modalità di funzionamento, per far fronte al clima estivo, invernale e delle mezze stagioni. Le facciate chiare e luminose fanno filtrare grandi quantità di luce naturale, che fa venir meno la necessità di illuminare artificialmente la piscina durante il gior-

no. Una proprietà fondamentale nel progetto dell'involucro ETFE consiste nel sistema di controllo per variare le ombre.

Modificando la pressione nella cavità interna, i fogli interni possono essere chiusi o aperti. In questo modo, la luce da controllare dà un effetto a chiazze simile alla luce sotto un albero o nelle profondità acquatiche. La luce può essere controllata, per essere diretta soltanto su quelle zone che non vengono abbagliate, oppure si possono spegnere il tetto e il muro, per creare condizioni di illuminazione ottimali per le camere televisive. Di notte, l'edificio si illuminerà, per mettere in risalto le attività che si svolgono al suo interno.

3. I centri acquatici di solito consumano grandi quantità di acqua per varie ragioni; perciò è stato preso attentamente in considerazione anche il ciclo dell'acqua. L'acqua usata dai lavandini e dalle docce verrà riciclata per ridurne lo spreco. L'acqua grigia sarà quindi riutilizzata per scaricare i water, per ogni altra funzione architettonica e per i sistemi di irrigazione. Viene anche raccolta la pioggia dal tetto e conservata in recipienti nei sottorranei prima di essere filtrata e trattata per il riciclaggio.

Contesto

Lo studio PTW Architetects si prefiggeva lo scopo di progettare un edificio compatibile con il messaggio del nuovo stadio Olimpico costruito nelle vicinanze e di essere un edificio sensibile all'ambiente urbano proposto, quello della congiunzione degli assi della Città Proibita e della Strada del Quarto Anello a nord di Pechino. Crediamo che il Centro Acquatico Nazionale dovrebbe essere da supporto allo Stadio Nazionale. Dovrebbe dare dimostrazione di saggezza e bellezza, senza mostrare un gran gesto che compete o mette in secondo piano lo Stadio Nazionale.

Quasi a fare da contrappunto all'immagine eccitante, energizzante, mascolina, totemica dello Stadio Nazionale, il Cubo d'Acqua appare sereno, rivolto alle emozioni, etereo e poetico, con umori variabili che entrano in risonanza con i cambiamenti delle persone, delle stagioni e degli eventi.

Il senso della serenità e il potenziale per i cambiamenti di umore sono da considerarsi le proprietà essenziali, che assicurano come il nostro NSC fornisca quell'importante ruolo di supporto.

ETFE

Il materiale usato per le rifiniture nel progetto dell'edificio è un sistema di rivestimento di Teflon chiamato ETFE, introdotto in Cina con questo progetto. Si tratta di un materiale leggero e trasparente. A causa delle sue proprietà relative alla superficie, l'aspetto esteriore dell'edificio può essere alterato usando una diversa illuminazione e delle proiezioni di immagini tramite computer.

Il panorama attorno all'edificio

Un cubo viene buttato in acqua; l'acqua schizza sulla terra come gocce che si diffondono come onde nel loro propagarsi. Questa è la teoria che sta dietro al progetto del panorama del Centro Nazionale Acquatico. Le gocce d'acqua diventano libbre d'acqua con i vegetali, le sculture, le fontane ecc. Così come nell'antica città quadrata cinese, come la Città Proibita, che era circondata da un fiume, l'edificio del Centro Acquatico è separato dalla terra circostante da un fossato lineare.

I ponti sono l'unico modo per entrare nell'edificio. Un muro d'acqua corre per tutto il fossato per far rialzare da terra lo spazio occupato dalla costruzione. All'ingresso il muro d'acqua raggiunge la sua altezza massima grazie a un muro di separazione in vetro, che gli sta dietro, con cui la luce del giorno filtrata dall'acqua entra nella lobby. Le persone fanno l'esperienza di entrare in uno spazio schermato dall'acqua ogni volta che accedono all'edificio.

Il concetto strutturale

La struttura del Centro Nazionale Acquatico è basata sulla più efficiente suddivisione dello spazio tridimensionale. Si tratta di uno schema estremamente diffuso in natura (per esempio, è il modo in cui si dispongono le cellule, in cui è fatta la struttura cristallina nei minerali o in cui si formano le bolle di sapone).
Nel tardo XIX secolo, Lord Kelvin ha posto il seguente problema:

Se proviamo a suddividere lo spazio tridimensionale in compartimenti multipli, ciascuno di ugual volume, che forma avrebbero se l'area delle superfici di interfaccia fosse minima?

Si tratta di un problema interessante, non soltanto come esercizio teorico, ma anche perché tali forme sono prevalenti in natura. Lo studio delle bolle di sapone è probabilmente un buon punto per iniziare a considerare la sfida posta da Lord Kelvin. Plateau aveva già osservato, nel 1873, che quando le lamine di sapone si uniscono, ci sono sempre tre superfici che si incontrano formando un angolo di 120°. Gli spigoli si intersecano quattro a quattro, come al vertice di un tetraedro, formando un angolo di circa 109,47°.

Nel 1887, Lord Kelvin ha proposto una soluzione al suo stesso problema, basato su una figura con 14 lati fatta di 8 esagoni regolari e di 6 quadrati. Questa figura può essere costruita tagliando delle figure uguali ai vertici di un ottaedro. L'angolo al vertice di un quadrato è 90° e quello di un esagono è 120°. Entrambi sono diversi dall'angolo ideale osservato da Plateau pari a 109.47°. Un pentagono regolare ha un angolo di 108 gradi, ma il dodecaedro (poliedro regolare con dodici facce pentagonali) non può essere usato per tassellare lo spazio perché restano degli spazi vuoti.

Per qualche tempo si è supposto che dei poliedri fatti con delle combinazioni di pentagoni e esagoni fossero più efficienti della schiuma di Lord Kelvin. Fu nel 1993 che due professori irlandesi, Wearie e Phelan, hanno costruito della schiuma con due celle diverse, una con 14 lati (due esagoni e 12 pentagoni) e una con 12 lati (tutti pentagoni), che hanno una superficie minore di quella ottenuta da Lord Kelvin con le bolle di sapone. La schiuma di Wearie-Phelan resta oggi il modo ottimale per suddividere lo spazio tridimensionale; noi l'abbiamo usata come base per la struttura del Centro Nazionale Acquatico di Pechino. Nonostante la sua apparente complessità e la sua forma organica, l'edificio è infatti costruito utilizzando un elevato grado di ripetibilità. Usa soltanto tre facce differenti, quattro spigoli differenti e tre nodi o angoli differenti. Così il Centro Acquatico Nazionale di Pechino può essere facilmente costruito utilizzando, organicamente e in modo ripetitivo, lo spazio basandosi su una soluzione di uno dei quesiti matematici più significativi al mondo, che si ritrova anche in natura - una soluzione verde, sociale e tecnica.

Fig. 8. Alcuni momenti durante la costruzione del *Cubo d'acqua*

Credits

PTW Architects + CSCEC+design + ARUP
National Swimming Center
Beijing, China 2003–2007

Project title: Watercube, National Swimming Center, Beijing
Client: People's Government of Beijing Municipality, Beijing State-owned Assets Management Co., Ltd
Competition management: Three Gorges International Tendering Co., Ltd.
Design consortium: PTW Architects, CSCEC+design, ARUP

PTW design team: Director: John Bilmon; Mark Butler, Chris Bosse,

CSCEC+design team leaders: Zhao Xiaojun, Wang Min, Shang Hong
ARUP: Tristram Carfrae (engineering team leader), Peter Macdonald (structure), Kenneth Ma (building services), Haico Schepers (building physics), Ken Conway (environmental), Mark Lewis (communications), Steve Pennell and Stuart Bull (3-D CAD)

Il Moet Marquee: PTW Architetti

Espace Lumiere, lo spazio ricavato dalla luce

Lo studio PTW Architects ha progettato, in collaborazione con Amanda Henderson da Gloss Creative, il MOET Chandon Marquee per la Coppa Melbourne 2005, la corsa di cavalli più rinomata ogni anno in Australia. Gli architetti hanno usato le tecnologie digitali più recenti da concept-sketch alla realizzazione per creare un'atmosfera surreale e frizzante nel nome di *Bubble-ism*.

Struttura e spazio

Il progetto rinuncia all'applicazione di una struttura nel senso tradizionale. Invece, lo spazio viene riempito con una scultura tridimensionale in materiale leggero, basata solamente su una minima tensione superficiale, che si allunga liberamente tra il muro, il soffitto e il pavimento.

Fig. 9. Modello interno del Moet Marquee

Materiali per la costruzione

Lycra trattata in modo particolare e luce del giorno.

Innovazione e workflow digitale

Il prodotto mostra una nuova modalità di *workflow* digitale, che consente di generare lo spazio da un materiale leggero in un tempo molto breve. Il modello al computer, basato sulla simulazione della complessità in sistemi che si evolvono naturalmente, alimenta direttamente una linea di produzione di *software* auto-prodotto con fabbricazione digitale.

Trasporto e sostenibilità

Il padiglione (peso: 35 Kg) si trasporta facilmente in una borsa della spesa in qualsiasi parte del mondo; può essere messo insieme in meno di un'ora ed è completamente riutilizzabile. Pur apparendo solida, la struttura è morbida e flessibile e crea spazi realmente insoliti, che vengono alla vita con l'illuminazione e la proiezione. I progetti, in una qualsiasi scala e realizzati per unqualsiasi scopo, possono essere riutilizzati in un breve periodo di tempo.

Superfici minime

Data una superficie minima, cioè una qualsiasi superficie che abbia curvatura media nulla per un dato bordo, essa non può essere modificata senza aumentare l'area della superficie stessa.

La costruzione con materiale leggero del padiglione segue le linee e la tensione superficiale delle bolle di sapone, che si allungano tra cielo e terra. Queste curve naturali di bolle sono tradotte in uno spazio tridimensionale. Dall'inizio dei primi anni settanta, con gli esperimenti di Otto Frei con le bolle di sapone per lo Stadio delle Olimpiadi di Monaco, i sistemi che si evolvono naturalmente non hanno perso il loro fascino nel campo delle nuove tipologie e delle strutture.

Design attraverso l'ottimizzazione. Partendo dalla Natura

La forma del padiglione non è "progettata esplicitamente", ma piuttosto è il risultato della più efficiente suddivisione dello spazio tridimensionale trovato in natura, come le cellule, i cristalli dei minerali e la forma naturale delle bolle di sapone. Questo concetto è stato realizzato con un materiale flessibile, che segue la forza di gravità, la tensione e la crescita, analogamente a un tela di ragno o a una barriera corallina.

Illuminazione

Lasciando che la luce del sole penetri parzialmente la struttura in stoffa, il padiglione prende vita come in una dimensione surreale ed effimera di bolle. Il soffitto perforato filtra la luce naturale e la dirige sulla e nella stoffa di Lycra, dando profondità e lucentezza allo spazio, una qualità effimera. La luce cambia costantemente durante il giorno, a causa del movimento delle nuvole e del cambiamento delle condizioni atmosferiche.

55

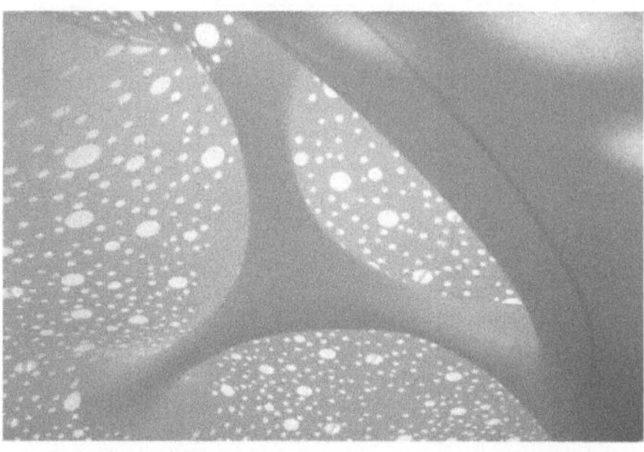
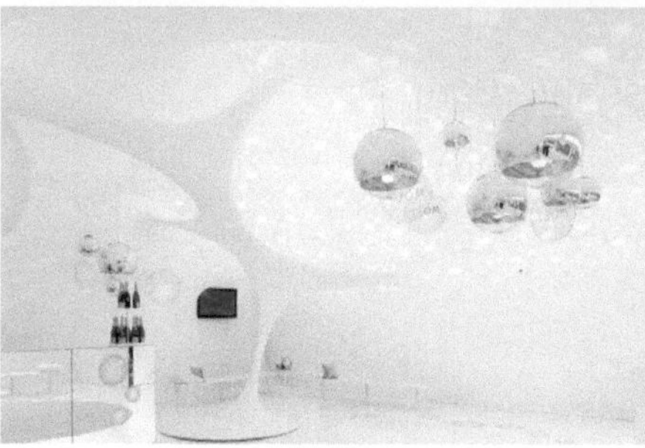

Fig. 10. Alcuni particolari interni del padiglione Moet Marquee

Credits

Project title: MOËT Marquee / Espace lumiere,

Client: Moët & Chandon Australia
Location: Spring racing Carnival, VRC, Melbourne, Australia
Completion: November 2005

Project team: PTW Architects, Sydney, Australia
Managing director: John Bilmon
Project architect: Chris Bosse

Styling + project management: Amanda Henderson / creative director Gloss Creative, Melbourne, Australia

Soft furnishings: Cameron Comer / Comer & King, Melbourne, Australia
Image and concept graphics: Round, Melbourne, Australia

Membrane, engineering and patterning: Taiyo Membrane Corporation, a division of the Taiyo Kogyo Group

Photography: Dianna Snape and others.

Topologia e spazio storico:
il museo del mondo ellenico, Atene

Nikos Georgiadis

In occasione della presentazione del Museo del Mondo Ellenico (MHW) progettato dallo studio *Anamorphosis-Architects* [1-4], vogliamo qui mettere in evidenza una vera e propria esperienza dello spazio fisico come logica matematica e di conoscenza, che può essere trasmessa con la realizzazione di un progetto. Abbiamo perciò cercato di sviluppare l'idea di presentare questo progetto come un'applicazione di un modello matematico attraverso una serie di domande legate alla problematica topologica centrifuga, che in un certo senso riflette la struttura della soggettività e prende le distanze da nozioni come quelle della percezione intuitiva o dell'apprezzamento dello spazio. Parleremo quindi di come lo spazio fisico non si presenti in modo neutrale né intuitivo, ma sia un processo storico particolare degno di nota, operativo, trasmettibile e di fatto insegnato.

Sin dall'inizio, la questione della creatività e dell'immaginazione, in relazione alla matematica e alle tecnologie digitali nella tecnica e nella pratica architettonica [5], pone una serie di argomenti di ricerca. Bisogna tenere conto di due cose: da una parte la concezione matematica dello spazio reale ad opera dell'uomo (livello culturale), dall'altra la concezione della matematica in termini di spazio empirico reale. Allora, al di là della nozione di genio, di espressione libera e di immaginazione trascendentale, ci potremmo chiedere: fino a che punto il processo della creatività ha una struttura matematica? e in che misura la matematica, come campo scientifico, può trarre informazioni dalla dialettica dell'esperienza reale spaziale (l'architettura), al fine di scoprire e sviluppare ulteriori formulazioni di logica e struttura? Lo spazio reale costruito dall'uomo è soltanto un'applicazione (di successo oppure no) di modelli matematici ideali oppure una condizione che rivela in sè stessa qualche tipo di logica matematica paradossale dello specifico e del locale? La creatività è associata alla logica del locale? In caso affermativo, una tale ipotesi non invertirebbe la logica astratta induttiva e riduttiva della matematica?

La matematica del reale locale è un'ipotesi che potrebbe aprire nuove direzioni per considerare progetti reali come campi di valore teorico, e non essere semplicemente un test o un'applicazione (di idee, teorie, formule...) in uno spazio neutrale aprioristico. Ciò presuppone, naturalmente, che la cultura debba essere intesa per le sue realizzazioni, che coinvolgono l'analisi, la tecnica e la produzione e non per le ideologie sul gusto, la riproduzione e il compiacimento. Questa è la direzione che segue la presentazione del progetto MHW, il quale punta a mostrare che la realizzazione di un progetto dello spazio fisico è un tentativo di importanza teorica e matematica. In questo contesto, la matematica viene discussa nell'ambito della problematica più ampia sul *mathéme* (l'elaborazione della matematica di J. Lacan e il *mytheme* di C.L. Strauss), termine che indica la formalizzazione di una conoscenza trasmessa integralmente, un *orthi doxa* (conoscenza esatta, Platone, *Menone*) capace di essere insegnata *oggettivamente* e *incondizionatamente*, senza l'intervento di una guida o di un maestro [6-8].

Le domande qui sopra diventano ancora più complesse - o forse più semplici - se si prende in considerazione la problematica psicoanalitica (J. Lacan) per cui lo spazio, la matematica e l'inconscio sembrano fondersi in un'unica questione e in cui lo spazio fisico (uno spazio indicatore, privo di qualsiasi segno o significato) viene visto come una struttura, una logica equivalente a quella dell'*inconscio* (citando Rabelais, J. Lacan vede "la matematica come una scienza senza coscienza", [9], e "l'inconscio come un sistema che lavora morficamente, cioè come i sogni, ma non pensa" [8, 10]). Qui, la struttura spaziale del *soggetto* (in opposizione a una struttura oggettiva centrata sull'ego) viene concettualizzata in termini di *topologia invertita o de-centrata* [6], in cui la matematica viene utilizzata come una forma logica. Una teoria topologica siffatta rompe i vecchi schemi del mondo fatto a sfere e cerchi concentrici, centrati attorno alla percezione di Sè e quindi con tutta la geometria analitica ed euclidea (e quella non euclidea, la preferita ai giorni nostri) e con la visione dello spazio come un ambiente o un oggetto che si pone in opposizione o è estraneo all'individuo umano [11]. E attraverso la matematizzazione morfica dello spazio fisico possiamo analizzare la conoscenza del soggetto [6]. J. Lacan associa la matematica con *il reale e la fantasia*; ma una tale concezione di reale è distaccata da qualunque nozione dettata dal senso comune di realismo o di realtà, mentre la fantasia, ben lungi dall'essere un tramite intuitivo, viene concepita come un meccanismo di trasferimento [6].

Questa problematica introduce la *cultura come una condizione basata sul soggetto/spazio*, che porta l'essere umano che esercita la cultura ad essere anche soggetto al processo della cultura, senza avere mai il pieno controllo, mentre la condizione analitica della matematica può operare come una equivalenza del soggetto umano le cui intenzioni sono anch'esse da analizzare. In questo modo si rompe con lo schema di una cultura basata sull'*ego/oggetto* e con quella della matematica come uno strumento astratto, ideale e ideazionale, che può essere manipolato da un ego capace di testarlo in uno spazio neutrale. Di conseguenza, il concetto della storia cambia. Lo *storico*, e non lo *storiografico*, costituisce il materiale dell'inconscio. Opera come un evento topologico invertito, che persiste morficamente, senza tempo e inconsciamente, estraneo a qualsiasi intenzione ideologica dell'ego, del suo senso del tempo, di significati o di memoria simbolica. La storia in questo senso diventa sempre un progetto (futuro) del reale [7] – una posizione Lacaniana che ha origine dalla critica di Sigmund Freud relativa alla contestualizzazione della percezione e della memoria [12]. Questa è precisamente la direzione che ha preso il progetto MHW, tenuto conto che interessava un *museo della storia,* il cui ruolo comprende la trasmittibilità della storia come fatti ricorrenti che si ripetono nel corso degli anni. Ben lungi dall'essere un rifugio neutrale oppure ricco di sculture, il progetto del museo si confronta con il problema di come lo storico si manifesta a noi come *mathema della sua stessa spazialità* e di conseguenza diventa un principio per progettare.

La topologia ex-centrica:
esperienza architettonica e psicanalisi

L'esperienza architettonica mostra che, pur non essendo un'analogia o una metafora, la relazione tra l'architettura e la matematica è complessa e irrisolta [11, 13, 14]. In uno spazio reale vivibile (pieno di cambi di prospettiva e di condizionamenti variabili) i modelli geometrici (semplici o complessi), pur essendo presi in considerazione nel design, perdono la loro forma ideale e la loro precisione e "scompaiono" come tali. Diventano "oggetti" che rimangono sospesi, resi diafani, installati e realizzati. Non è un caso che la *città*, l'artefatto più grande e complesso della civilizzazione umana, non sia affatto regolare, anche se la sua funzionalità quotidiana e la sua crescita costruiscono una struttura morfica al di fuori della geometria classica, persino al di là di uno schema entropico. I modelli matematici possono essere impiegati nei processi di costruzione o di progettazione, ma la loro astrazione, la loro idealizzazione e il loro ragionamento vengono meno alla luce dell'esperienza fatta sullo spazio reale. Può un tale fenomeno rivelare un processo operazionale, una nuova concettualizzazione della progettazione? Può diventare un *mathema*, cioè una conoscenza completamente trasmettibile, o deve essere ignorato come un fenomeno insignificante e comune?

Ai giorni nostri, in molti progetti architettonici il fenomeno della sospensione della forma ideale nell'esperienza viene spesso frainteso con lo spazio instabile, fluttuante o amorfo, in breve con la transpazialità o spazi negati, e come tale viene riciclato nel design. Per giustificare ciò, si può ricorrere alla nozione di *n-topologia*, emersa in numerosi progetti architettonici, e alla presunta introduzione della dimensione del "tempo" nella progettazione. Si tratta di atteggiamenti che non riconoscono la *afanisi dell'ideale* come una sua negazione o una sua parametrizzazione. Così non riescono a concepire il meccanismo effettivo della sospensione della forma ideale, messo in atto dal reale stesso, e di conseguenza tutta la dialettica *ex-centrica* e *non-visuale*, che una siffatta sospensione trasmette. Ciò che viene pertanto proposto in un progetto è un discorso infinito di spazi amorfi illusori di "nuove topografie", spazi deformati, virtuali che ti circondano completamente e una geometria di "relatività" costante, di "cambiamento" o "movimento", che è essenzialmente descritta dal vecchio paradigma dello spazio basato sull'uomo, semplicemente perché indirizzano il tempo dell'ego su uno spazio neutrale. Questo articolo si occupa della sospensione non come una negazione dello spazio, ma come un'allusione alla negatività spaziale; non come un nuovo programma sociale o una necessità che si riflette sullo spazio, ma come una dialettica negativa che si verifica a lato della spazialità stessa.

L'analisi ha mostrato che dietro il conflitto costante tra la regola astratta e il reale [11], c'è una logica morfica che giace in ciò che viene chiamato lo spazio creato dall'uomo, urbano o architettonico, ma tale struttura non è in alcun modo percepibile nella maniera topologica usuale. A questo punto si potrebbe citare una serie di teorie dello spazio basate sull'intelligenza artificiale, che si fondano tuttavia su riduzioni topologiche elementari [15]. Alludendo alle avventure topologiche di *The Flatland* [16], si potrebbe ipotizzare che lo spazio architettonico e urbano sia in effetti la dimensione extra, la dimensione *ex-centrica* di cui conosciamo l'esistenza per la sua riduzione. Per trovare una tale dimensione non si tratta di fare delle analogie con la matematica o delle estensioni analogiche della percezione dalla dimensione *n* alla dimensione *n+1* [11], ma piuttosto di riscoprire la matematica come una struttura immersa in un'esperienza urbana e architettonica. La topologia come metodo di ricerca sembra essere utile soltanto in maniera *ex-centrica* e invertita, in quanto la topologia classica (Leibniz) è inquadrata nella padronanza/certezza della consapevolezza di sé e della teorizzazione intuitiva esterna dello spazio. In *The Flatland* la terza dimensione, in relazione alla seconda, non viene concepita semplicemente come un nuovo modo di percepire, ma principalmente come una sospensione o afanisi del preconcetto geometrico della seconda dimensione; come un processo decentrato, ma anche come un processo intrinseco (formativo), eterogeneo alla consapevolezza padrona del sé bidimensionale. La "nuova" dimensione (la terza, la quarta...) interviene come una sospensione del sistema convenzionale e non semplicemente come una sua possibile aggiunta/estensione. Per superare il sistema geometrico euclideo non basta aggiungere un ulteriore parametro della nostra esperienza (per esempio, il tempo) senza considerare la sospensione del campo della consapevolezza/percezione di quel sistema, una sospensione che ha luogo non attraverso l'*(auto)-negazione* di quel sistema, ma attraverso la sua immersione nel reale, nell'*Altro* (il reale della "sfera" in opposizione alla realtà del "quadrato"). Una delle lezioni più importanti di *The Flatland* è che la sfera (3D) è una realtà ex-centrica rispetto al quadrato (2D) e non un suo sviluppo; come tale non deve essere interpretata alla lettera, ma come una pausa concettuale o epistemologica introdotta dal reale stesso.

Meglio formulata in psicanalisi, la *topologia ex-centrica* riguarda l'inversione del ruolo di padronanza del sé e il suo spostamento dalla posizione dell'osservatore distante a quella dell'agente spaziale attivo. La psicanalisi ha mostrato che la spazialità è la struttura del soggetto e una tale struttura è anche matematica [6]. La matematizzazione del soggetto e dello spazio nella psicanalisi Lacaniana ha attraversato varie fasi che sono totalmente associate al processo morfematico che si oppone alla certezza dell'inconscio o alla percezione intuitiva dello spazio. Il *mathema* fu concepito ben oltre il sistema aritmetico e, in sostanza, si basava su esempi di impossibilità della rappresentazione (cioè, l'inaccessibilità dell'infinito nella teoria dei numeri). Inizialmente l'enfasi venne data al ruolo chiave dello zero come simbolo di mancanza e di un processo che genera i numeri [17]. In seguito il *mathema* fu concepito in termini della formalizzazione della lettera (Bourbaki), della teoria dei numeri (Cantor) e infine in termini di strutture topologiche invertite, non intuitive, di superfici [8, 18] che costituiscono spazialità topologiche in modo non invertito e definitivamente, ma come *non-oggetti* come il nastro di Moebius, il toro, il *cross cap*, i nodi e gli anelli borromei, tutti basati sulla "matematica del *torcere*, *curvare* e del *ripiegare*" [6, 19, 20]. Parallelamente, *associazioni omeomorfe* sono state concepite come una logica pura e un principio articolato in opposizione a quello dei numeri, basato sul paradigma del discorso delle barzellette, i sogni, la poesia, i ponti verbali (Freud) e l'architettura stessa [8]. Il *mathema* come logica del locale è stato anche capito attraverso l'esperienza del *pathema* e del *silenzio* [8], mentre alla fine lo spazio è stato concepito come "matematico", e quindi come un agente che "sa come contare" [6]. Perciò la matematica, come scienza e logica del reale locale, fu concepita in termini di struttura assertiva iper-empirica, che rompe con la logica riduttiva e induttiva della matematica Cartesiana e Euclidea e con la necessità di una dimostrazione matematica [8]. L'investigazione si è spostata dal pensiero sullo spazio a quello sulla logica dello spazio stesso, e il *mathema* si è incentrato sulla struttura e la trasmettibilità del reale, invece che sulla modelizzazione dello stesso, cioè sul reale attivo e rappresentabile [11], invece di quello rappresentato, da cui il ruolo del progetto è diventato piuttosto importante [8].

Il lavoro di Lacan (dalla "fase dello specchio", al discorso psicotico fino alla formulazione della sessualità femminile e della conoscenza) tratta lo spazio come un ente agitato e ingrandito, che si oppone alle intenzioni e ai giudizi dell'ego. Tutte le strutture topologiche invertite che vengono utilizzate coinvolgono un eccesso morfematico irriducibile e, simultaneamente, una sospensione di qualsiasi tentativo di riduzione o oggettificazione. Per esempio, la *striscia di Moebius* viene usata per mostrare che il linguaggio morfematico ha più potere di quello che pensiamo, dato che pone il problema sulla distinzione tra "l'interno" e "l' esterno", "il sé" e "l'altro", "il qui" e "il lì" e così via. Con il *toro*, Lacan illustra la decentrazione del soggetto. Il suo centro di gravità cade fuori dal suo volume (il centro del soggetto è fuori dal soggetto stesso), mentre la sua esteriorità periferica e la sua esteriorità centrale sono una regione sola [7]. Il centro del toro è un buco, un punto mancante. Il tentativo dell'ego di oggettivizzare lo spazio, di percepire e di creare degli oggetti che consistono di tagli, di "richieste" di cerchi con il bordo completamente delineato, che corrono attorno a un centro che la consapevolezza dell'ego non può comprendere (Fig. 1).

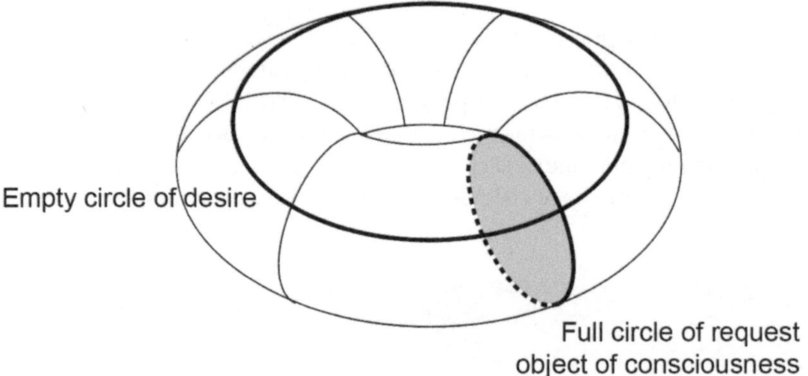

Fig. 1. Il concetto di toro di J. Lacan, secondo P. Scriabine: si veda anche la referenza [21]

Chiamiamo qui "oggetti" quei tentativi continui e senza successo di comprendere e delimitare ciò che indichiamo con il "nostro" ambiente. E un tale tentativo viene condotto tramite il "desiderio", un cerchio vuoto ma continuo, il cui centro giace al di fuori delle certezza dell'ego in modo da specificare l'esteriorità effettiva (*extimità* o *Diversità*, [18, 21]) di un processo che agli occhi dell'ego appare come intimità.

La logica del locale è forse meglio illustrata nella concezione dello *psicanalitico* in opposizione all'oggetto *psicologico*. Quest'ultimo è l'oggetto circoscritto, finito, e si mette in relazione attraverso la rappresentazione e la riduzione simbolica con altri oggetti. L'oggetto psicanalitico è un non-oggetto, *che ricorre e si ripete costantemente, omeomorfo*, e eccessivo dal punto di vista della forma, esso si relaziona in modo metaforico, al di là di significative fissazioni e riduzioni, ad altri oggetti in modo da avere un effetto sulle *collocazioni* irriducibili [4, 22]. La topologia invertita dell'oggetto psicanalitico può essere mostrata con la tecnica dell'*anamorfosi*. Nel famoso quadro di Holbein, *Gli Ambasciatori*, lo sbaffo sulla tela in basso, se visto da una certa angolazione, rivela la ben formata immagine di un teschio. Lacan mostra come, attraverso la tecnica anamorfica, l'oggetto reale, psicanalitico specifica una condizione topologica che interrompe il campo della padronanza e della consapevolezza visiva [20]. Esso costituisce una *cosa* reale, ma non un oggetto, e sebbene sia reale, la sua logica è l'inconscio. Sfida la nostra posizione nello spazio (una posizione che dipende dalla certezza che l'ego ha del *topos* e del tempo: fermo o in movimento, come lo scorrere del tempo ai nostri giorni diventa la nuova condizione narcisistica per la padronanza dello spazio da parte dell'ego). In questo modo, vengono introdotti altri punti di vista, che ci fanno passare dal campo della visione a quello della consapevolezza spaziale. La matematica di tali inversioni visive è stata sistematicamente studiata in lavori come quelli sulla *visione periferica o sfocata* dal monaco Nikolaos [23].

L'anamorfosi come una pratica architettonica

L'anamorfosi come pratica architettonica [22] prevede che l'oggetto reale si possa duplicare, si possa affermare in un modo più operativo e esagerato che non con una semplice interruzione (si veda, per esempio, l'effetto tipico di luce e ombra nello spazio urbano, in cui la forma reale si duplica e si asserisce, Fig. 2); ciò può essere visto come una formula morfica che incapsula la logica spaziale inerente a quello che chiamiamo "ambiente" e che potrebbe fungere da guida per la progettazione.

Fig. 2. L'auto-rivelazione della forma. Intelligenza morfematica, foto di Nikos Georgiadis

L'anamorfosi come pratica architettonica cerca di elaborare ulteriormente la topologia ex-centrica e propone il concetto di *ambiente ampliato come principio di design* [24]. Così si muove fuori dal paradigma dello spazio n-dimensionale Euclideo (la fondazione della certezza dell'oggetto che ha l'ego), ma anche di quello non euclideo (forme deformate, smantellate e così via). Cerca piuttosto di invertire il ruolo della geometria euclidea e di considerarla come una *regola realizzabile/localizzabile* o un *modello, perso e ritrovato*, costantemente basato sull'ipotesi dell'esperienza quotidiana, ripetitiva, non intenzionale dell'artefatto. A illustrazione di ciò, si considerino gli esempi delle forme geometriche non intenzionali in natura (Fig. 3) e gli esempi delle esperienze urbane e reali, in cui la tesi sulla forma che ne emerge rimuove i confini che tagliano l'ego, le forme isolate contenute negli oggetti, e cancella le differenze tra sfondo e primo piano e così via, in modo da produrre nuovi sintesi morfiche, nuovi oggetti con una forma priva di significato, una forma pura che aspetta di ricevere nuovi contenuti (Fig. 4).

Fig. 3. Motivi costieri naturali, isola di Zakynthos, Grecia. Foto di Kostas Kakoyiannis

Fig. 4. Sintesi di ombra, luce, materiali e luoghi, isola di Kea, Grecia. Foto di Nikos Georgiadis

63

Alcuni esempi sono forniti anche dai dipinti di Escher e, prima di lui, dall'iconografia bizantina. L'osservatore classico viene totalmente dislocato, esploso e pluralizzato dalla visione dell'icona bizantina (Fig. 5); le prospettive invertite del dipinto individuano molti "osservatori" in contemporanea, molti punti di vista "normali" non correlati e delle "dimensioni" (che superano il punto di vista dell'osservatore centrale nella classica prospettiva di un dipinto convenzionale), la cui coesistenza simultanea sul piano del dipinto fa perdere ogni padronanza visiva.

Fig. 5. Icona Bizantina, allegoria di Gerusalemme, 1500, isola di Corfu, Grecia

La dimensione reale n dello spazio interviene come logica di un oggetto attivo (il dipinto al posto dell'osservatore), una dimensione Diversa, piena di tracce inconcepibili della percezione, tracce di posizioni possibili per l'osservatore che è soggetto al campo reale dell'icona e non è più un osservatore dall'esterno. Perciò, le forme (per esempio, i tetti degli edifici) che non sono fatti per essere visti nella prospettiva classica, diventano interamente e assurdamente visibili, il primo piano diventa lo sfondo e viceversa. Analogamente, gli schemi puramente geometrici (per esempio, un quadrato) diventano visibili da posizioni assolutamente irrealistiche, al di là della prospettiva convenzionale, da dove sembra di scoprire episodi singoli incastonati più che delle condizioni generali. In effetti, tali schemi sono coerenti con le aspettative dell'osservatore (Euclideo), come incidenti assurdi, sul campo reale del dipinto.

Il museo del mondo ellenico

Il museo del mondo ellenico è stato concepito come un museo di storia con exhibit storici non originali. Si propone di mettere in risalto tre periodi principali nella civilizzazione greca: l'Antichità Classica, Bisanzio e i Tempi Moderni dal diciasettesimo secolo fino all'espatrio dei Greci dall'Asia Minore nel 1922, dando anche risalto al ruolo intermedio del periodo preistorico, ellenistico, romano e ottomano.

Il problema principale affrontato nell'allestimento sin dall'inizio è stato quello di presentare in modo efficace materiale di interesse permamente che superi la comtemplazione storicistica. Mettere in mostra non soltanto gli oggetti di identità (nazionale e così via), ma anche il modo in cui la storia documenta sé stessa attraverso la progettazione di edifici è un processo psicanalitco eccezionale. Questa sfida diventa ancora più stimolante per il fatto che non sono disponibili (perché distrutti, rimossi, ecc.) molti pezzi d'arte del periodo ellenistico. La mancanza dei pezzi autentici viene vista come una guida più che uno svantaggio. Pertanto, proponiamo l'ipotesi di una *topologia della mancanza* come critica alla topologia della presenza o dell'assenza di oggetti.

È stata fatta una distinzione tra lo "storiografico" (il discorso sulla storia) e lo "storico" (la storia stessa); cioè tra il modo in cui vediamo (oggettivizziamo) la storia attraverso rappresentazioni simboliche, ideali... e il modo in cui la storia ci vede, ripetendosi come serie di eventi inopportuni, che ci occupano nei processi del reale. Se la storia, in termini psicanalitici standard, viene concepita come un ritorno inaspettato, come sintomo, nel metodo dell'anamorfosi architettonica essa viene anche concepita come una modalità spaziale estesa, operazionale e capace di generare principi per la progettazione.

L'intenzione del progetto è stata quella di capire *la storia* come *mathema*, che comunica la logica dello storico e poi la usa come guida per la realizzazione. Le domande chiave affrontate nella progettazione sono state le seguenti:
- come le forme innate siano intelleggibili andando oltre i significati stabiliti, le tendenze generali, il susseguirsi delle culture;
- come e in che modo le forme, oltre a quadrati, triangoli e sfere, le superfici parametriche e i solidi, sopravvivano alla storia;
- come siano trasmittibili mediante il materiale della storia, trasformandosi così in eventi storici attivi;
- come tali forme innate possano essere usate per creare degli edifici, il cui ruolo è quello di trasmettere la conoscenza della storia greca in opposizione a un contenitore puro e semplice di exhibit selezionati.

Evitando l'applicazione di modelli "mentali", astratti o "esatti", il progetto si è basato sulla scoperta di gesti morfematici che persistono e ricorrono, riflettendo il principio metaforico reale della storia a costo della precisione (formalista, metrica, ecc.) Perciò in un tipo di *mathema spaziale*, una dialettica simultanea di edifici e mostra, il progetto ha attivato la fisicità di tre forme storiche: il teatro (dall'Antichità), la *cupola* (da Bisanzio) e il gesto della *cella auto-protettiva* (il riparo dei rifugiati dall'Asia Minore ai Giorni Nostri, Fig. 6), forme che sembrano essere naturalmente omeomorfe e che sono in grado di collegare uno scenario spaziale e una formula.

Fig. 6. Tre forme storiche omeomorfe: il teatro, la cupola e il rifugio

Nel contesto della ripetizione, la logica pura delle forme [8] non appare come un'astrazione preconcetta, ma come una *dialettica dell'imprecisione*, per cui ciò che conta non è la precisione della ripetizione, ma il fatto che le forme si affermino e persistano in modo, per così dire, monodimensionale.

Questi non sono temi scultorei né astratti né simbolici, ma esperienze spaziali reali (che coinvolgono qualità distinte di illuminazione, materiali e funzioni collettive), che appaiono costantemente in vari esempi e ruoli in tutta la storia greca, manifestando così una intelligenza propria. Queste forme devono essere comprese come ripetizioni di una forma semplice concava in tre esempi storici distinti della civilizzazione greca. Nel progetto sono composti in modo tale che, sebbene ne ciascuno di essi esprima la sua qualità topologica originaria (il teatro, la cupola e il rifugio), la loro sintesi finale mette in evidenza il loro linguaggio morfematico comune.

Fig. 7. MHW, la superficie autoanamorfa

Fig. 8. MHW, plastico

Fig. 9. MHW, plastico aperto

L'edificio emerge da tale sintesi come una superficie continua che si auto-evolve (Figg. 7-9): un gesto di persistenza morfematica e di interscambiabilità per tutto l'edificio, che produce anche le tre installazioni più grandi del museo:
– il Teatro che rappresenta l'Antichità Classica (Figg. 10-11).
– la Cupola che rappresenta Bisanzio (Figg. 12-13).
– la Cella auto-protettiva (che copre tutto lo spazio del museo), che rappresenta i Tempi Moderni: dal XII secolo ai primi del XX secolo (il recente espatrio dei greci dall'Asia Minore; Figg. 14-15).

Fig. 10. MHW, Istallazione Antichità - 1

Fig. 11. MHW, Istallazione Antichità - 2

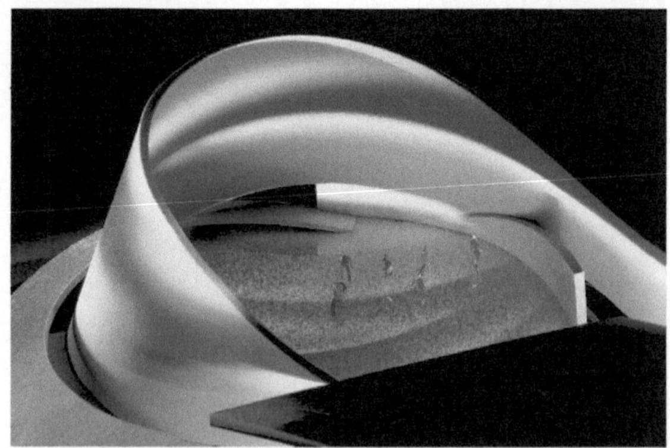

Fig. 12. MHW, Istallazione Bisanzio - 1

Fig. 13. MHW, Istallazione Bisanzio - 2

Fig. 14. MHW, Istallazione Tempi Moder-
ni - 1

Fig. 15. MHW, Istallazione Tempi Moder-
ni - 2

Il percorso principale del visitatore è legato doppiamente alle installazioni più grandi, sia perché consente un accesso/link diretto, sia perché ne dà una vista distante, secondaria (anticipatoria o conclusiva). La superficie continua, che si auto-evolve, dell'edificio assomiglia in qualche modo al nastro di Moebius. Applicare una tale forma al design del museo sarebbe stata un'imposizione irrilevante e formalista di un modello a un problema specifico di design. Perciò è stata tenuta da parte come schema di rigore concettuale per la nostra ispirazione, in grado di offrire una comprensione profonda del modo in cui funziona la spazio architettonico reale.

Le tre installazioni sono il frutto di esperienze spaziali distinte, elaborate su quattro livelli:

1. *illuminazione:*
   - chiara luce del giorno, piccole ombre a punta,
   - luce ambiente indiretta senza alcuna ombra,
   - luce mediante degli specchi, lunghe ombre;

2. documentazione morfematica della storia:
- il ritrovamento, l'incontro sintomatico dei pezzi,
- la stilizzazione grafica,
- la fotografia, le immagini in movimento;

3. la funzione collettiva:
- l'agorà come punto di ritrovo,
- le congregazioni ecclesiastiche,
- il raduno del pubblico per uno show;

4. materiali: la superficie a striscia utilizza una sintesi a gradiente di materiali e
di tecniche di costruzione che variano da:
- lavico, marmo, pietra,
- materiale battuto, spolio,
- legno, vetro e strutture metalliche (Figg. 16-17).

Fig. 16. MHW, Veduta d'insieme - 1

Fig. 17. MHW, Veduta d'insieme - 2

Lavorando con il computer, l'architetto è spesso tentato di creare rappresentazioni
realistiche o persino virtuali delle sue idee, qualcosa che di solito porta all'opposto, cioè a una situazione in cui le idee vengono a mancare. Tuttavia, sembra che

il software possa essere usato come una dimensione extra, reale perché consente al designer di acquisire/creare facilmente profili consecutivi di spazio con frontiere che si incrociano, spazi fragmentati e così via, [25] (Figg. 18-19).

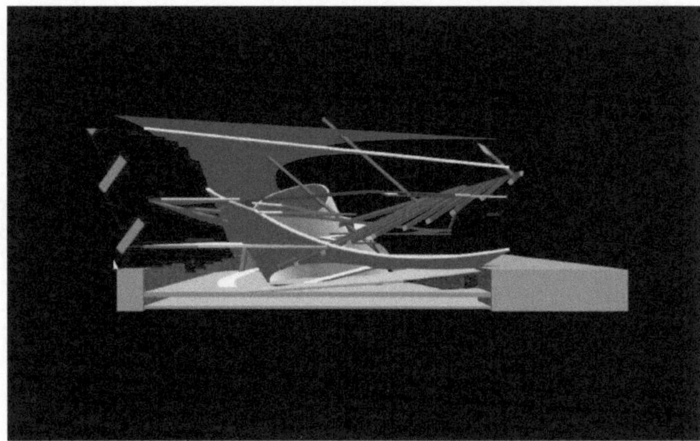

Fig. 18. MHW, Sezioni al computer - 1

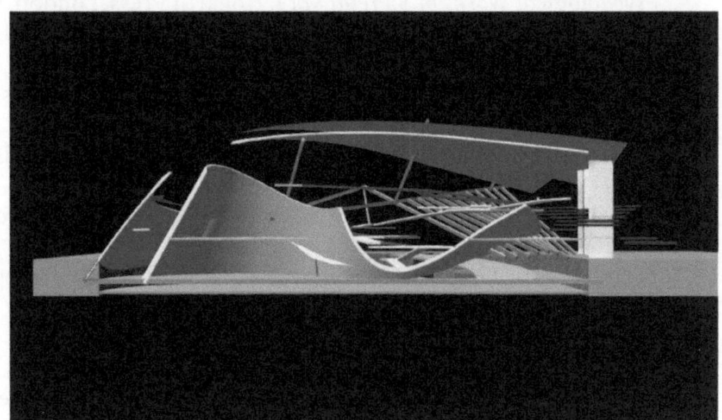

Fig. 19. MHW, Sezioni al computer - 2

Delineare profili e sezionare con computer non è una riduzione, ma una dimensione extra del reale, una dimensione utilizzata per risolvere numerosi problemi di design e per una concezione più rigorosa – un'anticipazione – della fase di completamento del progetto architettonico.

La matematica di Euclide viene sviluppata sulla considerazione del reale come una realtà che sta "là fuori". Tuttavia non dobbiamo ignorare il processo inverso, mediante il quale il reale viene a noi, ci influenza e ci permette di effetuare ulteriori realizzazioni. La creatività è un processo del reale e come tale può essere matematico e quindi trasmettibile con dei progetti. Il progetto del Museo del Mondo Ellenico potrebbe essere visto come una sospensione della geometria euclidea attraverso la realizzazione, una immersione particolare della geometria euclidea da sospendere, da perdere, ma che forse diventa oggetto di desiderio da ritrovare in un progetto futuro.

Bibliografia

[1] Anamorphosis Architects: Nikos Georgiadis, Kostas Kakoyiannis, Tota Mamalaki, Vaios Zitonoulis (2006), The Museum of The Hellenic World, in *Museums in the 21st Century, Art Basel, Traveling Exibition 2006-2011*, Catalogue, Prestel 2006, pp138-143

[2] R. Connah (2000) Anamorphosis Architects, in *10x10*, Phaidon Press, London, pp.40-43

[3] Anamorphosis Architects (2002): The Hellenic World Museum, Athens in *'NEXT-8th International Architecture Exhibition / La Biennale di Venezia'*, Catalogue, Marsilio 2002, pp. 78-79

[4] N. Georgiadis (2004) Lacking the lack: The Museum of the History of the Hellenic World, Athens, in *'Extreme Sites'*, *Architectural Design*, Vol 74, No 2, 3-4/2004, pp. 122-125

[5] M. Emmer (2005), Mathland From Topology to Virtual Architecture, in M. Emmer editor,(2005) *Mathematics & Culture II*, Springer, Germany, pp.65-78

[6] J. Lacan (1998) *Seminar SXX, On Feminine Sexuality / The Limits of Love and Knowledge*, Norton, New York

[7] J. Lacan (1977) *Ecrits, A Selection*, Tavistock, London

[8] J-C. Milner (1995) *L'œvre claire*, Seuil, Paris

[9] J. Lacan (1973) L' Etourdit, *Scilicet*, No4, 1973, 5-52

[10] J. Lacan (1987) *Television*, MIT Press, Massachussets

[11] H. Lefebvre Henri (1991) *The Production of Space*, Blackwell, Oxford

[12] S. Freud (1886-1899,1966), Letter No 52 to Fliess, in *Standard Edition - The Complete Psychological Works of S.Freud Vol I*, Hogarth Press, London. pp. 233-9

[13] N. Teymur (1982) *Environmental Discourse*, Question Press, London

[14] R. Connah (2001) *How Architecture Got Its Hump*, MIT Press, Mass, London

[15] D. McDermott (2001) *Mind and Mechanism*, MIT Press, Mass, London

[16] E. Abbott (1992), *Flatland*, Dover, New York

[17]] J-A. Miller (1977) Suture - Elements of the logic of the signifier. *Screen* 8:4,1977/78, pp.24- 34

[18] D. Evans (1996) *An Intoductory Dictionary of Lacanian Psychoanalysis*, Routledge, London

[19] B. Fink (1995) *The Lacanian Subject*, Princeton, New Jersey pp.122-125

[20] J. Lacan (1979), *Seminar XI, The Four Fundamental Concepts of Psychoanalysis*, Penguin, London

[21] A. Leupin (2004) *Lacan Today*, Other Press, New York

[22] This terminology and method are based on N.Georgiadis' theory of *anamorphosis*: a spatial approach of Lacanian psychoanalysis, that has been presented by N.G. at conferences, in university lectures, publications and interviews, internationaly

[23] monk Nikolaos (1996) *Total Visual Sense*, Armos, Athens (greek text)

[24] N. Georgiadis (1988) Tracing Architecture - Editorial, in *'Tracing Architecture, Architectural Design,* vol 68, 3-4, 1998, pp.6-10

[25] M. Emmer (2004) *Mathland, From Flatland to Hypersurfaces*, Birkhäuser, Basel

Un politopo pubblico a Venezia

Georce W. Hart

Per parecchi anni ho viaggiato in lungo e in largo per realizzare delle sculture geometriche. Il mio obiettivo è quello di mettere in contatto fisicamente il grande pubblico con la bellezza della matematica. Credo che la maggior parte delle persone abbiano un sentimento naturale per schemi e forme, che definisco *estetica geometrica* [1]. Un'attività di scultura, a cui partecipano più persone, offre un modo per imparare in maniera informale la matematica, che coinvolge emotivamente divertendo e attraendo persino le persone che possono sentirsi minacciate dai modi tradizionali di presentare la matematica. Vari esempi di "scultura per edificare dei fienili" sono descritte in [2, 5].

In questo contesto, mi ha fatto molto piacere ricevere l'invito di Michele Emmer a creare una struttura matematica in un allestimento pubblico a Venezia. Al convegno *Matematica e cultura* 2006 sono state presentate e discusse molte relazioni tra la matematica e la cultura in senso più ampio. È stato annunciato che l'ultimo giorno della conferenza, il pubblico e gli *speaker* sarebbero stati coinvolti nella creazione di gruppo di una bella struttura matematica.

La struttura che ho scelto è una proiezione del politopo quadridimensionale chiamato "120-celle aumentato". Così come un oggetto tridimensionale alla luce del sole proietta un'ombra in due dimensioni (cioè, in dimensione più bassa), allo stesso modo si può descrivere l'oggetto 3D che è l'ombra in dimensione inferiore di un oggetto immaginato nella quarta dimensione. I matematici usano il termine *poligono* per particolari figure bidimensionali, *poliedro* per il caso tridimensionale e il termine generale *politopo* per figure in dimensione maggiore o uguale a quattro. Sebbene viviamo in un universo 3D, non possiamo costruire direttamente oggetti quadridimensionali, ma possiamo determinare le proprietà matematiche degli oggetti di dimensione quattro e trovare molti modi per comprenderli.

C'è una lunga storia – dai tempi degli antichi greci fino all'arte moderna, passando per il Rinascimento Europeo – per cercare di inserire i poliedri 3D nel mondo delle belle arti [6]. In alcuni casi, gli artisti del Ventesimo secolo sono stati ispirati o arricchiti dalla conoscenza dei politopi [7]. Spesso i matematici, allenati a visualizzare politopi in dimensioni più alte, trovano belli alcuni aspetti della loro simmetria o della loro struttura, ma hanno difficoltà a comunicarlo ai non-matematici. Sono, pertanto, felice di poter fornire un modo concreto per gustare parte della bellezza degli oggetti quadridimensionali con i modelli delle loro proiezioni tridimensionali.

Una famiglia naturale di forme in 4D da considerare a questo scopo è data dall'insieme di politopi uniformi ottenuti dal 120-celle e dal 600-celle per aumento e troncamento. Queste tecniche sono state descritte per la prima volta in termini matematici da Alicia Boole Stott all'inizio del Ventesimo secolo [8]. Molte persone hanno realizzato dei modelli più semplici usando, per esempio, del cartoncino, dei cavi o del filo [9]. Più recentemente, è stato possibile costruire modelli più complessi a partire da questa famiglia usando delle costruzioni di plastica, chiamate *Zometool* [10]. Anche se inizialmente progettato dall'architetto Steve Baer per modelli di cupole, *Zometool* ha lunghezze e angoli prefabbricati che sono preziosi per molti altri scopi [11]. Dato che i pezzi si incastrano velocemente e facilmente per attrito, non sono necessari ulteriori strumenti e sono così adatti per realizzare un progetto di costruzione in gruppo con partecipanti di tutte le età.

Costruzione

In Figura 1 si può vedere l'inizio della costruzione. Il luogo scelto per la costruzione era Campo Sant'Angelo, una piazza di Venezia vicina a Piazza San Marco. Alcuni dei 4860 pezzi di *Zometool* necessari erano nelle borse sui tavoli. La struttura completa richiede 1260 nodi e 3600 barrette; precisamente: 720 barrette rosse corte, 720 barrette rosse di media lunghezza, 1200 barrette gialle di media lunghezza e 960 barrette blu di media lunghezza. Il conteggio dei pezzi per la realizzazione e i relativi modelli di politopi sono disponibili in [12].

Nella Figura 2 si vedono invece i partecipanti al lavoro mentre assemblano i vari pezzi. Le componenti di un poliedro tridimensionale sono facce bidimensionali; per esempio, un dodecaedro regolare è formato da dodici pentagoni regolari uniti lungo gli spigoli. Analogamente, in dimensione maggiore, un politopo quadridimensionale è formato da "celle" tridimensionali unite lungo le facce. Il nostro politopo contiene quattro tipi di celle: 120 dodecaedri, 600 tetraedri, 720 prismi pentagonali e 1200 prismi triangolari. Sono possibili varie strategie per

Fig. 1. Momento iniziale della costruzione del *politopo*

costruire e assemblare queste celle. Quella da me scelta consiste nel costruire le celle del dodecaedro singolarmente e poi di riunirle tra loro con le barrette che delineano gli altri tipi di celle.

Fig. 2. I partecipanti alla costruzione durante l'assemblaggio dei pezzi

Fig. 3. Due partecipanti mostrano il modulo centrale della costruzione, un dodecaedro regolare

La Figura 3 mostra il modulo centrale, un dodecaedro regolare. Qui siamo partiti dal centro per poi andare verso l'esterno in tutte le direzioni e, nel procedere, abbiamo tenuto conto "dell'effetto di scorcio". Gli artisti conoscono bene il concetto di scorcio; per esempio, un cerchio visto da un angolo obliquo viene disegnato su una tela come un'ellisse secondo le regole della prospettiva. Questa trasformazione si verifica quando proiettiamo una realtà tridimensionale sul ristretto spazio bidimensionale della tela. Una trasformazione prospettica analoga si verifica quando prendiamo l'ombra a tre dimensioni di un politopo quadridimensionale. Nella quarta dimensione, tutti i dodecaedri del nostro politopo sono piuttosto regolari, ma appaiono scorciati nel modello in 3D. Quindi, le celle che costruiamo con *Zometool* devono essere man mano appiatite quando ci muoviamo dal centro verso l'esterno.

In Figura 4 viene invece mostrato un assortimento di moduli di dodecaedro disposti sul selciato. Come si può vedere, ci sono lati di diverse lunghezze e angoli che corrispondono ai vari gradi di scorcio. Questo è il risultato che abbiamo raggiunto dopo un'ora o quasi di costruzione: le squadre di partecipanti hanno costruito prima un tipo di cella, poi un'altra, ecc. In questo modo, si evita di avere troppo ripetizioni, si impara a riconoscere i diversi tipi di celle e si vede meglio come sono collegate tra loro nello scorcio.

La Figura 5 mostra l'inizio della fase di assemblaggio dei moduli. Al centro si trova il dodecaedro regolare. Attorno ad esso, su dodici lati, si trova il primo strato di dodecaedri leggermente deformati. Cinque barrette vengono utilizzate per unire i pentagoni formando così delle celle a forma di prismi pentagonali; poi un secondo strato di venti dodecaedri, ancora più deformati, verranno aggiunti all'esterno del primo strato. Molte persone potevano lavorarci da tutti i lati. A volte, per accedere alle parti in basso, lo abbiamo sollevato e girato delicatamente.

Fig. 4. I moduli di dodecaedro vengono assemblati sul selciato della piazza

Fig. 5. I partecipanti assemblano i diversi moduli

La Figura 6 presenta come la costruzione diventava sempre più complicata, a mano a mano che venivano aggiunti ulteriori strati. A questo punto mi sono allontanato e ho lasciato che il gruppo lavorasse da solo fino alla fine. Durante l'intero processo ho dato delle istruzioni meccaniche precise (per esempio, "unite il pezzo A con il pezzo B") e una presentazione informale delle idee matematiche che stanno dietro a quello che stavamo realizzando. Alla fine, ognuno è riuscito a farsi la propria idea della geometria coinvolta nella costruzione. Sono sempre soddisfatto di arrivare ad un punto in cui qualche partecipante comincia a rispondere alle domande degli altri. Quando i partecipanti possono spiegare il processo l'uno all'altro e iniziano a risolvere i problemi relativi a come attaccare le celle successive, capisco di aver fatto il mio lavoro come insegnante.

Fig. 6. Assemblando i vari moduli la costruzione diviene sempre più complessa

La Figura 7 mostra il risultato dopo due ore e mezzo di costruzione. È impressionante sia guardarlo che pensare alla fatica amorevole fatta per costruirlo. Complessivamente, ci sono cinque diverse forme di celle a dodecaedro, compreso uno strato esterno di trenta dodecaedri, che sono completamente scorciate dalla piattezza bidimensionale. Ripensando a questa esperienza, credo che la maggior parte delle persone abbia trovato questa attività divertente, soprattutto perché è stata una sfida intellettuale che li ha messi a confronto con schemi nuovi e stimolanti e con relazioni a cui pensare, risolvendo molti piccoli puzzle e ottenendo alla fine una grande ricompensa[1].

Fig. 7. I partecipanti mostrano la costruzione finale, costituita da cinque diverse forme di celle a dodecaedro

[1] *Il montaggio del politolo fatto a Venezia si è tenuto nella mattina di domenica 26 Marzo 2006. Quello stesso pomeriggio, dopo un piccolo rinfresco, è stato smontato e portato a Roma, dove insieme agli studenti di matematica e di architettura all'Università "La Sapienza" di Roma è stato ricostruito ed è ora esposto all'interno di una mostra matematica nel dipartimento stesso.*

Conclusioni

Un'attività di costruzione interattiva introduce delle idee matematiche in un modo informale e non minaccioso. Le dinamiche interpersonali di un grande gruppo di persone, che lavorano per lungo tempo con un obiettivo impegnativo da realizzare, si rivela un modo diverso di imparare rispetto a quello a cui la maggior parte delle persone associano la matematica. Oltre alla bellezza dei colori del modello 3D, i partecipanti affrontano idee astratte di geometria in dimensioni alte, che hanno intrinsecamente una bellezza più profonda. Le attività di gruppo come queste sono un metodo per rivolgere in modo deciso la matematica verso il grande pubblico.

Si possono costruire molti altri politopi in questa famiglia partecipando allo stesso modo; alcuni sono più piccoli, altri sono considerevolmente più grandi e più complessi. Negli ultimi sette anni, ho tenuto dei workshop in cui sono stati costruiti molti di questi modelli a seconda del numero dei partecipanti e del tempo disponibile (è possibile trovare delle foto di questi incontri sulle pagine web [13]).

Ringraziamenti

Grazie a tutti coloro che hanno preso parte alla costruzione. Grazie a Michele Emmer e a Piero Negrini per aver reso possibile il mio viaggio. Grazie a *Zometool* per i pezzi che ci fornisce.

Bibliografia

[1] G. Hart (2005) The Geometric Aesthetic, in: M. Emmer (ed.) *The Visual Mind II*, MIT Press

[2] G. Hart (July 2004) A Salamander Sculpture Barn Raising, Proceedings of Bridges 2004: Mathematical Connections in Art, Music, and Science, Southwestern College, Winfield, Kansas, and in *Visual Mathematics 7*, no. 1 (2005)

[3] G. Hart (June 2005) Spaghetti Code: A Sculpture Barnraising, Proceedings of Art+Math=X International Conference, University of Colorado, Boulder, pp. 88-92

[4] G. Hart (2004) A Reconstructible Geometric Sculpture, Proceedings of ISAMA CTI, DePaul University, 17-19, Stephen Luecking ed., pp. 141-143

[5] G. Hart (2000) The Millennium Bookball, in Proceedings of Bridges 2000: Mathematical Connections in Art, Music and Science, Southwestern College, Winfield, Kansas, 28-30 and in Visual Mathematics 2(3)

[6] Michele Emmer (ed.) (1993) *The Visual Mind*, MIT Press

[7] Linda Dalrymple Henderson (1983) *The Fourth Dimension and Non-Euclidean Geometry in Modern Art*, Princeton Univ. Pr.

[8] Alicia Boole Stott (1910) Geometrical deduction of semiregular from regular polytopes and space fillings, in: *Verhandelingen der Koninklijke Akademie van Wetenschappen te Amsterdam*, (eerste sectie), Vol. 11, No. 1, pp. 1-24 plus 3 plates

[9] G. Hart (to appear) 4D Polytope Projection Models by 3D Printing in *Hyperspace*

[10] Zometool Corporation, *http://www.zometool.com*

[11] G.W. Hart. Henri Picciotto (2001) *Zome Geometry: Hands-on Learning with Zome Models*, Key Curriculum Press

[12] David Richter (2005) Two Results Concerning the Zome Model of the 600-Cell, in: *Renaissance Banff,* Proceedings of Bridges 2005, Mathematical Connections in Art, Music and Science, Banff, Alberta, pp. 419-426

[13] G.W. Hart, *http://www.georgehart.com*

Una bolla a quattro dimensioni

Gian Marco Todesco

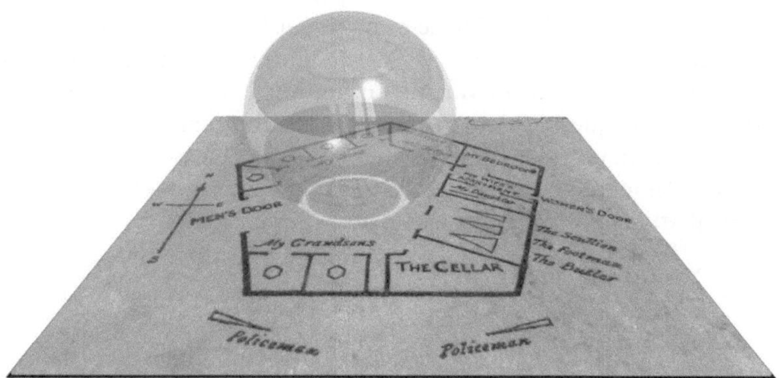

Fig. 1. La Sfera attraversa Flatlandia, comparendo nel soggiorno del Quadrato

In una delle scene cruciali del libro *Flatlandia*, scritto da Edwin A. Abbot nel 1884, il protagonista, un essere bidimensionale a forma di quadrato che abita un mondo piatto, assiste stupefatto al passaggio di una Sfera (tridimensionale) attraverso il suo soggiorno. All'inizio la Sfera sfiora il mondo piatto e nel soggiorno chiuso compare un punto che poi diventa un cerchio sempre più grande. Ad ogni istante il Quadrato riesce a vedere solo la sezione della Sfera contenuta nel suo mondo: un cerchio. Il cerchio raggiunge una dimensione massima e poi comincia a rimpicciolire fino a tornare un punto e poi svanire. Durante il transito, la Sfera parla con il Quadrato e gli racconta del suo mondo tridimensionale: *Spacelandia*. Il Quadrato non riesce subito a concepire la possibilità di una terza dimensione, perpendicolare alle due che già conosce. Più avanti nel libro avrà modo di visitare un mondo più limitato del suo, costituito da sole linee. Sulla base di quest'esperienza, e ragionando per analogia, alla fine accetterà l'idea di una terza dimensione; anzi, trascinato dall'entusiasmo, cercherà di convincere la Sfera, improvvisamente perplessa, della possibile esistenza di una quarta dimensione e di una figura geometrica che stia alla sfera come la sfera sta al cerchio.

Nelle pagine seguenti cercheremo di esplorare le caratteristiche di questa figura: la sfera a quattro dimensioni.

Ci riferiamo a quattro dimensioni puramente geometriche, ognuna perpendicolare alle altre tre. Il fatto che la quarta dimensione possa essere usata per rappresentare il tempo in un particolare modello del mondo fisico non è rilevante e può essere fuorviante, visto che la dimensione "tempo" si comporta in modo un po' diverso dalle altre tre, mentre a noi interessano quattro dimensioni equivalenti fra loro.

La nostra immaginazione, alimentata fin dalla nascita dall'esperienza di oggetti trdimensionali, non aiuta a figurarci una quarta dimensione. Può essere addirittura d'ostacolo, facendoci apparire impossibili molte delle figure che stiamo per descrivere. D'altro canto, i matematici adorano piegare l'immaginazione in direzioni inconsuete e fin dal diciannovesimo secolo studiano le geometrie a più di tre dimensioni.

Noi, seguendo l'esempio di Flatlandia, utilizzeremo l'analogia con la sfera per cercare di capire qualcosa dell'ipersfera.

La sfera, da cui partiamo per la nostra indagine è una superficie bidimensionale immersa in uno spazio tridimensionale (per evitare confusioni chiameremo *palla* l'interno della sfera).

Analogamente, la sfera quadrimensionale è una "superficie" tridimensionale immersa in uno spazio a quattro dimensioni. Questa figura è chiamata *ipersfera* a quattro dimensioni o semplicemente (ma un po' impropriamente) ipersfera[1].

Per familiarizzarci con questa figura geometrica, cominceremo esaminando la sfera dal punto di vista di un essere bidimensionale, come se fossimo il Quadrato di *Flatlandia*; poi ragioneremo per analogia (con molta attenzione), per cercare di estendere i risultati del nostro esame alle quattro dimensioni.

La sfera

Essendo la sfera una superficie bidimensionale, il Quadrato non ha difficoltà a immaginarsene una regione. La stessa *Flatlandia* potrebbe essere sferica; infatti il Quadrato, scivolando sul suo mondo piatto, non ha modo di sapere se questo non sia in realtà leggermente curvo (in una direzione per lui inconcepibile). Certamente fare un lungo viaggio andando sempre dritto potrebbe portare alla soluzione del problema: viaggiando sulla sfera prima o poi il Quadrato si troverebbe di nuovo a casa dopo aver fatto un intero giro del suo universo.

Nella sua esplorazione della sfera, il Quadrato incontra altre stranezze. Supponiamo che sulla sfera siano disegnati i paralleli. A chi viaggia dal polo sud al polo nord i paralleli si presentano come una serie di cerchi, ognuno contenuto nel successivo. Il circolo polare, che apparentemente contiene tutti i paralleli precedenti, risulta considerevolmente più piccolo dell'equatore.

Per raccapezzarsi il nostro esploratore bidimensionale potrebbe voler fare una mappa della sfera.

L'arte e la scienza di riportare la superficie di una sfera sul piano sono ben note ai cartografi da centinaia di anni. Per esempio, si possono disegnare due mappe, ognuna delle quali rappresenta una semisfera. Idealmente, per ricostruire tutto il globo, i due dischi andrebbero uniti incollando le due circonferenze fra loro (in un modo che il Quadrato non riuscirebbe mai ad immaginare). È possibile riportare su un'unica mappa tutta la superficie sferica, con l'esclusione di un solo punto. Per esempio, possiamo utilizzare la proiezione stereografica. Immaginiamo di prendere una sfera trasparente e di appoggiarla su un piano infinito. Poniamo una sorgente di luce puntiforme sul punto della sfera più lontano dal piano. Ogni altro punto della sfera proietta un'ombra da qualche parte sul piano.

Questa proiezione rappresenta fedelmente le parti della sfera più vicine al punto di contatto, ma l'intera sfera (salvo un punto) viene rappresentata, con deformazioni più o meno grandi. Si può dimostrare che i cerchi disegnati sulla sfera danno luogo a un'ombra circolare o rettilinea e che angoli uguali sulla sfera sono rappresentati da angoli uguali sul piano.

---

[1] *È chiamata anche 3-sfera (con riferimento alla dimensione dell'oggetto) e a volte 4-sfera (con riferimento alla dimensione dello spazio che lo contiene). In inglese si usa anche Glome. Nel libro Flatlandia viene chiamata Oversphere.*

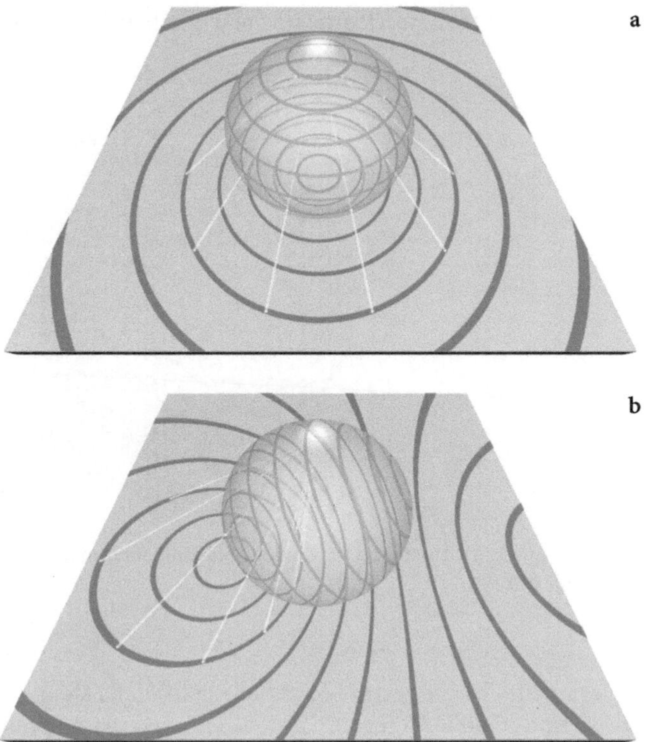

Fig. 2. Proiezione stereografica dei paralleli sul piano: (**a**) il polo sud tocca il piano; (**b**) la sfera è inclinata

Se la sfera è appoggiata sul polo sud, i paralleli sulla mappa avranno l'aspetto di tanti cerchi concentrici sempre più grandi. Se la sfera rotola un po', in modo che non sia più appoggiata sul polo sud, lo schema cambia: i cerchi non sono più concentrici, ma ognuno è sempre contenuto nel successivo. Il parallelo che tocca la sorgente di luce avrà come ombra una retta che divide il piano in due parti. Seguendo le immagini dei paralleli, da sud a nord, vedremo cerchi sempre più grandi, fino a confondersi con la retta e, dall'altra parte, cerchi curvati nella direzione opposta che si restringono sempre di più attorno al polo nord.

Dopo aver coperto la sfera con una schiera di cerchi paralleli, proviamo a ricoprirla di poligoni regolari. Cerchiamo di capire innanzi tutto com'è fatto un poligono regolare sulla sfera. Sulla sfera non vale il V postulato di Euclide e non esistono rette[2] parallele. Un'importante conseguenza è che non esistono figure simili (ovvero figure con la stessa forma, ma dimensioni diverse). Per esempio, due quadrati di dimensioni diverse hanno angoli di differente ampiezza. Inoltre gli angoli di un quadrato sono sempre maggiori di 90° e questa differenza cresce con il crescere del lato del quadrato.

Sembra dunque impossibile "piastrellare" la sfera con mattonelle quadrate. È invece possibile se si utilizzano quadrati con angoli interni di 120°. La configura-

---

[2] *Consideriamo "rette" sulla sfera i cerchi massimi. È una scelta ragionevole: corrispondono alle traiettorie seguite da un abitante della sfera che vada "sempre dritto"*

zione risultante, 6 quadrati disposti a tre a tre, ricorda un cubo "gonfiato" fino a farlo aderire alla sfera circoscritta.

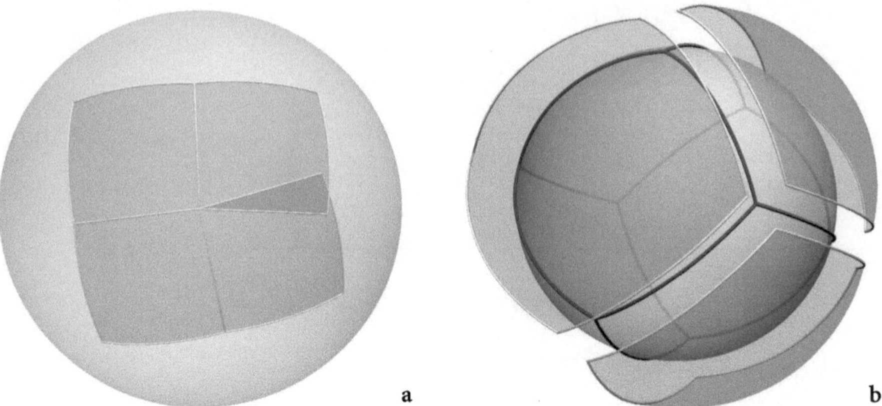

Fig. 3. Quadrati sferici: (**a**) quattro quadrati attorno ad un vertice non combaciano; (**b**) il cubo gonfiato: 6 quadrati con angoli di 120°

C'è, infatti, uno stretto legame fra le ricoperture (o tassellazioni) della sfera con poligoni regolari dello stesso tipo e i poliedri regolari. Per esempio, possiamo prendere il dodecaedro regolare e "gonfiarlo", in modo da generare una tassellazione regolare della sfera con 12 pentagoni uniti a tre a tre attorno a ogni vertice.

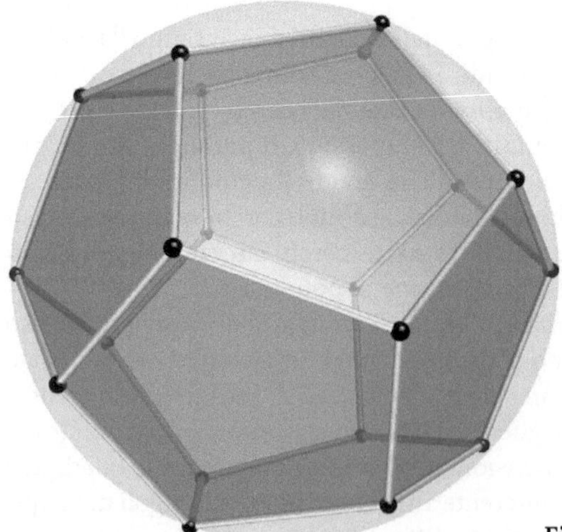

Fig. 4. Il dodecaedro regolare

Notiamo (ci servirà dopo) che attorno a ogni pentagono c'è una corona di cinque pentagoni adiacenti. Attorno a questa corona ce n'è un'altra che circonda la prima.

Anche in questo caso facciamo una proiezione stereografica. Grazie alle proprietà ricordate in precedenza, la mappa mostrerà un insieme di pentagoni curvilinei, i cui lati sono archi di cerchio che si incontrano nei vertici formando angoli uguali di 120°. Per effetto della proiezione, alcuni pentagoni saranno relativamente poco deformati, mentre altri diventeranno rapidamente grandissimi. Se un pentagono si trova a contenere la sorgente di luce la sua ombra si estenderà all'infinito in tutte le direzioni, costituendo lo sfondo attorno al resto della mappa.

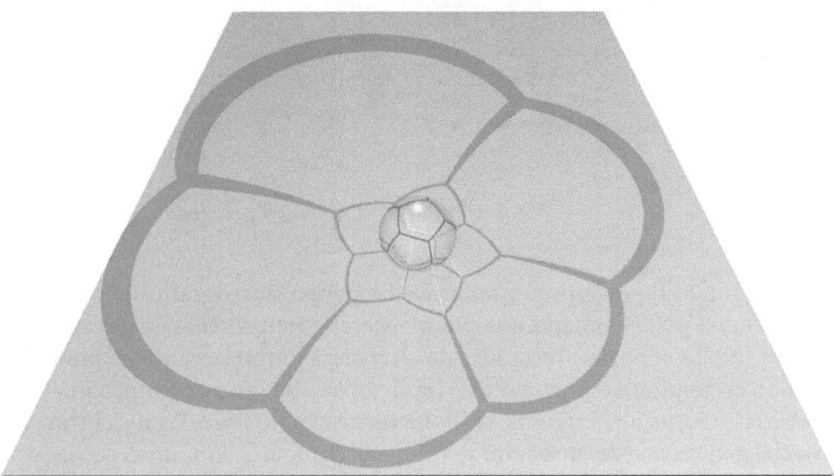

Fig. 5. La mappa stereografica del dodecaedro sferico

L'ipersfera

Per rappresentare l'ipersfera e le strutture che può contenere utilizzeremo la proiezione stereografica. Le immagini seguenti sono tutte "ombre" tridimensionali di oggetti disegnati sull'ipersfera. La "mappa" in questo caso è tridimensionale. Per riuscire ad apprezzarla sarà necessario o farne vedere solo una piccola regione o utilizzare un "inchiostro" semi trasparente, in modo da evitare che i dettagli più vicini coprano gli altri.

In analogia con il planisfero, rappresentazione della superficie terrestre costituita da due dischi, possiamo costruire anche l'ipersfera "cucendo" insieme le superfici di due palle. Ovviamente a noi questa sembra un'operazione impossibile, ma solo perché non riusciamo ad immaginare come far scorrere le due palle una sull'altra: separate anche solo da qualche millimetro in una dimensione per noi inconcepibile.

Sull'ipersfera i "paralleli" sono un insieme di sfere, ognuna contenuta nella successiva e contenente la precedente, così come sulla sfera erano tanti cerchi disposti in modo analogo.

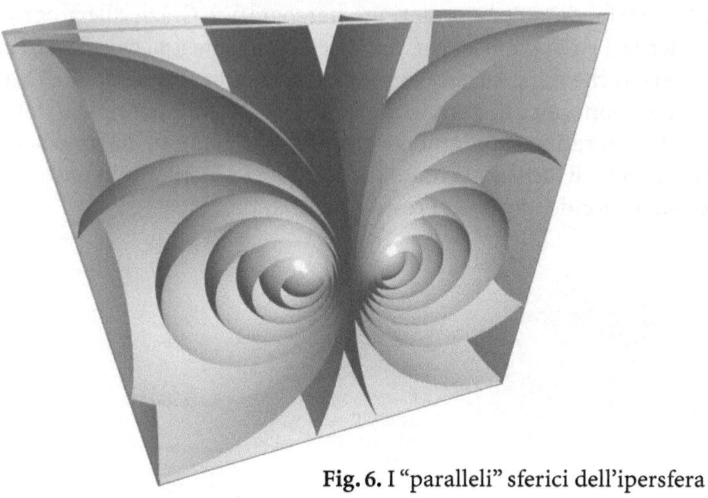

Fig. 6. I "paralleli" sferici dell'ipersfera

Abbiamo ruotato l'ipersfera in modo che la mappa stereografica permetta di vedere entrambi i poli. A sinistra una piccola sferetta rappresenta un parallelo vicino al polo sud. La sferetta è racchiusa da altre sfere progressivamente più grandi, che ad un certo punto cominciano a chiudersi verso l'esterno rimpicciolendosi fino ad arrivare a un'altra sferetta, chiusa attorno al polo nord. Il programma interattivo che genera queste immagini permette di cambiare il punto di proiezione in modo da scambiare i ruoli fra sfere contenenti e contenute, analogamente a quanto succedeva con le proiezioni dei paralleli della sfera.

Una configurazione di sfere entro contenute compare anche nel cosmo dantesco. Lucifero è circondato dai gironi infernali, a loro volta racchiusi dalla crosta terrestre. Quando Dante comincia ad ascendere, attraversa sfere ancora più grandi (i "cerchi") fino all'empireo, che contiene tutti i precedenti. Dante continua la sua ascesa, senza mai tornare indietro. Oltrepassati tutti i cori angelici dovrebbe trovarsi al di fuori della sfera più grande di tutte. Invece sembra che i cori siano tutti disposti attorno a un luminoso punto centrale, che rappresenta Dio. Il paradosso è molto ben scelto per presentare qualcosa che non può che trascendere l'intelletto umano. Sicuramente il modello dell'ipersfera sembra perfetto per descrivere geometricamente l'universo dantesco: Dio e il diavolo, i due poli contrapposti dell'ipersfera, separati da tutto l'insieme di gironi infernali, cieli e cori angelici.

Analogamente a quanto abbiamo fatto per la sfera, possiamo provare a ricoprire l'ipersfera con poliedri regolari. Disponiamo tre dodecaedri identici sull'ipersfera. Facciamo in modo che due siano attaccati su due facce opposte di quello centrale. Aggiungendo altri dodecaedri a questa colonna, prima o poi il primo e l'ultimo si toccheranno (l'ipersfera è "tonda" e chiusa su se stessa). Scegliamo le dimensioni dei dodecaedri, rispetto all'ipersfera, in modo che ce ne stiano esattamente 10 in fila, con il primo e l'ultimo che combaciano perfettamente.

Nella proiezione stereografica si vedrà una collana di dodecaedri dalle facce curvilinee.

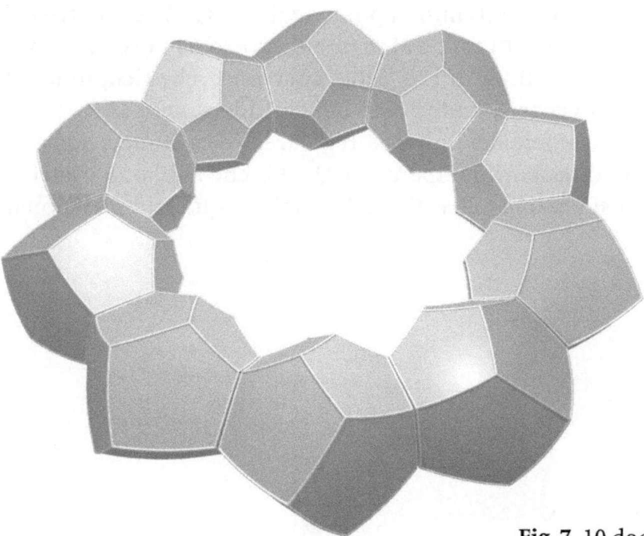

Fig. 7. 10 dodecaedri sulla 3-sfera

Con le dimensioni scelte, l'angolo diedro dei dodecaedri è esattamente 120°. Questo significa che attorno ad ogni spigolo possiamo disporre esattamente tre dodecaedri. Quindi, se avviciniamo un undicesimo dodecaedro alla collana, questo si incastrerà perfettamente, per esempio, combaciando con due facce del primo e del secondo dodecaedro. Possiamo costruire una seconda collana che si intrecci alla prima.

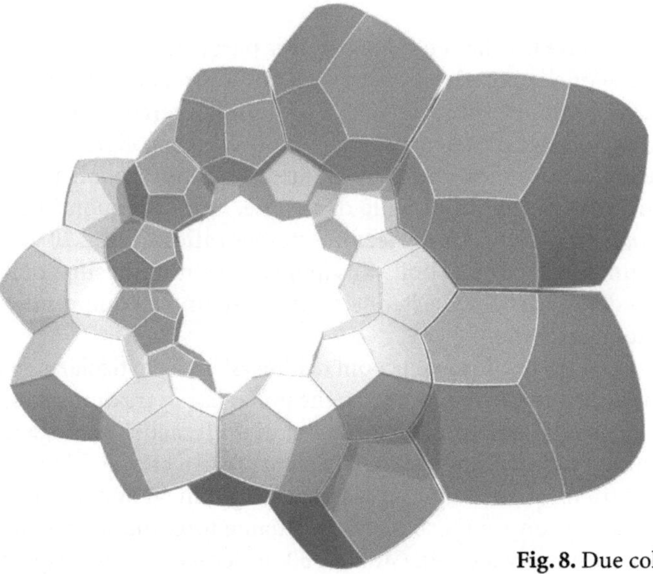

Fig. 8. Due collane di dodecaedri

Per ragioni di simmetria, ci aspettiamo di poter aggiungere altre quattro collane, sempre attorno alla prima. In totale abbiamo disposto 60 poliedri. È possibile disporne altri 60, per un totale di 120 "celle" curvilinee, che ricoprono tutta l'ipersfera. Questa figura corrisponde a uno dei cosiddetti *policora* regolari: l'estensione quadridimensionale del poliedro regolare. Ne esistono sei, fra cui il più noto è certamente il *tesseratto* o *ipercubo*. Quello che abbiamo costruito (in versione "gonfiata") si chiama *120 celle* ed è l'analogo quadridimensionale del dodecaedro.

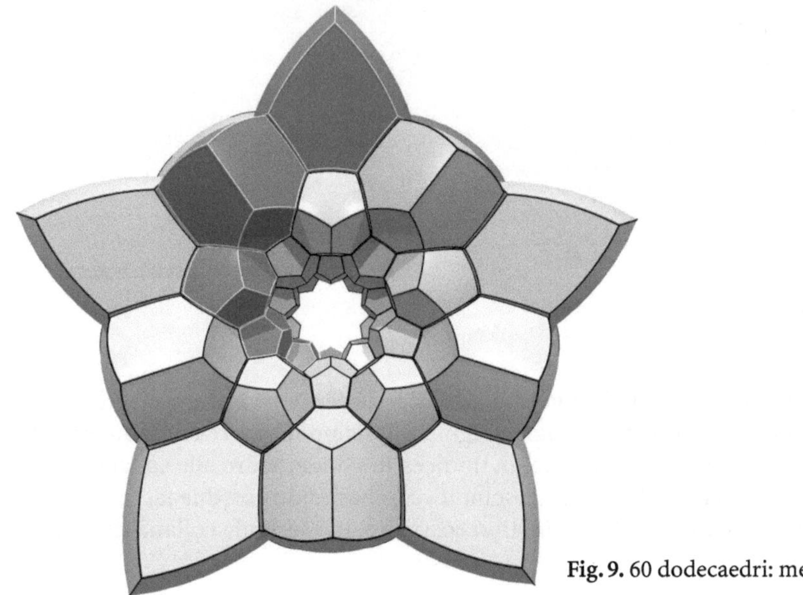

Fig. 9. 60 dodecaedri: metà ipersfera

È possibile visualizzare tutte le celle rendendo le facce parzialmente trasparenti in modo da evitare che quelle più esterne nascondano le altre. La struttura risultante è molto interessante: date le proprietà della proiezione stereografica, sappiamo che le facce devono essere esattamente sferiche. Inoltre, gli angoli fra una faccia e l'altra saranno tutti di 120°. Queste due regole (facce sferiche e angoli a 120°) sono caratteristiche degli agglomerati di bolle di sapone, non infrequenti nelle conferenze di *Matematica e cultura*. La proiezione stereografica di un 120 celle può essere vista come un insieme di 119 bolle di sapone. La centoventesima bolla si appoggia all'esterno del modello e si estende all'infinito, fino a comprendere anche noi che la stiamo guardando.

Anche la struttura dei poliedri nelle tassellazioni dell'ipersfera è particolarmente interessante, perché rivela una caratteristica nuova, che non esiste in tre dimensioni.

Costruendo il 120 celle siamo partiti da una collana di dodecaedri, analoga alla collana di pentagoni nel caso tridimensionale. La sorpresa è che, qui, le varie collane sono incatenate fra loro. Anche tutto l'insieme dei primi 60 dodecaedri si presenta come una collana, o come un toro pieno (si chiama toro una superficie a ciambella, come quella di un salvagente). Gli altri 60 dodecaedri sono disposti

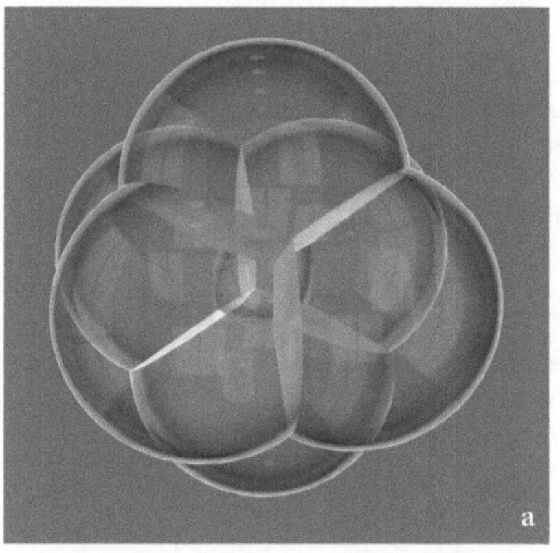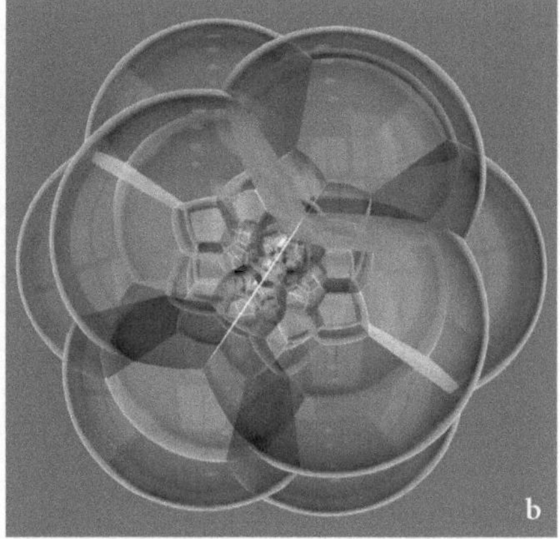

Fig. 10. Modelli di bolle di sapone che rappresentano: (a) l'ipercubo e (b) il 120 celle

simmetricamente a formare un altro toro, incatenato con il primo. In un modo che sfugge alla nostra immaginazione le intere superfici dei due tori combaciano. Ogni dodecaedro ricopre una frazione dell'ipersfera e i 60 dodecaedri che formano il primo toro pieno ricoprono metà ipersfera. Ciò significa che, mentre la sfera può essere costruita con due dischi cuciti lungo le circonferenze, l'ipersfera può essere costruita non solo incollando le superfici di due palle, ma anche quelle di due tori pieni. Questo è interessante, perché la sfera e il toro sono due oggetti molto diversi fra loro.

Dalla prima rappresentazione scaturiva la serie dei paralleli sferici; la seconda ci suggerisce di creare una serie di paralleli torici, ognuno contenuto dentro il successivo.

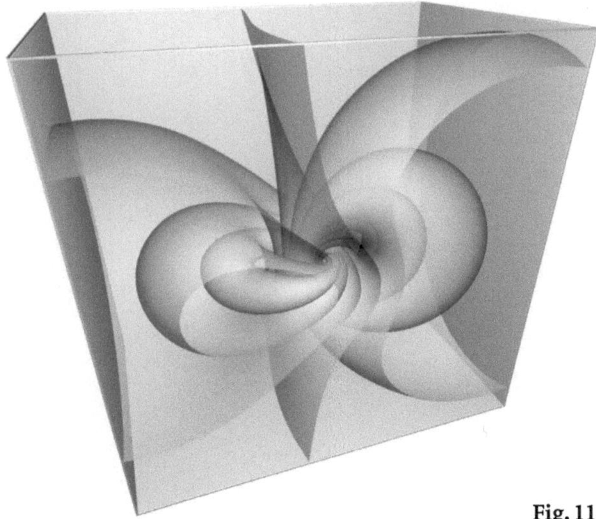

Fig. 11. *Paralleli* torici sull'ipersfera

Bibliografia

[1] E. A. Abbot (1996) *Flatlandia. Racconto fantastico a più dimensioni*, ed. italiana a cura di M. d'Amico, Milano, Adelphi (il testo in lingua inglese è disponibile in *http://www.geom. uiuc.edu/~banchoff/Flatland*)

[2] T. F. Banchoff (1993) *Oltre la terza dimensione. Geometria, computer graphics e spazi multidimensionali*, Bologna, Zanichelli

[3] Mark A. Peterson, *Dante and the 3-sphere*, American Journal of Physics, vol 47, number 12, 1979, pp. 1031-1035

[4] J. M. Sullivan (1991) Generating and rendering four-dimensional polytopes, The Mathematica Journal, 1:3, pp. 76-85 (si può trovare anche in rete all'indirizzo *http://torus.math.uiuc.edu/jius/Papers/dodecaplex/new.pdf*)

Siti web consigliati

Wolfram MathWorld, *Hypersphere*
http://mathworld.wolfram.com/Hypersphere.html

Wikipedia, L'enciclopedia libera, *Ipersfera*
http://it.wikipedia.org/w/index.php?title=Ipersfera&oldid=6174146

Rebecca Frankel, *The Hypersphere, from an Artistic point of View*
http://www-swiss.ai.mit.edu/~rfrankel/fourd/FourDArt.html

Maximilian Albert, *Hyper View*
http://pille.uni-heidelberg.de/~kugeln/zeutrum.html

Matematita, *Immagini per la matematica*
http://www.matematita.it/materiale/
(il sito contiene la versione a colori delle immagini utilizzate in questo articolo, oltre a molto altro materiale)

matematica e giocattoli

Tecnologia, matematica e la cultura dei bambini

Michael Eisenberg

> *Un giorno, mentre stavo andando bene in classe e avevo*
> *finito le lezioni, ero seduto e provavo ad analizzare il gio-*
> *co del tris...L'insegnante si avvicinò e mi strappò il foglio*
> *su cui stavo scarabocchiando. Mi disse: "Quando è nella*
> *mia classe, Mr. Gardner, voglio che lei lavori sulla mate-*
> *matica e su nient'altro".*
>
> Da un'intervista a Martin Gardner [1]

La tirannia delle scuole, delle abilità e degli schermi

Il tema "matematica e cultura" di solito identifica la cultura con quella degli adulti. La matematica influisce e ispira campi come la pittura, la musica, l'architettura, l'animazione, la danza e molti altri. Al contrario, non viene molto esplorata la cultura dei bambini - infatti, molti adulti rimangono sorpresi alla sola idea che ci sia una cultura dei bambini. Esiste davvero qualcosa del genere? Ovviamente, sappiamo che i bambini, come gli adulti, coltivano l'arte e la musica; ma i loro tentativi vengono generalmente considerati incompleti, delle versioni non formate come quelle degli adulti. In questa prospettiva, un bambino musicista viene semplicemente visto come un'apprendista, una versione incompleta, "sgrammaticata" di un musicista adulto.

Credo che questa caratterizzazione spregiativa della cultura dei bambini sia semplicemente sbagliata; le abilità artistiche dei bambini (come le loro indagini scientifiche) sono molto di più di versioni informi di quelle professioniste. Più in generale, comunque, voglio insistere sul fatto che la cultura dei bambini non si limita soltanto a pratiche precoci di attività adulte. Piuttosto, si possono considerare i fenomeni descritti in modo molto attento nell'eccezionale libro di due antropologi britannici, Peter e Iona Opie, dal titolo *Sui costumi e sul linguaggio degli scolari* [2]. Nel loro libro, gli Opie documentano gli elementi distintivi della cultura dei bambini - le canzoni, gli indovinelli, le barzellette (alcune delle quali crudeli), le vacanze, e i giochi di strada che sembrano sfuggire continuamente al controllo degli adulti. Durante queste attività i bambini formano una parte siginificativa della loro possibile vita sociale e dell'identità intellettuale. E durante queste attività, ci sono diverse opportunità per arricchire in modo profondo e duraturo il bagaglio di conoscenze matematiche.

Comincio in questo modo perché i miei interessi di ricerca riguardano il ruolo delle nuove tecnologie in matematica e nelle scienze della formazione. Tutto sommato - anche a rischio di esagerare - il settore delle tecnologie per l'educazione non ha prestato alcuna attenzione al meraviglioso mondo delle attività dei bambini, che sono state documentate dagli Opie e dai loro colleghi (si vedano [3-5] per altre referenze affascinanti sulla cultura dei bambini). A illustrazione di ciò, un esperimento è quello di fare una ricerca per immagini in rete, inserendo le parole chiave "bambini tecnologia"; oppure si può provare, per esempio, con "tecnologia educazione", "bambini calcolo" o altre frasi del genere. Le immagini trovate mostreranno (senza praticamente alcuna eccezione) dei bambini in classe, davanti un computer seduti a una scrivania, intenti a svolgere delle attività scolastiche (di solito per sviluppare delle abilità). Quando i bambini hanno a che fare con tecnologie per l'educazione, si assume (a un livello visivo e non-linguistico) che stiano svolgendo dei compiti seduti a un banco di scuola.

Questa immagine imperante di "scuole, abilità e schermi" sta attualmente soffocando il settore delle tecnologie per l'educazione. Un tipico esempio matematico, che si rifà a questa tradizione, potrebbe essere un programma per un quiz al computer, il cui obiettivo è quello di aiutare gli studenti a sviluppare delle abilità aritmetiche o a fare esercizi di algebra. Ad essere sinceri, molti programmi di questo tipo sono estremamente preziosi e ben fatti, ma mostrano un modo di pensare alla tecnologia nella vita dei bambini che è piuttosto limitato. L'educazione è molto di più che non un'aula scolastica; la tecnologia è molto di più che non una tastiera, un mouse e uno schermo; imparare la matematica (così come le altre discipline) è molto di più che non fare esercizi.

Credo, infatti, che si possa intavolare una discussione sul fatto che i bambini non abbiano tanto bisogno di *essere abili*, quanto di essere *motivati*. Un bambino che desidera capire le idee matematiche, e per cui quelle idee sono parte della propria cultura, troverà dei mezzi per sviluppare le abilità che non ha. Un bambino che sviluppa delle abilità senza aver maturato dentro di sé una motivazione, impara soltanto la lezione implicita che tali abilità sono arbitrarie e superflue. L'aneddoto di Martin Gardner, riportato all'inizio di questo articolo, richiama proprio la mancanza di correlazione tra alcuni elementi della cultura dei bambini (in questo caso, semplici giochi che abbondano in matematica) e il mondo dell'aula. Il giovane Gardner ebbe un'opportunità - con il gioco del tris - di pensare alla combinatoria, alle strategie di ricerca, alla simmetria e ad altri concetti matematici; ma quell'opportunità era estranea alla cultura scolastica ufficiale in classe.

C'è da sottolineare che non tutte le tecnologie per l'educazione sono così aride come questo ritratto molto approssimativo potrebbe suggerire. Infatti, ci sono diversi centri di lavoro che almeno smentiscono fortemente il ritratto tracciato finora. Ciononostante, il centro di gravità di tutto il settore rimane costantemente su "scuole, abilità e schermi". A causa di questo, la vita e gli obiettivi dei bambini fuori dalla classe vengono considerate irrilevanti per la loro educazione, che (per ipotesi) avviene soltanto dentro la classe. Per lo stesso motivo, la "tecnologia" è equivalente all'uso del computer. Durante l'infanzia, le abilità vengono messe insieme come ghiande; anni dopo, in circostanze del tutto diverse, vengono poi messe in pratica da adulti.

L'obiettivo di questo articolo è quello di esplorare un approccio diverso alle tecnologie per l'educazione - un approccio che si avvale degli elementi della cultura dei bambini come documentato dagli Opie e dai loro colleghi nell'antropologia dei bambini. Questo approccio (che con i miei colleghi chiamiamo "Tecnologia Artigianale") è in netto contrasto con l'immagine "scuole, abilità, schermi". In particolare, l'approccio è caratterizzato da tre temi principali.

1. La tecnologia artigianale si basa sulla realizzazione di attività per bambini completamente sviluppate e ricche di contenuti - modi espressivi o creativi di passare il tempo - e non sullo sviluppo di singole abilità. Per esempio, invece di aiutare un bambino con i suoi problemi di matematica, preferiamo realizzare una sorta di mezzo creativo che possano esplorare a lunga scadenza e attraverso il quale possano venire a conoscenza di idee matematiche importanti. In breve, la Tecnologia Artigianale cerca di trovare degli stimoli intellettivi e delle attività significative affinché i bambini passino il loro tempo.

2. Anziché concentrarci esclusivamente sulle attività scolastiche, la Tecnologia Artigianale cerca di prestare attenzione alla vasta gamma di contesti in cui i bambini possono imparare prendendovi parte. Alcune attività realizzate con la nostra tecnologia possono essere svolte dai bambini più facilmente da soli a casa; altre possono essere più indicate per gruppi di bambini fuori casa. La casa, un *workshop*, un garage, un cortile, un campo da gioco, un locale sono tutti ambientazioni adatte per certi tipi di lavoro artigianale. Da questa panoramica non è affatto escluso il lavoro in classe. Noi stessi abbiamo condotto dei *workshop* in classe e dei corsi per molte delle attività create nel nostro laboratorio. Inoltre, tenendoci in linea con le osservazioni di ricercatori come gli Opie, l'approccio della Tecnologia Artigianale cerca di immaginare delle attività educative in una vasta gamma di ambientazioni, comprese quelle che normalmente sfuggono all'istituzione formalizzata della scuola.

3. Invece di identificare la "tecnologie per l'educazione" soltanto con l'uso di uno schermo di computer, l'approccio della tecnologia artigianale consiste nel provare a combinare nuove tecnologie con ogni sorta di attività interattive in cui maneggiare dei materiali. In molti casi, proviamo a re-immaginare pezzi di artigianato tradizionale arricchendoli con le possibilità dei computer. Più in generale, abbiamo una visione piuttosto ampia della parola "tecnologia", che comprende l'uso di materiali nuovi (spesso "intelligenti"), l'*embedded computing* e, tra le altre cose, potenti strumenti di fabbricazione.

Il resto di questo articolo svilupperà questi temi e illustrerà la loro applicazione mediante numerosi progetti in corso nel nostro laboratorio.

I progetti della Tecnologia Artigianale: oltre "scuole, abilità e schermi"

In questo paragrafo, ci proponiamo di presentare vari progetti che il nostro laboratorio di Tecnologia Artigianale ha realizzato negli ultimi anni e come questi mostrano complessivamente i temi descritti nel paragrafo precedente. Le presentazioni di questi progetti saranno necessariamente brevi. Non ci prefiggiamo di discutere di un particolare progetto in profondità, ma piuttosto di presentare una carrellata più ampia dei lavori fatti, in modo da suggerire un'alternativa all'immagine di tendenza data da "scuole, abilità e schermi".

La progettazione delle attività: oltre l'abilità

Come osservato prima, una delle motivazioni che sta dietro alla Tecnologia Artigianale è quella di creare delle attività per bambini, invece di quiz online, sistemi di tutoraggio, libri animati, presentazioni ipertestuali e così via. Un buon esempio di questo principio si può trovare nei primissimi progetti intrapresi dal laboratorio. *Hyper-Gami* è un software applicativo che consente ai bambini di disegnare, personalizzare, decorare, e costruire modelli poliedrali e sculture di carta (si vedano [6, 7] per una descrizione più dettagliata). L'idea di base dietro al programma è quella di cominciare con un poliedro classico (per esempio, uno dei solidi platonici o archimedei). Il software rivela simultaneamente sia l'immagine tridimensionale del solido che quella del suo sviluppo piano. Lo sviluppo può essere decorato con una tecnica qualunque, stampato su un foglio di carta con una stampante a colori e poi assemblato.

Probabilmente, l'aspetto cruciale di HyperGami sta nel fatto che l'utente non si limita soltanto alle forme classiche: al contrario, può modificare tali forme in vari modi (aggiungendo un nuovo vertice su una faccia, "tagliando" il poliedro in due porzioni, "allungando" o "strizzando" la forma lungo un asse e così via). In altre parole, l'utente può creare dei solidi nuovi di zecca e mai visti prima, basandosi su quelli che trova nella libreria iniziale. Ogni volta che viene creato un nuovo solido, il software farà un tentativo (di solito ben riuscito) di creare uno sviluppo anche per la nuova figura. Ciò rappresenta un enorme miglioramento, fornito dalla tecnologia, alla tradizionale abilità manuale di costruire poliedri. Per le vecchie generazioni di studenti, si potevano trovare gli sviluppi dei poliedri soprattutto su libri di "ricette": per creare un modello particolare si doveva seguire l'esempio del libro. HyperGami, al contrario, permette allo studente di interagire giocando con le forme poliedrali e di crearne di nuove con il risultato che la realizzazione di poliedri si avvicina di più a un mezzo espressivo che non a una semplice maniera di seguire delle ricette preconfezionate. La Figura 1 mostra diversi esempi di sculture realizzate con HyperGami fatte dagli studenti che lavorano con questo sistema: numerosi altri esempi di lavori (fatti sia dagli studenti che dai creatori del programma) possono essere trovati sul sito web di Tecnologia Artigianale [8].

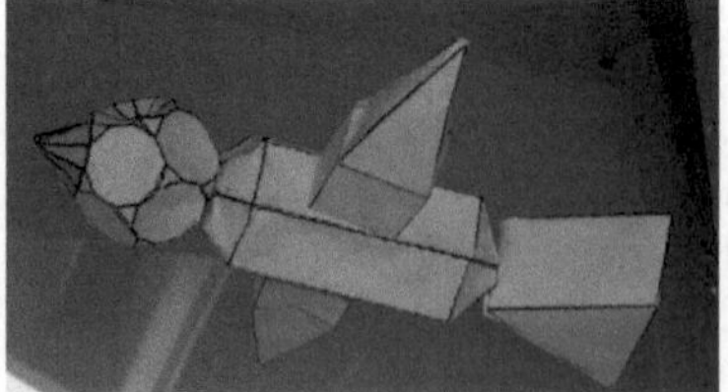

Fig. 1. Tre costruzioni di carta realizzate da studenti con HyperGami. In alto a sinistra: un poliedro stellato decorato con piume e brillantini (realizzato da una studentessa di scuola superiore). In alto a destra: un clown poliedrale (ad opera di uno studente di scuola superiore). In basso: un uccello volante (da uno studente di scuola media)

HyperGami prevede un approccio generale (spesso utilizzato) per integrare le attività artigianali con la tecnologia. L'idea di base consiste nel fatto che il bambino può iniziare a progettare qualcosa con il computer. Quando il risultato ottenuto è soddisfacente, il computer stampa un materiale concreto per la costruzione. Nel caso di HyperGami, il progetto iniziale è quello di un poliedro e quello stampato ne è lo sviluppo. La stessa idea può essere utilizzata anche per altre attività artigianali.

Un altro progetto del nostro laboratorio, *MachineShop* (creata da Glenn Blauvelt), è una applicazione per progettare parti meccaniche come ingranaggi, camion e leve. Dopo averli progettati, vengono "stampati" sul legno o sulla plastica con uno strumento ad incisione laser e poi incorporati in giocattoli e robot meccanici fatti in casa.

La Figura 2 mostra una schermata di una parte di un programma fatto con MachineShop. In questo caso, l'utente sta disegnando una camma personalizzata. Una volta che il veicolo è stato progettato sullo schermo, viene prodotto in legno e usato per generare il moto caratteristico di un robot. MachineShop contiene dei moduli per produrre degli ingranaggi, dei camion e delle leve personalizzate. Inoltre, si possono trovare dei moduli aggiuntivi che suggeriscono alcuni modi in cui questi elementi meccanici vengono di solito usati nella progettazione dei robot [9]. Bisogna sottolineare che il programma MachineShop illustra come nuovi tipi di strumenti di fabbricazione - in questo caso, l'incisore laser (che utilizza un potente laser per tagliare o incidere materiali come il legno, il cartoncino o del materiale acrilico) - può essere incorporato nelle attività manuali dei bambini, così come la stampante a colori viene facilmente incorporata nel processo di costruzione dei poliedri con HyperGami. E di nuovo, l'obiettivo di MachineShop è quella di rendere la costruzione di macchine prototipo una attività creativa, non soltanto un'esecuzione della ricetta fornita da un kit d'assemblaggio preconfezionato. La Figura 2 mostra anche un robot originale fatto in casa creato da uno studente di undici anni con questo programma.

97

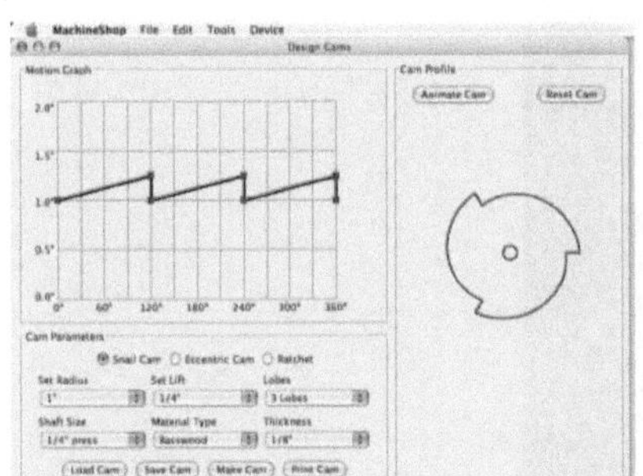

Fig. 2. A sinistra, una schermata dell'editor di MachineShop, con cui è stata realizzato un camion. L'utente sceglie vari parametri con il menu a sinistra e può stampare il veicolo desiderato su legno con un incisore laser. A destra, una giostra progettata da uno studente con MachineShop. Gli animali di plastica in cima sono stati comprati appositamente; gli elementi meccanici (compresi gli ingranaggi rotondi visibili alla base della giostra) sono stati progettati con MachineShop. Tutti i pezzi di legno piatti nella costruzione sono stati stampati con un incisore laser

Prima di procedere con altri esempi, può essere utile sottolineare il concetto fondamentale di questa prima parte del mio intervento. Si può decidere che il modo di insegnare la geometria solida, o l'ingegneria meccanica, è di individuare le abilità che stanno alla base di queste discipline e di seguire gli studenti aiutandoli a sviluppare tali abilità. HyperGami e MachineShop hanno un approccio alternativo, che consiste nel trovare delle attività ricche di contenuti, rispettivamente di geometria solida e di ingegneria meccanica. Le attività servono a creare un contesto valido, pieno di motivazioni e di significati, in cui pensare a queste materie.

La cultura fuori dall'aula: oltre la scuola

Uno dei vantaggi importanti di indirizzarsi verso l'artigianato per problemi educativi è che gli studenti creano degli oggetti che hanno un significato personale - oggetti che hanno funzioni inaspettate nella loro vita quotidiana. Abbiamo visto che gli studenti utilizzano le costruzioni fatte con HyperGami come doni e gioielli - in particolari con gli usi che rientrano nel ritratto della vita dei bambini descritta dagli Opie.

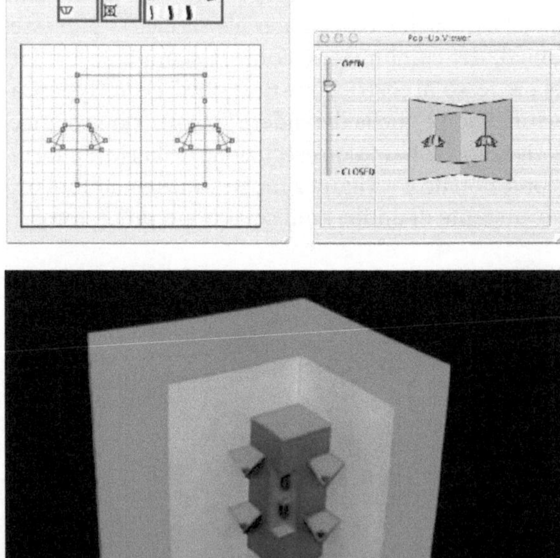

Fig 3. In alto, una schermata di una finestra del foglio virtuale di *Popup Workshop*, e (a destra) una finestra in cui i progetti in corso d'opera possono essere visti interattivamente mentre si aprono e si chiudono. In basso, un biglietto *pop-up* incluso nel sistema e progettato da uno studente di scuola media

Un'altra attività artigianale che nasconde tanta matematica e che si presta bene alla cultura dei bambini è la progettazione di biglietti *pop-up*. Il programma *Popup Workshop* (creato da Susan Hendrix) è un sistema di progettazione che consente ai bambini di fare esperimenti con diverse forme in rilievo, usando il computer più o meno nello stesso modo in cui HyperGami permette una progettazione esplorativa dei poliedri. Nel sistema Popup Workshop, l'utente vede un foglio "virtuale" di carta, su cui può fare una varietà di tagli (virtuali) per creare degli elementi in rilievo. Il sistema mostra anche un'animazione tridimensionale, che indica come l'effetto pop-up apparirà nella realtà quando si aprirà e si chiuderà il biglietto. In Figura 3 è possibile vedere un'immagine del programma e di un biglietto *pop-up* realizzato da uno studente. Si potrebbe scrivere molto di più su Popup Workshop, e una descrizione più dettagliata si può trovare in [10], ma per i nostri scopi, il punto essenziale è che il sistema è espressamente progettato per allestire una attività manuale, che combini idee sulla simmetria, la geometria spaziale e i vincoli meccanici e che, allo stesso tempo, faccia breccia nelle tradizioni, particolarmente familiari per i bambini, di scambiarsi i doni e di andare in vacanza.

Un progetto più recente del nostro laboratorio si basa sull'inserimento di elementi computazionali ed elettronici in manufatti tessili. Una parte di questo lavoro (di cui pionieri sono Leah Buechley e Nwanua Elumeze) è basato sull'uso di "brillantini" fatti artigianalmente e modellati come LED luminosi, che possono diventare dei *display* applicati ai vestiti. Questi *display* sono controllati da un programma che viene fatto girare da un microcontrollore cucito sul vestito. La Figura 4 mostra una maglietta con applicati una serie di brillantini, usati come LED luminosi che fanno girare un programma, come accade per la simulazione di un automa cellulare (si veda [11] per una descrizione più ampia del nostro lavoro su tessuti, e [12] per una presentazione accessibile agli automi cellulari). In Figura 4 inoltre si vede un gruppo di studentesse di scuola superiore che incorporano degli elementi elettronici in pezzi di stoffa, durante uno dei nostri primi *workshop* sulle attività artigianali basate sull'elettronica e sui prodotti tessili.

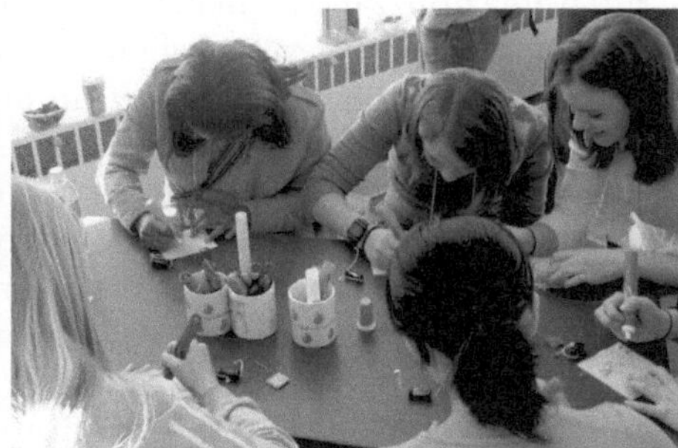

Fig. 4. A sinistra, una maglietta programmabile con uno schermo composto da una serie di brillantini che fungono da LED luminosi. La maglietta include anche un microcontrollore cucito sul capo d'abbigliamento. A destra, un gruppo di studentesse di scuola superiore durante uno dei primi *workshop* del nostro laboratorio in attività artigianali basati sull'elettronica e sui prodotti tessili

Senza dilungarci troppo nei dettagli relativi al nostro lavoro in questo settore, lo scopo principale per questa discussione si ricollega di nuovo alla questione della cultura dei bambini. Non è certo un segreto che per i bambini - e specialmente per gli adolescenti - il vestiario rappresenta un modo per scoprire e mettere in mostra una consapevolezza sempre maggiore della propria identità. Inventando delle attività artigianali che uniscono dei concetti matematici (come il controllo dei programmi per automi cellulari) con l'abbigliamento, crediamo che sia possibile offrire ai bambini e agli adolescenti un modo per combinare la creatività matematica con la scoperta personale. Ciò è in contrasto con il modo in cui la maggior parte delle istituzioni educative più formali tendono a ignorare o (a volte) a condizionare la scelta degli abiti dei loro studenti. Al contrario, la Tecnologia Artigianale ha un approccio che cerca di partire da un'area della cultura dei bambini che è già molto importante e di influenzare tale cultura attraverso metodi positivi, creativi e (speriamo) benefici.

Una visione più ampia della tecnologia: al di là degli schermi

Uno degli aspetti delle tecnologie per l'educazione, che ha storicamente riscontrato più resistenza ad essere cambiato, è l'identificazione implicita del termine "tecnologia" con l'immagine del computer da scrivania. Negli ultimi tempi questa identificazione non è stata più così rigida, a causa dell'avvento di computer portatili, ma ci sono numerose altre aree della tecnologia che potrebbero avere un profondo impatto educativo per la loro influenza sulla cultura dei bambini e l'artigianato. Tre esempi di queste aree sono l'avvento di nuovi materiali (compresi i materiali "smart", il cui comportamento può essere spesso controllato con i computer), l'*embedded computing* (che può essere usato per rendere programmabili una vasta gamma di oggetti) e nuovi strumenti di fabbricazione (che permettono ai computer di "stampare" nuovi oggetti).

Parecchi esempi di queste nuove tecnologie possono essere viste nei progetti già discussi in questo articolo. Il programma MachineShop, per esempio, usa l'incisore laser come strumento di fabbricazione per "stampare" delle parti di giocattoli meccanici in legno o in plastica. Analogamente, i brillantini elettronici descritti prima utilizzano un materiale meraviglioso (relativamente nuovo) - un cavo conduttore - per ricevere degli input elettronici da un microprocessore cucito a un capo di abbigliamento. Parleremo, ora, di un ultimo progetto campione, che permette di ampliare ulteriormente la visione delle tecnologie disponibili.

Il progetto *SmartTiles* (pensato da Nwanua Elumeze) si basa sulla creazione di piccole "mattonelle" cubiche, che possono essere disposte in una struttura come quella mostrata in Figura 5. Ogni mattonella contiene un microprocessore, un LED, e un disco piezoelettrico sensibile al tatto. Tutta la struttura è posizionata su una base, che permette ad ogni mattonella di far girare il proprio programma, sincronizzandosi con le altre, e di comunicare con le mattonelle immediatamente vicine. La base, che supporta le mattonelle, contiene una fonte di elettricità, un orologio il cui segnale viene usato per sincronizzare i programmi di tutte le mattonelle sulla struttura e le reti di comunicazione, che permettono alle mattonelle di passare informazioni a quelle vicine.

I lettori che familiarizzano con gli automi cellulari (menzionati prima nel contesto della "maglietta valorizzata con la tecnologia dei computer"), riconosceranno la struttura di SmartTiles come un esempio di questo modello. Ogni cubo di SmartTiles può essere visto come una cella individuale in un automa standard. Ogni cubo può essere rimosso dalla struttura e programmato indipendentemente dall'utente con un insieme specifico di istruzioni adatte per un modello di automa cellulare prefissato. Per esempio, per produrre il ben noto automa "Game of Life" (Il Gioco della Vita), ogni mattonella è programmata in modo tale che accenda il suo LED in un orario stabilito se, e soltanto se:

– prima era spenta e aveva tre mattonelle vicine accese o
– prima era spenta e aveva due o tre mattonelle vicine accese (si veda [12, 13] per una discussione affascinante di "Game of Life" come esempio di un modello di automa cellulare).

Se l'utente vuole, si potrebbe dare ad ogni singola mattonella la sua regola speciale. Per esempio, una mattonella può essere programmata per rimanere accesa tutto il tempo senza tener conto delle mattonelle vicine.

Fig. 5. A sinistra, una struttura 5 x 5 di SmartTiles, con degli elementi cubici programmati indipendentemente l'uno dall'altro. A destra, una delle mattonelle viene rimossa a mano dalla struttura. Ora potrebbe essere riprogrammata con un insieme diverso di istruzioni e rimessa nella posizione di partenza in modo tale da avere un comportamento nuovo. La base della struttura contiene gli strumenti per il funzionamento della corrente, dell'orologio e per consentire la comunicazione tra le mattonelle

Ulteriori descrizioni del progetto SmartTiles si trovano in [14]. Qui l'intento è semplicemente di presentare il progetto come un esempio di come l'*embedded computing* può portare allo sviluppo di nuovi tipi di oggetti artigianali altamente controllabili. Consideriamo le mattonelle come primi esempi di "oggetti computazionali da collezionare": ogni mattonella è un piccolo oggetto programmabile e si può pensare a un grande gruppo di bambini (ciascuno dei quali programma dei pezzi) che raccoglie e combina tutte le mattonelle programmate in una grande struttura (magari delle dimensioni di una parete). In questo modo, le mattonelle diventano una rappresentazione di come i materiali artigianali possono andare oltre il concetto dei materiali "inerti", come la carta e la corda, e possono assumere un comportamento programmato.

Ricercare la matematica nella cultura dei bambini

Gli esempi precedenti sono serviti a dare una prima descrizione dei vari approcci possibili per integrare in modo significativo contenuti e idee matematiche nella vita dei bambini. Tuttavia, bisogna ammettere che la possibilità di fare ulteriori esempi è vasta - la grande potenzialità di questo territorio inesplorato - e continuamente in espansione anche grazie alle tecnologie e ai materiali accessibili recentemente.

Sostanzialmente, il modo per esplorare questo vasto territorio è chiaro e lo si può fare almeno da due punti di vista. Da un lato, potremmo procedere pensando a vari concetti matematici, importanti, ma forse sottovalutati - la natura della dimensione, i comportamenti dei sistemi complessi, la nozione di casualità per rappresentare delle idee matematiche. Per esempio, si potrebbe inventare una serie di bambole personalizzate, una inserita nell'altra (sul modello classico delle bambole russe), per rappresentare un processo ricorsivo; oppure si potrebbero progettare e fabbricare delle collezioni di bambole (usando degli strumenti come l'incisore laser, una stampante 3D o delle macchine da cucire computerizzate), sul modello dei kit da costruzione, per creare delle reti complesse di figure collegate; infine, dei burattini per mostrare la reazione dei movimenti delle mani, impartiti tramite delle sequenze codificate.

Pezzi di un gioco

Alcuni elementi della cultura dei bambini si basano su giochi con più giocatori, che possono essere un'opportunità per sviluppare la creatività (per esempio, i giocatori potrebbero impersonare, ai fini del gioco, un personaggio di fantasia o un personaggio tipo). Chi progetta tecnologie dell'artigianato può vedere questi contesti di gioco come opportunità per consentire ai bambini di personalizzare un gioco creando dei pezzi nuovi o altro materiale con delle interessanti proprietà matematiche (una bacchetta elicoidale, disegni araldici geometricamente codificati, un nuovo tipo di dado poliedrale creato per generare una particolare distribuzione di probabilità quando viene tirato, ecc.) Si potrebbe anche immaginare di creare delle grandi costruzioni geometriche - reticoli di cristalli, cupole poliedrali - come elementi di un gioco.

Oggetti matematici da collezionare

Un aspetto diffuso della cultura dei bambini è la presenza di oggetti scambiabili che hanno la funzione di una sorta di "moneta" per i bambini - carte, biglie, figurine di animali e così via. Si potrebbe pensare a dei modi per realizzare con la Tecnologia Artigianale degli oggetti con la stessa funzione: collezioni di poliedri, piumini con particolari tassellazioni, modelli di nodi, modelli di meccanismi articolati e molti altri. Questi insiemi di oggetti potrebbero essere un modo per andare incontro a alcune tendenze comuni nella cultura dei bambini: il desiderio di averne una collezione completa, il piacere di scambiare (a volte regalare) degli oggetti da collezionare, la soddisfazione inspiegabile di creare un album per le fotografie o una mensola per la propria collezione.

Questi esempi sono già delle prime indicazioni dei vari modi in cui la matematica potrebbe arricchire la vita dei bambini utilizzando elementi prominenti della loro cultura. C'è da fare, però, una considerazione più generale su come intendiamo l'educazione. Piuttosto che vedere l'educazione solamente come un processo in cui i bambini svolgono delle attività, che per loro non hanno alcun significato, in vista dell'età adulta, dovremmo intenderla (almeno in parte) come il primo momento in cui si plasma la propria biografia. Un bambino che fa matematica nei suoi primi anni di vita, *perchè lo sente come qualcosa di importante*, può benissimo continuare a fare matematica da adulto. Se riusciamo ad inserire la matematica nella cultura dei bambini in modo più produttivo, possiamo lavorare per un mondo in cui sia i bambini che gli adulti vedono la matematica come un mezzo potente per la loro espressione creativa e culturale.

Ringraziamenti

Grazie ai membri del gruppo di Tecnologia dell'Artigianato (Glenn Blauvelt, Leah Buechley, Ann Eisenberg, Nwanua Elumeze e Susan Hendrix) per il loro lavoro sui progetti descritti in questo articoli. Gerhard Fischer, Mark Gross, Clayton Lewis, Mike Mills, Mitchel Resnick, Andee Rubin, Carol Strohecker e Uri Wilensky sono stati fonte di idee con le loro collaborazioni e conversazioni. Il lavoro descritto in questo articolo è stato in parte finanziato dalla *National Science Foundation* con i progetti REC0125363 e EIA0326054.

Bibliografia

[1] I. Hargittai (1997) A great communicator of mathematics and other games: a conversation with Martin Gardner. *Mathematical Intelligencer*, 19,4, pp. 36-40

[2] I. Opie, P. Opie (2001) *The Lore and Language of Schoolchildren*. (First published 1959.), New York Review of Books, New York

[3] J. Coleman (1961) *The Adolescent Society*, Free Press of Glencoe, New York

[4] W. Corsaro (2003) *Wére Friends, Right?: Inside Kids' Culture*, Joseph Henry Press. Washington DC

[5] M. Csikszentmihalyi, K. Rathunde, S. Whalen (1993) *Talented Teenagers*, Cambridge University Press, New York

[6] M. Eisenberg, A. Nishioka (1997) Orihedra: Mathematical Sculptures in Paper, *International Journal of Computers for Mathematical Learning*, 1, pp. 225-261

[7] M. Eisenberg, A. Nishioka (1997) Creating Polyhedral Models by Computer, *Journal of Computers in Mathematics and Science Teaching*, 16(4), pp. 477-511

[8] Craft Technology Group Website, www.cs.colorado.edu/~ctg

[9] G. Blauvelt, M. Eisenberg (2006) Computer-Aided Design of Mechanical Automata: Engineering Education for Children, in: *Proceedings of International Conference on Education and Technology* (ICET 2006), Calgary, Alberta, Canada, pp. 61-66

[10] S. Hendrix, M. Eisenberg (2006) Computer-Assisted Pop-Up Design for Children: Computationally-Enriched Paper Engineering, International Journal on Advanced Technology for Learning, 3,2, pp. 119-127

[11] L. Buechley, N. Elumeze, M. Eisenberg (2006) Electronic/ Computational Textiles and Children's Crafts, in: Proceedings of Interaction Design and Children (IDC 2006), Tampere, Finland, pp. 49-56

[12] W. Poundstone (1985) The Recursive Universe, William Morrow, New York

[13] M. Gardner (1985) Wheels, Life, and other Mathematical Amusements, W. H. Freeman, New York

[14] N. Elumeze, M. Eisenberg (2005) SmartTiles: Designing Interactive 'Room-Sized' Artifacts for Educational Computing, Children, Youth and Environments 15(1), pp. 54-66 (available at website: www.colorado.edu/journals/cye/)

matematica e arte

In cammino verso l'autenticazione digitale

Daniel Rockmore, Greg Leibon

L'avvento della digitalizzazione ad alta definizione per le opere d'arte, così come il rapido sviluppo di strumenti sofisticati per lavorare con le immagini suggeriscono la possibilità di una nuova scienza di stilometria visuale. In altri termini, in certe situazione si possono estrarre firme numeriche da versioni digitali di un lavoro (per esempio, un disegno o un dipinto) di un artista attraverso la matematica, la statistica e l'informatica, al fine di procedere all'autenticazione o di rintracciare lo sviluppo e l'evoluzione della tecnica dell'artista. In particolare, in [1] è stato introdotto un approccio basato sulle ondine per l'analisi di disegni e di dipinti. Qui vogliamo guardare più da vicino questa metodologia multiscala e fornire alcuni strumenti rudimentali di statistica per la sua valutazione. Sottoporremo poi il processo a un semplice test di robustezza. In entrambi i casi usiamo l'insieme dei dati di Bruegel e i disegni di riproduzione di panorami di Bruegel presentati in [1].

Storicamente, la valutazione di un opera d'arte per la sua attribuzione si è basata su tecniche di conoscenza, un processo per cui un lavoro dibattuto viene sottoposto all'occhio critico e alla valutazione di un esperto di storia dell'arte, competente sui lavori del presunto autore. In questo caso, anni di esperienza visiva, combinati con una conoscenza enciclopedica della carriera dell'artista e di altri tipi di informazioni storico-artistiche, contribuiscono a sviluppare l'abilità del conoscitore per pronunciarsi rispetto all'attribuzione.Se appropriati, come supporto possono essere anche utilizzati degli strumenti scientifici. Tradizionalmente per tali strumenti si attinge principalmente dalla scienza dei materiali, permettendo un esame per cercare prove, principalmente di tipo fisico sul lavoro in questione. Si può effettuare uno studio dei pigmenti e della carta e, usando strumenti come l'analisi agli infrarossi e con i raggi X, si possono persino recuperare informazioni al di sotto della superficie. In questi casi, la matematica gioca un ruolo, ma fa praticamente da spalla alla fisica, come applicazione di semplici equazioni differenziali per calcolare l'età di un materiale o come linguaggio con cui si porta alla vita uno strumento come uno scanner CT o a raggi X (si veda [2] e la bibliografia per una analisi sulle tecniche standard per l'autenticazione).

Ad ogni modo, con l'avvento della digitalizzazione ad alta definizione per le opere d'arte ha più senso ricercare strumenti matematici e fisici più sofisticati per i conoscitori e, più in generale, per la ricerca nella storia dell'arte. Infatti, enormi tesori d'arte visiva vengono via via sempre più digitalizzati, a fini didattici e di ricerca in storia dell'arte (per esempio, ArtSTOR) e di conservazione (per tenere un archivio visivo digitale dei lavori). In questo processo, un lavoro viene trasformato in un insieme di numeri e si rende così necessario chiedere se, in questi numeri, risiedano delle informazioni intrinseche al creatore dell'opera. Tali informazioni possono essere rilevate soltanto con la matematica e la sua applicazione in questo ambito si basa sulle discipline della statistica e dell'*image processing*. Come risultato di questo punto di vista e di questo approccio si sta sviluppando il settore della "stilometria visiva".

L'invenzione della parola *stilometria* viene attribuita alla storico della filosofia, Wincenty Lutaslowski, che nel 1897 ha coniato la parola come sintesi per una serie di tecniche statistiche applicate a quesiti di attribuzione e di evoluzione dello stile nelle arti letterarie [3]. Il problema di Lutaslowski era quello di investigare l'evoluzione temporale dei *Dialoghi* di Platone. Oggi, l'analisi stilometrica della letteratura è un settore indipendente. I documenti possono essere facilmente scannerizzati per gli archivi digitali e per l'analisi. In questo contesto, il materiale principale non è l'immagine, ma piuttosto le parole nell'immagine e, in generale, la stilometria letteraria produce numeri dalla letteratura, considerando in modi differenti statistiche legate all'uso delle parole [4].

Una stilometria visiva deve usare come materiale grezzo i valori dei pixel nella versione digitalizzata dell'opera. Naturalmente, semplici istogrammi di pixel non arrivano a cogliere la mano dell'artista e sono quindi necessari dei processi a posteriori del documento digitalizzato. Le trasformazioni matematiche convertono il lavoro dalla sua rappresentazione in termini di una base di funzioni *delta* (indicizzata dalla sistemazione dei pixel) a una rappresentazione nuova, con la speranza che sia più esplicita (un'utile analogia matematica da tenere in mente è la codifica di un comportamento periodico complicato come una serie di Fourier piuttosto che con una serie temporale di valori puntuali).

In particolare, in [1] l'uso dell'analisi su multiscala è stato proposto come strumento per la stilometria visiva. Più precisamente, "un'analisi a ondine" è stata usata per derivare una rappresentazione a ondine per ogni collezione di immagini, con lo scopo di rispondere a domande di attribuzione. Ciò è stato fatto sia per un *corpus* di disegni, che erano stati tutti attribuiti al grande artista fiammingo Pieter Bruegel il Vecchio, sia per un altare attribuito alla bottega del maestro Perugino nel Rinascimento. Nel primo caso, si chiedeva di stabilire se le statistiche dei coefficienti delle ondine potevano distinguere delle opere di Bruegel da quelle che ora vengono attribuite ad altri, mentre nel secondo caso bisognava distinguere tra i vari artisti che si credeva avessero contribuito a questa grande opera. I risultati di questi esperimenti hanno fornito delle prove sul fatto che i coefficienti delle ondine potrebbero essere usati come fonte di informazione per identificare l'artista.

Questo approccio basato sulle ondine è una delle tante idee matematiche per la stilometria visiva. È probabile che mezzi differenti e artisti differenti richiedano l'uso di strumenti diversi. Per esempio, il caso più famoso di un risultato matematico e stilometrico digitale è l'opera di R. Taylor e il suo uso dell'analisi dei frattali per l'estrazione di una firma matematica dal lavoro di Jackson Pollock [5]. L'analisi frattale, come l'analisi delle ondine, è un'analisi di metodologia su multiscala molto interessante. Taylor è ora consulente della Fondazione Pollock-Krasner (PKF) come consulente per questioni legate all'autenticazione. Secondo dei resoconti recenti, la sua analisi sembra essere un fattore rilevante nel processo decisionale alla PKF [6]. Questo è un segno che le idee e i metodi matematici stanno diventando sempre più accettati nel mondo della storia dell'arte.

Ciononostante, questo lavoro è ancora agli albori e si deve ripensare meglio alla costruzione di test statistici per l'applicazione di questi strumenti e a indagini dettagliate nel processo effettivo della ricerca. In questo articolo cominciamo a muovere i primi passi verso un'indagine più dettagliata dell'approccio delle ondine nella stilometria. In particolare, forniamo un test statistico semplice che ci permette di calcolare un valore P con un test basato sulle ondine per l'autenticazione. Guardiamo anche più attentamente ai vettori che derivano dall'analisi delle ondine ed eseguiamo un test semplice per investigare la robustezza della tecnica. È soltanto attraverso l'introduzione delle analisi delle metriche e della robustezza che si può creare una vera scienza di stilometria visiva.

Analisi stilometrica basata sulle ondine

L'analisi multiscala, o analisi delle ondine come viene spesso chiamata, è diventata uno strumento comunemente usato nell'*image processing*. Se applicato a un segnale monodimensionale (per esempio, le serie temporali), l'analisi delle ondine comincia con un filtro *passo-corto* (L) e un filtro *passo-lungo* (H) e procede prima scomponendo un segnale input s nelle sue componenti passo-corto e passo-lungo, *Ls* e *Hs* (con *downsampling*) e, poi, iterando la scomposizione di filtro su Ls, dando così vita a una serie di segnali *Hs, Ls, HLs, LLs, HLLs, LLLs*, ecc[1].

L'informazione passo-lungo è generalmente pensata come un dettaglio nel segnale e l'informazione passo-corto come una media o una regolarizzazione del segnale, in modo tale che il processo possa essere pensato in termini di estrazione di informazioni dal segnale, dalla scala più fine a quella più grezza. L'esempio più familiare è l'ondina di Haar, in cui il filtro passo-corto è semplicemente una media su due punti e il passo-lungo associato è una differenza su due punti. Si noti che questo passo-lungo corrisponde a un calcolo facile di derivate. Generalmente, la scelta del filtro è condotta dalla particolare applicazione che si ha in mente, come varie proprietà analitiche dei filtri (si vedano, per esempio, [7, 8] per due stili di introduzione al soggetto, come le molte referenze in tali articoli).

È la versione bidimensionale dell'analisi delle ondine che è importante per l'*image processing*. L'adattamento più immediato (e comune) è l'estensione di qualche ondina monodimensionale a una ondina separabile bidimensionale. Questo corrisponde alla costruzione di una base per lo spazio delle immagini, tramite l'uso di un prodotto tensore di una data base per lo spazio dei segnali monodimensionale. Ciò si realizza implementando un'immagine prima riga per riga secondo una ondina monodimensionale e prendendone poi l'*output* (un passo-lungo e un passo-corto per ogni riga, messi naturalmente in fila per creare un insieme di colonne) e applicando quindi l'ondina a ogni colonna di *output*. Il risultato è dato da quattro versioni filtrate dell'immagine originale I, che corrisponde alle applica-

---

[1] *Assumiamo che stiamo lavorando in un dominio digitale, in modo che le immagini e le serie temporali, ecc., siano tutti oggetti discreti, rappresentati da matrici e vettori.*

zioni successive (prima riga orizzontale e poi colonne verticali) dei filtri H e L in tutte le coppie e ordini possibili: *LLI, HLI, LHI* e *HHI*.

In questo caso, il dettaglio si vede in tre sottobande, *HLI, LHI* e *HHI*, che vengono solitamente chiamate rispettivamente sottobande orizzontali, verticali e diagonali. Ciò segue dalla loro interpretazione come approssimazioni numeriche alle derivate parziali e tendono a individuare le proprietà verticali, orizzontali e diagonali di un'immagine (è più evidente con l'uso delle ondine di Haar). Le Figure 1, 2 e 3 mostrano l'effetto ottenuto applicando una decomposizione separabile di ondine, usando un cosiddetto filtro QMF (*Quadrature Mirror Filter*) in un dettaglio (nel senso della storia dell'arte) dal disegno *Mucca al pascolo davanti a una fattoria* (ca. 1554) di Pieter Bruegel il Vecchio. Il contrasto è stato in qualche modo accentuato per mettere in risalto le differenze.

Fig. 1. Dettaglio (in basso a destra) del dipinto *Mucca al pascolo davanti a una fattoria*, Pieter Bruegel il Vecchio (ca. 1554)

Fig. 2. Elementi verticali al livello più fine di dettagli da un dettaglio di *Mucca al pascolo davanti a una fattoria*, Pieter Bruegel il Vecchio (ca. 1554)

Fig. 3. Elementi orizzontali al livello più fine di dettaglio da un dettaglio di *Mucca al pascolo davanti a una fattoria*, Pieter Bruegel il Vecchio (ca. 1554)

Fig. 4. Elementi diagonali al livello più fine di dettaglio da un dettaglio di *Mucca al pascolo davanti a una fattoria,* Pieter Bruegel il Vecchio (ca. 1554)

La decomposizione delle ondine può essere pensata come il calcolo di una nuova rappresentazione dell'immagine originale in termini di elementi lineari di base, che variano in termini di scale, di spazio e di orientazione, analogamente agli elementi sinusoidali, che formano una rappresentazione di una serie di Fourier di una funzione periodica. Per ogni blocco (dettaglio), l'analisi QMF produce una famiglia di coefficienti delle ondine indicizzate sia dall'orientazione (orizzontale, verticale o diagonale) che dalla scala (cioè, al livello nel processo d'analisi sono stati estratti).

Questa scomposizione è poi applicata all'*output* passo-corto *LLI* e il processo viene continuato fino a un punto di arresto predeterminato. Nel caso dell'analisi di Bruegel, il processo è stato iterato cinque volte, producendo cinque sottobande con delle informazioni per ciascuno dei 49 dettagli (ottenuti mettendo una griglia 7 x 7 sull'immagine digitalizzata) in ciascuno dei dipinti[2]. Le immagini digitali sono state convertite alla scala dei grigi (prendendo la loro intensità) e, alla fine, ritagliati ad una regione centrale 1792 x 1792, composta da una griglia di dettagli di 256 pixel su un lato (si osservi che era stata riportata in [1] erroneamente come una griglia 8 x 8).

Il processo usato in [1] è derivato da un lavoro precedente degli autori che hanno usato un'analisi basata sulle ondine per distinguere tra le foto digitali reali e le immagini fotorealistiche [9]. Qui diamo una breve descrizione dell'idea e suggeriamo che il lettore interessato faccia riferimento a [1] per i dettagli.

Vettori di *feature*

Le cinque scale di informazioni contenute nelle ondine in un dato blocco generano un vettore di *feature* di dimensione 72. Le prime 36 componenti contengono un riassunto elementare della statistica per le analisi, compreso, per ciascuna delle prime tre bande, la media, la varianza, l'obliquità e la curva di frequenza dei coefficienti delle ondine orizzontali, verticali e diagonali. Le restanti trentasei coordinate contengono lo stesso tipo di statistiche per i cosiddetti "vettori di errore", misurati relativamente al *predictor* lineare migliore delle prime tre bande dei coefficienti, dove il *predictor* per ogni coefficiente dell'ondina è costituito dai valori

---

[2] *Per l'analisi di Bruegel abbiamo lavorato con degli scanner digitali alla risoluzione di 2400 dpi di 35mm di slide a colori.*

del vicino e dai valori del vicino più prossimo, sia per la scala che per lo spazio (si noti che è la richiesta di usare l'intorno più vicino e quello successivo più prossimo che necessita della computazione di cinque bande e non di tre). Dato che l'immagine si spezza in 49 dettagli, il risultato del calcolo del vettore di *feature* è che ogni immagine ora corrisponde a una "nuvola" di 49 punti in R^{72}.

Confronto

Con queste informazioni a disposizione, il processo di autenticazione viene ora convertito in un problema geometrico - in altre parole, i disegni dello stesso artista (e probabilmente della stessa materia), rappresentati dai punti a nuvola, dovrebbero essere vicini nello spazio, mentre i disegni di un artista differente dovrebbero accumularsi lontano dalle nuvole del primo artista. In tale processo è implicito ricercare un modo per misurare la distanza tra le nuvole di punti. Una tale misura è la distanza di Hausdorff, indicata come $d_H(X,Y)$ per due insiemi compatti X e Y in qualche spazio euclideo R^n. Se denotiamo con d la distanza euclidea allora definiamo $d_H(X,Y)$ nel modo seguente:

$$d_H(X,Y) = max \{sup_{x \in X} inf_{y \in Y} d(x,y), sup_{y \in Y} inf_{x \in X} d(x,y)\}.$$

Un valore *P* per il processo

In [1], il metodo MDS (*Multidimensionale Scaling*) (si veda, per esempio [11]) è stato applicato alla matrice *distanza*, ottenuta calcolando la distanza di Hausdorff tra le varie "nuvole" dei vettori di *feature* a 72 dimensioni, derivate da ciascuna delle immagini. Il risultato è stato un'immersione nello spazio tridimensionale, che meglio rappresentava le distanze tra le nuvole di punti in R^{72}. La visualizzazione ha suggerito fortemente che i lavori attribuiti a Pieter Bruegel il Vecchio (secondo l'attuale catalogo ragionato [11]) producono dei vettori di *feature* che si addensano, mentre si diradano simultaneamente da quei lavori nell'insieme test (un insieme di panorami) che non vengono più attribuiti a Bruegel il Vecchio[3].

Sebbene l'uso dell'MDS fornisca una visualizzazione importante e una dimostrazione del concetto dell'idea della stilometria digitale e dell'autenticazione, non è un test statistico utile per eseguire un'attribuzione. In particolare, l'immersione ottenuta con l'MDS minimizza simultaneamente lo *stress* nell'ottenere una immersione migliore di tutte le distanze tra i punti (nuvole), in modo tale che l'immersione stessa non possa essere usata rigorosamente per valutare le distanze relative tra le immagini originali.

In questa sezione consideriamo una statistica non-parametrica, basata sulla matrice delle distanze originali, che permetterà un confronto rigoroso nel senso di permettere un test di ipotesi per un'immagine sconosciuta confrontata a un *corpus* di lavori noti, per esempio, autenticati. Sia $I_1,...,I_N$ una famiglia di campioni (in questo caso immagini) e sia g una funzione definita su quell'intervallo I_j che prende valori categorici, $g(I_j)$ in C dove C denota qualche insieme di categorie. Nella no-

---

[3] *La nostra fonte per l'attribuzione di Bruegel è U. Mielke (ed.) (1996)* Pieter Bruegel, Die Zeichnungen, *Brepols, Turnhout, Belgio.*

stra situazione, C sarà l'insieme di artisti che si pensa abbiano creato la famiglia di immagini. Sia f una applicazione da I_j allo spazio metrico con la seguente proprietà:

(P) $g(I_k)=g(I_j)$ implica che $g(I_k)=g(I_j)$ dovrebbe in media essere piccolo

rispetto a $d(f(I_k),f(I_l))$ quando $g(I_k) \neq g(I_l)$.

Sia q in C una particolare categoria di interesse, diciamo l'etichetta di una immagine creata dall'artista Pieter Bruegel il Vecchio. La seguente statistica non-parametrica è capace di espellere la nozione che un nuovo campione Q soddisfi $g(Q)=q$.

Perciò, si consideri l'ipotesi nulla $H_0:=g(Q)=q$. Ora si formi la lista di immagini $Q=I_0, I_1, I_2, ..., I_N$ e sia:

$$a_k = \sum_{i \neq j, i \neq k, j \neq k} d(I_i,I_j).$$

Si noti che se $g(I_0) \neq q$ allora secondo la nostra proprietà (P), a_0 sarà tipicamente più piccolo di ogni altro a_i. Se a_0 è il k-simo più piccolo degli $\{a_i\}$ allora possiamo assegnare ad esso un P-valore k/N, e se questo P-valore è piccolo abbastanza possiamo eliminare H_0.

Osserviamo che:
1. Un tale valore non può essere sempre usato per accettare una ipotesi nulla. Se a_0 non è piccolo, allora dobbiamo concludere semplicemente che H_0 è coerente con i nostri dati - e renderci conto che il nostro test può semplicemente non essere in grado di scoprire la differenza necessaria.
2. Come detto sopra, questo è, in un senso forte, il test più non-parametrico che potrebbe essere formulato. Non facciamo alcuna ipotesi sulla forma dei dati. Ad ogni modo, con dei test più approfonditi è concepibile che si possano costruire delle analisi più specifiche. Per esempio, ulteriori esperimenti potrebbero mostrare che i vettori di *feature* dei lavori autentici sono distribuiti attorno al centro di massa, avendo così nuove ipotesi per un test. Questo sarebbe chiaramente il modo per approcciare insiemi di dati più grandi, come un nuovo studio digitale che viene coordinato dal museo di Van Gogh ad Amsterdam su 101 dipinti di loro proprietà, alcuni dei quali sono stati attribuiti con certezza a Vincent Van Gogh, mentre gli altri sono di provenienza dubbia o sono stati respinti dai conoscitori.

I risultati dei test statistici per i panorami di Bruegel

Consideriamo i lavori discussi in [1]. I lavori utilizzati qui sono (usando i numeri dal catalogo di *Pieter Bruegel il Vecchio: Disegni e Stampe, catalogo della mostra*, Nadine M. Orestein (ed.) (2001) Yale University Press, New Haven e Londra):
– Nos. 3,4,5,6,9,11,13,20 (attribuito a P.B. il Vecchio).
– Nos. 7, 120, 121, 125, 127 (non più attribuiti a Pieter Bruegel il Vecchio).

In questo caso, ogni insieme test ha nove disegni (8 "sicuramente" di Breugel e uno "incerto"), in modo tale che il valore P migliore possibile sia 1/9. Ad esempio, confrontando il No. 120 con gli otto panorami certamente di Bruegel otteniamo i seguenti valori di a_k:

Catalog #	120	006	005	004	003	011	013	009	020
P-value	139.02	142.23	141.61	141.87	141.45	142.03	141.53	142.5	142.27

Fig. 5. Tabella di valori di a_k per l'insieme di dati che consistono di Bruegel autentici e la probabile imitazione No. 120. Si osservi che, $a_1 = 139.02$ è di gran lunga il più piccolo, il che sta a significare che possiamo avere il P-valore migliore possibile se scartiamo No. 120. Il disegno No. 007 si è rivelato il meno convincente dei nostri 5 successi.

Catalog #	007	006	005	004	003	011	013	009	020
P-value	139.02	140.15	139.85	139.96	139.71	139.56	139.10	140.29	139.94

Fig. 6. La tabella dei valori di a_k per l'insieme dei valori che consistono di Bruegel autentici e la probabile imitazione No. 007

Per un confronto e una visualizzazione, qui c'è la rappresentazione bidimensionale MDS di tutto l'insieme di panorami utilizzati[4].

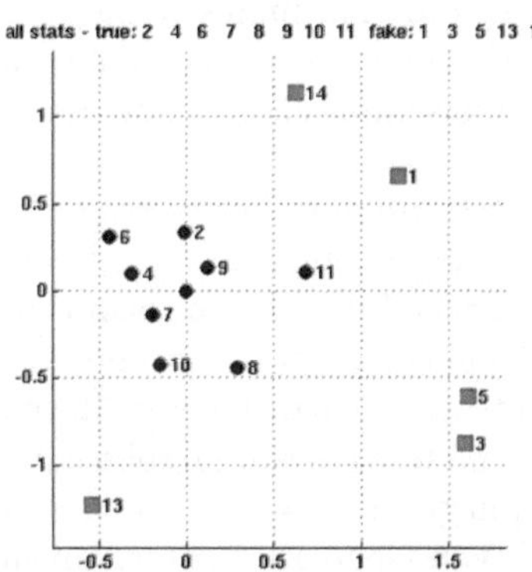

Fig. 7. Come indicato nel titolo, i cerchi rappresentano i Bruegel autentici e i quadrati i lavori dubbi. Il cerchio con centro in (0,0) rappresenta il centro di massa dei lavori autentici[5]

Come osservato prima, mentre questo valore assume un valore P ragionevole, dai dati è chiaro che i valori P da questo campione potrebbero essere migliorati enormemente con l'aiuto di un buon modello.

---

[4] *Tutte le analisi sono state realizzate di nuovo per scrivere questo articolo.*

[5] *Il modo di interpretare questa figura come gli altri diagrammi MDS è quello di leggere i dati come coppie ordinate con ascissa l'indice e ordinata il numero di catalogo (1,120), (2, 006), (3,121), (4,005), (5,125), (6,004), (7,003), (8011), (9013), (10,009), (11, 020), (12, 022), (13, 127) e (14,007).*

Esperimenti

Descriviamo ora i nostri esperimenti computazionali. Ce ne sono di due tipi. Da un lato, riprendiamo in considerazione il calcolo del primo panorama di Bruegel da [1] e analizziamo più da vicino l'informazione contenuta nei vettori di *feature*. Come detto prima, i vettori di *feature* 72-dimensionali sono realmente la concatenazione di due vettori di *feature* di dimensione 36, uno dei quali contiene un sunto delle informazioni dei coefficienti delle ondine e l'altro riassume le statistiche nelle approssimazioni lineari. In un'altra direzione, eseguiamo un test di robustezza per il processo d'analisi nella variazione della disposizione della griglia d'analisi.

Statistiche riassuntive e statistiche di errori

Prima ci occupiamo del contenuto dell'informazione nelle due metà dei vettori di *feature*. In generale, usando soltanto le statistiche riassuntive otteniamo quasi gli stessi risultati che otterremmo con l'intero vettore di *feature*. Per esempio, se usiamo soltanto il vettore di *feature* per le statistiche riassuntive per confrontare il No. 120 ai Bruegel autentici otteniamo i seguenti valori per a_k

Catalog #	120	006	005	004	003	011	013	009	020
a_k		108.73	112.18	111.08	111.13	110.52	110.85	111.17	111.61	112.32

Fig. 8. Tabella di valori di a_k per le nuvole delle statistiche riassuntive derivate dall'insieme dei dati formati da tutti i Bruegel autentici e la probabile imitazione No. 120

Ad ogni modo, per il No. 007 otteniamo i risultati della Figura 9.

Catalog #	007	006	005	004	003	011	013	009	020
a_k		108.73	110.98	110.00	109.46	109.54	109.47	109.89	110.35	110.59

Fig. 9. La tabella dei valori a_k per i dati formati dai Bruegel autentici e la probabile imitazione No. 120

La Figura 10 mostra l'MDS 2-dimensionale per la matrice della distanza associata alle nuvole di punti nello spazio 36-dimensionale per i vettori di *feature* che consistono soltanto delle statistiche riassuntive (marginali).

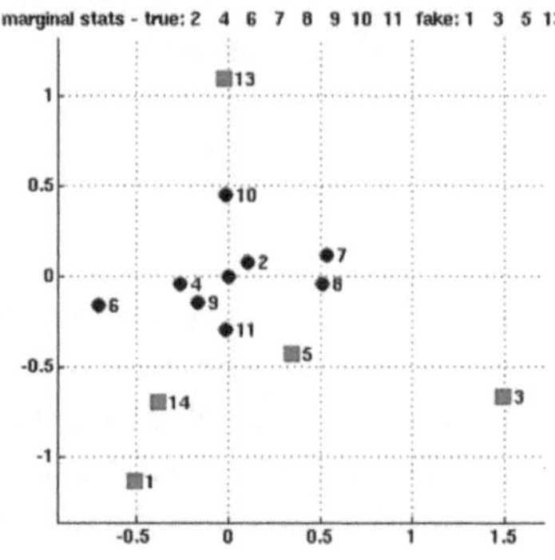

Fig. 10. Come indicato dal titolo, si rappresenta l'immagine rispetto all'MDS delle nuvole di punti nello spazio 36-dimensionale formato dai vettori di feature delle statistiche riassuntive dal nostro insieme di dati. I Bruegel autentici sono indicati dai cerchi e i lavori da attribuire dai quadrati. Il cerchio con centro in (0,0) rappresenta il centro di massa dei disegni autentici

La considerazione dei vettori di *feature* delle statistiche riassuntive degli errori (cioè, le statistiche riassuntive per la differenza tra la migliore approssimazione lineare ai coefficienti delle ondine e i coefficienti stessi) hanno prodotto vari risultati - tre delle imitazioni hanno prodotto il valore a_k più basso, mentre non si è verificato per gli altri due così che per i criteri più rigidi sui valori P, tre delle imitazioni furono scartate mentre altre due non lo sono state. Per esempio, il No. 120 è stato scartato con i valori a_k nella Figura 11.

Catalog #	120	006	005	004	003	011	013	009	020
a_k		106.97	108.25	108.07	108.09	109.47	108.46	107.89	110.04	107.80

Fig. 11. La tabella dei valori a_k per l'insieme dei dati formati dai Bruegel autentici e la probabile imitazione No. 120

Al contrario, il No. 007 non è stato scartato dando i valori a_k nella Figura 12.

Catalog #	007	006	005	004	003	011	013	009	020
a_k		106.97	106.52	106.59	106.74	107.72	106.58	106.51	108.28	105.79

Fig. 12. La tabella dei valori di a_k per l'insieme dei dati dei Bruegel autentici e la probabile imitazione No. 120

Infatti, si noti che per il No. 007 sei degli otto panorami dei Bruegel autentici hanno prodotto un valore a_k più piccolo.

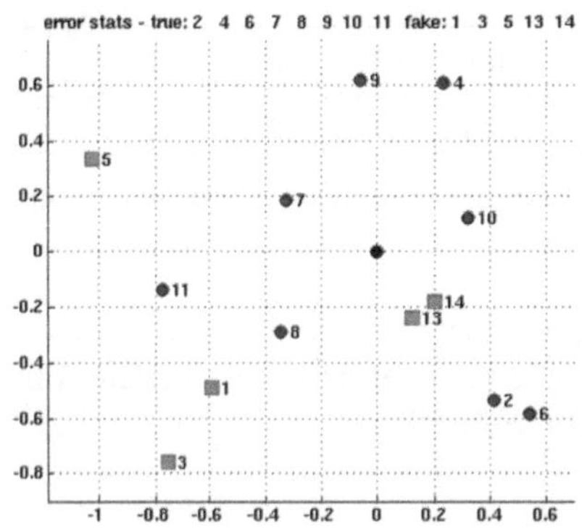

Fig. 13. Come indicato nel titolo, si rappresenta l'immagine rispetto all'MDS delle nuvole dei punti nello spazio 36-dimensionale formato dai vettori errore delle statistiche riassuntive del nostro *dataset*. I disegni autentici sono indicati con dei cerchi e i lavori dubbi con dei quadrati. Il cerchio con centro in (0,0) rappresenta il centro di massa dei disegni autentici

Griglie *shiftate* e robustezza dei risultati

Per questi esperimenti abbiamo considerato il risultato ottenuto lavorando con una griglia *shiftata*, per vederne l'effetto sulle nostre conclusioni. Abbiamo usato una griglia 8 x 8, centrata approssimativamente nell'immagine dei blocchi quadrati che prendevano 256 pixel da un lato. Abbiamo poi fatto girare il nostro esperimento (calcolare i vettori di *feature*) per l'insieme dei dati formato da tutti i

Bruegel identici e l'imitazione No. 125, ma usando una griglia *shiftata* di 8 pixel a sinistra e poi di 8 pixel a destra, poi in alto di 64 pixel e 64 pixel a destra. In quattordici o sedici volte, il No. 125 è stato scartato perché ha dato i valori più bassi. Negli altri due casi non ha prodotto il valore più basso. Uno *shift* di 40 pixel a destra ha dato i valori a_k

Catalog #	125	006	005	004	003	011	013	009	020
a_k	137.95	141.31	140.66	139.05	140.18	138.19	137.92	142.01	140.97

Fig. 14. Tabella di valori di a_k per l'insieme dei dati formato dai Bruegel autentici e dalla probabile imitazione No. 120

Si è così determinata l'imitazione di Bruegel, rivelata dal secondo valore più piccolo, mentre per un *shift* di 64 pixel a destra, l'imitazione ha prodotto il terzo valore più piccolo per a_k:

Catalog #	125	006	005	004	003	011	013	009	020
a_k	137.95	141.02	140.80	139.05	140.28	137.94	137.82	142.29	140.65

Fig. 15. Tabella di valori di a_k per l'insieme dei dati che consistono di tutti i Bruegel autentici e dalla probabile imitazione No. 120

Conclusioni

La disponibilità dei mezzi per fare delle riproduzioni di belle arti non costose e ad alta risoluzione digitale costituisce lo spunto per una opportunità significativa per i matematici, gli informatici e gli statistici, al fine di creare un nuovo campo di stilometria per le arti visive. Questo lavoro è ispirato dal successo della stilometria letteraria, che ha trovato per tanti anni dei modi per usare i dati per il conteggio delle parole (e delle variazioni sul tema) per identificare l'autore di un'opera e il cambiamento di stile con metodi computazionali. Affinché la stilometria delle arti visive possa diventare una scienza, i test statistici devono essere ancora più sviluppati e si deve mostrare che la metodologia è valida rispetto a piccole variazioni delle condizioni iniziali. Abbiamo visto alcuni esempi dei primi passi per raggiungere questi obiettivi, per la tecnica della stilometria visiva basata sulle ondine ([1]) producendo un test semplice di ipotesi per i vettori di *feature*, ottenuti con la procedura delle ondine e da un semplice test di robustezza delle variazioni nella disposizione della griglia d'analisi. In generale, le conclusioni in [1] sono state supportate dal test delle ipotesi e sono rimaste le stesse persino dopo alcuni *shift* significativi della griglia.

Ringraziamenti

Un grazie particolare a Peter Kostelece per il codice delle ondine usato in questo articolo.

Bibliografia

[1] S. Lyu, D. Rockmore, H. Farid (2004) Digital techniques for art authentication, *Proceedings of the National Academy of Sciences*, 87 (7), pp. 1062–1078

[2] R.D. Spencer (ed.) (2004) *The Expert Versus the Object*, Oxford University Press

[3] A. Pawlowski (2004) Wincenty Lutoslawski - a forgotten father of stylometry, *Glottometrics*, 8, pp. 83-89

[4] D.I. Holmes, J. Kardos (2003) Who was the author? An introduction to stylometry, *Chance* 16(2), pp. 5-8

[5] R. Taylor (1999) Fractal Analysis of Pollock's Drip Paintings, *Nature*, 399 p. 422

[6] A. Abbott (2006) Fractals and art: in the hands of a master, *Nature* 439, pp. 648-650

[7] S. G. Mallat (1999) *A wavelet tour of signal processing* (Second edition), Academic Press, New York

[8] D. Walnut (2004) *An Introduction to Wavelet Analysis*, Birkhauser, Boston

[9] S. Lyu, H. Farid (2005) How realistic is photorealistic, *IEEE Trans. Sig. Proc*, 53(2), pp. 845-850

[10] R. O. Duda, P. E. Hart, D. G. Stork (2000) *Pattern Classification*, Second Edition, Wiley Interscience, New York

[11] U. Mielke (ed.) (1996) *Pieter Bruegel, Die Zeichnungen*. Brepols, Turnhout, Belgium

Simmetrie fronte-retro
in manufatti tessili del periodo pre-Inca

Anthony Phillips

Le civilizzazioni precolombiane del Perù non avevano un linguaggio scritto e, per quanto ne sappiamo, nemmeno una matematica formalizzata, a eccezione del modo, ancora misterioso, in cui venivano registrate delle informazioni usando schemi realizzati con nodi fatti con mazzi di corde chiamati *quipu*. L'unica testimonianza, che è arrivata fino a noi, delle tradizioni descrittive e narrative delle loro culture, si trova nelle ceramiche e nei manufatti tessili. In entrambe queste aree, la loro produzione artistica è stata messa sullo stesso piano di quella delle più sviluppate civiltà. Tuttavia, nel design tessile queste civiltà hanno evidenziato un gusto per le trasformazioni geometriche, che dà al loro lavoro un contenuto intellettuale inimmaginabile in qualsiasi altra cultura tessile. Si è trattato di matematica *ante litteram* nel vero senso della parola: soltanto ai giorni nostri, avendo a disposizione la classificazione delle simmetrie e la grafica dei computer, è possibile duplicare gli schemi alla base di questi manufatti. Ad ogni modo, lo stimolo religioso e sociale è totalmente assente e per di più, senza alcun'ombra di dubbio, l'artigianato tessile non potrà mai raggiungere gli standard peruviani. Non assisteremo mai più alla creazione di lavori intessuti di un tale rigore e una siffatta bellezza.

La tessitura a ordito multiplo (due o più fili di colori diversi usati in ciascuna posizione dell'ordito, alternandosi quando appaiono sulla superficie intessuta) è una delle tecniche di tessitura in cui gli antichi peruviani eccellevano. Quando tale tecnica viene usata per produrre una stoffa fronte-retro, si hanno motivi di immagini riflesse su ciascun lato, ma con colori diversi. Il problema, affrontato e risolto dai peruviani, è di eseguire la sostituzione dei colori in modo tale da rendere le decorazioni sul fronte e sul retro il più possibile uguali. La sostituzione di tre o più colori viene usata quasi esclusivamente per strisce o cinghie, a causa della grande forza longitudinale e dello spessore degli oggetti prodotti. La decorazione tipica su questi manufatti tessili è un motivo ripetuto. Credo che i tessitori peruviani pensassero di avere realizzato la stessa decorazione sui due lati della stoffa se riuscivano a riprodurre una parte dello stesso motivo, che poi si sarebbe ripetuta con periodicità. Ciò era possibile sfruttando la differenza tra le simmetrie del motivo geometrico sottostante e quelle della decorazione colorata. Infatti, il motivo sottostante continuava a ripetersi (di solito con un periodo minore), ma presentando ulteriori simmetrie: riflessioni, glissoriflessioni [1] o rotazioni.

Il principio usato dai peruviani può essere enunciato nel linguaggio moderno nel modo seguente:

– se la sostituzione del colore fronte-retro corrisponde a una simmetria (traslazione, riflessione, glissoriflessione, rotazione) del motivo geometrico sottostante la decorazione della parte davanti, allora il retro mostra la stessa decorazione, riflessa nel caso di una traslazione, e riflessa e ruotata nel caso di una rotazione.

Le simmetrie speciali dei manufatti tessili, in particolare di quelli provenienti dal Perù, sono state studiate da Branko Grünbaum [2], ma, per quanto ne sappiamo, la questione delle simmetrie fronte-retro non è stata ancora affrontata.

Dopo un *survey* rudimentale sulla terminologia usata nella tessitura, analizzeremo la soluzione trovata dai peruviani a questo problema per tre classi di manufatti tessili: una classe con una sostituzione a due colori e altri due insiemi con tre o quattro colori. Man mano che il numero di colori da controllare diventa più grande, le soluzioni, e la matematica che c'è dietro, diventano sempre più complicate.

Tessitura semplice e tessitura con orditi complementari

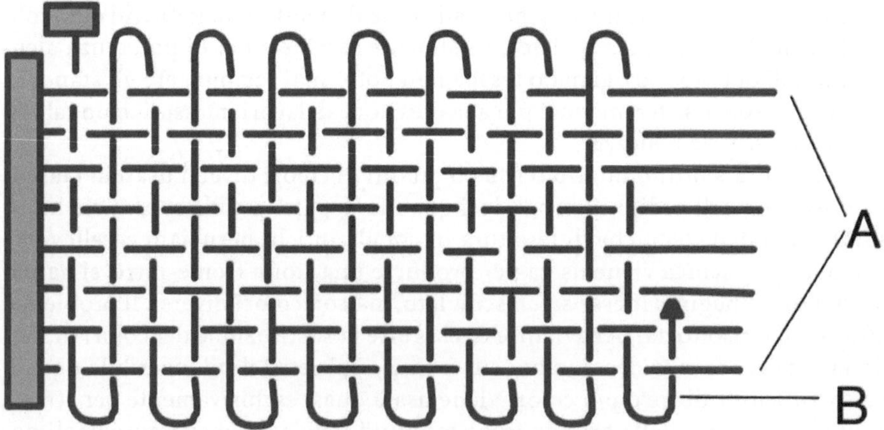

Fig. 1. Diagramma del metodo più semplice di tessitura

In Figura 1 è mostrato, in forma di diagramma, il metodo più semplice di tessitura: i fili che formano l'ordito (A) vengono stesi e fissati ad una estremità; la trama (B), fissata anch'essa a una estremità, viene portata avanti e indietro, sopra e sotto i fili dell'ordito.

Tessitura con ordito complementare (a due colori)

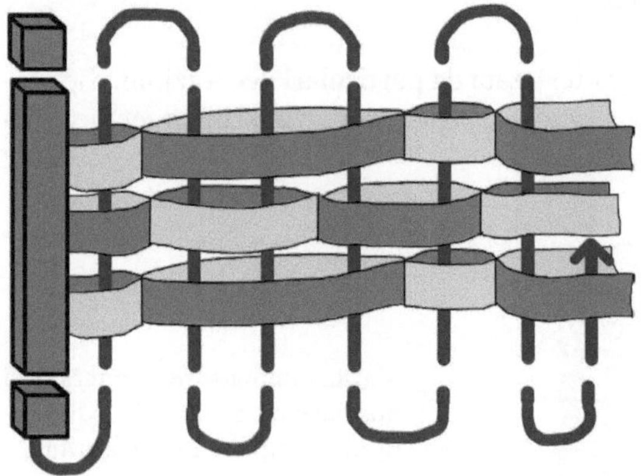

Fig. 2. Tessitura a ordito complementare a due colori

La Figura 2 ha la stessa orientazione della precedente. Nella tessitura a ordito complementare, ogni posizione dell'ordito ha due fili, di solito con colori differenti. Durante la tessitura, ad ogni intersezione si sceglie quale dei due orditi lasciare sotto e quale lasciare sopra. Per realizzare un disegno si può modificare la regola del sopra-sotto e formare dei "galleggianti" nei quali, come mostrato in figura, lo stesso ordito può rimanere sopra per vari passaggi della trama.

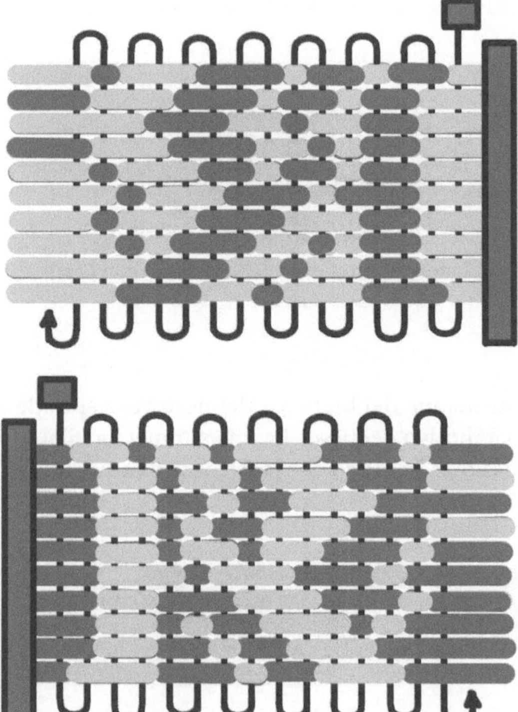

Fig. 3. Esempio di tessitura a due colori. Quando la stoffa viene girata, il disegno appare riflesso e con i colori scambiati

Stoffa a strisce intessute con la tecnica dell'ordito complementare (a due colori)

Questa famiglia di manufatti è caratterizzata da particolari decorazioni, che presentano strisce intessute con varie tecniche e strisce realizzate con la tecnica dell'ordito complementare in bianco e nero.

Fig. 4. Manufatti rossi a tessitura normale in cui i fili dell'ordito coprono completamente la trama e con strisce decorative realizzate con altre tecniche. Ampiezza totale: 6.5 cm

In questo primo esempio, mostrato in Figura 4, la sostituzione di colori tra il bianco e il nero corrisponde a una traslazione lungo la striscia. Di conseguenza, la decorazione su un lato è la copia riflessa dell'altra. Si osservi in quest'esempio una striscia parallela intessuta con lo stile degli arazzi, dove l'immagine è riflessa, ma i colori rimangono gli stessi.

Fig. 5. Esempio di strisce con simmetria bilaterale. Ampiezza della striscia, con la sostituzione dei due colori: 2 cm

Anche in questo esempio la sostituzione del bianco e del nero corrisponde a una traslazione; ma in questo caso il motivo del pesce ha una simmetria bilaterale con asse parallelo all'asse di riflessione, in modo che la decorazione su entrambi i lati sia la stessa.

Fig. 6. Striscia realizzata con la sostituzione del bianco e del nero; ampiezza 2,1 cm

In Figura 6 la sostituzione del bianco e del nero corrisponde a una glissoriflessione. Di conseguenza, i due lati mostrano la stessa decorazione. Si osservi che uno dei *chinchillas* (o *viscachas*) più a destra non è disegnato correttamente.

L'inserimento a fini decorativi di striscie realizzate con la tecnica dell'ordito complementare nei manufatti, è rimasto ancora nella tradizione tessile contemporanea nelle Ande. Rowe [4] mostra i primi esempi conservati presso il Museo Tessile: una tunica (forse originaria degli altipiani, risalente al periodo dell'Orizzonte Centrale) nella Figura 70 di [4]; una strisica (Costa meridionale, forse risalente al Primo Periodo Intermedio) in Figura 78 di [4] e un'altra striscia (Chancay, Tardo Periodo Intermedio) in Figura 80, sempre in [4], tutte e tre con decorazioni zoomorfe come i manufatti in questa sezione. VanSant [5] mostra invece delle strette strisce simili a quelle in Figura 22 (Panchacamac) prese dall'Università della Pennsylvania, collezione Uhle.

Cinghie (*binchas*) realizzate con la tecnica della sostituzione a tre o quattro colori

Questo tipo di manufatti è composto da cinghie, tipicamente lunghe 50 cm e larghe 4 cm, utilizzate per portare delle borse di tela. Il blu è di solito il colore di fondo, mentre il rosso, il giallo e eventualmente anche il rosa sono i colori che vengono lavorati. Per semplicità, faremo soltanto un diagramma della struttura a tre colori, ma il principio è lo stesso anche nell'altro caso. Quando ci sono tre colori, il rosso e il giallo vengono intessuti in modo alternato, ma lo sfondo blu deve apparire simultaneamente di fronte e di dietro. Per questo sono necessari quattro fili per l'ordito.

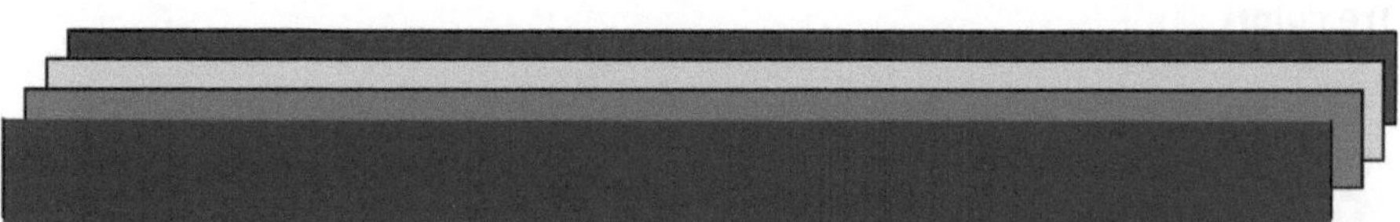

Fig. 7. I quattro fili (nella stessa posizione dell'ordito) rappresentati con delle strisce: i più scuri restano sullo sfondo, mentre i più chiari sono quelli che vengono lavorati

Dato che in ogni punto sono visibili soltanto due fili, uno in cima e l'altro in fondo, viene spontaneo chiedersi cosa succede agli altri due. La tecnica peruviana prevede di intessere una struttura tubulare, con due insiemi di trame, uno in cima e l'altro in fondo. Dato che la tessitura si effettua con un singolo filo della trama, che attraversa ripetutamente il telaio, la divisione viene realizzata portando la trama sopra i fili dell'ordito nel gruppo in alto e sotto nel gruppo che si trova in basso. In effetti, la trama forma una sorta di spirale su per il telaio. In un punto qualsiasi, i due fili che non vengono utilizzati per il disegno vengono coperti all'interno del tubo che man mano si forma.

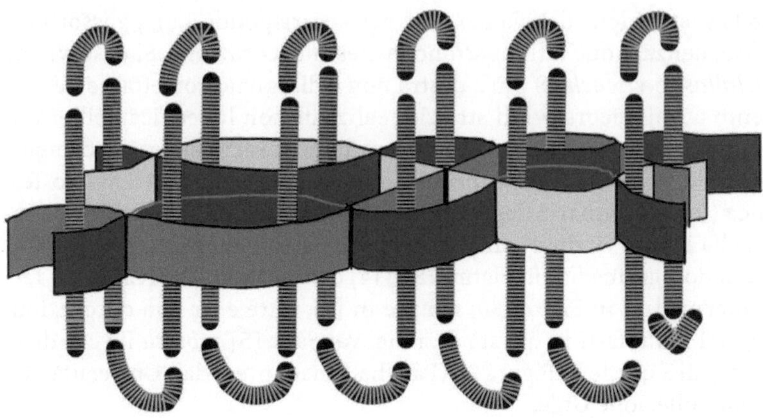

Fig. 8. I quattro fili in una posizione dell'ordito siano suddivisi in alto e in basso, nascosti da ogni giro a spirale della trama, e si può vedere come durante la tessitura i due fili lavorati vengano scambiati

D'Harcourt [3], nel Capitolo 4, analizza la struttura dei manufatti realizzati in questo modo, definendola "tessitura tubulare", e mostra nel suo *Piatto 20* una borsa con una cinghia di questo tipo. Egli considera la tessitura tubulare un sottoinsieme della tessitura doppia, ma i manufatti prodotti sono del tutto diversi. Il più delle volte, i tessitori che utilizzano questa seconda tecnica sembrano essere contenti di considerare uno dei due lati come il negativo dell'altro; gli esempi mostrati in *Piatto 29* di d'Harcourt (glissoriflessione), in Van Sant ([6], Fig. 44, traslazione) e in Cahlander ([7], *Piatto 1,* rotazione; dal Museo Amano a Lima) sono eccezionali.

Tre colori

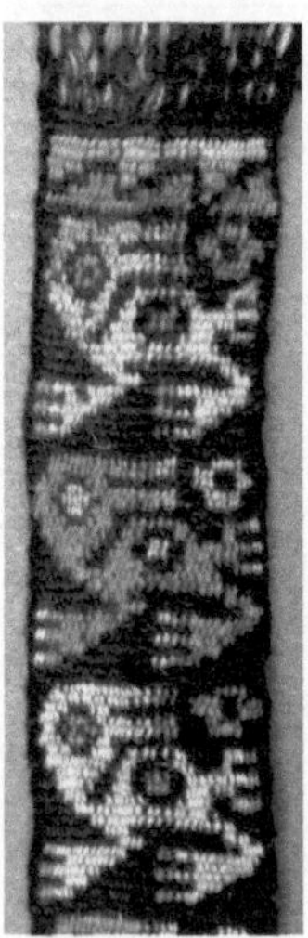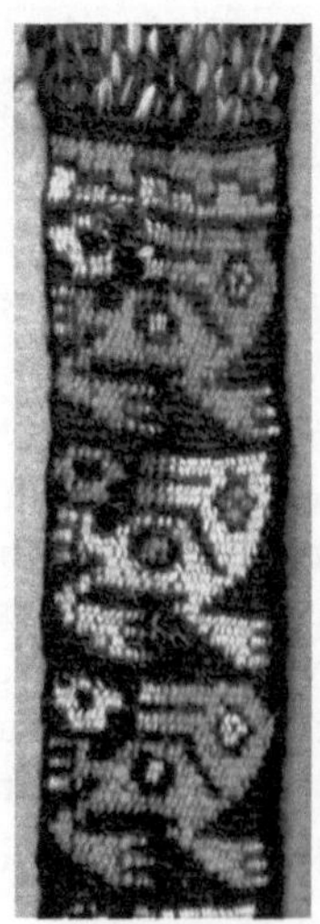

Fig. 9. Esempio con sostituzione del giallo e del rosso, corrispondente a una traslazione, rendendo la decorazione di uno dei lati una versione riflessa di quella dell'altro lato

I fili dell'ordito sono verticali in queste fotografie; in cima si può vedere l'area terminale, troppo vicina alla fine del telaio per sostituzioni complicate. Ampiezza della cinghia: 4 cm.

Fig. 10. Esempio di una sostituzione del giallo e del rosso, corrispondente a una glissoriflessione. I due lati mostrano perciò la stessa decorazione. Ampiezza della striscia: 1.9 cm

Quattro colori

Le *binchas* a quattro colori mostrano a volte una simmetria fronte-retro perfetta, ma il metodo non è sensato da un punto di vista matematico. Per spiegare il fenomeno in bianco e nero, supponiamo che il colore di fondo sia bianco e che i tre colori da lavorare siano il nero e due tonalità di grigio, grigio chiaro ("chiaro") e grigio scuro ("scuro"). È quasi sempre il caso che uno dei tre colori sia usato due volte, dando vita a una successione di colori di periodo quattro (per esempio, chiaro, scuro, nero, scuro, etc.) con orientazioni alternanti; la sostituzione dei colori è organizzata raggruppando le figure in blocchi di due che scambiano i colori da davanti a dietro.

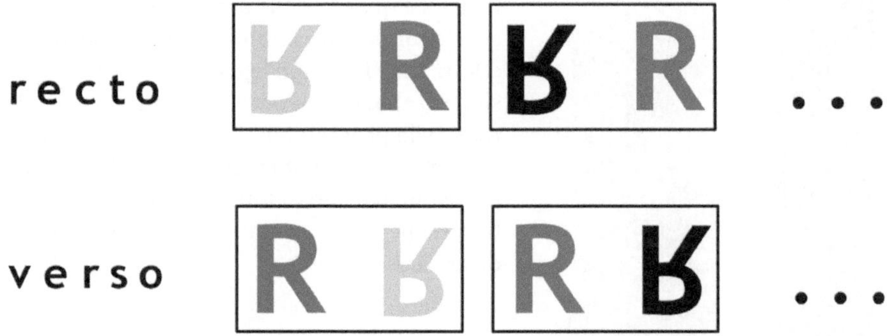

Fig. 11. La sostituzione dei colori scambia lo scuro e il bianco nei blocchi scuro-bianco e lo scuro e il chiaro nei blocchi scuro-chiaro

Dato che le orientazioni si alternano, l'effetto è quello di creare un motivo identico, a meno di traslazione, su entrambi i lati. In questo modo, una sostituzione di periodo quattro viene cambiata con due sostituzioni parallele di periodo due (più facili da gestire, credo, per i tessitori peruviani). Nell'esempio a cinque colori da noi studiato, i quattro colori lavorati A,B,C,D appaiono nell'ordine ABACADAB etc., e diventano BACADABA sul lato opposto. Tuttavia, questa sostituzione non corrisponde a una simmetria del motivo, e in generale le due decorazioni non sono le stesse.

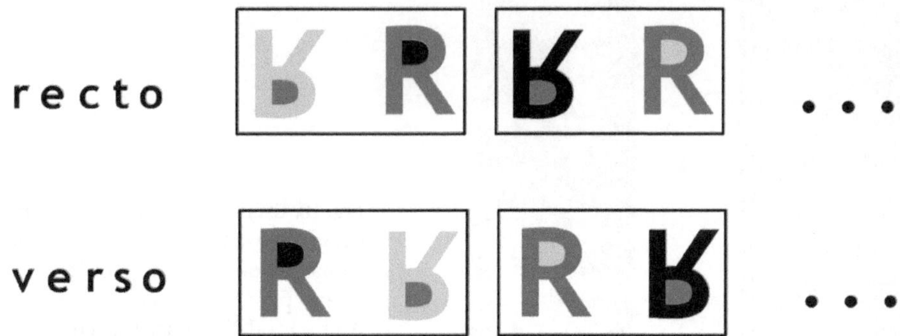

Fig. 12. Ogni figura usa due colori e la sostituzione procede come prima con scambi all'interno dei singoli blocchi. Anche se ora appaiono le stesse cifre su entrambi i lati, l'ordine è differente

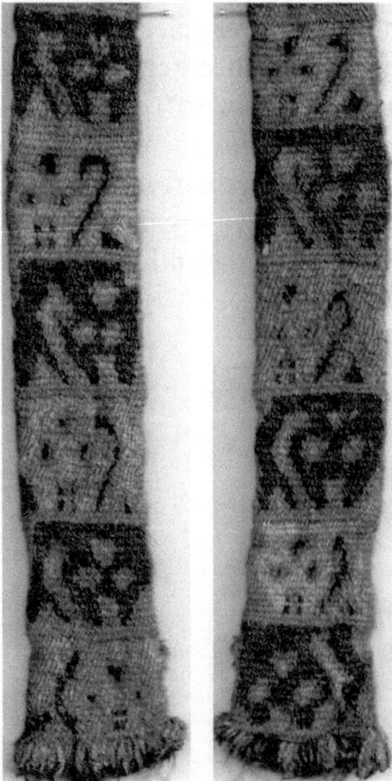

Fig. 13. *Bincha* raffiguranti dei pesci con le facce alternativamente a destra e a sinistra e di vari colori

Il *bincha* di Figura 13 è stato intessuto in questo modo (si veda il *Piatto Colorato I* nella sezione a colori). Il rosso è il colore di fondo, le figure sono dei pesci, che si alternano con la faccia a destra e a sinistra, e di vari colori (gialli, nero con occhi rosa), (rosa, nero con occhi gialli) ecc., dove abbiamo usato le parentesi per i blocchi di sostituzione.

La sostituzione dei colori tra il giallo e il nero-rosa e quella tra il rosa e il nero-giallo non corrisponde a una simmetria del motivo; in effetti i due lati sono leggermente differenti: a sinistra, il nero con occhi rosa viene prima del rosa nella progressione verso l'alto della tessitura, mentre a destra viene prima del giallo. Il pesce più in basso di tutti non rispecchia il motivo, sia per il colore che per l'orientazione (vedi sezione a colori).

Cinghie ampie (*fajas*) a tessitura con ordito complementare a quattro colori

Questi manufatti, probabilmente cinghie per reggere i telai alla schiena [9], mostrano una perfetta maestria nell'applicare la tecnica della sostituzione dell'ordito al fine di realizzare (in generale, a meno di riflessioni) gli stessi motivi a quattro colori sulle due facce del manufatto. La forza e la resilienza della costruzione a ordito multiplo erano appropriate per una cinghia sottoposta a un carico costantemente variabile, mentre il disegno elaborato e l'esecuzione meticolosa potrebbero servire come dimostrazione delle abilità della tessitura. Prenderemo in considerazione due esempi.

Sostituzione ciclica dei colori

Fig. 14. Ampiezza della cinghia: 10 cm

Questa cinghia (conservata in maniera imperfetta) è stata realizzata con un ordito a quattro colori. Il rosso è stato usato per i bordi, mentre i colori lavorati sono il nero, il viola e il bianco. La superficie viene decorata con delle righe diagonali di pesci, con colori che si alternano ciclicamente: bianco, nero (con gli occhi viola), viola, nero (con gli occhi bianchi), seguendo la realizzazione della tessitura che in queste immagini va dal basso verso l'alto. Ciclica è anche la sostituzione del colore: nero (occhi bianchi), viola, nero (occhi viola), bianco, nero (occhi bianchi) ecc. Questa viene realizzata sostituendo ogni volta il colore della striscia precedente come colore da sostituire (assumendo che il lato mostrato sulla sinistra in Figura 14 sia rivolto verso l'alto durante la tessitura). Il risultato è un manufatto con lo stesso motivo ciclico (a meno di riflessioni) su entrambi i lati.

Sostituzione corrispondente a una rotazione di 180 gradi

Fig. 15. Cinghia realizzata con quattro colori: il rosso (per le frange), il blu, il verde e il giallo, con un ordito a quattro colori. È stata fatta una decorazione con dei pesci e qualche altra creatura, probabilmente marina, nelle righe diagonali intrecciate. L'intera cinghia misura 7x65 cm

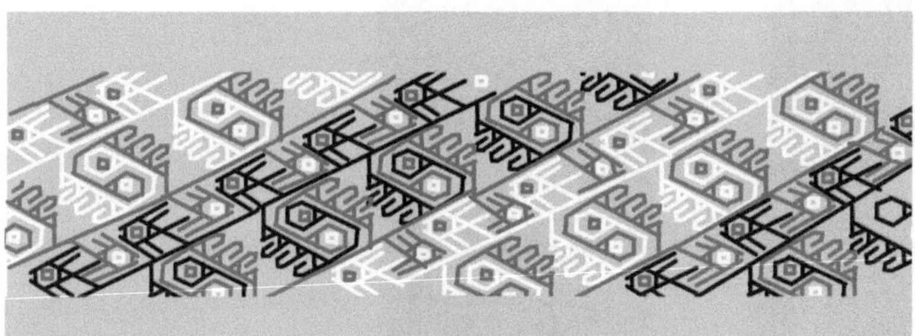

Fig. 16. Visualizzazione schematica in bianco e nero del motivo, realizzata usando il grigio chiaro per lo sfondo (rosso), il bianco al posto del giallo, il nero al posto del blu e il grigio scuro al posto del verde. Abbiamo omesso i piccoli elementi decorativi che riempiono gli spazi triangolari nello schema

Per capire la sostituzione di colori è utile dividere il disegno di Figura 16 (come mostrato in Fig. 17) in due componenti intrecciate, una che coinvolge il verde e il giallo, l'altra il verde e il blu.

La sostituzione dei colori viene fatta nel modo seguente: nella componente giallo-verde, si scambiano i due colori che vengono lavorati (giallo e verde, appunto). Analogamente, vengono scambiati il blu e il verde nella componente verde-blu. In ogni caso, gli occhi delle creature alternano il giallo e il verde in entrambe le componenti (non ci sono occhi blu su alcuno dei due lati). Su ciascuna componente la sostituzione del colo-

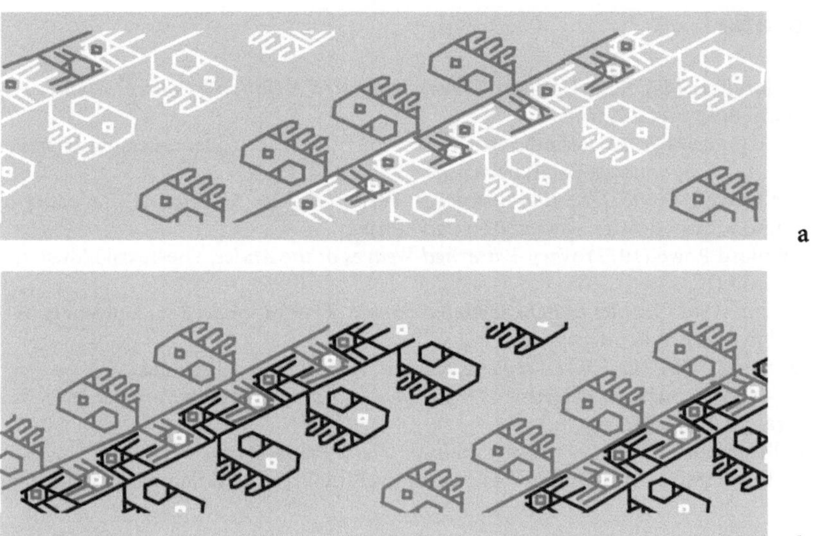

Fig. 17. a. La componente giallo-verde del disegno; b. la componente verde-blu del disegno. Si noti che le creature verdi hanno gli occhi gialli

re corrisponde a una rotazione di 180 gradi. Quando tali componenti vengono messe vicine, la sostituzione del colore in comune deve corrispondere a una rotazione di 180 gradi (che ha periodo 2, anche se sono coinvolti tre colori, in modo da poter essere realizzata con sostituzioni di colore di periodo 2). I due lati di questo manufatto differiscono perciò per una rotazione di 180 gradi composta con una riflessione, che determina il seguente effetto paradossale: quando la cinghia viene capovolta lungo un asse longitudinale (come mostrato in Fig. 15), la decorazione si riflette rispetto a un asse verticale. Cahlander mostra delle cinghie di questo tipo; quelle che appaiono in [7] nella Figure 4-5b (Museo Lowie) e Figure 4-8a-b (Museo Americano di Storia Naturale) devono avere una struttura molto simile a quelle che abbiamo analizzato (viene mostrato soltanto un lato della stoffa). La Figura 4-8a si trova anche in [4], Figura 114.

129

Bibliografia

[1] István Hargittai, Magdolna Hargittai (1994) *Symmetry, A Unifying Concept,* Shelter Publications, Bolinas, California

[2] Branko Grünbaum (1990) Periodic Ornamentation of the Fabric Plane: Lessons from Peruvian Fabrics, *Symmetry,* Vol. 1, pp. 45-68

[3] Raoul d'Harcourt (1962) *Textiles of Ancient Peru and their Techniques,* University of Washington Press, Seattle, Washington and London

[4] Anne Pollard Rowe (1977) *Warp-Patterned Weaves of the Andes,* The Textile Museum, Washington DC

[5] Ina VanSant (1967) *Textiles from Beneath the Temple of Pachacamac, Peru,* University Museum, University of Pennsylvania

[6] Ina VanSant (1966) *The Fabrics of Peru,* F. Lewis, Leigh-on-Sea, England

[7] Adele Cahlander, Suzanne Baizerman (1985) *Double-Woven Treasures from Old Peru,* Dos Tejedoras, St. Paul, Minnesota

[8] Raoul d'Harcourt (1924) *Les tissus indiens du vieux Pérou,* Paris

[9] Anni Albers (1965) *On Weaving,* Wesleyan University Press, Middletown, Connecticut

Cosmogonie

Paolo Barlusconi

Siamo in un Convegno di Matematica, e allora permettete anche a un artista di citare un paio di numeri: il primo numero è 13,7 miliardi, il secondo è 1. Molti avranno già compreso cosa rappresenti 13,7 miliardi: è il numero di anni che gli astrofisici attualmente attribuiscono al nostro Universo, dalla data del Big Bang fino ad oggi; al numero viene inoltre assegnata dagli scienziati la tolleranza +/- 0,2 (miliardi di anni!).

Il numero 1 cosa rappresenta invece? Sta per un minuto secondo e si riferisce alla domanda che mi sono posto più volte: cosa c'era un secondo prima del Big Bang?

Gli scienziati affermano che alla sua origine tutto l'universo (centinaia di miliardi di galassie) fosse "concentrato" in una sfera avente le dimensioni di una palla da *football*. Quando appresi per la prima volta queste nozioni, esse mi lasciarono letteralmente sconvolto: non so trovare un altro modo per esprimere ciò che provai. Faccio ricerca artistica da 35 anni e quando venni a contatto con simili concetti di astrofisica (circa sette anni fa) ne rimasi talmente impressionato da decidere che tutte le mie opere future sarebbero state *cosmogonie*. Ritenni infatti che la mia ricerca artistica dovesse avere una finalizzazione, non limitandosi a praticare la dimensione estetica, e soprattutto dovesse cercare di dare una interpretazione del mondo di cui facciamo concretamente parte. Ecco dunque che il cosmo si pose al centro della mia attenzione come pretesto per parlare dell'essere: l'universo, con la sua quasi incommensurabilità, si presenta come una delle più grandi manifestazioni dell'essere. Nella mia ricerca artistica dunque la problematica *cosmogonica* si innesta così in una dimensione più grande, di carattere ontologico: cogliere l'essenza dell'esistere. Un granello di sabbia, l'uomo, l'universo: tutto è, tutto esiste. I filosofi hanno dato diverse interpretazione dell'essere (l'essere è e non può non essere, ecc.); le varie teorie ontologiche sono spesso in contrasto tra loro, ma tutte cercano di capire la realtà.

L'etimo del termine *cosmogonia* contiene il concetto di "generazione" e, relativamente a ciò, mi interessano sia le considerazioni di carattere scientifico sia le interpretazioni di carattere mitologico o fantastico; gli spunti per la mia ricerca nascono pertanto dalle varie visioni del cosmo che la storia dell'uomo ha prodotto nei secoli. Quindi buchi neri e stringhe cosmiche si pongono sullo stesso piano di stimolo creativo delle visioni del mondo delle civiltà mesopotamiche o precolombiane: un calendario azteco può essere interessante come la più recente teoria astrofisica, anche perché contiene in sé vari riferimenti, anche di carattere matematico.

Ed eccoci giunti alla matematica… Anche prima di occuparmi di *cosmogonie*, la matematica è sempre stata presente nelle mie opere, sia a livello cosciente sia a livello inconscio; io non appartengo a quella categoria di artisti cosiddetti gestuali o dell'*action painting*, che eseguono l'opera di getto, bensì a quella schiera che programma razionalmente l'opera, nel senso che prima di eseguirla stende un progetto, sia pure in forma di disegno o schizzo, con indicazione di dimensioni, materiali e finiture. Questo tipo di ideazione viene elaborata tenendo presenti regole matematiche (come per esempio quella denominata *sezione aurea*, da me molto usata), in base alle quali l'opera viene strutturata secondo rapporti di equilibrio la cui ragion d'essere è scandita dai numeri. Ed ecco spiegata anche la presenza della mia mostra in un convegno di matematica.

L'allestimento si articola in due sezioni: le *cosmogonie* tridimensionali, realizzate mediante assemblaggi di oggetti e quelle grafiche, realizzate con la tecnica laser.

Nella prima sezione sono esposte le *cosmogonie* realizzate con materiali e oggetti seriali di uso quotidiano e di produzione industriale, secondo una tecnica da me usata da diversi anni, ancor prima di introdurre la ricerca *cosmogonica*: si tratta di una "rivisitazione" degli oggetti a livello formale, a prescindere dalla loro funzionalità. L'oggetto diventa così il mattone, il modulo con il quale creare l'opera; si potrebbe parlare di una *metamateria*, cioè di una materia che va oltre la propria funzione originaria, oppure anche di una *trasfigurazione* dell'oggetto di uso comune.

In *Caosdisk*, per esempio, mi sono ispirato a una delle leggi della teoria scientifica del Caos, teoria nata per lo studio e l'interpretazione dei fenomeni detti appunto caotici, cioè che non possono essere ricondotti alle leggi della fisica classica.

In particolare, quest'opera fa riferimento alla legge detta della "autosomiglianza", in base alla quale un ente o un fenomeno si presenta sempre formalmente simile, qualunque sia il fattore di scala sotto il quale lo si esamini; esempi tipici ne sono la foglia della felce o il profilo della costa marina. L'opera, a forma di *Compact Disk*, è realizzata mediante l'assemblaggio di un certo numero di CD. Il passo successivo potrebbe essere quello di realizzare un'opera della dimensione della sala in cui ci troviamo, costituita a sua volta da tanti moduli uguali all'opera esposta.

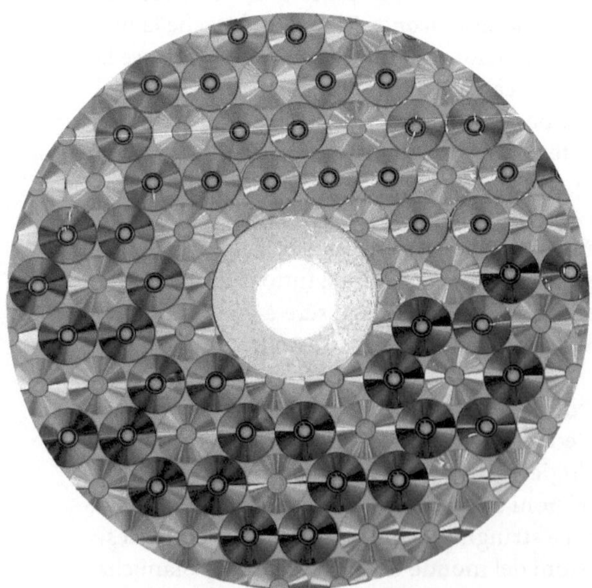

Fig. 1. *Caosdisk*, 2005. CD su tavola, diametro cm. 120

Fig. 2. *Spirale,* 2005. CD su tavola, diametro cm. 120. L'opera si ispira ad uno dei concetti della teoria del Caos, quello detto della "autosomiglianza" in base al quale un ente o un fenomeno si presenta formalmente identico qualunque sia il fattore di scala sotto il quale lo si esamini: si pensi, per esempio, alla foglia della felce o alla costa marina, che si "autosomigliano" se visti nella loro interezza o nel dettaglio

Fig. 3. *Iron & Gold,* 2002. Materiali vari su tavola, diametro cm. 120. L'universo visto come struttura avente un centro: rappresentazione cosmogonica da riferirsi a teorie del passato, secondo le quali spesso la visione epicentrica assume anche i caratteri della concezione antropocentrica, che pone l'uomo al centro del mondo

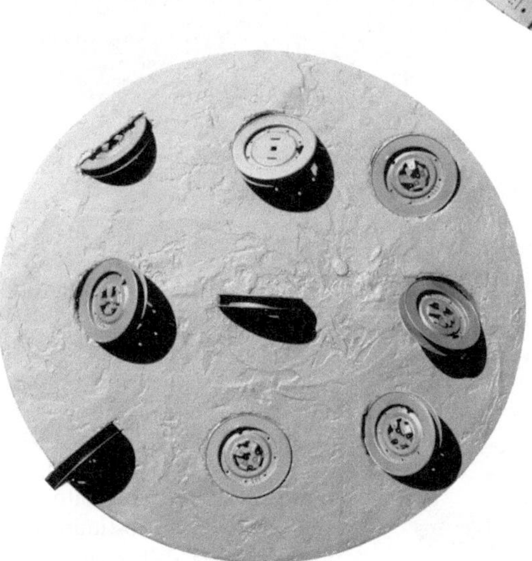

Fig. 4. *Rosa dei Venti,* 2002. Materiali vari su tavola, diametro cm. 120. Il cosmo visto come dimensione da esperire in senso fisico-direzionale: la diversità si connota secondo la posizione *topos* occupata. Io "sono" in quanto "stò" da qualche parte!

Fig. 5. *Vortice Siderale,* 2005. Materiali vari, fonte luminosa, diametro cm. 100x30. La materia galattica che fluisce verso il centro del gorgo si trasforma tutta progressivamente in energia-luce: l'universo come enorme crogiolo alchemico

Fig. 6. *Stratos,* 2003. Materiali vari su tavola, diametro cm. 120. L'universo visto come la stratificazione di ere geologiche e periodi storici senza soluzione di continuità, in un susseguirsi di stati che non escludono ciò che è stato e preannunciano ciò che verrà

134

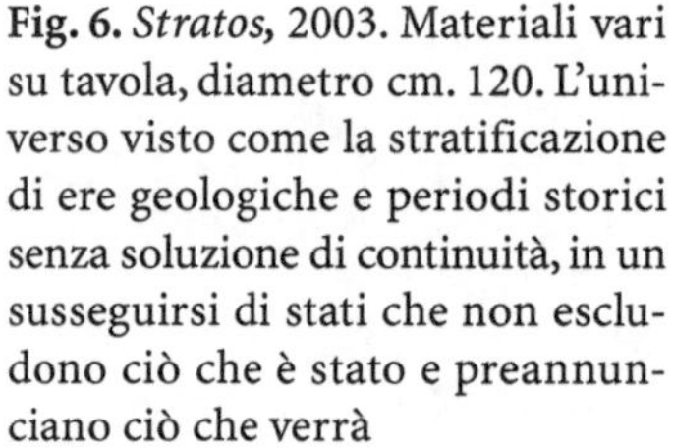

Fig. 7. *Moneidon,* 2006. Materiali vari su tavola, ellisse cm. 100x150. Il tutto concepito come l'insieme organico di entità primigenie autosussistenti (monadi) che costituiscono la "materia prima" della realtà

Fig. 8. *Galassia Binaria,* 2005. Materiali vari su tavola, cm. 100x120. Quale stupefacente manifestazione dell'essere è una galassia, con miliardi di stelle e di sistemi al proprio interno: ne esistono anche di abbinate, con la presenza di due centri di rotazione!

Nella seconda sezione, quella grafica, anch'essa incentrata sul tema della cosmogonia, sono esposte le opere realizzate con tecnica laser, che consiste nel fare incidere la luce di un laser, tipicamente un elio-neon di bassa potenza, su di un materiale fotosensibile, dopo averla fatta passare attraverso delle apposite ottiche oppure mediante la guida manuale diretta.

Anche in questi casi traggo ispirazione dallo spazio profondo, come in *Orizzonte degli eventi*, riferendomi alla definizione, non priva di rimandi poetici e apocalittici, con cui gli scienziati denominano il contorno del buco nero (ente cosmico che fagocita materia e luce), cioè il limite tra due dimensioni; ricollegandoci a quanto detto in precedenza, esso potrebbe essere visto come il confine tra "essere" e "assenza di essere".

Progetto della piscina Olimpica
di Pechino (a destra) visto dall'alto
(C. Bosse, PTW)

Progetto dell'interno della piscina Olimpica
di Pechino (C. Bosse, PTW)

Il Moet Marquee visto dall'interno
(C. Bosse, pp. 43-56)

MHW, installazione Tempi-Moderni
(N. Georgiadis)

MHW, plastico
(N. Georgiadis, pp. 57-72)

Paralleli torici
sull'ipersfera
(G. M. Todesco)

Modello di bolla
di sapone
che rappresenta
il 120 celle
(G. M. Todesco)

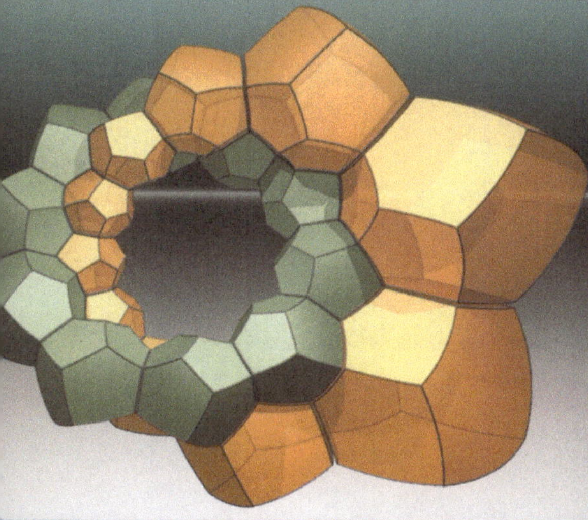

Due collane di dodecaedri
(G. M. Todesco, pp. 81-90)

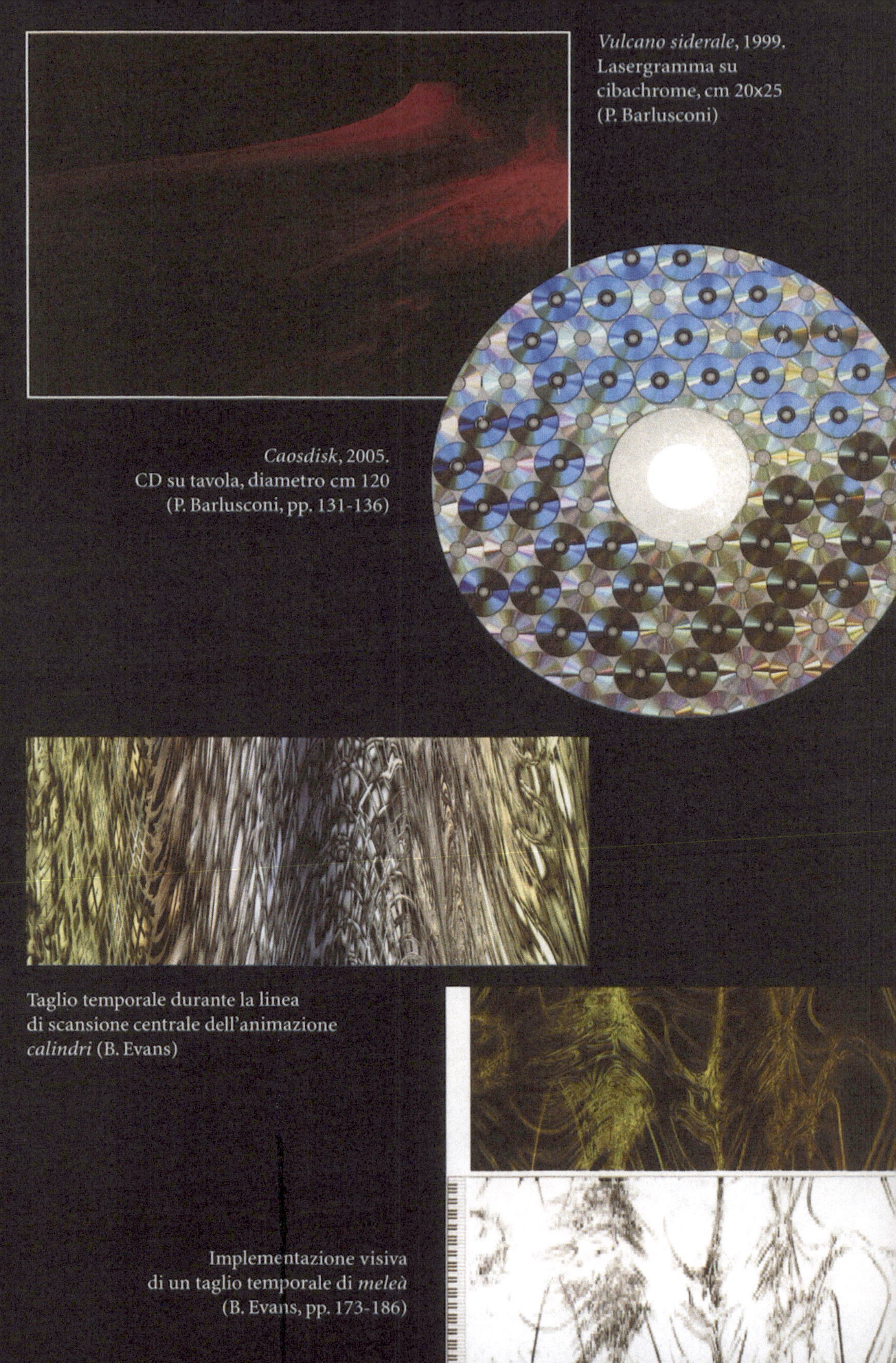

Vulcano siderale, 1999.
Lasergramma su
cibachrome, cm 20x25
(P. Barlusconi)

Caosdisk, 2005.
CD su tavola, diametro cm 120
(P. Barlusconi, pp. 131-136)

Taglio temporale durante la linea
di scansione centrale dell'animazione
calindri (B. Evans)

Implementazione visiva
di un taglio temporale di *meleà*
(B. Evans, pp. 173-186)

Echinacea purpurea (foto di Tim Stone) (M. Abate, pp. 227-240)

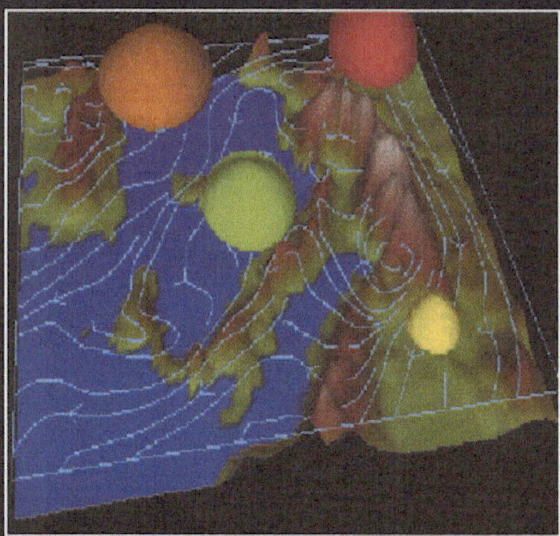

Dati iniziali di concentrazione di inquinanti (sopra) e valori ottenuti dopo alcune ore di simulazione con campo di vento realistico (destra) (A. Quarteroni, pp. 241-252)

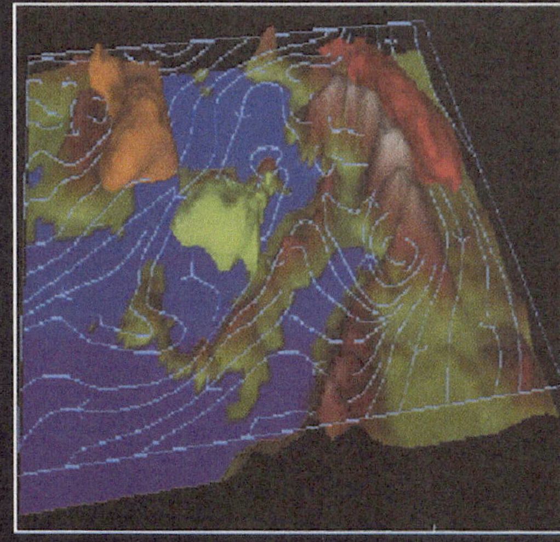

Alcuni perfezionamenti tecnici
al metodo delle ricostruzioni plastiche

Fig. 1. - Ricostruzione plastica dell'apparato bronchiolare di polmone umano. In grigio diramazioni bronchiolari, in nero rami arteriosi, in bianco alveoli bronchiolari. R ramo bronchiale, T bronchiolo terminale, I bronchioli respiratori di primo ordine, II bronchioli respiratori di secondo ordine, III bronchioli respiratori di terzo ordine, DA dotti alveolari (di cui è rappresentato solo il tratto iniziale), A arteria. Ingrandimento dell'originale 45.

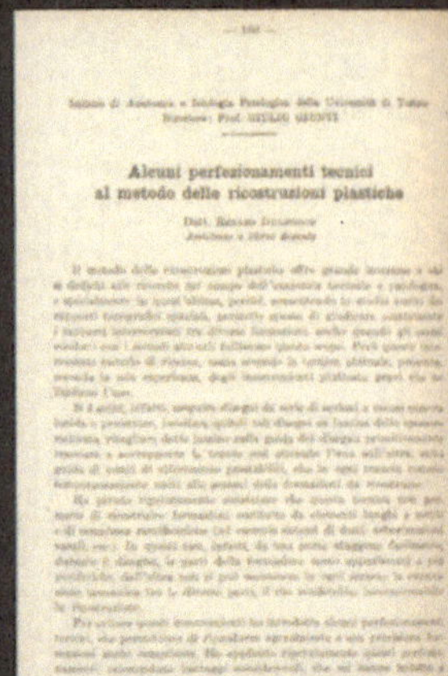

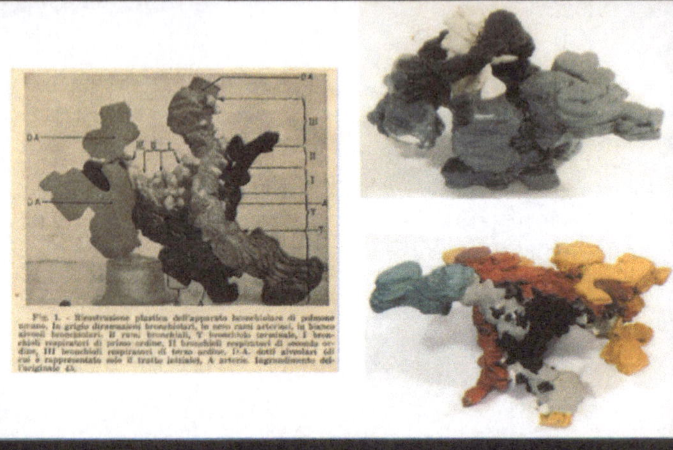

Articoli originali pubblicati dai prof. Mottura e Dulbecco (C. Marchiò)

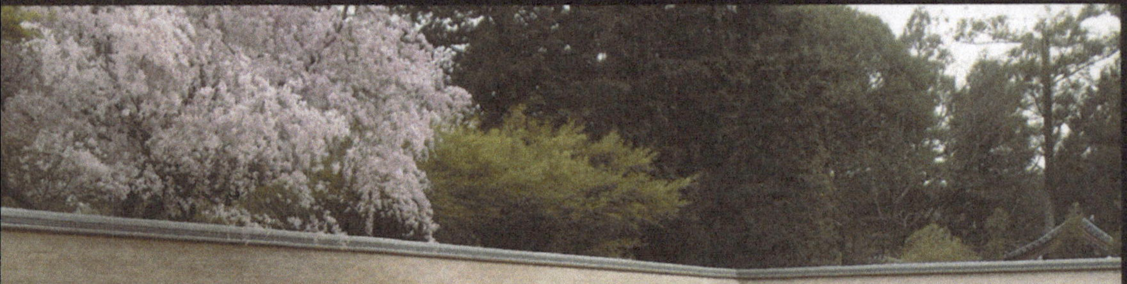

Veduta del giardino di Ryōan-ji (S. Masui)

Modellino tridimensionale di cuore fetale di 11 settimane di età gestazionale affetto da difetto interventricolare e aorta "a cavaliere" (C. Marchiò, pp. 255-262)

a

b

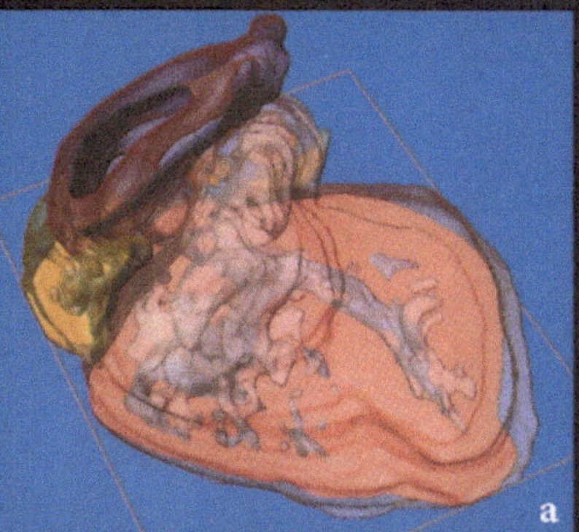

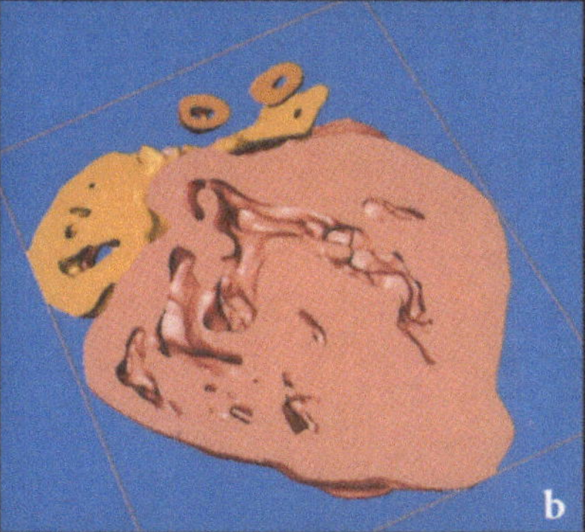

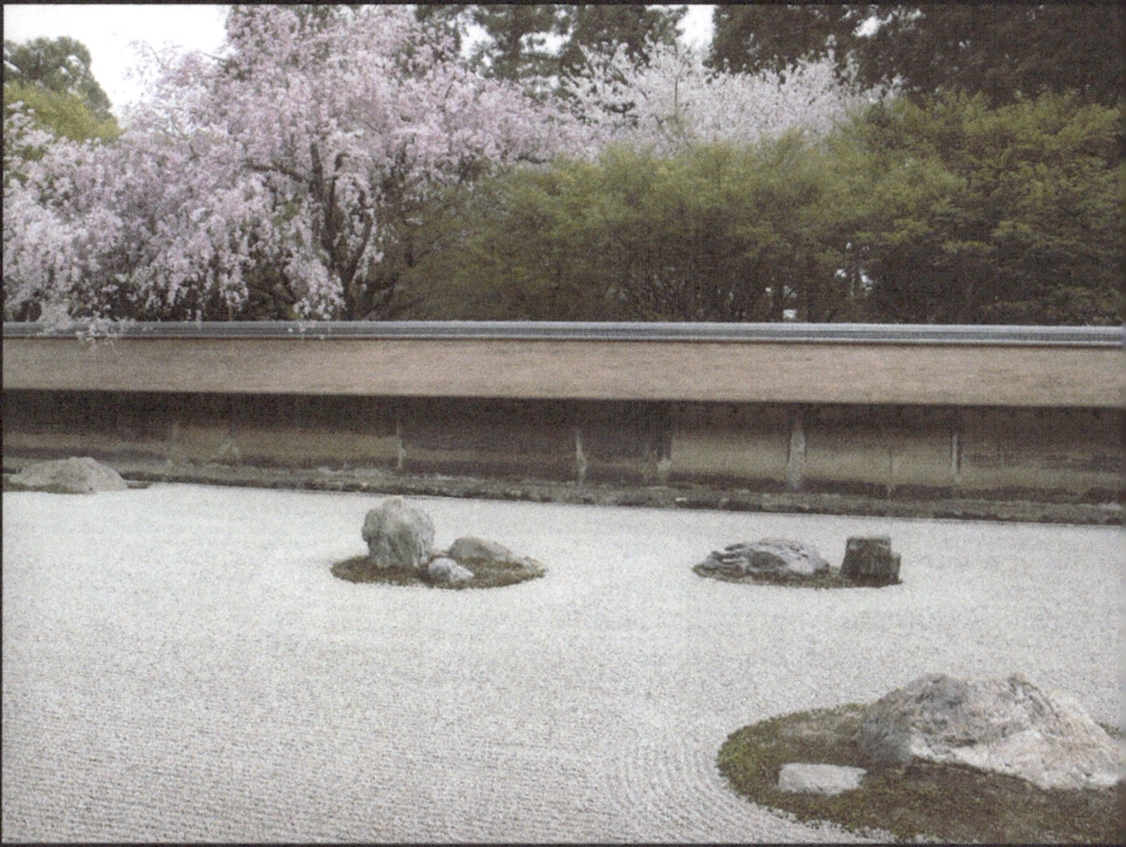

Metagruppo III-IV-V davanti e gruppo II in fondo (S. Masui, pp. 277-288)

"92 drawings of water"
realizzati da Greenaway
per il libro "Tulse Luper in Venice"
pubblicato da Volumina, 2005,
catalogo del Centro Internazionale
della Grafica di Venezia, 2006
(P. Greenaway)

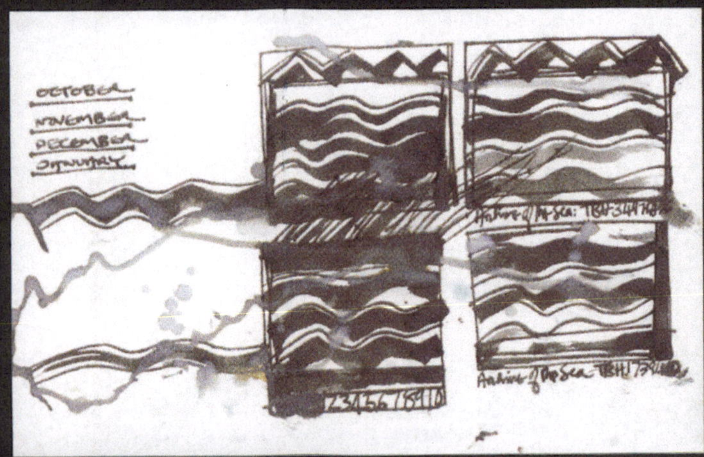

Drawing N. 10
(P. Greenaway)

Drawing N. 11
(P. Greenaway, pp. 311-314)

matematica e psichiatria

La mente matematica

Ioan James

Negli ultimi anni sono stati pubblicati numerosi libri divulgativi sulla matematica. I migliori tra questi hanno aiutato il grande pubblico a capire come sono fatti i matematici e cosa fanno di professione. Ogni scienza ha la sua cultura e quella della matematica è abbastanza *sui generis*. Come ha detto Henri Poincaré:

> La matematica è quell'attività in cui la mente umana sembra assorbire di meno dal mondo esterno, in cui agisce o sembra agire da e per sè stessa, cosicché studiando il pensiero geometrico possiamo sperare di raggiungere ciò che è essenziale alla mente dell'uomo".

Gli psicologi, specialmente gli psicologi cognitivi, ne hanno fatto oggetto di studio per più di un secolo e il loro lavoro merita di essere conosciuto meglio dai matematici. Questo articolo può servire come introduzione al libro (che uscirà a breve) che passa in rassegna la letteratura rilevante in quest'ambito, *The Mind of the Mathematician*, scritto dallo psichiatra Michael Fitzgerald e da me, dove vengono presentate le vite di alcuni famosi matematici del passato.
Secondo il fisico Bernardino Ramazzini:

> I matematici devono ponderare sui problemi più astrusi e lontani dall'esistenza materiale e, per questo scopo, la mente deve rimanere distaccata dai sensi e avere a malapena dei contatti con il corpo; di conseguenza, sono quasi tutti noiosi, apatici, inerti e non si sentono mai a loro agio con le mansioni tipiche degli uomini. Così tutti gli organi e di fatto l'intero corpo cade a pezzi e diventa torpido e debole come se fosse condannato per sempre a rimanere nell'oscurità. Infatti, mentre la mente è intenta a questi studi, la luce degli istinti animali viene confinata nel suo centro e non può diffondersi per illuminare nient'altro a parte il cervello [1].

Ramazzini scriveva per esperienza personale? Che cosa intendeva con il termine latino *mathematicus*, qui tradotto con matematico? Sappiamo che il grande astronomo Keplero, nella sua funzione di *mathematicus* imperiale, era stato assunto principalmente come astrologo per fare l'oroscopo. Leibniz trascorse molti giorni insieme a Ramazzini quando visitò Modena nel 1690, il che suggerisce una possibile fonte sulle informazioni a disposizione di Ramazzini. Che cosa significa realmente la sua descrizione? Probabilmente, non ha descritto una forma di depressione, perché in tal caso avrebbe certamente usato il termine *melancolia*. È possibile che qui venga dato un primo riferimento ad una leggera forma di autismo?

La psicologia, in senso moderno, si è sviluppata rapidamente verso la fine del diciannovesimo secolo. Ci furono delle false partenze, per esempio la frenologia fu solo una moda, specialmente in Gran Bretagna ma anche nel resto d'Europa. Il neurologo lipsiano Paul Moebius (pronipote del matematico August Ferdinand Moebius) fu un medico praticante di questa pseudo-scienza. Nella sua monografia [2], parla della correlazione tra le abilità di alcuni matematici famosi e altri scienziati e alcune conformazioni (bozzi) sui loro teschi.

Fra l'altro, Moebius è responsabile di aver contribuito a diffondere il mito per cui i matematici e i musicisti hanno molto in comune. Anche se alcuni compositori hanno avuto degli interessi per la numerologia, per quanto ne sappiamo solo Mozart [3] ha avuto un interesse più serio per la matematica. È vero che un numero sostanzioso di matematici ha avuto un interesse serio per la musica, ma quando lo psicologo ungherese Geza Revesz, specializzato nella psicologia dei musicisti, ha fatto alcune ricerche sul legame musica-matematica [4], ha trovato che i dottori, i fisici e gli scrittori tendono ad essere molto più musicali dei matematici.

Numerose conferenze durante il seminario di Felix Klein a Gottinga riguardavano la psicologia. Attorno alla fine del secolo XIX sembra ci fosse grande interesse verso coloro che sapevano risolvere i calcoli a mente "alla velocità della luce", come descritto da Binet [5] (per un aggiornamento si veda Hermelin [6]). Gli psicologi svizzeri Claparedè e Fournoy hanno organizzato un'inchiesta sui metodi di lavoro dei matematici: Poincaré parlò ad una conferenza di psicologi a Parigi sulla *Creazione Matematica*, in cui descrisse alcune delle sue esperienze. Lo psichiatra Edouard Toulouse [7] lo intervistò e si sorprese di quanto Poincaré si fidasse del suo inconscio. L'allievo di Poincaré, Jacques Hadamard, si interessò di alcune questioni sollevate da Poincaré nella sua conferenza (tradotta da Halsted [8]) e scrisse una famosa monografia [9] sul tema. Egli era particolarmente interessato agli stili cognitivi, alla differenza tra i pensatori verbali e pensatori visivi. Alcuni matematici pensano verbalmente, ma altri pensano in termini di immagini. Hamilton ne è un esempio, Einstein un altro. È interessante che, come spiegato da Temple Grandin [10], lo stile cognitivo spazio-visivo è quello degli autistici.

Biografia matematica

Più di sessant'anni fa E. T. Bell iniziò a scrivere sui matematici in un modo che attirò l'immaginazione del pubblico colto. Il suo libro, molto piacevole da leggere, *Men of Mathematics* [11], pubblicato per la prima volta nel 1937, viene stampato tuttora. Nell'introduzione Bell inizia a enfatizzare che il libro non è inteso, in nessun senso, come una storia di matematici, e prosegue dicendo:

Le vite dei matematici qui presentate sono indirizzate al grande pubblico e a coloro che potrebbero avere il desiderio di conoscere che razza di essere umani sono quelli che hanno creato la matematica moderna. [...] Sono stati applicati due criteri nello scegliere dei nomi da includere: l'importanza del lavoro di un uomo per la matematica moderna; il fascino della vita e della vita dell'uomo....Quando questi criteri sono in contrasto [...] viene data precedenza al secondo dei due, dato che siamo qui interessati in primo luogo ai matematici come esseri umani.

Men of Mathematics dà l'impressione che molti dei più famosi matematici del passato fossero litigiosi ed egocentrici. In parte ciò è dovuto al fatto che l'autore ha scelto gli argomenti per questa tesi, ma deriva anche dal fatto che non voleva distorcere i fatti per scrivere una bella storia. Ad ogni modo, bisogna rimarcare che la maggioranza dei matematici famosi erano molto più comprensivi e alcuni di loro, come Lejeune Dirichlet, Jacques Hadamard e Emmy Noether, erano noti per le loro qualità umane.

Si deve ammettere che non conosciamo molto della psicologia di numerosi importanti matematici del passato. Nel caso di persone nate secoli fa, siamo fortunati se riusciamo a trovare le informazioni necessarie per far luce sulla psicologia dell'individuo in questione. Dobbiamo fare il meglio possibile con ciò che è disponibile, cercando degli indizi e provando a ricostruire una personalità. Siamo rimasti spesso delusi, persino nel caso di persone di cui abbiamo memoria personale della morte e che sono state oggetto di una biografia ragionevolmente dettagliata. Speriamo che tutto questo cambierà e che i biografi stiano iniziando ad accettare che c'è molto di più nella storia di un matematico che non soltanto la sua vita esteriore. Gli storici della matematica, come scrive il matematico americano Joe Dauben, sono abituati a discutere delle idee piuttosto che degli individui. Di conseguenza, la biografia di un matematico viene spesso distinta dal suo lavoro matematico. La storia della sua vita è interessante da un punto di vista umano, ma la matematica viene considerata come la questione principale. Anche così, l'analisi della personalità, in particolare per gli individui creativi, può fornire numerose informazioni sulla scoperta intellettuale. Ci sono però dei pericoli. Come dice lo psicologo Anthony Storr:

Più apprendiamo di qualcuno, più facile diventa distinguere tratti nevrotici, disturbi della personalità e altri aspetti del carattere che, quando, presenti in modo eccessivo, definiamo nevrosi. Le persone famose e di successo sono di solito meno abili a nascondere le stranezze del carattere che possono avere, perché i biografi o gli studenti di dottorato non li farebbero riposare in pace.

Disturbi affettivi e creatività

L'utile libro di Storr, *The Dynamics of Creation* [12], contiene una buona introduzione alla psicologia della creatività, su cui esiste un'enorme letteratura. La relazione tra la creatività e la depressione bipolare è stata studiata molto, a causa della vastità di casi di depressi bipolari nel mondo dell'arte e delle scienze. D. J. Herschman e D. Lieb in *Manic-Depression and Creativity* [13] sostengono che la depressione bipolare è quasi indispensabile al genio e se ci sono stati dei geni privi di disturbi bipolari, questi sono stati una minoranza. Tali disturbi affettivi sono più o meno comuni tra i matematici, come lo sono tra il resto della popolazione. Ada Byron, Georg Cantor e Norbert Wiener soffrivano di disturbi bipolari, molti altri soffrivano di depressione. Forme più leggere di questi disturbi sono indubbiamente abbastanza comuni.

Le malattie bipolari, per cui si passa dalla mania alla depressione, comprendono una vasta gamma di disturbi della personalità e d'umore. L'ipomania (mania leggera) e la ciclotimia (forma leggera di bipolarismo) sono gli stati migliori per la creatività, perché aumentano sia la quantità di lavoro creato che la sua qualità. Questi stati più leggeri possono consentire agli individui di essere più disciplinati e meno impulsivi (di quanto non lo siano quelli che si trovano a stadi più avanzati della malattia) e quindi di aumentare le probabilità di portare a termine il proprio lavoro. Tali stati inducono meno impazienza e distrazione, che interferiscono con il lavoro. La pazienza è uno dei contributi dell'ipomania alla qualità del lavoro. L'ipomaniaco lavora velocemente, ma presta attenzione sia ai dettagli che alla visione generale. L'individuo è creativo e pieno di risorse, ma non si imbarca in troppe attività come il maniaco. È anche alleggerito dalle delusioni della mania, più capace di essere obiettivo sul suo lavoro e di correggerlo. Nelle sue forme più leggere, l'aumento di energia, l'espansività, il voler correre rischi e il flusso di pensieri possono sfociare, se associati all'ipomania, in periodi produttivi.

Anche la ciclotimia contribuisce alla creatività. Non è così feconda come l'ipomania, ma non riduce la produzione di lavoro al di sotto dei livelli normali. Alcune persone affette da tale disturbo sono stimolate a produrre di più; possono buttarsi nel lavoro per distrarsi dalla tristezza. La ciclotimia può migliorare la qualità del lavoro, rendendo la persona creativa, ma anche molto sensibile alle critiche. Per evitare il dolore derivante da un commento negativo, l'individuo diventa eccessivamente attento e preciso, un perfezionista che cerca continuamente degli errori da correggere.

Il maniaco-depressivo creativo che non riesce a contenere la malattia può produrre anche negli stadi più avanzati di mania e depressione. Può anche aumentare il desiderio di vedere delle persone e di divertirsi e di sedurre l'individuo con la creatività. Le fasi del lavoro creativo, che vengono meglio portate a termine durante la mania, sono le prime fasi, quelle concettuali, quando la fiducia e un flusso continuo di idee sono a disposizione.

Ai giorni nostri, il matematico americano Morris Kline ha dato una descrizione interessante di come trarre vantaggio da questa condizione. Descrive un sintomo della mania, il volo delle idee, che può essere d'aiuto nella creazione:

> È più probabile che le idee e gli approcci vengano all'impovviso e con tale rapidità, che non si possa seguire seriamente ciascuno di essi allo stesso momento. Una buona cosa da fare è quella di buttar giù queste idee in modo da non perderle di vista.

Tali voli di idee capitano soltanto durante le fasi di mania e sono meno caotici durante le forme più leggere della malattia. Kline usava la depressione per la revisione. Uno stato depressivo, a sua detta, colpisce la volontà dell'individuo di pensare. Ci si può sforzare soltanto a compiere attività di routine o che sono state in realtà già sviluppate e hanno soltanto bisogno di essere riviste.

Qui Kline sembra riferirsi a una forma più grave che non a una leggera depressione, dato che il pensiero creativo è ancora possibile. La depressione più leggera può essere abbastanza feconda e molto meno dolorosa. È anche lo stadio migliore per rifinire del lavoro e per effettuare una critica complessiva, che può poi indicare nuove direzioni per la crescita. Alcuni creativi affetti da disturbi bipolari hanno imparato, per prove e errori successivi, ad adattare il proprio lavoro allo stato d'animo. Può essere d'aiuto a un individuo il fatto di avere cambiamenti d'umore in modo regolare così da scoprire quale periodo del giorno, del mese e dell'anno può avere degli attacchi di depressione o di mania. Si può trarre vantaggio dall'instabilità dell'umore, controllando i difetti e gli errori della personalità quando stanno per farsi sentire i sintomi opposti. Alcuni creativi affetti da bipolarismo hanno parecchi progetti iniziati, a varie fasi di lavorazione, in modo tale che quando si sta per avere un attacco di depressione, in cui si riesce a correggere il lavoro fatto, si abbia effettivamente qualcosa da correggere, mentre quando si sta per avere un attacco di mania, in cui si riesce ad avere idee in abbondanza, si abbia un progetto in cantiere bisognoso di idee nuove.

Alcune persone creative considerano i blocchi e le fasi meno produttive come sfide alla loro ingegnosità e, noncuranti del loro umore, sono sempre in cerca di nuovi modi per stimolare la loro creatività, come provare ad aumentare gli input da cui dipende il loro lavoro. Come spiega Kline

> Leggere del materiale inerente può essere il modo migliore per far in modo che la mente inizi a sintonizzarsi su un nuovo canale di pensiero e, siccome le letture sono in relazione a ciò, questi nuovi pensieri possono sembrare quelli giusti".

La persona che oscilla tra forme leggere di depressione e di mania beneficia dei vantaggi di ciascuno stato. Si tratta di una persona dotata di immaginazione, originale, perspicace, coscienziosa e intenzionata a lavorare fino a quando non viene fatto alcun miglioramento. Il lavoro è con molta probabilità sostanzioso, appassionante, di grande respiro e finalità, basato su un equilibrio tra finezza intellettuale e vigore fisico.

Concludendo, ci sembra che sebbene i disturbi affettivi abbiano qualche influenza sulla creatività scientifica, non sono così importanti come lo sono nell'arte. Tuttavia, quando rivolgiamo l'attenzione ai disturbi comportamentali dello spettro autistico, ci sembra di poter dire esattamente il contrario. Infatti, certe forme leggere di autismo sembrano particolarmente importanti per la creatività matematica, come vedremo.

Disturbi autistici e creatività

Nel 1944, il pediatra viennese Hans Asperger ha descritto [14] (tradotto in [15]) una condizione chiamata psicopatia autistica, caratterizzata da problemi nell'integrazione sociale e nella comunicazione non-verbale, dalla comunicazione verbale idiosincratica e da una ossessione egocentrica con interessi insoliti e circoscritti. La psicologa L. Wing [16] ha denominato questa condizione *la sindrome di Asperger*. In seguito, altri psichiatri hanno formulato altri criteri per la sua diagnosi. Le persone affette da questa sindrome sono molto comuni tra la popolazione, ma non ci si rende del tutto conto di quante tra loro siano delle persone eccezionali nelle arti e nelle scienze. Il disturbo, presente sin dall'infanzia, si manifesta in vari modi, diversi da individuo a individuo, che possono essere raggruppati in sei categorie nel modo seguente. I sintomi tipici della sindrome di Asperger comprendono modelli di comportamento, interessi e attività ristretti, ripetitivi, stereotipati e ossessivi; incapacità di interagire socialmente e mancanza di empatia; imposizione di attività di routine e di controllo su sé stessi e sugli altri; ingenuità, infantilismo e mancanza di senso comune; strano senso dell'umorismo e dell'uso del linguaggio; difficoltà con la comunicazione non-verbale, come leggere le espressioni facciali, le inflessioni vocali e il linguaggio del corpo degli altri; infine goffaggine o difficoltà motorie.

La sindrome di Asperger è particolarmente interessante, dal momento che può dar vita a una creatività eccezionale, se combinata a una grande intelligenza, specialmente nelle arti e nelle scienze (si veda Fitzgerald [17-19] e James [20, 21]). È molto più comune dell'autismo classico, dove l'individuo è incartato nel suo mondo privato. Gli psichiatri distinguono spesso la sindrome da un'altra condizione, nota come *autismo ad alto funzionamento*, ma la differenza non è ben definita. Gli individui con l'Asperger hanno una forte tendenza a stare in mezzo agli altri e ad essere parte della società, mentre le persone con l'autismo ad alto funzionamento sono più contente se lasciati da soli a vivere nel loro mondo. Molte persone con la sindrome non hanno successo, per la frustrazione e l'infelicità causata dal fatto che la consapevolezza di essere differenti dagli altri impedisce loro di sfondare. Le persone con l'autismo ad alto funzionamento, invece, non provano questa frustrazione e infelicità.

Nello spettro autistico, l'alto-funzionamento si trova ad una delle due estremità, il che significa che chi è affetto da questo disturbo può vivere in maniera abbastanza "normale" e avere successo nella vita. Ad ogni modo, sebbene la sindrome di Asperger sia una forma relativamente leggera di autismo, i suoi effetti sono tutt'altro che lievi. Non è insolito che le persone presentino soltanto pochi sintomi di questo disturbo, non l'intera profilassi. Non ci deve stupire più di tanto se le persone affette da autismo sono attratte naturalmente da lavori in cui le loro abilità speciali costituiscono un vantaggio e le loro difficoltà non costituiscono un gran problema. Mentre i pazienti affetti dalla sindrome di Asperger hanno gravi problemi nelle relazioni sociali, che spesso sembrano arbitrarie e caotiche, di solito sono dotati di una grande creatività per la loro capacità di concentrarsi su un singolo argomento. Quando venne chiesto a Isaac Newton come arrivò a concepire la teoria della gravitazione, rispose dicendo:

> Grazie alla concentrazione e a una assoluta dedizione. Tengo sempre presente il problema, fino a quando le prime luci dell'alba non diventano poco a poco la luce chiara in pieno giorno.

C'è da sottolineare che i disturbi dello spettro autistico sono propri dello sviluppo, i cui effetti sono presenti per tutta la vita. Non si tratta di malattie mentali come la schizzofrenia o il bipolarismo. Malgrado la causa della sindrome di Asperger, e di altri disturbi autistici, sia sconosciuta, si può in parte imputare a un fattore genetico. È un disturbo ereditario; negli antenati di chi ne soffre c'è, di solito, qualche traccia della sindrome. Dato che l'autismo è stato riconosciuto in generale dagli psichiatri negli ultimi sessant'anni, ci devono essere numerosi casi in passato che non sono stati riconosciuti, anche se può sembrare sorprendente che i biografi dei giorni nostri debbano ignorare ciò che deve essere stato uno degli aspetti principali della vita dei loro soggetti. La sindrome non è ben capita se non dalle persone che sono molto informate al riguardo, perché è difficile comprendere cosa siano capaci di fare le persone affette da questo disturbo.

Chi ha la sindrome di Asperger e scrive in modo obiettivo e accurato della sua condizione (come molti hanno fatto), descrive il grande senso di sollievo che prova nello scoprire che non è l'unico al mondo, ma che ci sono altre persone come lui. Anche se non c'è una "cura", sviluppare delle abilità sociali può diminuire alcune delle difficoltà. Alcune persone affette dalla sindrome la considerano una parte della loro identità e perciò non desiderano perderla. Ciò che vorrebbero è un po' più di comprensione dal resto del mondo, cosicché la loro vita non sia resa difficile senza ragione. Tendono ad avere grosse difficoltà a scuola. La comunicazione privata tra le persone, che ci viene fornita dalla posta elettronica, fornisce un modo per comunicare con gli altri senza l'agonia del confronto faccia a faccia.

I disturbi dello sviluppo dello spettro autistico, come la sindrome di Asperger, sono relativamente comuni nel mondo matematico, a causa dell'attrazione dei matematici per coloro che ne sono affetti. Come Asperger stesso ha osservato:

> Con stupore, abbiamo visto che gli individui autistici, fin tanto che sono sani da un punto di vista intellettivo, possono quasi sempre avere successo nella loro professione, di solito per incarichi altamente specializzati nell'accademia, con contenuti astratti, fino a raggiungere posizioni di prestigio. Incontriamo un gran numero di persone la cui abilità matematica determina la professione.

Successivamente, Asperger ha scritto:

> Sembra che, per avere successo nella scienza o nell'arte, uno sprazzo di autismo sia necessario. Per il successo l'ingrediente indispensabile sembra essere una forte capacità di allontanarsi dalla vita di tutti i giorni, semplice e pratica, e di ripensare a un argomento con originalità, così da creare qualcosa di speciale in un modo mai visto in precedenza, facendo uso di tutte le proprie abilità.

> Ha scritto dell'intelligenza autistica - un tipo di intelligenza mai presa in considerazione dalla tradizione e dalla cultura - non convenzionale, non ortodossa, stranamente pura e originale. L'abilità di buttarsi a capofitto nel lavoro è qualcosa che si presenta più e più volte nel genio colpito dall'Asperger.

La lista delle caratteristiche delle persone con la sindrome di Asperger è lunga e sorprendentemente varia. Il disturbo si manifesta davvero in tanti modi diversi, a volte in una direzione, a volte nella direzione opposta. Le persone affette dalla sindrome vengono spesso descritte come enigmatiche, bizzarre ed eccentriche. In realtà, sono molto confuse dalla società e dall'interazione con il prossimo. A volte, si possono sentire come degli alieni, nati su un altro pianeta da altre persone. Di conseguenza, trascorrono un'intera esistenza a individuare la chiave nel caos che li circonda. Possono avere un senso molto basso della loro identità e possono assumere più ruoli o reinventarsi in qualche modo. Tendono ad avere pochi amici stretti o a non averne affatto, ma conoscono parecchie persone. I loro interessi sono spesso molto settoriali e specifici, ma data la loro enorme capacità a lavorare, la loro energia fenomenale, la loro pervicacia e la loro tendenza ad avere degli interessi ben definiti, hanno spesso successo nel lavoro, ma non nella vita di tutti i giorni.

Perché le persone con disturbi dello spettro autistico sono attratti dalla matematica in questo modo? Il desiderio nascosto di tali persone è di arrivare a controllare il mondo con la ragione, di creare un ordine e di dare un significato al caos che avvertono intorno a loro, soprattutto nel confuso ambito dei rapporti sociali. Sono come le persone che Lemuel Gulliver di Jonathan Swift incontra ne suoi *Viaggi*, le cui massime sono quelle di coltivare la ragione e di esserne completamente governati. Si tratta di persone attratte naturalmente dalla scienza, particolarmente dalla matematica, dato che i matematici tendono a creare un ordine laddove fino a poco prima sembrava aver regnato il caos. Tuttavia, manca loro la capacità di fare esperienze nella società e di produrre delle informazioni empiriche per convalidare o invalidare i loro modelli. D'abitudine, impersonano dei ruoli che ritengono appropriati per loro da un punto di vista intellettuale, ma che non rispecchiano i loro sentimenti.

Naturalmente, sarebbe sbagliato concludere da tutto questo che il matematico tipico è in un certo senso autistico. Ciononostante, l'esistenza di questo legame ci aiuta a capire alcune caratteristiche della mente matematica, che altrimenti ci potrebbero sembrare disorientanti. Per fare un esempio, il grande matematico Kolmogorov, in un discorso sul talento matematico, ha detto che tanto prima si arresta lo sviluppo di un essere umano quanto più grande è il suo talento matematico. Kolmogorov pensava a se stesso come se si fosse fermato a tredici anni, quando i ragazzi sono molto curiosi e interessati a tutto, ma gli interessi degli adulti non li distraggono. Le persone con la sindrome di Asperger, come il matematico GH Hardy, spesso conservano dei tratti da ragazzino anche da adulti, e questo comporta una personalità immatura.

Nella storia della matematica non è difficile trovare dei possibili soggetti colpiti dalla sindrome di Asperger, sebbene a causa della mancanza del giusto tipo di informazioni bibliografiche non possiamo dire con certezza se fossero davvero affetti dalla sindrome oppure no. Quando ci avviciniamo ai giorni nostri, c'è più speranza di reperire queste informazioni e ci sono parecchi matematici famosi che, si pensa, siano stati affetti dalla sindrome, come Erdos, Fisher, Hamilton, Ramanujan, Turing e Wiener. La sindrome è molto meno comune tra le donne che non tra gli uomini, e non siamo stati capaci di trovare un esempio di una donna matematica brillante che si possa considerare un caso lampante, sebbene sia stato fatto il nome di Sophie Germaine. Lo psicologo di Cambridge Simon Baron-Cohen, nel suo libro *The Essential Difference* [22], descrive come un famoso matematico dei giorni nostri (una medaglia Fields) si recò da lui per un consulto; risultò essere affetto dalla sindrome come aveva sospettato. Non è difficile fare esempi di matematici che mostrano più di una traccia di comportamento autistico, senza necessariamente soddisfare tutti i criteri per una diagnosi in tal senso.

Il lettore può ben aspettarsi delle prove più stringenti del legame tra scienza e autismo. Per fortuna, del materiale è da poco a disposizione. Baron-Cohen [22, 23-26] ha redatto un questionario (che si può far da soli), per misurare fino a che punto un adulto con un'intelligenza normale abbia dei comportamenti associati allo spettro autistico. Dalle risposte alle domande si ottiene un numero, da lui chiamato il *quoziente di spettro autistico*, che dà un'indicazione di dove è situato l'individuato nello spettro continuo dalla normalità all'autismo. Quando il questionario fu dato agli studenti di Cambridge, si ottennero dei risultati interessanti. In breve, gli scienziati riportano un punteggio più alto dei non-scienziati; e nelle scienze, i matematici, i fisici, gli informatici e gli ingegneri riportarono un punteggio più alto degli studenti di medicina e biologia, due scienze più basate sull'uomo e sulla vita. Ulteriori dettagli saranno disponibili nell'articolo "Il talento matematico è legato all'autismo", che sarà pubblicato su un numero speciale del giornale *Human Nature* dedicato alla neuroscienza evoluzionaria cognitiva. Posso anche consigliare l'articolo di prossima stampa "Schizzotipi e salute mentale tra i poeti, gli artisti grafici e i matematici", scritto da Daniel Nettle, in corso di stampa sul *Journal of Research in Personality*.

Bibliografia

[1] B. Ramazzini (1940) *De morbis artificum diatribe*, testo latino del 1713, rivisto, traduzione e commenti di Wilmer Cave Wright. University of Chicago Press, Chicago

[2] P. Mobius (1900) *Die Anlage zur Mathematik*. Leipzig

[3] D. N. Leeson (2000) *Mozart and Mathematics*, Barenreiter, Kassel, Mozart-Jahrbuch 1999, pp. 13-37

[4] G. Revesz, (1946) Die Beziehung zwischen mathematischer und musikalischer Begabung, in: *Schweizerische Zeitschrift fur Psychologie und ihre Anwendungen* 5, pp. 269-281

[5] A. Binet (1894) *Psychologie des grands calculateurs et joueurs d'echecs*, Hachette, Parigi

[6] B. Hermelin (2001) *Bright Splinters of the Mind*. Jessica Kingsley, Londra e Philadelphia

[7] E. Toulouse (1910) *Henri Poincaré*. Flamarrion, Parigi

[8] G.B. Halsted (1946) *The Foundations of Science*, Science Press, Philadelphia, PA

[9] J. Hadamard (1945) *The Psychology of Invention in the Mathematical Field*, Princeton

[10] T. Grandin (1996) *Thinking in Pictures*. Vintage Books, New York

[11] E.T. Bell (1937) *Men of Mathematics*, Victor Gollanz, Londra

[12] A. Storr (1972) *The Dynamics of Creation*, Martin, Secker and Warburg, Londra

[13] D.J. Herschman, J. Lieb (1998) *Manic Depression and Creativity*, Prometheus, Buffalo NY

[14] H. Asperger (1944) Die "autischen Psychopathen" im Kindesalter, in: *Archiv für Psychiatrie und Nervenkrankheiten*, 117, pp. 76-136

[15] U. Frith (ed.) (1991) *Autism and Asperger Syndrome*, Cambridge University Press, Cambridge

[16] L. Wing (1996) *The Autistic Spectrum*, Constable, Londra

[17] M. Fitzgerald (2000) Is the cognitive style of persons with Asperger's syndrome also a mathematical style?, in: *J. of Autism and Developmental Disorders*, 30, pp. 175-176

[18] M. Fitzgerald (2002) Asperger's disorder and mathematicians of genius, in: *J. of Autism and Developmental Disorders*, 32, pp. 59-60

[19] M. Fitzgerald (2004) *Autism and Creativity*, Brunner Routledge, Hove

[20] I. James (2003) Singular scientists, in: *J. Royal Society of Medicine*, 96, pp. 36-39

[21] I. James (2003) Autism in Mathematicians, in: *Mathematical Intelligencer*, 25, pp. 62-65

[22] S. Baron-Cohen (2003) *The Essential Difference: men, women and the extreme male brain*, Allen Lane, Londra

[23] S. Baron-Cohen et al. (*2003*) The sytemizing quotient: an investigation of adults with Aspergert syndrome or high-functioning autism, and normal sex differences, in: *Philosophical Transactions of the Royal Society*, Series B (special issue on autism mind and brain), 358, pp. 361-740.

[24] S. Baron-Cohen et al. (1998) Does autism occur more often in families of physicists, engineers and mathematicians?, in: *Autism*, 2, pp. 296-301

[25] S. Baron-Cohen et al. (1999) A mathematician, a physicist, and a computer scientist with Asperger syndrome: performance on folk psychology and folk physics test, in: *Neurocase*, 5, pp. 475-483

[26] S. Baron-Cohen et al. (2001) The autism-spectrum quotient (AQ): evidence from Asperger syndrome/high-functioning autism, males and females, scientists and mathematicians, in: *J. of Autism and Developmental Disorders*, 31, pp. 5-17

[27] J-P. Changeux, A. Connes (1995) *Conversations on Mind, Matter and Mathematics,*. Princeton University Press, Princeton N.J

[28] U. Frith (2003) *Autism: Explaining the Enigma*, Basil Blackwell, Oxford

[29] I. James (2002) *Remarkable Mathematicians*, Cambridge University Press, Cambridge, and Mathematical Association of America, Washington, DC

[30] I. James (2003) *Remarkable Physicists*, Cambridge University Press, Cambridge

[31] I. James (2006) On Mathematics, Music and Autism, in: *In Bridges London,* Tarquin publications, Londra

[32] O. Sacks (1995) *An Anthropologist on Mars*, Picador (MacMillan), Londra

matematica e fumetto

Matematica e narrativa

ADE CAPONE

È affascinante come la matematica riesca a essere l'oracolo della scienza, prevedendo, con un linguaggio apparentemente astruso, le scoperte più rivoluzionarie. Pensiamo alla *Funzione Beta* che Eulero scoprì nel Settecento e che sembrava priva di applicazioni pratiche, finché il fisico italiano Marcello Veneziani non la utilizzò, alla fine del ventesimo secolo, come base per la teoria delle stringhe. Pensiamo a Ramanujan, a certe sue astratte funzioni che a loro volta trovano applicazione nella moderna fisica teorica. Credo che qualunque scrittore dotato di un minimo di nozioni matematiche e di inventiva potrebbe, in base a questo, creare un buon thriller scientifico ambientato tra polverose biblioteche e laboratori futuribili. Più di un best seller è lì a dimostrarlo.

Ma non è della matematica come argomento narrativo che parleremo in questo articolo, bensì della matematica come struttura della narrazione in una qualsiasi opera di parole, immagini e fantasia (un film, un libro, un fumetto). È comprensibile lo scetticismo che può nascere nel leggere questa dichiarazione di intenti. In fondo, viviamo in un Paese in cui, fin da ragazzini, impariamo a distinguere tra chi è bravo in matematica e chi è bravo in italiano, al punto da aver codificato la cosa nella distinzione tra i due licei, il classico e il scientifico, nonostante la storia

Fig. 1. Dylan Dog.
Disegno di Claudio Villa.
© Sergio Bonelli Editore

sia piena di grandi umanisti, che furono anche eccellenti matematici e viceversa. E non è certo un caso, o un semplice frutto del loro genio. Scrivere o leggere obbliga davvero a ragionare in termini matematici. Il punto è che questo processo avviene, di solito, inconsciamente.

Proviamo dunque a esplicitarlo, partendo dalla matematica più elementare, l'aritmetica, e dall'elenco di numeri più semplice di tutti: 1, 2 e 3. Tre, come devono essere e come solitamente sono gli atti di qualsiasi racconto, secondo una regola codificata da Aristotele nella *Poetica*.

Il discorso valeva millenni fa, vale oggi e probabilmente varrà per sempre. È un concetto fondamentale, che ci arriva non a caso dalla Grecia classica, culla dei Pitagorici, i primi a cercare di tradurre la realtà in numeri, cioè in qualcosa di più astratto.

E cosa c'è di più astratto di una storia inventata? La cui struttura è la seguente:
- il primo atto, con l'inizio della vicenda e l'evento dinamico (la scintilla che mette in moto tutto ciò che accadrà);
- il secondo atto, con lo svolgimento della vicenda;
- il terzo atto, con la risoluzione, sia essa la chiave di un enigma o il culminare di una storia d'amore.

Può sembrare banale, detta così. In realtà non lo è. Lo sanno bene quei produttori di Hollywood che hanno perso milioni di dollari in flop cinematografici dovuti proprio alla mancata applicazione di questa regola base. Ma ciò che più ci interessa, qui, è che i vari atti sono in un preciso rapporto matematico tra di loro! Prendiamo un film di 100 minuti, che è attualmente la lunghezza standard, specie in U.S.A. (kolossal come *Titanic* a parte). Il primo atto deve avere una lunghezza non superiore a 1/3 del film (diciamo tra i 28 e i 33 minuti), il secondo terminerà tra il minuto 75 e il minuto 80 (una cinquantina di minuti, dunque circa 1/2 film), il terzo occuperà gli ultimi 20 minuti (1/5 del film o poco più). È una cosa intuitiva, se ci pensate un attimo: il film è costituito soprattutto dalla sua parte centrale (il secondo atto), che richiede più tempo per lo svolgersi degli eventi. Il finale, invece, non dovrà durare troppo a lungo, per non annoiare lo spettatore. Chiaro che una storia più intricata richiederà una presentazione dei personaggi un po' più lunga (nel primo atto) e una risoluzione un po' più lenta (nel terzo atto), a discapito del secondo atto, che potrà dunque essere leggermente più breve. Ma rimane il rapporto di proporzione geometrica, come a tracciare un ipotetico triangolo con il terzo atto, cioè il terzo lato, che va a chiudere la figura.

Tutto ciò vale per qualunque storia, anche quelle brevissime, di pochi minuti o poche pagine: l'importante è mantenere la divisione in atti e la stessa proporzione, come nelle fette di una torta.

Tornando al nostro film di 100 minuti, fate pure una prova, la prossima volta che ne guarderete uno. Per esempio *Witness* (*Il testimone*), splendida opera di Pete Weir. Lì il terzo atto inizia quando vediamo arrivare le auto dei cattivi che intendono uccidere Harrison Ford, rifugiatosi nel villaggio Amish. È l'inizio dello scontro finale. Manca una ventina di minuti alla conclusione, cioè un quinto del film. *Witness* dà allo spettatore l'impressione di una storia agile e veloce, nonostante i tempi di sceneggiatura non siano per nulla affrettati. Tale impressione deriva proprio dall'impeccabile rispetto delle regole matematiche, e non a caso il film vinse l'Oscar per la sceneggiatura, nel 1985.

Quanti film, invece, ci sembrano non finire mai, perché hanno un terzo atto troppo lungo. Oppure ci sembrano scivolare via troppo in fretta, perché il secondo atto non è ben sviluppato. Questo significa che il nostro inconscio percepisce le errate proporzioni tra gli atti nello stesso modo in cui percepisce una nota fuori posto in un'armonia o una linea sbagliata in un'architettura.

La cosa straordinaria è che la stessa struttura narrativa, la stessa proporzione, può spesso essere applicata anche a parti del racconto, giù giù fino alle singole scene. Nel linguaggio matematico diremmo che si tratta di una struttura che, anche variando le dimensioni, mantiene le stesse proporzioni e la stessa simmetria. Questo ci fa subito pensare ai frattali, ovviamente. Continuiamo con gli esempi concreti e prendiamo una serie TV come *24*, interpretata dal bravissimo Kiefer Sutherland. Ogni ciclo (*season*) è composto da 24 episodi di poco meno di 60 minuti ciascuno, e ogni episodio copre un'ora esatta della stessa giornata. In pratica una narrazione in tempo reale, dove ogni ora/episodio è strutturata a se stante secondo le regole di cui si è detto (salvo il classico *continua* tra una puntata e l'altra). Certo, i frattali sono solitamente figure più arzigogolate e complesse di un triangolo. Ma chi ha mai detto che quella del triangolo sia l'unica figura geometrica applicabile a una narrazione o a un certo momento narrativo?

Finora abbiamo dato per scontato che una storia sia rappresentabile con una linea retta, che va dal punto di partenza al punto di arrivo. Bene, se andiamo a esaminare la linea più da vicino scopriremo che la retta non è affatto tale. Ogni suo segmento è in realtà costituito da piccole curve, corrispondenti ciascuna a qualcosa che succede: una decisione del protagonista o di un altro personaggio, un evento inaspettato, ecc.. È una regola aurea: ogni narrazione procede per svolte, da quelle più marcate a quelle più impercettibili, le cui conseguenze potranno essere inaspettate e amplificate oltre ogni previsione. Un matematico o un fisico parlerebbero del battito d'ali della proverbiale farfalla che provoca un tornado, via via che le molecole dell'aria cozzano e accrescono esponenzialmente la violenza dei loro urti. Non è una metafora astrusa: è la teoria del caos (in cui i frattali hanno un'importanza fondamentale come modello geometrico dei sistemi caotici). La teoria del caos vale anche per la nostra vita di tutti i giorni, dopo tutto. Immaginiamo di entrare in un bar, domattina, e di urtare inavvertitamente con la mano una tazzina di caffè sul bancone. Un urto da poco, ma il caffè si rovescia e noi non sappiamo come scusarci con la persona (dell'altro sesso) che stava per berla. Per rimediare le offriamo un altro caffè, poi iniziamo a chiacchierare. Ci troviamo simpatici a vicenda e, poco tempo dopo, il piccolo urto è diventato il movimento impetuoso del letto su cui stiamo facendo l'amore con quella persona. Un vero e proprio tornado ha sconvolto la nostra vita, specie se siamo già legati a un altro partner. In tal caso dobbiamo decidere. Svoltare, appunto, in un senso o nell'altro. È una storia d'amore, o forse solo di sesso, ma comunque una storia raccontata in mille film, in mille libri e fumetti.

Sesso: ecco un'altro termine che ci riporta alla struttura narrativa tirando in ballo, dopo l'aritmetica e la geometria, la trigonometria. Il come è più semplice di quanto si possa pensare. Innanzitutto, va detto che la nostra linea narrativa (inizio > svolgimento > fine) non solo non è retta, ma non è nemmeno situata sul piano, bensì nello spazio tridimensionale (e anche qui ci sono altre dimensioni nascoste, come vedremo tra poco). Non è una linea piatta, ma piuttosto una linea ondulata, sinusoidale, un'onda con picchi e avallamenti, in corrispondenza del crescere o del calare del ritmo di un racconto. Momenti di grande energia si alternano a altri più calmi, proprio come nel sesso. Non si tratta di un accostamento forzato, perché il picco di ogni onda è chiamato, guarda caso, *climax* (orgasmo) narrativo. E di nuovo torna la struttura frattale, con picchi d'onda più piccoli -e relativi climax- all'interno di ogni onda principale. Il climax più forte, in una narrazione, è solitamente quello del secondo atto. È lì che la vicenda raggiunge il punto massimo di tensione, mistero, sorpresa. Una storia ci appare ora come uno spazio a tre dimensioni pieno di curve, onde e linee. Avete mai sentito parlare di *sottotrame*? Si tratta di quelle vicende (linee) parallele a quella principale, che a un certo punto iniziano a convergere verso di essa, trovando a loro volta risoluzione nell'ultimo atto. Non dobbiamo dimenticare, infatti, che in un racconto oltre al protagonista, ci sono anche i comprimari e costoro, se la sceneggiatura è ben scritta, vivranno una sorta di film nel film. A volte, come in certe opere di Robert Altman, tutti i personaggi hanno la stessa importanza. Nessuna linea è cioè più lunga dell'altra, e il film passa in rassegna in egual misura le vicende ora dell'uno ora dell'altro, a volte senza nemmeno farle convergere.

Esistono, inoltre, gli eventi nascosti, quelli che accadono senza che la storia li mostri. La spettatore può sapere o non sapere che qualcosa di invisibile sta succedendo: un bravo scrittore lo lascerà solo intuire, senza dare certezze fino al momento delle rivelazioni. Comunque sia, quegli eventi e quei personaggi si "nascondono" in altre dimensioni, proprio come certe particelle subatomiche che appaiono e scompaiono nelle fluttuazioni quantistiche.

Passiamo dalla fisica quantistica all'astrofisica. Il passo, qui, è molto breve perché ogni storia è, in un certo senso, un universo narrativo a se stante. Ma, struttura a parte, come nasce una storia? Cosa provoca il Big Bang e l'espansione?

Una storia nasce da un'idea base, che è come l'enunciazione di un teorema nel quale bisogna dimostrare che tale idea funziona, che è abbastanza forte da sorreggere i 100 minuti del film o le molte pagine di un libro o di un fumetto.

Walt Disney diceva che, se un'idea è valida, la si può riassumere in una decina di righe al massimo. Se ce ne vogliono di più significa che l'idea non può funzionare.

Non è forse la stessa ricerca di eleganza e semplicità compiuta dai matematici quando esplorano le leggi fondamentali dell'universo? E non è forse il primo atto di una storia come la scrittura di un'equazione, con la presentazione di tutti i vari elementi? Il secondo atto non è che lo svolgimento dell'equazione, il terzo atto il raggiungimento della soluzione. E se state pensando che cambiare una lettera in un'equazione non sia la stessa cosa che cambiare una lettera tra le migliaia che formano un libro... be', vi sbagliate. Avete letto *It*, del grande Stephen King? Il momento più raggelante è quando uno dei personaggi invece di usare la parola *madre* usa la sua latinizzazione: *matre*. Basta quella *t* al posto della *d* per dare il senso assoluto di un male antico e arcano.

Fig. 2. Lazarus Ledd, dal fumetto seriale *Lazarus Ledd*, una delle tavole finali di un episodio, con risoluzioni e rivelazioni. Testo di Ade Capone, disegno di Ivan Vitolo.
© Ade Capone & Edizioni Star Comics

Non tutti gli autori sono Stephen King, ovviamente. Ma tutti farebbero comunque bene a tenere a mente un altro insegnamento dell'Analisi Matematica: come per le variabili, esistono eventi e personaggi (inter)dipendenti e altri indipendenti. Se muta A dovrà mutare anche B, mentre C resterà identico. Esempio concreto: Humphrey Bogart e Ingrid Bergman che vivono il loro amore impossibile a Casablanca si influenzano a vicenda, cambiano e, cambiando, influenzano i personaggi (le altre variabili) intorno a loro, dal pianista di colore -*Play it again, Sam!*- all'ufficiale francese. Non influenzano, però, le sorti della Seconda Guerra Mondiale o le vite dei gerarchi nazisti, che pure sono presenti, sullo sfondo, come variabili indipendenti.

Cambiamenti. Svolte. Azioni e reazioni. Sembra quasi un trattato di matematica applicata, ed è affascinante vedere come Hollywood abbia enunciato sinteticamente il tutto in questo modo: se il protagonista all'inizio di una storia ha un segno positivo, alla fine della storia dovrà averlo negativo, e viceversa. Qui dobbiamo ovviamente intenderci sul significato di *positivo* e *negativo*. La definizione non è necessariamente legata alla morale, perché questo significherebbe che qualunque protagonista buono alla fine deve diventare cattivo. Il discorso è più particolareggiato: si prende un elemento (una caratteristica essenziale) del protagonista e lo si trasforma per mezzo della storia. Proprio così: è come se la storia fosse una funzione che agisce su quell'elemento.

Un paio di esempi. In *The family man*, Nick Cage (il protagonista) è inizialmente ricco e cinico, alla fine del film sceglie la povertà e i veri valori, quelli affettivi. Alla fine della trilogia di *Star Wars* (che dev'essere considerata come un'unica storia), il malvagio Darth Vader dà la vita per il figlio, Luke Skywalker. Torneremo tra poco su questa scena, giustamente passata alla storia della narrativa cinematografica mondiale. Prima è bene notare come ci siano casi in cui i protagonisti non cambiano mai il loro segno: si tratta dei prodotti seriali. In una serie televisiva, o a fumetti, o in trilogie come quelle di Indiana Jones, l'eroe è spesso immutabile, puntata dopo puntata resta identico, tutto d'un pezzo. Che è come dire: indivisibile se non per se stesso. Non c'è niente da fare: i numeri primi saltano davvero fuori quando meno te lo aspetti! In questa grande equazione differenziale che è un'opera di narrativa occorre ovviamente che ci siano delle soluzioni. Come detto, è il terzo atto a svelarle, ma può farlo in diversi modi, anche questi molto simili alla matematica. Se la storia è compiuta, significherà che avremo una sola soluzione. Se il finale è aperto (come ne *L'ultimo bacio*, regia di Gabriele Muccino), la storia avrà più soluzioni, più alternative tra cui il pubblico stesso sceglierà quella che più gli piace. Se la storia non ha una vera fine, soluzioni non ce ne sono. Possiamo esprimere questo concetto anche dicendo che il protagonista (o i protagonisti) rinuncia a compiere delle scelte.

Un film come *Amici miei*, dove la commedia si confonde continuamente con la tragedia, ne è un perfetto esempio. C'è una frase, nel film, che riassume benissimo il concetto. È quando il Perozzi (Philippe Noiret) pensa, in riferimento al figlio:

Mi chiedevo se l'idiota ero io che non prendevo mai niente sul serio o se era lui che prendeva sempre tutto troppo sul serio. O se lo eravamo entrambi.

La frase resta lì in sospeso, perché Noiret non sa decidere. *Non può* decidere. E con lui neppure lo spettatore. Anche Kurt Gödel e il suo famoso principio di indecidibilità, dunque, sono molto vicini al nostro discorso. E ancora. Quante storie *horror* esistono in cui il finale sembra qualcosa di *impossibile*, che il pubblico accetta pur avvertendone l'insensatezza? Si tratta di un gioco, tra autore e fruitore, basato sul fatto che quando si affronta il paranormale nulla è precluso. È esattamente come inserire nell'equazione un numero immaginario, *i*, radice quadrata di -1.

Abbiamo brevemente accennato a *Star Wars*, poco fa, e a come il suo finale sia giustamente passato alla storia. Questo è accaduto non solo per la potenza del colpo di scena (Darth Vader è il padre di Luke!) ma anche per il tipo di colpo di scena. La rivelazione, infatti, ci porta automaticamente a rivedere in un lampo, nella nostra mente, tutta la trilogia. Ogni punto ancora misterioso diventa di colpo chiaro, ogni tassello va al suo posto. La storia, assume un'eleganza assoluta, fatta di simmetria, di semplicità e di armonia. Matematiche.

Tutto questo significa che abbiamo trovato la formula magica per costruire a colpo sicuro una storia di successo? Assolutamente no! Lo studio della struttura narrativa non va confuso col contenuto, che non nasce certo dal nulla. Le regole di cui si è discusso non sono niente di più e niente di meno che un metodo di controllo e di verifica da applicare mentre la storia viene scritta e soprattutto dopo che la storia è stata scritta. Le idee, proprio come i numeri, esistono in modo indipendente, fianco a fianco, da millenni, nei teoremi dei Pitagorici e nel mondo dell'astrazione platonica. Guarda caso siamo tornati da dove eravamo partiti: la Grecia classica.

Per finire, in questo articolo non abbiamo certo sviscerato tutti gli elementi matematici presenti nella narrativa. Alcuni sono stati volutamente trascurati perché intuitivi (per esempio: quando una storia converge su se stessa, quando cioè il punto finale va a coincidere con quello d'inizio, la vicenda ci apparirà come una figura circolare), altri elementi li scoprirete quando meno ve l'aspettate, magari mentre state riguardandovi il vostro film o rileggendo il vostro libro preferito.

Buone visioni, dunque, e buone letture!

matematica e musica

Il cambiamento di paradigmi nella relazione tra matematica e musica tra il tardo Medioevo e il Rinascimento

Oscar Joao Abdounur

Vogliamo descrivere alcune situazioni storiche, rappresentative di un cambiamento fondamentale di paradigma nella storia delle relazioni tra matematica e musica, un cambiamento per cui si è iniziato ad avvicinarsi alla musica come a una scienza sperimentale, capace di essere quantificata.

Questi cambiamenti riguardano concetti di musica e di matematica, come le scale e il temperamento, la consonanza, la musica delle sfere e alcuni commenti sulla fondazione matematica della musica. In questa sede non ci interessa affrontare tutto questo in dettaglio. Ci occuperemo, invece, dei mutamenti che sono stati significativi da un punto di vista storico e che hanno contribuito al cambiamento generale - e ne sono stati rappresentativi. In particolare, parleremo del cambiamento della base matematica delle scale, in virtù del quale si è passati da una scala fondata esclusivamente sui numeri razionali a una scala fondata sui numeri irrazionali, al fine di sistematizzare il temperamento. Continueremo con la trasformazione del concetto di consonanza da un simbolismo numerologico - inserito in un modello musicale basato sui rapporti tra grandezze commensurabili che coinvolgevano soltanto i primi quattro numeri naturali - a un simbolismo fisico. Procederemo con il concetto, inizialmente pitagorico, di musica delle sfere, che proveniva da una nozione speculativa e che è arrivato a una concezione su dati empirici, per finire con alcuni commenti conclusivi sul cambiamento della fondazione matematica della musica, da una base aritmetica a una geometrica.

I mutamenti appena citati sono avvenuti soprattutto nel periodo che va dalla metà del XV secolo alla prima metà del XVII secolo, periodo in cui i teorici europei hanno iniziato a condividere l'idea della musica in modo molto distaccato dall'idea iniziale dei pitagorici, per cui la musica era esclusivamente una disciplina matematico-speculativa, e in modo molto diverso da quello in cui sarebbe stata più comunemente concepita ai giorni nostri, per cui la teoria della musica è fondamentalmente lo studio della sua struttura. Secondo la visione del Rinascimento, la musica era una scienza, le cui grandezze potevano essere quantificate, dimostrate e esaminate sperimentalmente con i metodi e gli strumenti della ricerca scientifica moderna.

Il *background* di matematica e musica: esperimenti con il monocorde

Il legame tra musica e matematica risale all'Antica Grecia, quando i Pitagorici (VII-V secolo a.C.) stabilirono, con l'esperimento del Monocorde, che i rapporti 1:2, 2:3 e 3:4 costituiscono gli intervalli perfetti di consonanza per l'ottava, la quarta e la quinta.

Secondo Boezio, Pitagora scoprì questi rapporti, alla base di consonanze perfette, dopo aver notato i toni differenti in una gradevole armonia prodotta da quattro martelli battuti su un'incudine. Dopo averli ascoltati, pesò i martelli e osservò che i pesi di tre dei martelli erano in rapporto 1:2, 2:3 e 3:4. In seguito, Pitagora avrebbe migliorato l'esperimento utilizzando diversi materiali (vasi, bicchieri, corde ecc.), ma la storia di Boezio e i suoi risultati sono certamente falsi, tranne forse alcune osservazioni a riguardo delle lunghezze delle corde, che avrebbero portato ai rapporti citati. È degno di nota sottolineare che, nel contesto della teoria pitagorica della musica, le consonanze erano governate numericamente dai rapporti 1:2, 2:3 e 3:4 e la musica poteva esistere grazie ai rapporti di questi piccoli numeri. Una tale scoperta ha iniziato una lunga tradizione musicale in cui l'oggetto della musica non era il suono, ma i numeri e dove gli intervalli musicali venivano unicamente giudicati per il rapporto musicale alla loro base.

La teoria musicale pitagorica era perciò centrata su una teoria aritmetica dei rapporti, secondo la quale la selezione dei suoni musicali era determinata essenzialmente scegliendo dei rapporti adeguati, al fine di produrre una serie di intervalli consonanti e di melodie musicali piacevoli. Le consonanze e le dissonanze musicali erano attribuite a determinati rapporti di numeri, detti *numeri sonori*.

Da un punto di vista cosmologico, i pitagorici cercavano un principio formale del cosmo (il numero) e non un principio materiale (acqua, aria, fuoco). I modelli matematici divennero i costituenti basilari della loro realtà e non le qualità. In questo senso, i numeri sono, nella cosmologia pitagorica, i costituenti principali e gli elementi del tutto, e il tutto viene tenuto insieme (*cosmos*) dai rapporti matematici, che diventano gli equivalenti dell'armonia musicale [1]. L'analogia di Pitagora tra il suono e il numero, tra i rapporti fra i suoni e i rapporti fra i numeri, è perciò il principio della consonanza ("buoni rapporti per buoni suoni") e è anche il principio che definisce l'ordine e la classificazione delle consonanze ("il miglior rapporto per la migliore conosonanza"), di cui l'ottava ha il primato naturale" [3].

In Grecia l'esperimento del monocorde fatto dai Pitagorici segna l'inizio di una scienza orientata verso la matematica. Sembra dirci molto di più del principio generale per cui i rapporti matematici stanno alla base degli intervalli musicali: ci dice anche che i rapporti composti stanno alla base della composizione degli intervalli musicali contigui. Ciò si può verificare prendendo, per esempio nel monocorde, una quarta e una quinta, che danno un'ottava, e osservando così che una tale operazione corrisponde matematicamente a prendere 3:4 della corda e poi 2:3 del resto, il che significa prendere (2:3)(3:4) della corda, cioè (1:2) della corda.

Oltre alla interrelazione tra concetti matematici e musicali (rapporti e intervalli), l'esperimento del monocorde ci mostra come un ordine matematico è proprio dello spazio fisico, dimostrando come tale ordine sia all'origine e alla base dell'armonia, cosa che viene espressa dal *Tetraktys* pitagorico (i primi quattro numeri interi posotivi 1,2,3 e 4) e sviluppata mediante una concezione capace di riconciliare le contraddizioni e di generare unità dalle diversità.

La scoperta di Pitagora del monocorde fa scaturire numerose discussioni sulla teoria della musica, per cui i rapporti stanno alla base di tutto, sia in Grecia che nel periodo ellenistico. Ciò ha permeato la concezione della musica occidentale con una visione cosmologico-matematico-speculativa fino al Rinascimento, quando invece cominciò ad farsi avanti una visione matematico-empirico.

Il contesto della relazione tra la matematica e la musica nel tardo Medioevo e il Rinascimento

La storia di Boezio sull'esperimento di Pitagora dei numeri e degli intervalli musicali venne rappresentata da un teorico italiano, Gaffurio, alla fine del XV secolo nell'immagine di Figura 1.

Fig. 1. Franchino Gaffurio (1492) *Theorica musicae*

Questa immagine si trova nel capitolo otto del libro I di Franchino Gaffurio, *Theorica Musicae,* ed è decisamente indicativa della forte presenza di un dogmatismo pitagorico aritmetico nella musica occidentale ancora nel XV secolo. Intitolato *La ricerca e la scoperta delle consonanze musicali,* questo capitolo raccoglie graficamente la storia di Boezio sull'esperimento di Pitagora, che portò alla scoperta del rapporti 1:2, 2:3 e 3:4 alla base degli intervalli musicali dell'ottava, della quarta e della quinta [2]. Come detto sopra, Pitagora scoprì tali rapporti, secondo Boezio, rilettendo sui diversi toni che producevano un'armonia gradevole, emessi da martelli di peso differente mentre venivano battuti su un'incudine. Si dice che, in seguito, Pitagora migliorò l'esperimento con delle campane, dei bicchieri riempiti d'acqua, delle corde e, alla fine, con un monocorde, una sola corda allungata su una sbarra a cui era fissato un ponte movibile, rappresentato da Gaffurio nella figura riportata sopra.

Anche se questa storia nel suo complesso è con ogni probabilità falsa, i Pitagorici pervennero senza alcun dubbio a questi rapporti semplici in modo empirico e li considerarono all'origine delle consonanze, indipendentemente dalla provenienza del suono e da altri esperimenti; generalizzarono poi una tale scoperta con una elaborata teoria musicale fondata su una teoria aritmetica speculativa del rapporto. In questa teoria, le consonanze venivano spiegate tramite dei rapporti e l'esistenza della musica, in generale, veniva attribuita ai numeri. Le conseguenze di un tale dogmatismo aritmetico non furono rilevanti fino al Rinascimento, quando non fu più possibile mantenere la vecchia idea che poneva alla base dell'armonia dei semplici rapporti numerici. Un aspetto importante della figura di Gaffurio fu l'influenza sulla sperimentazione durante un periodo in cui l'autorità pitagorica veniva a malapena messa in discussione. Gaffurio non verificò la validità dei rapporti in tutti gli strumenti e anche i teorici del XVI secolo - come Salinas e Zarlino - riportarono la storia senza verificarla sperimentalmente. Vincenzo Galilei fu il primo ad osservare che per produrre i suoni corrispondenti non venivano mantenuti gli stessi rapporti tra i pesi usati per allungare la corda. Eseguì vari esperimenti in cui misurò i pesi per controllare la veridicità della leggenda pitagorica. In uno di questi esperimenti, Vincenzo Galilei fissò dei pesi differenti a una corda per cambiarne la tensione e scoprì che, per produrre un'ottava, i pesi dovevano essere in rapporto 1:4 e non 1:2; un risultato che non riusciva ad ottenere se non tramite gli esperimenti fatti [3]. Le sue osservazioni hanno portato gradualmente a sostituire il complesso del dogma scolastico, dell'occultismo, del mito, della numerologia e del misticismo che sorreggeva la vecchia teoria musicale pitagorica, con la nuova acustica.

L'esempio riportato qui sopra mostra l'influenza della tradizione pitagorica anche nel Rinascimento, così come la predominanza della teoria aritmetica basata principalmente su rapporti matematici, su qualunque criterio che si avvalesse della sensazione e della percezione dell'orecchio. Fino al XV secolo i teorici musicali seguirono rigidamente le regole aritmetiche dell'armonia e, in pratica, non era concepibile per i musicisti deviare da tali regole senza distruggere la base della musica. Fino alla seconda metà del XVI secolo, la pratica della musica vide dei cambiamenti radicali. Ciò richiese mutamenti nella fondazione della teoria musicale, in cui gli esperimenti e le necessità pratiche acquisirono grande importanza per formulare nuove concezioni e dove diminuì il divario fra teoria e pratica della musica.

Presentiamo ora alcuni esempi rappresentativi di un cambiamento di paradigma nella storia delle relazioni tra la matematica e la musica. Questi esempi mostrano i cambiamenti nella concezione delle scale e del temperamento, della consonanza, e della musica delle sfere, e contengono alcuni commenti sulla fondazione matematica della musica. Sono anche legati all'influenza della sperimentazione e alle necessità pratiche, nel momento in cui stava per emergere una nuova concezione della musica, che esautorò la tradizione pitagorica.

Scale a temperamento: dalle magnitudini commensurabili ai numeri irrazionali

Nel cambiamento della concezione della musica occidentale da una visione matematico-speculativa a una di tipo matematico-empirico durante il Rinascimento, l'avvento della polifonia ha giocato un ruolo considerevole, determinando un cambiamento strutturale e graduale nel sistema numerico su cui si basavano le scale musicali, cambiamento che raggiunse il suo apice nella sistematizzazione del temperamento equabile. Con il temperamento, la maggior parte degli intervalli vengono resi leggermente impuri nell'accordare le scale, in modo che, nell'esecuzione della musica polifonica, non ci siano effetti troppo sgradevoli.

Non ci preoccupiamo di fare uno studio dettagliato del ruolo giocato dalle diverse scale musicali e dai temperamenti nel corso della storia della musica, ma soltanto di enfatizzare un cambiamento sostanziale subito da questi concetti, precisamente il passaggio da una concezione aritmetica, in cui erano permessi soltanto gli interi, a una visione matematica più generale che comprendeva i numeri irrazionali. Questo cambiamento vede la transizione da temperamenti diversi basati esclusivamente sui numeri razionali, a un temperamento equabile, in cui tutti gli intervalli uguali usano gli stessi rapporti.

I pitagorici stabilirono, come abbiamo visto, una costruzione matematica della scala musicale usando le tre consonanze greche (l'ottava, la quinta e la quarta) e la composizione dei rapporti che le governano. Dato che una quarta è un'ottava diminuita di una quinta, è sufficiente usare le ottave e le quinte per generare la scala pitagorica. Perciò, a partire per esempio dalla nota DO, se si compongono due quinte, che matematicamente significa moltiplicare 2:3 per 2:3, si ottiene un RE composto, che corrisponde al rapporto 4:9; dopo aver sottratto un'ottava, che matematicamente corrisponde a dividere per 1:2, il risultato è un Re con rapporto 8:9.

Se ora si compone 8:9 con una quinta, che matematicamente corrisponde a moltiplicare per 2:3, si ottiene la nota LA, corrispondente a un rapporto 16:27 e così via, in modo da ottenere la seguente scala, nota come la *scala Pitagorica* o *diatonica*:

C	D	E	F	G	A	B	C
1:1	8:9	64:81	3:4	2:3	16:27	128:243	1:2

Nell'antichità e per tutto il Medioevo nella tradizione latina, la scala pitagorica era quella predominante in quasi tutti i trattati medievali, in cui le istruzioni per la divisione del monocorde venivano fatte esclusivamente secondo tali indicazioni. L'intonazione pitagorica rappresentava la struttura teorica standard e fungeva in modo adeguato per la composizione musicale fino al XII secolo, quando la musica era ancora omofonica, basata sull'ottava, la quinta e la quarta. In quel periodo, la diffusione del mottetto contribuiva allo sviluppo della polifonia, persino nel XIII e nel XV secolo. La produzione di intervalli simultanei nelle canzoni coinvolgeva l'uso di intervalli, terze maggiori e minori date da 81:64 e 32:27, e non riconosciute nella scala pitagorica, considerati dissonanti (nella polifonia medievale venivano considerate come vere consonanze soltanto gli intervalli perfetti).

L'inizio dell'*Ars Nova* nel XIV secolo determinò un cambiamento nelle esigenze musicali dalla melodia al contrappunto e l'armonia, che comportò l'introduzione di consonanze imperfette di terze e di seste nel XV secolo. Nel tardo Medioevo, delle serie alternative alla scala pitagorica vennero dapprima considerate dai teorici musicali [4] al fine di rispondere alla necessità di un nuovo linguaggio musicale per trattare la polifonia.

Per capire questo processo, accentuiamo, fino a portarlo al massimo limite, il criterio pitagorico per la costruzione della scala. Se si va avanti ad applicare ricorsivamente la procedura pitagorica per costruire una scala, ci si potrebbe chiedere se un tale ciclo di quinte ritornerebbe a un numero intero di ottave in modo che la sequenza si ripeta. La composizione di quinte e di ottave genera le sequenze 2:3, 4:9, 8:27, 16:81... e 1:2, 1:4, 1:8... rispettivamente. Supponendo che entrambi questi cicli abbiano un elemento in comune, ci sarebbero due interi m ed n tali che $(2:3)^n=(1:2)^m$, cioè, $3^n=2^{m+n}$, il che è impossibile, dal momento che il primo membro è dispari e il secondo membro è pari. Questa contraddizione esplicita ha portato storicamente a una varietà di soluzioni differenti. A tale scopo, i pitagorici hanno considerato un punto per cui c'è una buona approssimazione tra i cicli appena visti. Infatti, dopo aver ripetuto tale processo 12 volte, il risultato è molto vicino a 7 ottave piene (se $n=12$ e $m=7$, allora 12 quinte superano di poco 7 ottave). Questa differenza è nota come *comma pitagorico*; le dodici note musicali generate da un tal processo sono precisamente quelle della scala monocromatica. Se esprimiamo il comma pitagorico matematicamente, una tale differenza è data da $(2:3)^{12}/(1:2)^7$, che è $2^{19}/3^{12}$, intervallo tollerabile nei contesti omofonici ma grande abbastanza per causare problemi agli intervalli armonici in contesto polifonico. Per esempio, questo problema si verifica se una quinta, a cui manca un comma pitagorico, viene eseguita con varie linee musicali simultaneamente. Ciò ha scatenato la necessità di un vero cambiamento strutturale nella matematica che sta alla base del sistema standard, e in uso nel medioevo, dell'intonazione predominante sin dall'antichità. Nell'intonazione pitagorica, l'accordo della scala comprende 11 quinte pure e una quinta impura - fatta da una quinta pura meno un comma pitagorico - detta la quinta del lupo, cercando di aggiustare i cicli delle quinte e i cicli delle ottave, in un tentativo di mantenere la purezza.

Il temperamento più antico noto nella musica occidentale era quello pitagorico, con la maggioranza di quinte naturali. Le alternative all'accordo pitagorico consistevano nell'aggiustare i cicli in altri modi, discostandosi inevitabilmente dalla purezza, favorendo l'uguaglianza degli intervalli e avvicinandosi al sistema del temperamento equabile. La comparsa di queste alternative nell'accordo pitagorico sembra risalire per la prima volta al tardo Medioevo, quando temperamenti diversi con terze naturali, per esempio, erano piuttosto frequenti. Tali proposte furono sorpassate dal temperamento equabile dato che la musica divenne più cromatica e si estese a tutte le tonalità.

Il temperamento equabile consiste nel distribuire allo stesso modo il comma pitagorico lungo le 12 quinte dei cicli, secondo il diagramma riportato in Figura 2, dove il ciclo puro delle quinte - rappresentato da una spirale - viene trasformato in un cerchio dopo il temperamento equabile.

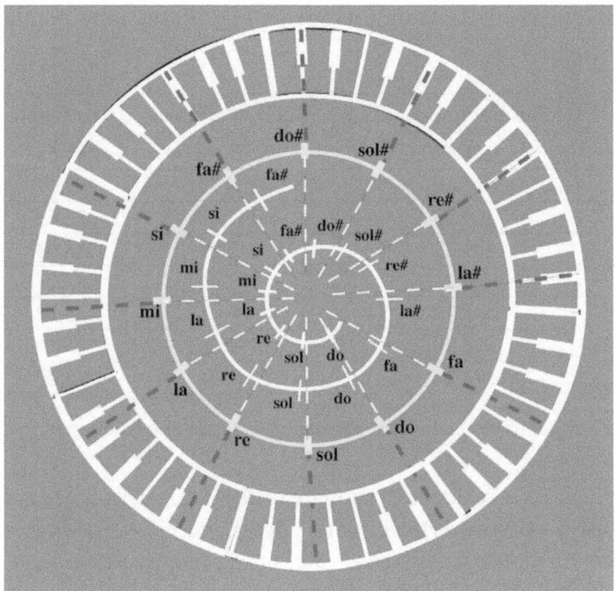

Fig. 2. Diagramma che rappresenta il temperamento equabile

Il temperamento equabile consiste nell'aggiustare 12 quinte in 7 ottave. Dato che ogni intervallo ha un numero intero di semitoni, se ci si assicura che tutti i semitoni siano uguali, cioè prodotti da rapporti uguali, allora due qualsiasi intervalli uguali saranno prodotti da rapporti uguali. Quindi, il temperamento equabile consisterà nell'aggiustare 12 semitoni uguali dentro un'ottava. Indicando con p il rapporto alla base di ciascun semitono, una tal procedura si traduce matematicamente nell'inserire geometricamente 11 lunghezze tra l_0 e $(1/2)\,l_0$, ottenendo un rapporto $p=(1:2)^{1/12}$ per il semitono, dato che $l_0 p^{12}=(1:2)\,l_0$. Il temperamento equabile si basa sulla simmetria e la sua sistematizzazione matematica implica l'uso di grandezze incommensurabili (i numeri irrazionali) come fondazione matematica direttamente associata agli intervalli musicali. Si entra però in conflitto con la dottrina filosofica tipica della scuola pitagorica, che credeva nell'importanza dei numeri naturali come guida per l'interpretazione del mondo.

Con il nuovo linguaggio stabilito dalla polifonia, i teorici hanno iniziato a suggerire delle alternative all'intonazione pitagorica, per poter superare le limitazioni teoriche pitagoriche che non erano compatibili con questo linguaggio. Il teorico italiano del XVI secolo, Gioseffo Zarlino, ha proposto una giusta intonazione, che apparentemente superò le limitazioni pitagoriche a cui abbiamo accennato, combinando la vecchia tradizione con la pratica della musica moderna, dato che il suo sistema era ancora basato sui piccoli numeri. Allargò la concezione pitagorica della consonanza includendo le terze, maggiori e minori, e le seste, spesso usate in polifonia, definite da rapporti fra piccoli numeri compresi da 1 a 6.

La tabella seguente mostra le scale di Pitagora, di Zarlino e a temperamento equabile, come si sono sviluppate nel corso della storia, le scale basate sulla serie armonica e la distorsione causata dalla scala pitagorica nell'ottava fatta con la quinta del lupo.

	Pitagora	Zarlino	Temperamento equabile	Serie armonica	Distorsione
C	261,63	261,63	261,63	261,63	261,63
D	294,33	294,33	293,66	294,33	290,37
E	331,12	327,03	329,63	327,03	326,68
F	348,84	348,84	349,23	343,34	348,84
G	392,45	392,45	392	392,45	387,17
A	441,5	436,14	440	441,5	435,57
B	496,69	490,56	493,88	490,56	490
C	523,26	523,26	523,26	523,26	523,26

Fig. 3. Accordi musicali con il rapporto dei toni espresso dal rapporto delle frequenze

Un'esperienza interessante può essere quella di suonare tutte le scale della tabella di Figura 3 una per una da sinistra a destra verticalmente e, in seguito, ciascuna singola nota in tutte le scale orizzontalmente. In questo caso vale la pena prestare attenzione, in particolare, alla quinta C-G dell'ultima colonna, che rappresenta la quinta del lupo, e considerare la differenza che intercorre tra essa e le quinte pura e temperata.

La consonanza: da un dogmatismo numerico a una concezione sperimentale

La nozione della consonanza non è sostanzialmente cambiata per molti secoli. L'associazione dei Pitagorici delle tre consonanze fondamentali, l'ottava, la quinta e la quarta, prodotta dalle lunghezze delle corde sulla base dei semplici numeri da 1 e 4, risale almeno al V secolo a.C. Questa tradizione venne trasmessa sino al Medioevo principalmente da Boezio e i teorici medievali erano soddisfatti di preservarla, dal momento che non si scontrava con le esecuzioni all'organo.

Nel contesto della teoria della musica, il cambiamento strutturale associato al temperamento rese necessario la divisione del tono e, di conseguenza, la divisione dei rapporti usati in parti uguali, una divisione che mise in evidenza le limitazioni e la rigidità del modello musicale pitagorico, che ricercava un sistema perfetto di intonazione basata sui rapporti tra grandezze commensurabili. Questi cambiamenti avrebbero anche fatto emergere il problema della rigida distinzione pitagorica tra la consonanza e la dissonanza, definita dai *Tetraktys* - i primi quattro numeri.

La musica polifonica costituì una minaccia per la rigidità della concezione pitagorica della consonanza, che venne estesa al di là dei primi quattro numeri, per includere gli intervalli delle terze e delle seste minori e maggiori come consonanze, un'estensione sistematizzata da Zarlino con l'introduzione del senario (l'intero sistema dei numeri da 1 a 6), ulteriore concezione numerologica, che provò a far fronte alle esigenze pratiche senza cambiare radicalmente la tradizione pitagorica.

Sebbene la concezione di Zarlino della consonanza non si opponeva alla pratica della musica rinascimentale, la sua teoria aveva la debolezza di non avere alcuna base reale, piuttosto una base aritmetica con argomentazioni tratte da riflessioni sui numeri, fondate sul principio che i rapporti delle consonanze sono contenute nel senario.

Nelle mani del teorico italiano Giovanni Battista Benedetti del XVI secolo, e più precisamente nel suo *Diversarum speculationum mathematicarum et physicorum liber* del 1585 [5], la concezione della consonanza subì un grosso cambiamento. Nel suo libro, Benedetti propose una teoria fisica per la consonanza come concordanza di intervalli basata sulle vibrazioni di due o più onde sonore, secondo la quale il carattere consonante di un intervallo veniva dato dalla coincidenza dei periodi della vibrazione delle note dell'intervallo stesso, in modo che la frequenza più grande della coincidenza provochi l'effetto più grande di consonanza. Per esempio, in un'ottava data dal rapporto 1:2 in una corda, ogni coppia di vibrazioni della corda più corta coincideva con una vibrazione della corda più lunga.

In base a questa concezione, assumendo che la consonanza risulta dalla coincidenza frequente di pulsazioni, si può concludere che più spesso le pulsazioni coincidono in un dato intervallo più consonante risulta essere tale intervallo. Galileo Galilei fu un sostenitore di questa teoria e formò una scala di gradi di consonanza in cui venivano moltiplicati semplicemente i termini dei rapporti della frequenza degli intervalli della consonanza [6]. Galileo stabilì nel 1638, basandosi sul fatto che il suono aveva una natura di vibrazione, che la spiegazione diretta e immediata per gli intervalli musicali non rigurdava né la lunghezza delle corde né la tensione a cui sono soggette né lo spessore della corda, ma piuttosto il rapporto del numero di vibrazioni e gli impatti delle onde sonore che colpiscono direttamente l'orecchio [6].

In questo caso, più piccolo era il risultato della moltiplicazione e più consonante risultava l'intervallo. Così, un'ottava era più consonante di una quinta, dato che l'ottava era prodotta con il rapporto 1:2, il cui prodotto è 2, mentre la quinta è prodotta con il rapporto 2:3, il cui prodotto è 6, che è maggiore di 2. Secondo questo criterio, le consonanze - in ordine decrescente - sono l'ottava, la quinta, la quarta, la terza maggiore e la terza minore ecc. In altri termini, la nozione di consonanza è compatibile con una visione più globale di quella Pitagorica. Il grande limite di questa teoria consiste nel fatto di non tenere conto dell'accettabilità delle consonanze temperate, le cui vibrazioni, dopo la prima pulsazione, non coincideranno mai, dato che sono definite tramite numeri irrazionali [7].

La spiegazione per la consonanza data da Galileo servì come fondamento per la teoria delle coincidenze della consonanza, che ripropone il vecchio dilemma riguardo l'origine delle sensazioni umane della bellezza e del piacere di sentire intervalli consonanti che sono sottoposti a cambiamenti significativi, per cui l'esperienza dei nostri sensi si sposta da un rapporto, frutto di una speculazione matematica, a un fenomeno empirico, un cambiamento che può essere considerato l'origine delle scienze acustiche.

Un'analogia interessante tra il tono e la pulsazione viene presentato da J. M. Wisnik nel suo libro *O som e o sentido: uma outra história das músicas* [8], che è molto vicina alla teoria della coincidenza delle consonanze presentata prima. Wisnik esprime ritmicamente la sensazione del tono associato a ogni intervallo, per rendere percettibile la sensazione sonora della coincidenza di pulsazioni in questi intervalli. Per esempio, gli intervalli dell'ottava, dati da un rapporto di frequenza da 100 a 200 Hz, per cui è impossibile accorgersi della coincidenza delle pulsazioni, sono collegati alla relazione di ritmo da 1 a 2 Hz, che invece può essere facilmente percepita, mentre la quinta sarebbe data da un rapporto 2 a 3 Hz e così via. In questo modo, è possibile sentire la concordanza delle pulsazioni associata a ogni intervallo e a ogni combinazione di note.

La musica delle sfere: dalla speculazione a una concezione basata su dati empirici

Come ultimo esempio del cambiamento di paradigma, vogliamo ora parlare di come il concetto della musica delle sfere, che risale al tempo dei pitagorici, è stato risistemato come conseguenza dei cambiamenti sulla musica da una concezione matematico-speculativa a una matematico-empirica durante il Rinascimento.

La musica delle sfere era una dottrina cosmologica secondo la quale si pensava che ogni pianeta, ruotando come un anello o una sfera, generava delle note musicali che formavano una scala o un'armonia. Questa dottrina, probabilmente nata con i pitagorici, è stata affrontata in modi diversi sin dall'antichità e sosteneva la credenza che l'Universo fosse ordinato dagli stessi rapporti numerici che producono le armonie musicali. Le idee pitagoriche riguardo l'armonia cosmica sono state in seguito divulgate dai neoplatonici, dai tempi carolingi fino alla fine del Rinascimento [9]. I racconti su questa dottrina, pur essendo diversi nei dettagli, ebbero fino al Rinascimento soprattutto un carattere speculativo, influenzando fortemente astronomi, dottori, studiosi umanisti e altri.

Un esempio significativo della forza e del sostegno di una tale dottrina con un approccio puramente speculativo si trova all'inizio del XVII secolo, quando Robert Fludd (1574-1637) riesaminò il concetto classico di armonia del mondo nel suo *Utriusque cosmi maioris scilicet et minoris metaphysica, physica atque tecnhica historia* [10]. Egli concepì l'immagine del *monochordum mundi*, in cui la mano divina del *Pulsator monochordi* creava il proprio ordine razionale, sia da un punto di vista matematico che musicale.

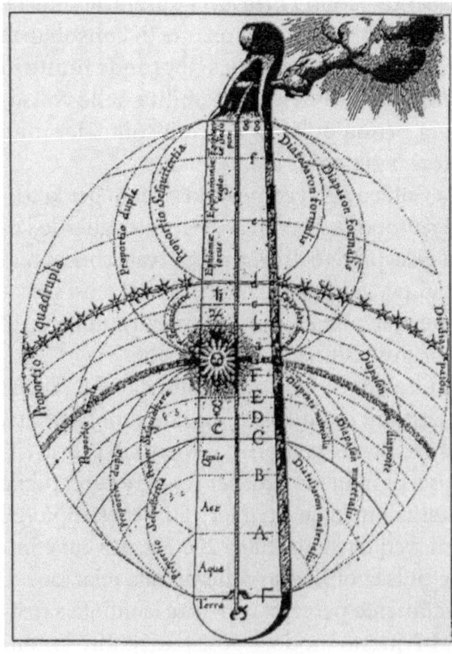

Fig. 4. *Monochordum mundi,* di Robert Fludd

In Figura 4 si può vedere come Fludd riassume la sua cosmologia come un monocorde pitagorico, formato da due ottave e diviso negli intervalli armonici di base, i cui valori non avevano alcuna fondazione sperimentale.

Nel XVII secolo, il concetto di armonia (nel senso di armonia del mondo e di armonia delle sfere) divenne sospettosa per i razionalisti e per gli scienzati. Malgrado le nuove concezioni della musica teorica, le idee pitagoriche permanevano ancora nel XVI secolo, seppur con minore rilevanza e influenza. Un esempio significativo di una tale presenza può essere riscontrata nel libro V in *Harmonices mundi* di Keplero (1619), in cui il cosmo Platonico-Pitagorico veniva riportato in auge prima di essere accantonato.

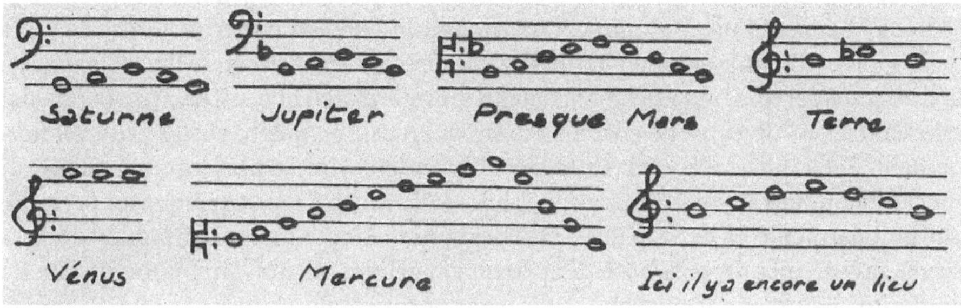

Fig. 5. Keplero (1619) *Harmonices Mundi*, libro V

171

Ammettendo la vecchia dottrina pitagorica della musica delle sfere, per la prima volta, da un punto di vista polifonico più che come una scala greca, e preoccupato di trovare delle conferme empiriche per le sue ipotesi, Keplero trovò dei rapporti armoniosi esprimibili in termini musicali nella relazione tra le velocità di rivoluzione dei pianeti e le tonalità [11]. Insistendo sul fatto che una tale sinfonia cosmica è di natura puramente intellettuale e non sensuale [12], Keplero la considera come l'armonia più perfetta dei moti celesti, basata ora sull'eccentricità, sui semi-diametri e i moti periodici dei pianeti nei loro movimenti attorno al sole. Le armoniche cosmiche riguardano soltanto i dati fisici dei moti planetari, non essendo più speculazioni nel senso originale ma una interpretazione armonica della realtà fisica osservata [Werner, 1966].

La concezione medievale e antica della musica delle sfere era molto più speculativa e ampia; infatti, comprendeva non soltanto l'armonia del moto dei pianeti, ma anche lo scorrere del tempo, per esempio, nella combinazione degli elementi. Un tale approccio in questa dottrina pitagorica vide il suo culmine nel XVII secolo, con costruzioni cosmiche come il *Monochordum mundi* di Robert Fludd citato prima. D'altra parte, Keplero partì dal suono per arrivare alle sue speculazioni cosmiche, piuttosto che il viceversa.

Conclusioni

Questi sono quindi alcuni esempi rappresentativi del cambiamento dei paradigmi della musica teorica durante il Rinascimento. A questo cambiamento hanno contribuito anche altri fattori, come il mutamento del concetto di rapporto nel contesto della musica teorica da una quantità discreta, data dal confronto di due grandezze della stessa natura, a una quantità continua, e il subordinato cambiamento nei fondamenti della musica teorica dall'aritmetica alla geometria, al fine di rendere possibile la soluzione del problema della divisione dei toni necessaria a produrre il temperamento degli stessi.Il XVI secolo ha rappresentato una rivoluzione più ampia nella produzione di trattati sulla musica teorica. Ha testimoniato, a differenza della tradizione pitagorica, l'emergere di una nuova concezione fisica della consonanza, l'intensificarsi dell'uso dei numeri irrazionali in contesti musicali, l'introduzione della geometria come strumento finalizzato non soltanto a risolvere il problema della divisione dei toni, ma anche i problemi teorici relativi alla sistematizzazione del temperamento, diventando così il simbolo di un cambiamento sostanziale nei fondamenti della musica teorica. Tutto ciò è rappresentativo, in un senso più ampio, di un cambiamento ancora più grande subito dalla musica teorica in questo periodo, che gradualmente ha cessato di essere basata su un dogmatismo aritmetico e ha assunto, invece, alla propria base dei principi sperimentali, un cambiamento che ha conferito alla musica il carattere di scienza sperimentale.

Bibliografia

[1] P. Gozza (2000) *Number to sound. The musical way to the Scientific Revolution*, Kluwer Academic Publisher, Dordrecht

[2] C.V. Palisca, W.K. Kreyszig (1993) *The theory of music Franchino Gaffurio*, Yale University Press, New Have

[3] C.V. Palisca (2000) Was Galileo'a father an experimental scientist?, in P. Gozza *Number to sound. The musical way to the Scientific Revolution*, Kluwer Academic Publisher, Dordrecht, pp. 191-199

[4] O. Ellsworth (1974) *A Fourteenth-century proposal for equal temperament*, Medieval and Renaissance Studies 5, pp. 445-453

[5] G.B. Benedetti (1585) Baptistae Benedicti Patritij Veneti Philosophi Diversarum speculationum mathematicarum & physicarum liber, Taurini: apud haeredem Nicolai Bevilaquae

[6] H. F. Cohen (1984) *Quantifying music. The science of music at the first stage of the Scientific Revolution*, 1580-1650, D. Reidel Publishing Company, Dordrecht

[7] D. P. Walker (2000) The Harmony of the Spheres, in P. Gozza *Number to sound. The musical way to the Scientific Revolution*, Kluwer Academic Publisher, Dordrecht, pp. 67-77

[8] J.M. Wisnik (1999) *O som e o sentido. Uma outra história das músicas*, Companhia das Letras, São Paulo

[9] J. Haar (1995) Music of the spheres, in: S. Sadie (ed.) *The new Grove dictionary of music and musicians*, Macmillan, London, 835-836

[10] R. Fludd (1617) *Utriusque cosmi maioris scilicet et minoris metaphysica, physica atque technica historia in duo volumina secundum cosmic differentiam divisa*, Oppenheim

[11] S. Hawking (2002) Harmony of the World, Book Five. In: S. Hawking (ed.) *On the Shouldera of Giants: the great works of physics and astronomy*, Running Press, London, pp. 635-723

[12] E. Werner (1966) The last pythagorean musician: Johannes Kepler In: J. LaRue *Aspects of medieval and Renaissance music*, W.W. Norton & Company, New York, pp. 867-882

Simple mapping e la dimensione estetica

Brian Evans

Trasformazioni, metafore e mezzi digitali

L'esperienza umana è come il *data mapping*. È al tempo stesso semplice e complesso. Le trasformazioni sono delle metafore. Le metafore sono le fondamenta della conoscenza. Sono il ponte che usiamo per mettere in relazione le novità o le nuove esperienze con ciò che già conosciamo. Attraverso le metafore colleghiamo idee disparate, cercando delle somiglianze e delle equivalenze. Spesso, con le metafore, mettiamo in relazione un'idea o una percezione con un ricordo. Combiniamo degli schemi. In sostanza, è così che aumentiamo la nostra conoscenza. Questo processo si chiama apprendimento comparato: quando impariamo, combiniamo con successo le informazioni ricevute con i nostri sensi attraverso quelle già immagazzinate nella rete neuronale del nostro cervello.

La matematica è un linguaggio di metafore. Veniamo a conoscenza, capiamo e facciamo previsioni su gran parte della nostra esperienza in questo mondo (universo) grazie ai legami quantitativi che facciamo con la matematica. Ci sono cose su cui possiamo contare. Il sole sorgerà ogni ventiquattro ore, la luna diventerà piena ogni ventotto giorni. Il mio bagno è tre passi a sinistra e due passi a destra dal mio letto. Diamo una misura della nostra concezione dello spazio e del tempo e la confrontiamo con quelle che già sappiamo. Esprimiamo delle relazioni matematicamente. Creiamo modelli numerici astratti che forniscono un modo di predire quale sarà la nostra esperienza futura. Queste predizioni sono spesso corrette. La matematica è efficace e viene accettato il suo potere di previsione.

Anche l'arte è un linguaggio con metafore. Mettiamo in relazione un'immagine, un suono o un oggetto con un'idea. Nel comporre l'arte, l'obiettivo di solito è quello di trasferire un'idea dalla mente dell'artista alla mente dello spettatore - di comunicare un'idea attraverso il mezzo degli oggetti d'arte. Ancora una volta, la speranza è quella di facilitare il modo in cui confrontiamo le informazioni, troviamo dei legami o delle equivalenze tra cose diverse - per comporre delle metafore. Con queste associazioni speriamo di capire e di imparare.

Nell'arte digitale tutto si riduce ai numeri. Tutta l'arte digitale ha alla sua base della matematica. I dati digitali, si tratti del film più recente su DVD, dell'ultimo disco di Frank Sinatra su un iPod o un immagine di Photoshop, è un modello numerico che viene mandato in uno analogico. Le trasformazioni sono esse stesse delle metafore. Un'immagine digitale trasforma dei numeri nella luminosità dello schermo o in un puntino di inchiostro su una pagina. Un suono digitale trasforma dei numeri in un impulso di corrente che fa vibrare il cono di un altoparlante. Le equivalenze vengono astratte dalla nostra esperienza diretta, ma alla fine i numeri si connettono a una sensazione diretta.

Per più di mezzo secolo, gli artisti digitali hanno esplorato i modelli numerici come un mezzo artistico. Il calcolo come parte dell'esperienza artistica è ora parte della nostra vita quotidiana. Ogni forma artistica che utilizza risorse digitali (che oggigiorno è praticamente qualsiasi cosa vista su uno schermo o sentita da un altoparlante) viene definita arte matematica.

Per alcuni artisti e progettisti i numeri stessi diventano il mezzo. L'arte computazionale è alla base della ricerca scientifica di avanguardia e ci mostra il tempo di domani al telegiornale della sera. L'arte computazionale è fondamento anche della musica grafica e corregge automaticamente il tono delle immagini che facciamo con la nostra macchina fotografica digitale. La matematica nell'arte è così diffusa nella cultura contemporanea al punto che spesso è invisibile. I nostri programmi digitali sembrano delle camere oscure e dei computer, ma la matematica è ancora lì, dietro a tutto ciò. Le metafore che usiamo sono trasformazioni delle trasformazioni. Ora più che mai nella nostra storia, l'arte e la matematica lavorano insieme, mentre aumentiamo la nostra conoscenza.

Suoni, luci e sinestesia digitale

Il suono inizia come una vibrazione nell'aria: la pressione dell'aria, in movimento, entra nel canale dell'orecchio e fa vibrare il timpano, dove il segnale viene trasferito alla coclea dell'orecchio interno. Da lì, il segnale viene tradotto in energia elettrochimica, immagazzinata come aghi nelle cellule neuronali del cervello. Anche la luce è vibrazione. Le fluttuazioni dell'energia elettromagnetica vengono ricevute sulla retina dell'occhio, convertite in un segnale che si muove sotto il nervo ottico e che viene finalmente incamerato nel cervello come aghi elettrochimici.

Nell'apparato sensoriale, nella corteccia del cervello, il suono e la luce esistono entrambi come aghi elettrochimici nelle cellule nervose o nei neuroni. Nel cervello è buio. Nel cervello c'è silenzio. Nel cervello i *qualia*, che chiamiamo luce e suono, non esistono. Ci sono soltanto delle informazioni sottoforma di aghi elettrochimici - dati creati attraverso la trasmissione di energia dal nostro "esterno"(l'energia che entra nei nostri sensi e viene trasformata in un tipo diverso di energia che viene incamerata nelle reti neurali). Cosa siano la luce e il suono dal punto di vista dell'esperienza umana è ancora un mistero, ma stiamo iniziando a capire una parte della meccanica di come incameriamo e ricordiamo i fenomeni [1].

Tutte le nostre esperienze non sono niente di più che modelli degli aghi elettrochimici nei neuroni del nostro cervello. Questi modelli sono i nostri ricordi. Sono ciò che siamo. La vita consiste nel raccogliere queste informazioni, che vengono trasformate dai segnali ricevuti dai nostri sensi. Confrontiamo i nuovi dati con quelli già presenti nella nostra memoria; cerchiamo dei legami, degli schemi e delle differenze; dal confronto emergono delle opzioni; facciamo delle scelte e agiamo.

La sinestesia è una trasformazione ulteriore dei dati sensoriali. I segnali che arrivano da un organo di senso vengono reinviati al cervello e percepiti come se arrivassero da un diverso organo di senso. Il suono, per esempio, potrebbe entrare dall'orecchio, ma una volta nel cervello le informazioni sensoriali viaggiano lungo i sentieri visivi e alla fine si vede il colore [2]. Attraverso altri percorsi si potrebbe *assaggiare un mormorio* o *annusare un tintinnio*. Se i dati neurali vengono deviati, allora l'esperienza, pur sincronizzata con la causa esterna, viene trasformata e percepita in modo atipico (ma non necessariamente in un modo non interessante). Alcune persone sono nate con queste deviazioni costruite nei loro tracciati neurali, mentre la maggior parte di noi non ha fatto esperienze di questo tipo. Alcuni di noi provano a stimolarle. Creiamo opere artistiche.

In un mondo digitale tutto è numero. Sia che venga generato con un computer, scannerizzato o catturato da una fotocamera, le immagini digitali vengono immagazzinate come misure discrete di luce, rappresentate con numeri binari. Anche il suono, sia che venga registrato con un microfono o sintetizzato artificialmente con strumenti digitali, viene memorizzato in un computer attraverso dei numeri binari.

Come per il cervello, tutti i segnali sensoriali trasformati in dati digitali in un computer sono nello stesso formato, questa volta un codice binario. Come vengono contestualizzati i dati (cioè, che software deve essere usato) determina se si tratta di luce o suono (o altro). I dati digitali vengono spesso trasformati in voltaggi elettrici e ritrasformati in un segnale che possiamo percepire con i nostri sensi. La corrente elettrica può illuminare del fosforo su uno schermo e/o muovere un altoparlante di una radio.

Tutto gira intorno alle trasformazioni! Trasformare numeri è una attività facile. La sinestesia digitale è facile. Il processo è semplice quando la rappresentazione digitale è un numero.

A=B (immagine digitale=numero)
C=B (suono digitale = numero)

allora

A=C (immagine digitale= suono digitale)

Data mapping

Creare delle composizioni artistiche con strumenti digitali è un'attività basata *totalmente* sul *data mapping*. Per esempio, i numeri che rappresentano un'immagine come un colore additivo nello spazio RGB potrebbero venire trasformati in uno spazio di colore negativo CMYK. Un *mapping* semplice: viene spesso fatto per prendere un'immagine che vediamo sullo schermo e ricontestualizzarla per la stampa.

Il processo di *mapping* può seguire vari cammini. Per esempio, un processo matematico semplice e familiare

$$z_{n+1} = z_n^r + \lambda$$

può essere espressa computazionalmente con un semplice programma, come visto nel programma dell'esempio che segue.

```
z[REAL][0] = 0.0;
z[IMAG][0] = 0.0;
lambda[REAL] = x_loc;
lambda[IMAG] = y_loc;

for (i=1; i < MaxIterationCount; ++i) {
  z[REAL][i] = xSquared - ySquared + lambda[REAL];
  z[IMAG][i] = 2 * z[REAL][i-1] * z[IMAG][i-1] + lambda[IMAG];
  xSquared = z[REAL][i] * z[REAL][i];
  ySquared = z[IMAG][i] * z[IMAG][i];
  zMag = sqrt(xSquared + ySquared);

  if (zMag >= 2){
    colorPixel(i);
      break;
  }
}
```

Esempio 1. Estratto di un codice per disegnare un insieme di Mandelbrot, immagine frattale.

Questo programma dà come *output* una griglia di numeri. Trasformiamo i numeri in segnali luminosi in modo da visualizzare il processo (Fig. 1). Potremmo anche trasformare i numeri in frequenze audio e ascoltarli [3]. Potremmo fare tutte e due le cose simultaneamente! (Ne parleremo più a lungo in seguito).

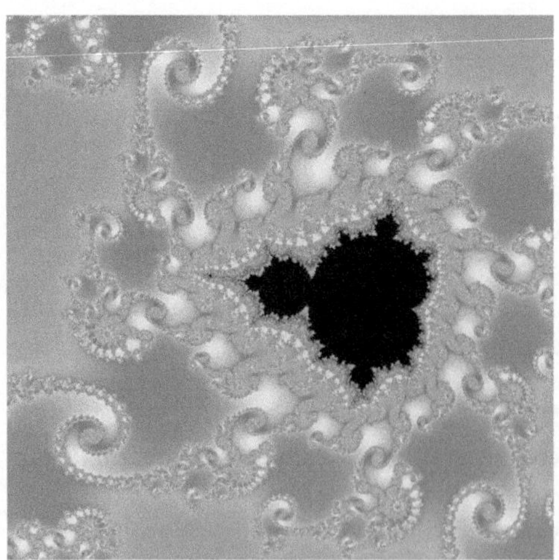

Fig. 1. Una visualizzazione di un frattale semplice. Questa immagine non è chiaramente un frattale, ma una trasformazione digitale di un frattale, che è stata creata mappando l'output del programma in una griglia di numeri discreti. I numeri vengono mappati in una tavolozza di colori indicizzata

Prendiamo in considerazione una melodia musicale. Una melodia non è altro che una successione temporale di vibrazioni nello spettro delle onde sonore. Gli intervalli musicali sono definiti come rapporti di frequenze, cosicché una melodia sia costituita da frazioni semplici, che si sviluppano con il passare del tempo: ascoltiamo i numeri.

Una melodia come quella rappresentata in Figura 2 può essere espressa matematicamente. Da questa espressione una melodia può essere codificata come un programma di computer: si veda il programma dell'Esempio 2.

```
calc_tune(){
  int xcnt, ycnt;
  float radx, rady;

  for (xcnt = 0; xcnt < XDIM; ++xcnt) {
    radx = TWO_PI*((xcnt*1.0)/(XDIM*1.0));
    curr_x = (1.0)*cos(radx*(1.25)+(1.0/64.0)*TWO_PI) +
    (1.0)*cos(radx*(1.25)+(2.0/64.0)*TWO_PI) +
      (1.0)*cos(radx*(1.33333)+(3.0/64.0)*TWO_PI) +
      (1.0)*cos(radx*(1.5)+(4.0/64.0)*TWO_PI) +
      (1.0)*cos(radx*(1.5)+(5.0/64.0)*TWO_PI) +
      (1.0)*cos(radx*(1.33333)+(6.0/64.0)*TWO_PI) +
      (1.0)*cos(radx*(1.25)+(7.0/64.0)*TWO_PI) +
      (1.0)*cos(radx*(1.125)+(8.0/64.0)*TWO_PI) +
      .

      .

      .

    etc...
```

Esempio 2. Pseudo-codice estratto dall'*Inno alla gioia*

Le informazioni melodiche della tonalità (come una frazione da una nota tonica), della durata e della disposizione temporale possono essere mappate attraverso la frequenza, l'ampiezza e la fase di una funzione seno. E, come per l'esempio del frattale, il programma ha come *output* una griglia di numeri che può essere mappata in colori. Possiamo allora vedere la melodia (Fig. 3).

Fig. 2. Una melodia elementare dall'*Inno alla Gioia* di Beethoven

Fig. 3. Una visualizzazione (*mapping*) dell'*Inno alla Gioia* di Beethoven

Il sonogramma

Con l'analisi di Fourier possiamo creare un *mapping* del suono, che può essere visualizzato. Questa tecnica raccoglie un'onda sonora complessa in un insieme di onde sinusoidali di varie frequenze, fasi e ampiezze. Quando messe insieme, queste onde sinusoidali componenti sono equivalenti all'onda complessa originaria. Questa trasformazione è spesso usata in molte applicazioni, dove si desidera conoscere l'analisi del suono. Questa analisi è utile in varie aree (ricerca del suono, lo studio del canto degli uccelli, analisi e sintesi della musica, [4]). Dato che tutti i suoni (specialmente quelli periodici) possono essere ridotti alle loro componenti sinusoidali, possiamo costruire un *mapping* grafico delle componenti e vedere come cambiano la frequenza e l'ampiezza nel tempo. Chiamiamo questo *mapping* grafico del suono un *sonogramma*. La Figura 4 mostra un sonogramma della frase "barca a vela". La frequenza è riportata sull'asse delle y, il tempo sull'asse delle x e l'ampiezza è rappresentata con i colori e i segnali luminosi.

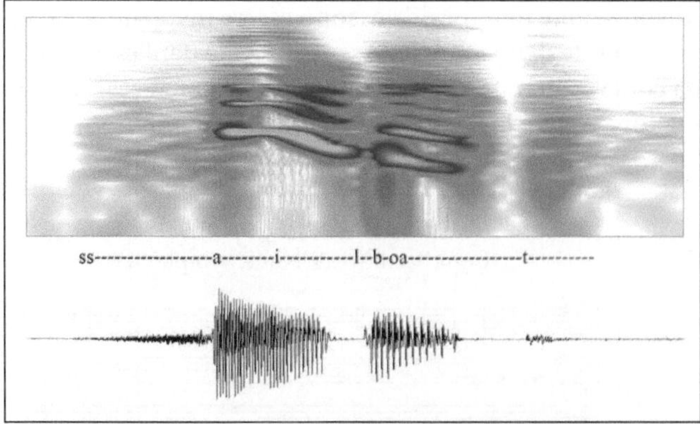

Fig. 4. Un sonogramma del suono "sailboat". Le vocali sono rappresentate come bande orizzontali equidistanti (armoniche), il rumore della consonante "s", così come il suono breve e percussivo della "t", è rappresentato come un flusso di energia quasi a purificare lo spettro sonoro

È possibile applicare il processo dell'analisi di Fourier al contrario: da una descrizione delle componenti sinusoidali di un suono, possiamo ricostruire il suono e ascoltarlo. Nella musica riprodotta al computer il suono viene spesso creato con il computer combinando le componenti sinusoidali. Questa viene spesso chiamata sintesi additiva [5].

Applicando l'inversa della trasformata di Fourier (dalle componenti sinusoidali all'onda sonora) è possibile mappare un sonogramma al suono di partenza. In termini più astratti (e poetici), possiamo considerare ogni immagine come un sonogramma, applicare l'inversa della trasformata di Fourier all'immagine e ascoltarla.

La Figura 5 mostra come le informazioni visive siano ridotte in risoluzione per consentire un mapping della tonalità e degli spazi ritmici familiari [6]. La disposizione di un pixel sull'immagine determina sia quando si sentirà il suono sia la tonalità. Nella notazione della registrazione di un pianoforte, l'oscurità si trasforma in frastuono e la lunghezza nella durata. L'immagine è uno spartito musicale.

Il *data mapping* fa da ponte tra l'immagine e l'audio. Un sonogramma visualizza un suono. Applicando l'inversa della trasformata di Fourier possiamo sonorizzare le immagini. Le tecnologie digitali li rendono entrambi processi facili. Per un artista parte del divertimento sta nel trovare modi interessanti per creare queste trasformazioni. E qualche volta possiamo astrarre ad un altro livello ancora e trasformare le trasformazioni. Ne è un esempio il convertire periodi di tempo visivo in trasformazioni sonore. Con questi periodi di tempo viene creato uno spartito musicale a partire da materiale visivo basato sul tempo. Come risultato la musica ascoltata è una sonorizzazione delle immagini.

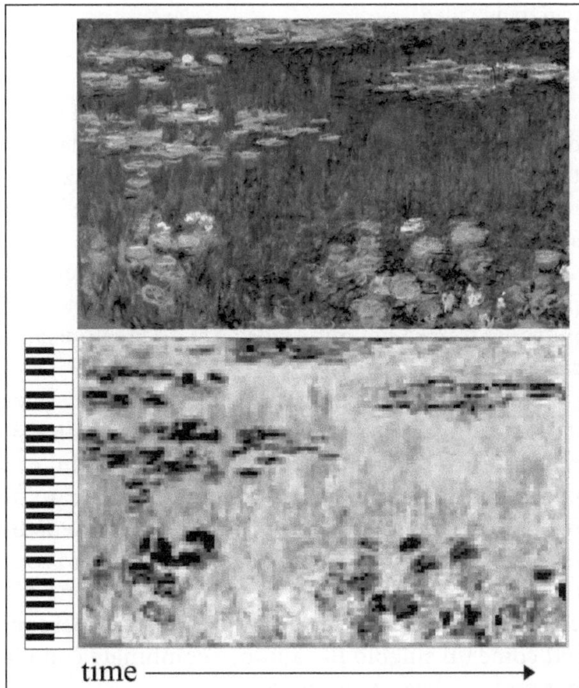

Fig. 5. Sviluppo di una sonorizzazione di un'immagine (*Gigli d'acqua, riflessi verdi, Claude Monet, sezione di sinistra 1916-1923; Orangerie, Paris*). La risoluzione dell'immagine è registrata su una bobina, come notazione musicale per pianoforte, che può essere "suonata"

Affettare il tempo (mettere in relazione tempo e suono)

Nel creare lo spartito per il suono per la mia animazione *meleà* ho cominciato a fare delle "fette di tempo". Una fetta di tempo è un'immagine statica, costruita estraendo una singola retta dal fotogramma dell'animazione e raggruppando queste linee in sequenza. La Figura 6 mostra una rappresentazione di una animazione come una serie di fotogrammi rettangolari, in cui il tempo viene rappresentato come la profondità.

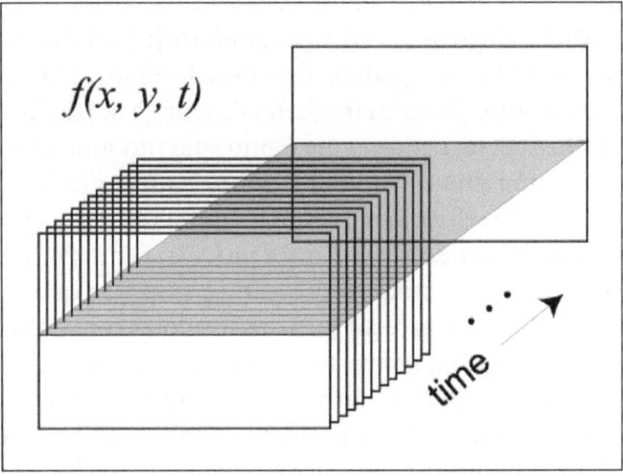

Fig. 6. Una fetta di tempo viene realizzata seguendo una riga di scansione su una serie di fotogrammi video

La fetta di tempo viene costruita facendo un taglio bidimensionale lungo l'asse del tempo. Mettendo queste linee su una singola immagine, una dopo l'altro, si ottiene un'immagine dell'evoluzione dell'animazione su quella linea. Con il tempo rappresentato lungo l'asse x, questa immagine ha una forma simile a quella di un sonogramma.

Come nell'esempio di Monet, l'immagine diventa uno spartito musicale e il compositore "esegue" lo spartito facendo delle scelte nel processo di *mapping* (questo *mapping* sonoro nel mio lavoro è stato creato usando il software per sintetizzare musica U & I *Metasynth* [7]).

La fetta di tempo di base per *meleà* può essere vista nella Figura 7. La Figura 8 illustra invece in che modo l'immagine viene sviluppata come uno spartito musicale attraverso l'elaborazione di immagini e la riduzione della risoluzione per accomodare uno spazio musicale. Ho creato poche singole trasformazioni in suoni della fetta di tempo, usando una varietà di approcci per il *mapping* e di tecniche per la sintesi audio. Le trasformazioni sonore sono state rese uguali all'animazione nella durata. Ogni sonorizzazione è una traccia singola o una voce in un tessuto multivocale eterofonico. Le voci sono mischiate, rilasciate in *output* come un singolo file audio, e combinate con i fotogrammi delle animazioni per creare il lavoro completo.

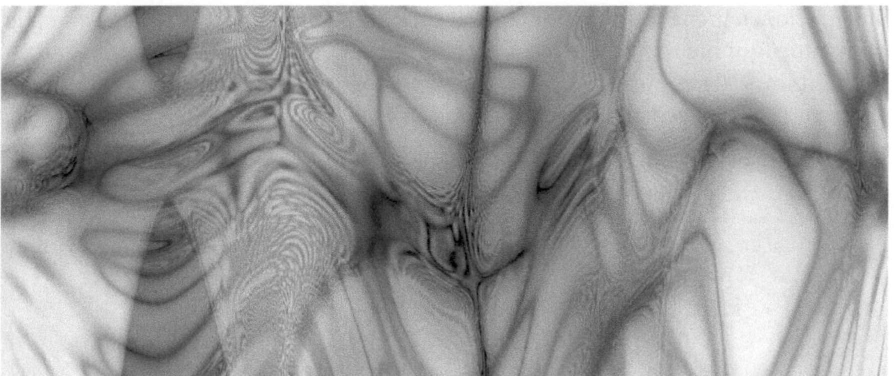

Fig. 7. Una fetta di tempo durante la linea di scansione centrale dell'animazione *meleà*

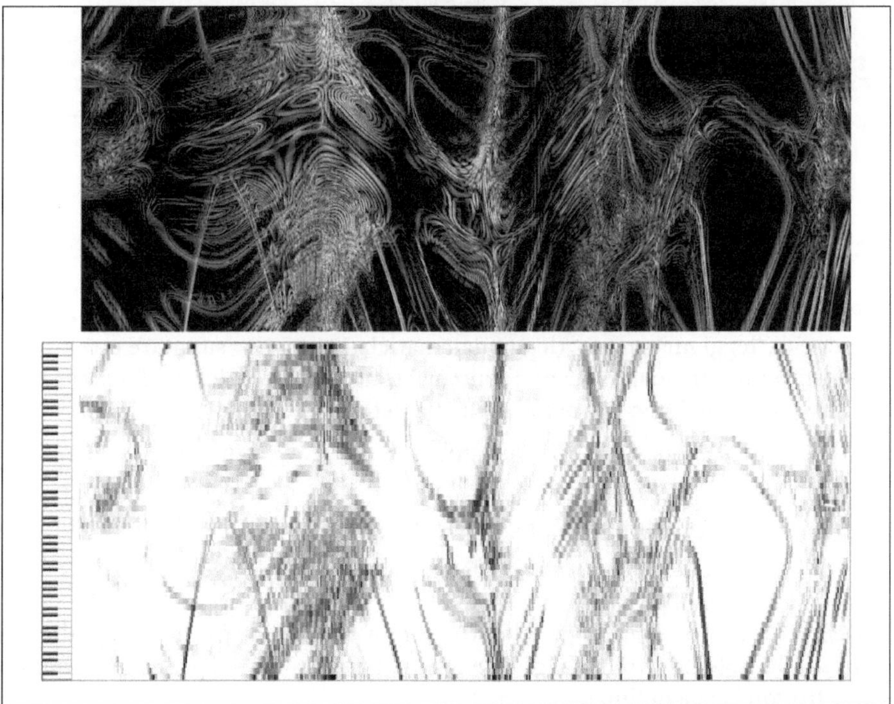

Fig. 8. Implementazione visiva della fetta di tempo di *meleà*: prima vengono messi in risalto i lati (immagine in alto); poi la risoluzione dell'immagine viene ridotta, in modo da creare uno spartito per un pianoforte (immagine in basso); lo spartito viene "eseguito" dal compositore per creare la musica dell'animazione

In questo approccio viene assicurata la correlazione tra l'immagine e l'audio. Ascoltiamo e sentiamo dischiudersi aspetti di un processo astratto (il processo matematico è semplice, così in realtà anch'esso è una metafora: trasforma le trasformazioni). Viene fatto un ponte tra il suono e l'immagine, viene fatto un collegamento; ogni metafora per l'altra. Dentro al cervello, immagini e suoni sono coerenti: uno fa dà contesto all'altro. Lo scopo, forse, è quello di catalizzare l'esperienza estetica: si veda il la fetta di tempo in Figura 9.

Fig. 9. Una fetta di tempo durante la linea di scansione centrale dell'animazione *calidri*

La bellezza e l'estetica

Per quasi un secolo le argomentazioni formali hanno dichiarato che la combinazione di "leggi misteriose" (leggi matematiche?) possono suscitare un'emozione estetica [8]. Personalmente non sono mai stato d'accordo. In *The Random House Dictionary* possiamo trovare la seguente definizione di estetica [9]:

estetica - avere sensibilità o amore per la bellezza.

Per chiarirne il significato, possiamo cercare la parola bellezza sul dizionario:

bellezza - qualità che dà un intenso piacere estetico.

Definire una esperienza come estetica sembra essere complicato. Non voglio andare sul difficile. In *L'isola del giorno prima*, Umberto Eco esprime bene questo concetto con la sua definizione di metafora:

[...] la Figura suprema: Metafora: se il genio, e quindi l'apprendere, consiste nel trovare collegamenti tra nozioni diverse e nel trovare una similitudine in cose non simili, allora la metafora, il tropo più inverosimile e acuto che ci sia, è l'unica in grado di destare Meraviglia... [10].

Le trasformazioni sono metafore. Creiamo dei collegamenti grazie a potenti metafore. Con i collegamenti aumentiamo la nostra conoscenza, impariamo.

L'apprendimento è capace di "destare Meraviglia". Forse l'esperienza estetica è la meraviglia che proviamo quando impariamo - il momento in cui diciamo "eureka", in cui proviamo cosa vuol dire "aha". Creando conoscenza, la chimica del nostro cervello cambia. Siamo fisicamente diversi. Di solito è un cambiamento positivo.

Trasformazioni, metafore e collegamenti

Creiamo da ciò che già conosciamo. Una nuova idea è un nuovo collegamento, una metafora. Una metafora è semplicemente un'ispirazione per vedere equivalenti due cose che tradizionalmente non lo sono. Non si tratta di unità, ma di *collegamenti*! Non solo ripetizione, ma variazione. In che modo due cose sono uguali e in che misura sono differenti.

Quando il collegamento è elegante, impariamo qualcosa di nuovo e siamo commossi in questo processo. Forse c'è qualcosa di "misterioso" dietro a tutto ciò. La Figura 10 mostra una dimostrazione del teorema di Pitagora, che risale ad alcuni secoli prima di Pitagora stesso [11]. C'è qualcosa di bello in questa dimostrazione. Impariamo qualcosa sui triangoli rettangoli, ma credo che ci sia qualcosa di più. Non provo la stessa reazione quando guardo la dimostrazione di Euclide.

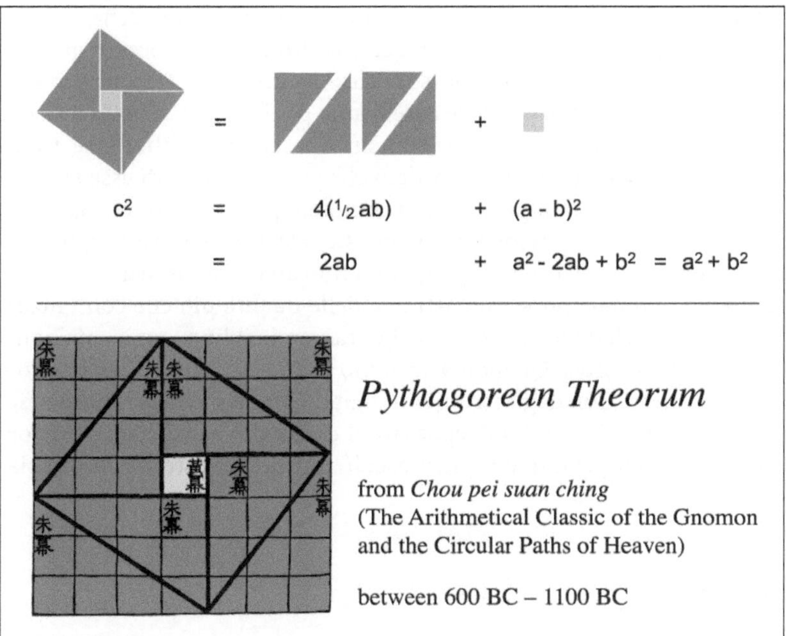

Fig. 10. Dimostrazione del teorema di Pitagora tratta da un antico manoscritto cinese che risale a secoli prima di Pitagora stesso

Per me l'*haiku* giapponese è la forma definitiva con cui si collegano le cose più disparate. La conoscenza che ne ricaviamo è difficile da esprimere. Quando esclamiamo "aha", ci meravigliamo [12].

The butterflay,
Resting upon the temple bell,
Asleep[1].

Buson (traduzione R.H. Blyth)

Tuttavia, la matematica è forse il linguaggio che raggiunge quasi la perfezione per le metafore! Questa equazione, l'identità di Eulero, dice tutto.

$$e^{i\pi}+1=0$$

Le costanti e le funzioni aritmetiche, che usiamo per esprimere una miriade di relazioni nel mondo naturale, esistono in collegamento tra loro. Il matematico Benjamin Pierce dall'Università di Harvard dice dell'identità di Eulero:

È del tutto paradossale; non riusciamo a capirla e non sappiamo cosa significa, ma l'abbiamo dimostrata e perciò sappiamo che deve essere vera [13].

Impariamo qualcosa di nuovo e l'effetto è un insieme di mistero e meraviglia.
Tutta l'esperienza può essere ricondotta al *data mapping*. Il *data mapping* è una sorta di metafora, una creazione di relazioni, il movimento di uno schema tra e per cose diverse. Qualcosa viene mandato in qualcos'altro. Una relazione, una equivalenza, un'associazione viene stabilita e forse percepita. Attraverso il riconoscimento di relazioni capiamo qualcosa di più delle cose, siamo più in grado di notare ciò che unisce, di riconoscere le cose in comune e anche di esaltare le differenze. Comprendiamo meglio ogni singolo dettaglio, dato che aspetti di una di esse si ritrovano nelle altre e viceversa. Il linguaggio più completo per la metafora è la matematica. Con la matematica si possono capire queste relazioni, scoprire degli schemi (spesso sorprendenti) e astrarre delle qualità fino alla loro essenza.
Con la tecnologia digitale possiamo astrarre delle qualità più che con i nostri sensi in una sinestesia virtuale. È la poesia che trascende il linguaggio, ma non è meno potente né provocativa. Quando astraiamo usando i numeri, cerchiamo e troviamo delle relazioni. Con degli strumenti digitali, possiamo usare queste metafore, queste trasformazioni per oltrepassare il distinguo sensoriale - trasformiamo le trasformazioni, sentiamo i colori, ascoltiamo con i nostri occhi... ne siamo meravigliati!

Ringraziamenti

Questa ricerca è stata supportata dai fondi messi a disposizione dalla Research Advisory Commitee, University of Alabama, Tuscalousa, Alabama, USA.

[1] *La farfalla, / a riposo sulla campana del tempio, / addormentata. (traduzione italiana di Gilberto Bini).*

Bibliografia

[1] J. Hawkins, S. Blakeslee (2004) *On Intelligence*, Time Books, New York
[2] M. Livingstone (2002) *Vision and Art, the Biology of Seeing*, Harry Abrams, New York, pp. 196–198
[3] B. Evans, (2000) Hearing the Mandelbrot Set, in *The Csound Book*, R. Boulanger (ed.), MIT Press, Cambridge
[4] R. Cogan (1984) *New Images of Musical Sound*, Harvard University Press, Cambridge
[5] C. Roads (1996) *The Computer Music Tutorial*, MIT Press, Cambridge
[6] B. Evans (1989) Enhancing Scientific Visualization with Sonic Maps, in *Proceedings of the 1989 International Computer Music Conference*, CMA: Columbus, OH
[7] *Metasynth 4*, (September 2006) *http://uisoftware.com/MetaSynth/*
[8] C. Bell, (1914) *Art*, London
[9] *The Random House Dictionary*, 1980, Ballantine Books, New York
[10] U. Eco (1995) *L'isola del giorno prima*, Bompiani, Milano
[11] F. J. Swetz, T. I. Kao (1977) *Was Pythagoras Chinese*, Pennsylvania State University Press, University Park
[12] R. H. Blyth (1952) *Haiku*, Volume III: Spring—Autumn, Hokuseido Press, Tokyo, p. 543
[13] E. Maor (1998) *e: The Story of a Number*, Princeton University Press, Princeton

La metafora nella matematica e nel suono

CARLA SCALETTI

Introduzione[1]

I compositori hanno sempre tratto ispirazione da idee matematiche, e quelli del XXI secolo fanno largo uso di procedimenti matematici nel loro lavoro. L'obiettivo di questo articolo non consiste nell'applicazione musicale di questi strumenti matematici, bensì è una disamina dei modi in cui il pensiero matematico è simile al pensiero musicale.

Matematici e compositori usano le stesse metafore nel comune sforzo di capire, elaborare e comunicare idee astratte, non-verbali.

Esprimere senso senza usare parole

Come è possibile esprimere il senso in matematica e nel suono non usando le parole? Nella sua teoria semiotica della rappresentazione, Charles Sanders Pierce ha proposto tre modi per codificare il significato nella comunicazione non-linguistica: come una *Icona*, un *Simbolo* o un *Indice* [1].

Un'*Icona* è mimetica o imitativa; per esempio gli effetti sonori degli elicotteri e degli spari in un film o le sequenze usate per riprodurre un asino in "Personnages a longues oreilles", *Le Carnaval des animaux* di Camille Saint-Saen. Ai tempi degli antichi Sumeri, i ragionieri usavano delle strisce di anfore d'argilla in miniatura, per tenere il conto delle anfore d'olio in una transazione commerciale, e lo zero usato dagli antichi Maya assomiglia molto a una conchiglia vuota.

Un *Simbolo* è un'icona che richiede di avere una cultura comune per essere capito; per esempio, i numerali (sia detti a voce che scritti), la lingua parlata, i rumori del telefono, un inno nazionale o un motivo collettivo. A un certo livello, sia la matematica che la musica sono simboliche, in quanto richiedono entrambe di avere un'educazione in comune e di condividere la stessa cultura per poter essere capite nel modo giusto.

Un *Indice* è una rappresentazione in cui un valore in un settore viene messo in relazione a un valore in un altro settore. Un'applicazione o una funzione è un in-

187

---

[1] *In questo articolo, la parola "suono" è usata per indicare un qualsiasi segnale audio non-verbale progettato e prodotto da esseri umani, che comprendono la musica,* sound design, *la sonorizzazione dei dati, i display audiovisivi e altri suoni strutturati.*

dice matematico. Quando in un cartone animato si vede un coyote cadere da uno strapiombo e si sente un fischio in sottofondo che diventa sempre più grave, si sente un indice sonoro.

La Sonorizzazione dei dati come Indice *sonoro*

La sonorizzazione dei dati è una mappatura tra due domini diversi, che permette ai ricercatori di ragionare sui dati in un nuovo modo – usando il sistema auditivo (orecchi e cervello). Si tratta di una codificazione sotto forma di indici di dati (raccolti attraverso l'osservazione o generati da un modello) tramite un segnale audio (la sonorizzazione non è la musica, anche se la musica è una forma di sonorizzazione).

Immaginatevi di ascoltare un suono misterioso, generato da un convertitore digitale-analogico che suona una serie di misure a una velocità dieci volte superiore rispetto a quella originaria[2]. Persino se non si sa niente su dove o come sono state fatte le misure, si può usare lo stesso il proprio sistema auditivo al fine di fare delle inferenze. Si può, per esempio, dedurre che le misure sono state fatte in uno spazio o in un mezzo, che c'era un avvenimento impulsivo, che c'erano delle superfici riflettenti o delle discrepanze nell'impedenza e che potrebbero essere state fatte in un mezzo dispersivo, attraverso il quale le alte frequenze viaggiano più velocemente di quelle basse (da cui il "glissando" alto-basso che finisce con un tonfo basso).

Sulla base di queste osservazioni, molti ascoltatori arrivano a pensare che si tratta di una registrazione fatta sott'acqua mentre, in realtà, il file sonoro è una successione di misure geofone registrate dal geologo Chris Hayward [2]. La mappatura è tra domini diversi (dallo spostamento della terra alla variazione della pressione dell'aria) e conserva l'inferenza (ascoltando il segnale audio si possono trarre delle conclusioni che si riscontrano anche nel caso di un terremoto).

Se si ascoltassero queste misure alla velocità originaria, non si sentirebbe molto: la maggior parte dei cambiamenti si verificano a velocità inferiori a quelle per cui gli esseri umani percepiscono il suono. Comunque, se si usa il flusso dei dati per modulare uno dei parametri di un segnale audio, si possono sentire i valori che cambiano alla velocità originaria [3]. Per esempio, si potrebbero usare i numeri nel flusso geofono dei dati per controllare la frequenza di *cutoff* di un filtro passabasso di rumore (Esempio 2[3]). In questo caso la modulazione è il messaggio e il segnale audio fa soltanto da tramite.

Per coloro che compongono e apprezzano la musica, è ovvio che essa trasmetta un qualche significato, malgrado ciò non avvenga nello stesso modo in cui viene trasmesso con le parole. La musica usa principalmente degli Indici con una sfumatura di significato simbolico, dipendente dalla cultura (mentre il discorso è soprattutto simbolico, con delle informazioni che dipendono dalla cultura modulandolo spettro della prosodia, che è basata quasi esclusivamente sugli Indici). Nella musica, il segnale audio fa da tramite: sono le modulazioni dei parametri del segnale audio che permettono di codificare un messaggio.

---

[2] *Si può sentire questo esempio e altri esempi sonori nell'articolo all'indirizzo http://www.carlascaletti.com/pmwiki/pub/sound-examples/metaphor06).*

[3] *http://www.carlascaletti.com/pmwiki/pub/sound-examples/metaphor06/*

Icone, Simboli e Indici in combinazione

In pratica, usiamo quasi sempre una combinazione di Icone, Simboli e Indici. Persino i segni individuali possono essere in parte simbolici, in parte iconici e in parte indici. La colonna sonora di un film include il dialogo (Simboli), gli effetti sonori (Icone) e la musica (Indici). Si potrebbe dire che la prosodia del discorso umano è un Indice dello stato di eccitazione di chi parla, e che le modulazioni dello spettro di quel segnale codificano i fonemi, le parole e le frasi simboliche. Il discorso matematico è di solito una combinazione di parole (Simboli), di simboli matematici per grandezze come le variabili o gli operatori e di disegni (che possono essere sia iconici che indiciali).

In "Una storia triste" (Esempio 3[4]), le registrazioni degli uccelli, uno sparo e gli schizzi d'acqua sono iconici: il fischio della caduta è un indice della diminuizione della quota a cui si trova l'uccello e la melodia del *Taps*, che viene suonata con un corno, viene capita dalla nostra cultura come un simbolo della fine del giorno o la fine della vita.

Le Metafore concettuali e la "mente incorporata"

L'Indice di Pierce è simile a ciò che il filosofo Mark Johnson e il linguista cognitivo Gorge Lakoff indicano come una "metafora concettuale", definita come un "mappatura tra domini diversi che conserva l'inferenza" [4].

Nella loro teoria della mente incorporata, Johnson et al. propongono una teoria per cui alcuni concetti sono in noi innati, altri sono generalizzazioni (*schemata*) basate su osservazioni ripetute e sull'interazione con il mondo fisico, e i restanti li capiamo e li comunichiamo confrontandoli a quei modelli o schemata più frequenti. La "mente incarnata" capisce e comunica i concetti astratti per mezzo dell'analogia con l'orientazione del corpo rispetto al mondo fisico e con la sua interazione con il mondo fisico [5].

La metafora nel suono e nella matematica

Lakoff, Johnson e altri hanno scritto riguardo alle manifestazioni della mente incorporata nella linguistica, nelle arti visive e nella matematica. In questo articolo vogliamo estendere questa idea per comprendere "il suono significativo" e per mostrare che i matematici e i compositori usano molte delle stesse metafore, quando ragionano sui concetti astratti e li comunicano agli altri.

L'Innato, lo Schematizzato e il Metaforico

La matematica e la musica sono dei successi culturali creati dall'umanità, sviluppati cooperativamente nel corso di migliaia di anni. Alla base di questi successi ci sono delle competenze biologiche che sono innate nei bambini e negli animali.

---

[4] *http://www.carlascaletti.com/pmwiki/pub/sound-examples/metaphor06*

Matematica e suono come concetti innati

Poche capacità umane si sono rivelate innate, ma è chiaro che siamo nati con l'abilità di stimare rapidamente la grandezza di una collezione di oggetti o di eventi. Per degli insiemi piccoli (con 4 o meno elementi) l'abilità è chiamata *subitizzare*, cioè discernere a colpo d'occhio il numero di oggetti senza doverli contare, dato che è sia istantanea che accurata. Per insiemi più grandi, le stime non sono precise e l'errore aumenta con l'ingrandirsi dell'insieme. Queste capacità di fare delle stime si applica a degli insiemi di oggetti visivi, delle sequenze di suoni, delle sequenze di eventi, al numero di oggetti che vengono tracciati dalle mani se bendati e persino a confronti inter-modali come l'abbinamento del numero dei puntini in una tabella con il numero di suoni in una sequenza. Gli adulti continuano a basarsi su queste abilità numeriche innate per migliorare delle tecniche di calcolo acquisite con l'esperienza e l'allenamento [6].

È interessante rilevare come i raggruppamenti metrici, comuni della musica popolare, in gruppi gerarchici di 2, 3 o 4 siano probabilmente radicati nella nostra abilità innata di subitizzarli. Analogamente, il sistema informale di segnare un punteggio su un tovagliolo (Fig. 1) sembra essere fatto a gruppetti di quattro e non sul conteggio uno alla volta. Persino i primi tre numerali romani e i numerali *kanji* sembrano essere subitizzati (mentre numeri più grandi sono rappresentati simbolicamente).

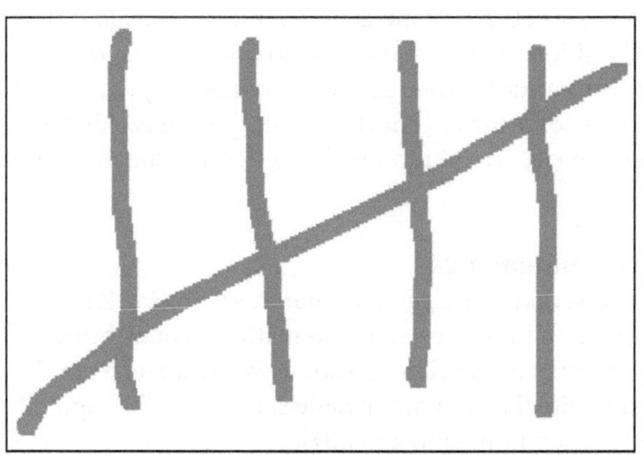

Fig. 1. Corrispondenza informale basata su raggruppamenti di 4 segni

Ci sono delle prove che suggeriscono che il subitizzare è un passo del processo con cui avviene la segregazione del flusso sensoriale, il processo di identificazione di quali dati sensoriali vengono da quali oggetti esterni. La visualizzazione da parte di un cervello sano mostra che un area del cervello, chiamata il *sulcus intraparietal*, è attivo durante le attività di subitizzazione e le attività di costruzione delle scene sensoriali; quest'area del cervello è indicativa per le sue connessioni associative tra gli input visivi, auditivi e tattili provenienti dalle mani.

Sarebbe interessante ricercare dei legami possibili tra il subitizzare, il *sulcus intraparietal* e le dita. Le tecniche di conteggio con le dita sono presenti in molte culture e formano la base per l'abaco e per i sistemi numerici in base 5 e in base 10. Contare con le dita viene anche usato in musica, sia per la metrica (per esempio, i movimenti delle mani associati con il *tala* nella musica Carnatica) e anche come tono mnemonico (la mano guidoniana e i movimenti delle mani per il solfeggio di Kodaly).

Modelli ricorrenti (*schemata*)

La capacità umana di generalizzazione permette di costruire delle strutture cognitive di dati basate sulle nostre osservazioni di schemi ricorrenti di interazione dinamica tra i nostri corpi e il mondo fisico. Definti come *schemata* dagli scienziati cognitivi, queste strutture di dati sono dinamiche nel tempo e nello spazio, sono spesso associate alla *kinestetica* o memoria dei muscoli, e può essere difficile descriverle a parole, dato che sono comunicate più facilmente con gesti fisici o disegni. Si consideri il concetto: "su". È un concetto dinamico (implica movimento nel tempo da un punto più basso a uno più alto), è associato allo sforzo muscolare richiesto per andare contro la forza di gravità ed è molto più facile da descrivere attraverso un semplice gesto o con un disegno che non spiegandolo a parole.

Si pensa che la maggior parte di questi *schemata* si formino nella prima infanzia, come modo per costruire un modello mentale coerente del mondo. In seguito, impariamo, capiamo e comunichiamo concetti asttratti o non familiari confrontandoli con questi *schemata*, molti dei quali sono così metabolizzati che spesso li usiamo metaforicamente senza nemmeno esserne consapevoli.

Johnson identifica 27 schemata: Contenitore, Equilibrio, Compulsione, Blocco, Controforza, Resistenza – Rimozione, Attivazione, Attrazione, Massa-Calcolo, Cammino, Legame, Centro-Periferia, Ciclo, Vicino-Lontano, Scala, Parte-Tutto, Fusione, Divisione, Pieno-Vuoto, Abbinamento, Sovraimposizione, Iterazione, Contatto, Processo, Superficie, Oggetto e Collezione [8].

Metafore concettuali in matematica, nel linguaggio e nel suono

Analizziamo solo tre *schemata* (*Contenitore*, *Forza* e *Cammino*) e esaminiamo alcune delle metafore che essi presentano nel linguaggio, nella matematica e nel suono.

Contenitore

I contenitori sono dappertutto. Probabilmente, mentre state leggendo questo articolo, vi trovate in una stanza e la stanza è dentro un edificio; nella stanza ci può essere un contenitore di vetro per l'acqua, una penna che contiene dell'inchiostro e una valigia che contiene dei fogli. Noi stessi ci identifichiamo come contenitori con inputs ed outputs; da un punto di vista chimico, un corpo vivente è un "reattore continuamente mescolato".

Il concetto di *Contenitore* definisce lo spazio, la topologia, l'orientazione, la quantità e il numero. Che un Contenitore definisca uno spazio o un oggetto dipende dal nostro punto di vista: se siete dentro al contenitore, esso definirà uno spazio; se siete fuori dal contenitore, definirà un oggetto.

Metafore linguistiche per Contenitore

Da un punto di vista linguistico, usiamo lo schema di "essere dentro un contenitore" come una metafora per concetti astratti come la protezione, la restrizione o l'inaccessibilità:
- He's one of the *in* group but she is an *outsider*.
- È un *fuori*legge.
- Sono segreti proprio perché operano *al di fuori* delle regole.
- Personne ne peut illégalement (an *dehors* de la loi) intervenir dans ta vie.
- That's *outside* the realm of possibility.
- Success is *within* your grasp.

Usiamo anche un contenitore come una categoria o uno stato, facendo riferimento agli individui come se fossero dentro o fuori una categoria particolare o in uno stato mentale particolare:
- Lui è un po' *fuori*.
- You must be *out* of your mind.
- He was deep *in* thought.

In senso metaforico, la grandezza di un contenitore è una metafora per l'importanza di un pensiero o di una situazione astratta o intangibile:
- Forget about it; it's a *small* matter.
- My music is *big* in Japan.

Parliamo di manipolare dei nomi di cose intangibili come se fossero dei contenitori effettivi, bilanciandoli, facendoli ruotare, deformandoli e riscalandoli:
- Try to put a *positive spin* on the bad news.
- Possiamo *aggirare* un po' le regole.
- È una grande *distorsione* della verità.

La metafora del Contenitore è spesso usata quando si parla di insiemi, di classi o di categorie: per esempio, usiamo spesso i diagrammi di Venn come contenitori bidimensionali per ragionare su astrazioni come le intersezioni.

Il concetto di chiusura, così fondamentale in matematica, è l'idea che una qualsiasi operazione sugli elementi in un insieme universo abbia come risultato elementi che appartengano ancora all'insieme universo (in altre parole, ragioniamo su questo concetto usando la metafora di un contenitore chiuso). A volte pensiamo alle operazioni aritmetiche come se fossero manipolazioni delle dimensioni, dell'orientazione o della forma di un contenitore. Traslare o aggiungere sono operazioni che vengono pensate come il movimento di un oggetto verso una nuova posizione. Riscalare o moltiplicare equivale a cambiare le dimensioni di un oggetto. La rotazione è come un cambiamento dell'orientazione dell'oggetto e una funzione non-lineare di trasformazione è come modificare la forma di un oggetto.

Visto dal di dentro, un Contenitore definisce "uno spazio", una delle metafore più diffuse in matematica. Ragioniamo sugli spazi vettoriali, sugli spazi di stato, sugli spazi di fase, sugli spazi parabolici e iperbolici, sugli spazi affini e le distanze metriche tra gli elementi in quegli spazi.

C'è, tuttavia, una differenza importante tra il concetto intuitivo di spazio e il concetto matematico di spazio. Intuitivamente, pensiamo a degli oggetti o agli elementi in uno spazio. In matematica, gli elementi di un insieme sono lo spazio e le relazioni tra gli elementi dell'insieme costituiscono le proprietà dello spazio.

Le metafore del Contenitore letterale nel suono

Nel suono si possono creare delle metafore letterali dello *schemata* di Contenitore, modellando le riflessioni delle onde sonore sulle superfici del contenitore. Per esempio, la convoluzione di un segnale audio con la risposta impulsiva di un Contenitore, permette di sentire come sarebbe il segnale se fosse stato originato dall'interno del Contenitore. Nell'Esempio 4[5] una registrazione del cantante Tuva è convoluta nella risposta della Terra ad un impulso causato da un terremoto [9], per provare a sentire come sarebbe il suono se l'uomo cantasse da dentro la Terra.

Nel suono, come nel linguaggio e nell'architettura, la dimensione viene uguagliata al potere e all'importanza. I suoni generati in un grande spazio sono caratterizzati da lunghi ritardi tra le riflessioni fra muri distanti e da lunghi tempi di decadimento; uno spazio interno grande con un basso assorbimento e con superfici, che danno luogo all'eco, danno un senso di potere e di importanza, non solo visivamente, ma anche acusticamente.

La testa umana e la cavità vocale sono Contenitori con un'importanza speciale. Abbassando artificialmente le formanti di una voce umana registrata, si rende il suono come se lo *speaker* avesse una testa enorme; invece alzando le formanti, sembra che il suono provenga da uno *speaker* con una testa piccola. L'esperienza insegna che una persona o un animale grosso può essere pericoloso, mentre un animale piccolo o un bambino possono essere visti sicuramente come innocui o bisognosi di protezione. Nei film, una creatura pericolosa o potente ha tipicamente una voce e delle formanti sovrannaturali, mentre un animale di un cartone animato divertente ha tipicamente una voce artificiale acuta. Alzare i formanti di una voce è chiamato dai Sound-designer "chipmunks", probabilmente facendo riferimento al cartone animato *Alvin and the Chipmunks*, in cui le voci dei roditori sono create accelerando il *playback* delle voci registrate (aumentando sia la frequenza fondamentale che le frequenze risonanti).

È diventato un *cliché* dell'audio di un film che "la voce di Dio" debba essere una voce bassa e maschile accompagnata da un riverbero (a rappresentare potere e importanza). Il regista Stephen Spielberg ha scoperto come sia difficile andare contro questa metafora sonora durante la produzione dell'animazione *Il Principe d'Egitto*. Il produttore Penny Finkleman Cox ha pensato che quando Dio parlò a Mosè lo fece con un mix di voci di tutte le persone amate da Mosé: sua moglie, suo figlio e i suoi bambini. Il tecnico del suono Francois Blaignan ha usato il software del suono dell'autore per creare una voce che cambiava da quella di un uomo a quella di una donna e gli animatori hanno aggiunto un coro di voci di sottofondo che dicevano le stesse parole. Al risultato, descritto come "misteriosa-

193

---

[5] *http://www.carlascaletti.com/pmwiki/pub/sound-examples/metaphor06*

mente efficace" da quelli che hanno avuto l'opportunità di sentirlo, fu posto il veto del consulente per le relazioni interreligiose del film, Tzivia Schwartz-Getzug, che suggerì che molti spettatori sarebbero stati offesi dalla voce di Dio che suonava, anche solo per poco, come quella di una donna. Così, per il film, la voce di Dio è stata interpretata dall'attore (e baritono) Val Kilmer, accompagnato da un riverbero artificiale [10, 11].

Le metafore del Contenitore astratto nella musica

Lo spazio musicale è più vicino allo spazio matematico di quanto non lo sia alla nozione intuitiva di spazio o alla simulazione letterale del Contenitore fatta dal tecnico del suono. Una scala occidentale o un *raga* indiano possono definire uno spazio, in cui i punti corrispondono alle altezze e le relazioni tra le varie altezze – gli schemi caratteristici, l'enfasi data dalla ripetizione, la durata e l'accento – definiscono la struttura dello spazio. La manipolazione dello spazio ha la forma della trasposizione (addizione), dell'inversione (riflessione) e dell'aumento o della diminuzione delle durate (riscalatura).

Si prenda, come semplice esempio, la durata cumulativa di ogni classe di altezze su qualche intervallo di tempo mostrato nella Figura 2. Nella musica tonale, l'enfasi di un sottoinsieme di tonalità rispetto ad altre crea uno spazio non uniforme, con determinate caratteristiche e punti di riferimento, mentre un'enfasi uguale su tutte le altezze crea uno spazio quasi uniforme (in cui i punti di riferimento sono stabiliti in altre dimensioni, come il timbro).

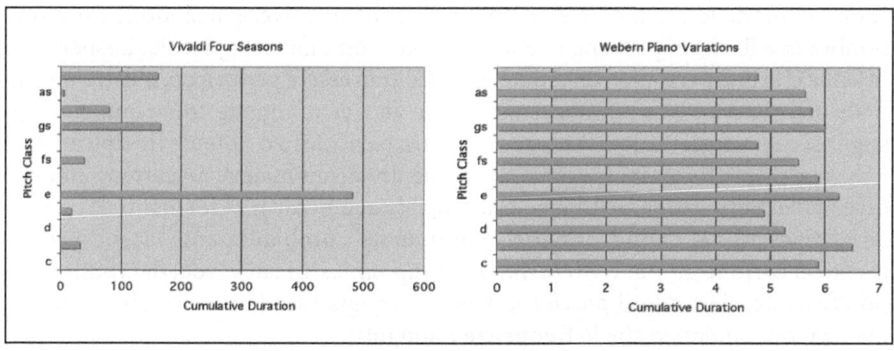

Fig. 2. Durata cumulativa relativa a un movimento di *Le quattro stagioni* di Vivaldi paragonata alla durata comulativa relativa alle *Variazioni al piano* di Webern

La geometria dello spazio musicale e il modo corretto di interpolare tra i punti dello spazio sono temi che hanno interessato i matematici e i teorici della musica per secoli.

Leonhard Euler, in un trattato il cui scopo era quello di sviluppare la musica come una parte della matematica, ha descritto uno spazio bidimensionale basato sull'intonazione naturale, detto il Tonnetz (che, per l'equivalenza delle ottave, forma la superficie di un toro) [12]. Più recentemente, Dmitri Tymoczko descrive lo spazio delle progressioni armoniche come un *orbifold* T^n/S_n, i cui punti sono insiemi a multi-indice (corde di n altezze), connessi da linee che rappresentano le transizioni tra le corde, secondo le regole della pratica comune della progressione armonica. Ogni voce si muove indipendentemente (non tutte nella stessa direzione e alla stessa distanza), in modo efficace (distanze piccole) e senza che le voci si sovrappongano (cammini che non si incrociano) [13].

Nella musica al computer, in cui ogni aspetto di un segnale audio può essere parametrizzato e controllato, i compositori e i teorici hanno esteso l'idea dello spazio delle note all'idea dello spazio timbrico [14]. Presentiamo qui soltanto due esempi, tra i tanti esistenti che si potrebbero fare: il linguaggio per sintetizzare, combinare e elaborare il suono Kyma [15, 16], un suono con N parametri definisce uno spazio N-dimensionale con dei *presets* (vettori dei parametri) come punti che definiscono dei sottospazi mono, bi e tridimensionali, e il software Audio-Mulch per la sintesi del suono, che utilizza un'interpolazione naturale basata su una tassellazione di Voronoi per muoversi in modo liscio tra i vettori dei parametri nello spazio timbrico [17].

Forza

Usando lo schema Contenitore, abbiamo stabilito il concetto di uno spazio che contiene alcuni oggetti. Ora usiamo lo schema successivo – Forza – per far accadere qualcosa in quegli spazi.

"Su" è "di più" (la forza di gravità)

Per gli abitanti della terra, la forza di gravità è una delle forze più importanti. Già da piccoli, impariamo che occorre molta più energia e sforzo per andare verso l'alto di quanta non ne occorra per cadere in basso. Associamo il "Su" con l'energia e il "Giù" con il fallimento o la depressione[6]:
- We wake *up*, but we *fall* asleep.
- My computer is *down*. It *crashed*.
- Sono *giù*.
- *Debout* la Républic.
- We felt *weighed down* by the *gravity* of the situation.

Osservando i Contenitori soggetti alla gravità, siamo arrivati ad associare "Su" con il concetto di "più di qualcosa". Quando si aggiungono degli oggetti a una pila, la cima della pila diventa più alta. Quando si riempie un bicchiere, il livello del liquido nel bicchiere diventa più alto. In senso metaforico, usiamo le nozioni di più alto e di più basso per descrivere la quantità o il livello di concetti meno tangibili come il prezzo di un oggetto o il volume della musica:
- Voli a *basso* prezzo.
- Turn *up* the volume.

Quando si guarda il grafico di una funzione sul computer, l'aspettativa è che i valori più grandi siano tracciati più in alto sullo schermo (o, come diciamo, in cima al foglio). Pensiamo al *blow up* di una funzione in un punto, se il suo valore in quel punto diventa più grande senza alcun limite.

---

[6] La metafora *"La felicità è su"* si ritrova anche in cinese (per esempio, *Zhe-xia tiqi le wo-de xingzhi* o *"Quest'attimo mi solleva di morale"*) e in ungherese (e.g., *Ez a film feldobott* o *"Questo film mi tira su"*) [18].

Per convenzione, ci immaginiamo di salire nella scala musicale per raggiungere le tonalità più alte. Forse la convenzione è dovuta a un senso di tensione del muscolo, necessaria a produrre con la voce un suono a frequenza più alta. Il suono, a differenza della luce, è un segnale che possiamo generare con i nostri corpi e, come tale, è associato alle sensazioni dei muscoli. Nel suono, frequenze più alte, valori dell'ampiezza più alti, tassi di eventi più elevati e densità più alte di eventi sono usate come metafore per "più energia" e "tensione crescente".

Compulsione linguistica, blocco e attrazione

La vita è piena di forza e il linguaggio è pieno di metafore che associano la forza fisica a dei concetti astratti. A volte, ci sentiamo forzati a fare delle cose e ad evitare di farne delle altre a seconda della forza fisica necessaria:
- La *forza* del destino.
- I am *compelled* to point out your error.
- I broke through my writer's *block*.

Descriviamo i pensieri, le idee o le prese di coscienza come se ci colpissero con forza.
- Un *coup* de tête.
- I was *gobsmacked*.
- J'ai pris une *claque*!
- And then it *hit* me (sudden understanding).

Il linguaggio per descrivere l'attrazione sessuale usa delle metafore come il magnetismo, i tuoni o persino gli esplosivi:
- C'est une vraie *bombe*!
- He has a *magnetic* personality.
- Il *colpo di fulmine*.

Attrattori matematici e blocchi

I matematici ragionano sui sistemi dinamici usando delle metafore come bacini di attrazione come se le funzioni venissero attratte in quelle regioni da campi gravitazionali. Pensiamo alle soluzioni come limitate da sopra o da sotto, come se la funzione avesse degli impedimenti a spostarsi da quella zona. Immaginiamo il crivello di Eratostene come qualcosa che respinge alcuni numeri e consente ad altri di passare.

Attrattori sonici e forza

I musicisti che suonano rimangono coinvolti dagli attrattori, nel senso che vengono presi dal ritmo (come se facessero parte di un'orbita stabile attorno a un punto attrattivo di gravità).

Un bambino che batte su una padella sa che colpire o spostare un oggetto con forza produce una vibrazione (e che colpire con più forza tende a produrre ampiezze più grandi). Nel *trailer* di un film di Hollywood, le sequenze veloci vengono segnate con esplosivi e suoni di grand'ampiezza come una metafora per il pericolo o per una potente emozione.

Colpire un oggetto con maggiore forza tende ad eccitare ulteriori stati di vibrazione, aggiungendo più armoniche, per avere un suono "più chiaro e incisivo". Sebbene il suono di una chitarra acustica sia non forte e abbia poche armoniche, i musicisti rock usano degli amplificatori elettronici non-lineari, non soltanto per aumentare il volume della chitarra, ma anche per aggiungere altre armoniche, come una metafora all'energia sovrannaturale e alla potenza.

In una scena del film *Le fabuleux destin d'Amélie Poulain*, quando Amélie è colpita da quello che ha finalmente capito dell'uomo che ripara "le photomaton", il sound-designer usa delle registrazioni di grande impatto e degli effetti elettrici come metafora per il momento in cui Amélie capisce la soluzione del mistero. Alla fine della scena, il compositore usa un coro di voci che cantano con frequenze sempre più alte, metafora del fatto che questa comprensione la tira sù.

Equilibrio di forze

Forze uguali in direzioni opposte sono in Equilibrio. Nel linguaggio, usiamo l'equilibrio come metafora di cose come quantità uguali di lavoro e di svago, e l'assenza di equilibrio a significare che un'emozione domina le altre:
– Condurre una vita equilibrata.
– Ho aspettato fino a quando non ho raggiunto il mio equilibrio.

Nelle manipolazioni algebriche, pensiamo al segno di uguaglianza (=) come al fulcro metaforico di un equilibrio, che ci assicura che se eseguiamo un'operazione a un membro di un'equazione, eseguiamo la stessa operazione anche all'altro membro, in modo tale da preservare l'equilibrio. Nelle scienze attuariali, la metafora del foglio di bilancio è cruciale: quando qualcosa è sbagliato, i conti non tornano. I ricercatori dei sistemi complessi ragionano su concetti come l'omeostasi e la stabilità dei sistemi dinamici, come se tutte le forze si bilanciassero in quei punti.

Durante il cosiddetto periodo classico nella musica i compositori usavano la *quasiripetizione* delle frasi come metafora della simmetria e dell'equilibrio, che identificavano nell'architettura classica. La ripetizione bilanciata è presente anche in altre forme musicali, come nel canto a "botta e risposta" e nella maggior parte delle canzoni pop.

Cammino

La forza provoca il movimento di una massa nello spazio in una direzione dando inizio a una sequenza causale che ci porta al *Cammino*. Il Cammino è uno schema che descrive la struttura di un evento o di un'azione; un Cammino ha un punto di inizio, un obiettivo e un percorso che li congiunge, con delle tappe intermedie.

Ci sono dei paralleli strutturali tra il controllo neuro-muscolare del movimento, i passaggi di una dimostrazione matematica e l'evoluzione di un brano musicale. In ciascuno di questi domini, la metafora sottostante è lo schema Cammino.

Il ricercatore di intelligenza artificiale Srini Narayanan [19] descrive un evento neuro-muscolare o un'azione come una sorta di macchina di stati:
– prontezza;
– inizio;
– principale;
– interruzione possibile o recupero;
– iterazione o continuazione;
– test per vedere se l'obiettivo è stato raggiunto;
– completamento;
– stato finale.

Narayan asserisce che questo schema è lo stesso, sia che le persone eseguano effettivamente un'azione o che ragionino semplicemente oppure immaginino che l'azione senza una reale attività muscolare.

Le Metafore linguistiche del cammino

Da un punto di vista linguistico, paragoniamo un argomento logico con l'atto fisico di camminare lungo un cammino o dei veri stati intermedi, al fine di arrivare a una vera destinazione, quando diciamo di seguire passo passo un argomento logico o di saltare alcuni passaggi, senza controllare la loro validità, facendo un balzo in avanti sulla fiducia.

Usiamo la metafora del Cammino per descrivere il corso di una vita:
- Nel mezzo del *cammin* di nostra vita/ mi ritrovai per una selva oscura/ che la *diritta via* era smarrita.
- The *Tao* is the *Path* that leads.
- Sur le *chemin* de la vie...
- They're taking a new *direction*, forging a *path* through uncharted territory.

E i saluti informali in parecchi linguaggi consistono nel chiedere come va, in modo da sottintendere che siamo in movimento costante verso quel cammino:
- Ça va? Come va? How's it going? Wie gehts? Hoe gaat het?

L'arte della narrativa convenzionale segue un cammino e arriva a destinazione (e il pubblico si sente frustrato quando questa aspettativa è violata):
- La sua storia si perde senza giungere da nessuna parte.

In un fenomeno descritto dal linguista cognitivo Leonard Talmy come "movimento fittizio" attribuiamo a volte al movimento il cammino stesso [20], per esempio:
- La strada sale con una serie di curve fino a quando non raggiunge infine la vetta.

Le metafore del Cammino in matematica

In matematica, la struttura di una dimostrazione diretta è come quella di un Cammino: una sequenza di asserzioni che derivano da un assioma e passano per delle affermazioni intermedie vere per arrivare ad un risultato finale. Persino il simbolo usato per "P implica Q" (P -> Q) suggerisce fortemente un cammino direzionale.

I matematici pensano a un sistema dinamico come "un mezzo per descrivere come uno stato si evolve in un altro nel corso del tempo" [21]: un Cammino! Un sistema dinamico ha una traiettoria determinata dalle condizioni iniziali e da una regola di iterazioni; ragioniamo sul modo in cui questa traiettoria passa per le regioni dello spazio di stati (con gli stati futuri che derivano dallo stato corrente).

In Teoria dei grafi, un grafo orientato può essere pensato come un cammino (potenzialmente con delle diramazioni) con un inizio, una fine e degli stati intermedi, rappresentati da cerchi e transizioni rappresentati da spigoli orientati.

In un esempio di movimento fittizio, tendiamo a ragionare sulle funzioni come se si evolvessero nel tempo, come evidenziato da argomenti del tipo "La funzione inizia a -1 e finisce a 3, e per questo deve essere passata per 0". Ragioniamo anche su cosa succede quando un valore si avvicina a zero o va all'infinito, come se questi valori si muovessero nello spazio e nel tempo.

Le metafore del Cammino nel suono

Il suono è una metafora del Cammino per sua stessa natura. Il suono non potrebbe nemmeno esistere senza il tempo (e la memoria). Sentiamo il cambiamento nella pressione dell'aria da un valore all'altro; una pressione costante dell'aria viene percepita come silenzio. Analogamente, una nota singola non fa una melodia; sono il tempo e gli intervalli tra gli attacchi delle note che interpretiamo come musica.

Il suono può letteralmente attraversare un cammino in un cinema con l'uso della *surround sound* e del *panning*. Ma ci accorgiamo anche della modulazione da una tonalità ad un'altra o da un metro all'altro come movimento in uno spazio astratto.

Nel finale del Quartetto per archi No. 12 in Mi bemolle maggiore, Op. 127, di Beethoven, la modulazione continua crea un senso di movimento in un cammino da uno stato all'altro fino a raggiungere l'obiettivo della cadenza; gli schemi bilanciati degli alti e dei bassi negli accompagnamenti creano un senso di rotolamento e di rotazione e le altezze che diventano più acute nella linea melodica creano la sensazione crescente di tensione muscolare partecipativa.

Questo senso di movimento può essere esteso a altri parametri dello spazio, oltre la tonalità. Nella notazione musicale tradizionale, il gerundio dei verbi (per esempio, accelerando, crescendo, glissando, ecc.) suggerisce che i valori dei parametri sono transitori e si evolvono nel tempo. In combinazione con lo schema, "Più = Su", i compositori e i Sound-designer creano dei Cammini, passando dalla tensione muscolare più bassa a quella più alta, o da stati di energia più bassi a quelli più alti.

Nella musica acusmatica [22], in cui la superiorità dell'altezza, è stata ridotta a uno stato quasi-uguale con altre dimensioni dello spazio timbrico, l'interpolazione dei vettori-parametri sostituisce la modulazione nella musica tradizionale. Un brano di musica si evolve come un Cammino entrando e uscendo dalle scene auditive astratte, creando un senso dello spazio, sfondo/primo piano, e gli "oggetti sonori" che si muovono e interagiscono gli uni con gli altri, secondo le loro leggi fisiche. Punti di riferimento identificabili in questa musica vengono anche chiamati "gesti", riconoscendo, in senso implicito, le connessioni metaforiche con schemi dinamici, nonverbali, significativi, correlati ai muscoli nel tempo e nello spazio. Come esempio tipico di "gesto", immaginate una palla che rimbalza o un cambiamento che accelera esponenzialmente in uno o più valori dei parametri (per esempio, in [23]).

Quando diciamo che la musica ci commuove (sia letteralmente che in senso figurato) è possibile che, inconsciamente, riconosciamo lo schema Cammino che ci sta sotto. È diventato una sorta di *cliché* romantico il fatto che la musica è il linguaggio dell'emozione; può essere più vicino alla verità dire che la musica è il linguaggio del movimento: non è che la musica ci commuove, ma piuttosto che la musica ci muove. Certi generi di musica fanno muovere letteralmente le persone, facendole alzare dalle loro sedie e facendole ballare, ma persino la musica più astratta e intellettuale è anche una metafora del movimento nello spazio astratto.

Ciclo

Un ciclo è un Cammino in cui la fine è l'inizio di un altro cammino. È un'azione che si ripete o un evento in cui l'inizio e la fine sono in qualche modo equivalenti: una ripetizione periodica, o iterazione, come il respiro o i battiti del cuore. Quasi ogni forma di vita sulla terra attraversa un ciclo veglia/sonno, che fa da parallelo al ciclo giornaliero della luce e dell'oscurità.

Da un punto di vista linguistico, definiamo *circolare* un ragionamento (un Cammino) che si avvolge su uno stato precedente ad esso equivalente. Se crediamo che stiamo facendo dei progressi verso un obiettivo, ma finiamo per trovarci in uno stato equivalente, diciamo che siamo giunti a un circolo vizioso. Usiamo frasi come il ciclo della vita delle api anche se, dal punto di vista dell'individuo, la vita non è un ciclo; per un osservatore esterno la morte di un individuo sembra sovrapporsi alla nascita di un altro individuo, che inizia un altro ciclo.

In matematica abbiamo naturalmente le funzioni periodiche, i cicli, i quasi-cicli dei sistemi dinamici e l'idea della ricorsione (suggerita da un ciclo o da un *loop* in un grafo orientato). I cicli possono trovarsi ad ogni scala nel suono e nella musica, dalle onde sonore che si ripetono periodicamente nei segnali acuti alla periodicità del metro regolare, alla ripetizione dei motivi ritmici e tonali alle scale più grandi, come ABA, o le ripetizioni letterali nella musica ritmica basata sui *loop*.

L'infinito

Tutto ciò ci porta ... all'Infinito. Lakoff e Nunez definiscono due tipi di infinito: quello potenziale e quello reale [24]. L'infinito potenziale è un processo in progressione, che continua indefinitamente, in maniera continuativa (come il volo) o iterativa (come il salto). L'infinito reale, che può esistere soltanto metaforicamente, è un infinito potenziale con l'aggiunta di uno stato terminale metaforico. In altre parole, l'infinito potenziale è un ciclo di durata sconosciuta, mentre l'infinito reale è un ciclo con un finale immaginario in appendice. Ambedue i tipi di infinito hanno la seguente struttura:
- Stato iniziale.
- Processo iterativo con un numero indefinito di iterazioni.
- Stato risultante dopo ogni iterazione
  (Con l'aggiunta (per l'infinito reale) di uno stato metaforico finale).

L'infinito nel Linguaggio

La grammatica che sta alla base di una lingua si definisce in maniera ricorsiva; la produzione di frasi è un processo potenzialmente infinito. Un modo di esprimere il concetto di infinito potenziale nel linguaggio è la forma
<parola> e <parola> e <parola>
Per esempio,
- E su, e su, e su...
- Il ragazzo saltava, saltava e saltava.
- Le chat court et court et court.
- I could go on and on and on.
- Allora, continuate ancora, ancora e ancora.
- Et cetera, et cetera, et cetera.

L'infinito reale viene espresso aggiungendo una parola o una frase, che serve da metafora per lo stato finale:
- Scalò la cima sempre e sempre più in alto fino a poter toccare il cielo.
- E vissero per sempre felici e contenti.
- E così via per sempre fino alla fine dei giorni.
- Batman Forever.

L'infinito in Matematica

In matematica, il concetto di infinito è fondamentale. L'infinito potenziale, nella forma della ricorsione, è essenziale alla definizione di concetti fondamentali come i numeri naturali. L'infinito reale si manifesta in concetti come i limiti. Per esempio, si immagini una palla idealizzata che rimbalza e che perde metà della sua quota ad ogni rimbalzo; ha uno stato iniziale, una regola che viene applicata ricorsivamente e che dà vita a uno stadio intermedio a ogni iterazione, e uno stato finale, descritto come ciò che accade al limite:
– inizio: altezza= 1,
– processo: dimezzare,
– risultato intermedio: $x_n = 0{,}5 * x_{n-1}$,
– al limite (dopo un tempo infinito): altezza = 0.

Una dimostrazione per induzione ha la seguente struttura: una condizione iniziale (la base), un processo applicato ricorsivamente negli stati intermedi (il passo induttivo) e, in più, uno stato finale (la conclusione, che, se è vero per un valore iniziale e il processo è valido, allora è vera per tutti i numeri naturali).

Il suono dell'infinito

Che suono ha l'infinito? Se il suono in un grande spazio aperto si affievolisce in un tempo piuttosto lungo, lo spazio infinito produrrebbe un riverbero che non si affievolirebbe mai? O sarebbe del tutto silenzioso e le onde sonore non arriverebbero mai alle pareti, che sono infinitamente distanti? Sembra probabile che le superfici piatte, di marmo, delle cattedrali furono scelte in parte per il loro alto potere riflettente e che le cattedrali furono progettate appositamente per produrre degli effetti di eco, che si protraggono per lungo tempo: una metafora sonora dell'infinito.

I cicli che si ripetono possono creare un senso di infinito potenziale nel suono. Per esempio, questo succede in *Kashmir* di Led Zeppelin, con un semplice motivo per chitarra che si ripete, in cui le sovrapposizioni della fine di un ciclo con l'inizio del ciclo successivo creano una metafora sonora per un viaggio infinito nel deserto.

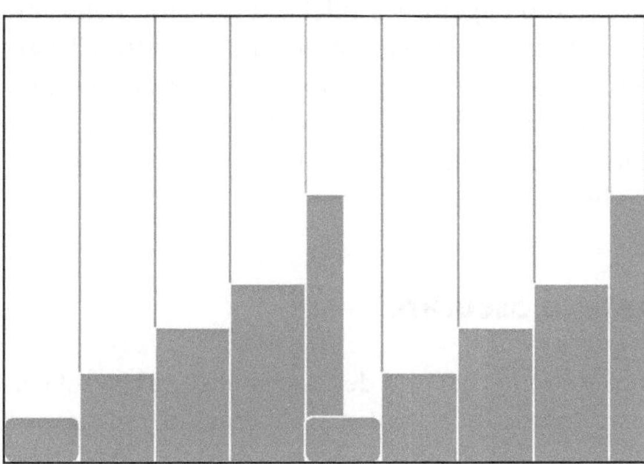

Fig. 3. Altezza vs Tempo nella sezione di apertura di *Kashmir* di Led Zeppelin. L'estremità di un ciclo coincide con l'inizio del successivo, così da genera un ciclo potenzialmente infinito (metafora di un viaggio infinito attraverso il deserto)

La scala di Shephard è un'illusione auditiva di scale ascendenti e discendenti o di glissandi potenzialmente infiniti (Esempio del Suono no. 5[7]). Lo scienziato cognitivo Roger Shephard ha dimostrato per primo questo effetto, usando dei toni complessi, costruiti a partire da onde sinusoidali intervallate da tonalità uguali (più che sulla base di frequenze armoniche). Per esempio, per creare una tonalità ascendente potenzialmente infinita, si suona una scala ascendente o un glissando, usando uno di questi toni complessi: quando la tonalità fondamentale è salita di un intervallo uguale all'intervallo tra i parziali nel tono complesso, si inizia un nuovo tono complesso sulla stessa traiettoria, in modo da combinare i due risultati; e poi si ripete questa procedura indefinitamente.

I limiti della percezione auditiva possono funzionare come uno stato terminale metaforico, che crea un senso di infinito reale. Lo "smorzare", il termine usato dal tecnico audio per ridurre gradualmente l'ampiezza, fino a sotto la soglia di ascolto, è una tecnica usata per finire un brano ripetitivo di musica in modo tale da suggerire che la musica continui oltre la fine della registrazione. Analogamente, se si aumenta o diminuisce gradualmente la frequenza del tono fino a quando non è al di fuori della percezione umana, l'ascoltatore ha la sensazione che il processo continui per sempre.

Infinitesimi

Dalla nostra esperienza di trattare con il più piccolo oggetto percepibile, sviluppiamo il concetto di infinitesimi.

Da un punto di vista linguistico, essitono vari termini per ciò che è indefinitamente piccolo:
- Un *batuffolo* di polvere.
- A *bit* of fun.
- Una *goccia* d'acqua.
- One *iota* of difference.
- Un *morceau* de savon.
- Un *pizzico* di verità.

L'analisi non-standard si basa sugli *Iperreali*: un insieme di infinitesimi (tutti più grandi di 0, ma minori del numero reale più piccolo) e un insieme di numeri veramente grandi (tutti maggiori del più grande numero reale).

Correlato al concetto del "più piccolo oggetto visibile" è il concetto della "più breve durata ascoltabile" o della "più breve tonalità identificabile". Nel 1971, il compositore Iannis Xenakis ha introdotto l'idea che un qualsiasi suono possa essere generato combinando dei grani o delle particelle sonore elementari [25]. La cosiddetta "sintesi granulare" è diventata, da allora, una tecnica largamente usata e di successo sia nella musica che negli effetti audio.

La metafora può illuminare (o oscurare)

Come mostrato nella sezione precedente, usiamo degli *schemata* basati sul corpo come metafore di concetti estremamente astratti nel linguaggio, nel suono e

---

[7] *http://www.carlascaletti.com/pmwiki/pub/sound-examples/metaphor06*

nella matematica. Alcune delle metafore sono così assimilate che le usiamo senza esserne del tutto consapevoli. La bellezza di una metafora sta nel fatto che può illuminare alcuni aspetti di un concetto astratto (anche se possono venire oscurati altri aspetti). Se riprendiamo in esame alcune delle metafore che diamo per scontate, possiamo trarre suggerimento per nuovi modelli e nuovi modi di pensare alla matematica e alla musica.

Nuovi numeri, nuova metafora

Lakoff e Nunez osservano che la metafora usata per il "numero" ha un'influenza su quali numeri e quali operazioni aritmetiche si possono immaginare [26].

Da bambini, a molti di noi è stato insegnato come ragionare sui numeri sulla base dell'analogia con la quantità degli oggetti in un contenitore. Usando questa metafora, l'addizione e la sottrazione equivalgono a mettere dentro o a tirare fuori degli oggetti. In questo modo si ottengono i numeri naturali, mentre l'idea delle frazioni non è così immediata.

Se, al contrario, si pensa ai numeri come alla grandezza di un oggetto, allora si può aggiungere e sottrarre unendo o dividendo degli oggetti. Così sì che abbiamo l'idea di una frazione (dividendo un oggetto), ma non necessariamente l'idea dello zero.

D'altra parte, si potrebbe ragionare sui numeri in termini di lunghezze, per esempio con una cordicella di lunghezza 2, che corrisponde al numero 2. Ciò consente di fare somme e sottrazioni, mettendo le cordicelle una accanto all'altra oppure tagliandole. Fa anche venire in mente l'idea dei numeri irrazionali (se si pensa di sistemare le cordicelle come lati di un triangolo rettangolo o attorno al perimetro di un cerchio). Tuttavia, non fa venire in mente subito né lo zero né i numeri negativi.

Se si usa il movimento in una direzione, come metafora dei "numeri", la distanza percorsa corrisponde al numero e la direzione al segno del numero. I movimenti verso sinistra suggeriscono il concetto di numeri negativi. L'assenza di movimento o la mancanza di un cambio netto corrisponde al concetto di Zero. Ad ogni modo, anche questa metafora non suggerisce immediatamente il concetto di numeri complessi.

Mi ricordo che, da bambina, pensavo che i numeri negativi fossero una prova dell'esistenza di un universo negativo. La spiegazione più probabile è che i miei insegnanti stavano usando la metafora "Il numero è come il movimento in una direzione lungo la retta dei numeri", mentre io cercavo di capire, facendo riferimento alla metafora "Il numero è una lunghezza".

La metafora del *floating point*

L'onnipresenza dei computer può farci facilmente dimenticare che i numeri con la virgola mobile non sono equivalenti ai reali. Come ogni altra metafora dei numeri, la virgola mobile ha le sue proprietà che possono far luce su alcuni concetti e metterne in ombra altri. Per esempio, tale sistema ha due rappresentazioni per lo 0, non può rappresentare i numeri irrazionali e a causa della precisione limitata la proprietà associativa non è necessariamente vera. Quando si aggiungono dei numeri molto piccoli a dei numeri molto grandi, l'ordine con cui vengono eseguite le operazioni conta:

$$(\delta + \varepsilon) + H \neq \delta + (\varepsilon + H)$$

Un insieme che contiene sé stesso

Per un altro esempio su come un cambiamento della metafora usata può suggerire un nuovo genere di matematica, si pensi al modo in cui vi sono stati insegnati gli insiemi; nella maggior parte dei casi, gli insegnanti usano la metafora secondo cui un insieme è un contenitore e gli elementi di un insieme sono come gli oggetti dentro al contenitore. Sebbene gli assiomi ZFC standard non escludono la possibilità che un insieme possa essere elemento di sé stesso, può essere abbastanza sconcertante (pur essendo divertente) provare a immaginare un contenitore che contiene sé stesso. Si passi a una nuova metafora: un insieme è un grafo orientato, in cui uno spigolo significa "è elemento di". Usando questa metafora, è facile immaginare un insieme classico come un grafo orientato *aciclico* e un *Iperinsieme* come un grafo orientato con cicli: un insieme che contiene sé stesso.

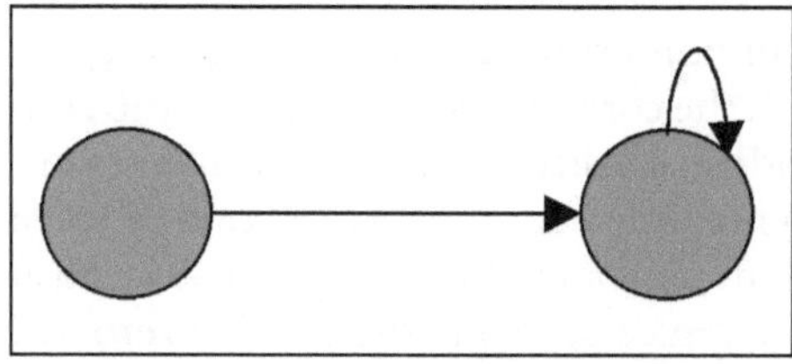

Fig. 4. Un *Iperinsieme*, o insieme che contiene se stesso, può essere rappresentato da un grafo in cui ogni spigolo esprime la proprietà "è un membro di" e ogni nodo rappresenta sia un elemento sia un insieme

Nuove metafore, nuova musica

Nel suono, la scelta della metafora influenza i suoni che possono essere immaginati.

Lo strumento è la musica

Gli studenti di composizione sono spesso incoraggiati a comporre senza l'uso di un qualsiasi strumento, perché le forze e le limitazioni dello strumento stesso suggeriscono suoni e motivi particolari.

Laura Tedeschini Lalli ha osservato che, nella cultura della musica occidentale, dove gli strumenti sono costruiti con corde o colonne di aria che producono spettri armonici in cui le componenti individuali non si colpiscono l'un l'altra, gli intervalli musicali e gli accordi riflettono una preferenza per l'assenza di battimenti. Comunque, nella musica Balinese, in cui gli strumenti archetipici sono costruiti con rettangoli in bronzo semi-rigidi o con cerchi che producono spettri non armonici (con dei battimenti interni tra le parziali), gli strumenti, gli accordi e gli intervalli sono progettati con l'intenzione di produrre dei battimenti, che circondano le frequenze fondamentali come un'*alone* o un *ombah*; i battimenti sono una parte integrale della musica, non un effetto indesiderato [27]. In altre parole, se lo strumento è una metafora della musica, allora i piatti fatti di bronzo ci permettono di immaginare generi di musica completamente differenti, da quelli suggeriti da strumenti basati su corde o colonne d'aria – non soltanto qualità sonore, ma scale differenti, accordi diversi e una filosofia completamente nuova, che vede i battimenti come un elemento essenziale della musica, piuttosto che un effetto collaterale accidentale.

Il luogo è uno strumento

La maggior parte dei compositori lavorano facendo riferimento a un modello mentale, in cui gli strumenti che generano il suono e il luogo della *performance* sono delle entità separate: lo schema degli oggetti in uno spazio. Se, invece, si pensa agli strumenti e allo spazio in cui sono contenuti come parti di un meta-strumento più grande, si passa ad una nuova metafora, che suggerisce nuovi tipi di musica. Nel Cinquecento Giovanni Gabrieli ha utilizzato lo spazio interno della basilica di San Marco a Venezia come una parte integrale della musica; il risultato è stato uno stile musicale nuovo e influente, basato sui *cori spezzati*, oggi noto come la Scuola Veneziana. Nel XXI secolo, i brani *ecosistemici* del compositore Agostino Di Scipio definiscono dei sistemi complessi, con l'uso di regole semplici per implementare dei segnali, che vengono iterativamente applicate tramite *feedback* audio; Di Scipio ha creato un nuovo tipo di musica, in cui l'acustica e il rumore dell'ambiente della sala concerti sono una parte integrale di uno strumento musicale più grande per cui "il suono è l'interfaccia" [28].

Il controller è lo spazio dei parametri

Se i computer, più che le casse di risonanza vere e proprie, sono i sintetizzatori del suono, il *controller* fisico o l'interfaccia uomo-computer diventa una metafora per lo spazio dei parametri e influisce sui generi di suono e di musica che si possono produrre e immaginare.

Come semplice esempio, si immagini il *controller* quale metafora dello spazio dell'altezza. Una tastiera tradizionale divide il *continuum* delle tonalità in passi discreti di uguale misura; usando una tastiera, è facile produrre degli eventi discreti acceso/spento, per saltare rapidamente a intervalli grandi e produrre degli eventi simultanei multipli. Tuttavia, una tastiera tradizionale non suggerisce l'idea che l'altezza possa essere continua, o che si possano aggiungere degli ornamenti microtonali come il vibrato.

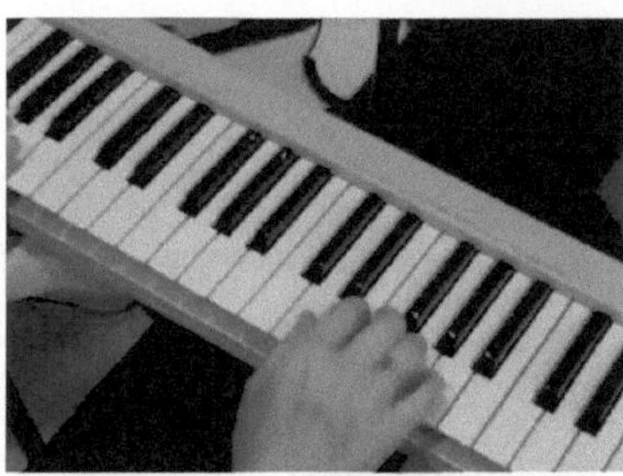

Fig. 5. Una tastiera tradizionale

Se invece si usa un *fader* come metafora per lo spazio dell'altezza, allora la tonalità è continua, anche se si ha un suono monofonico, rinunciando così alle interruzioni accendi/spegni, e non si può passare da una altezza all'altra senza passare attraverso altezze intermedie.

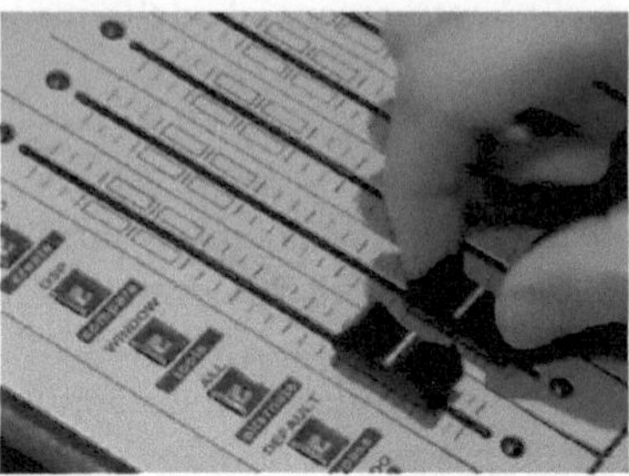

Fig. 6. Un *fader* tradizionale

Usare un *controller* a penna elettronica [29] offre la possibilità di lavorare sia con l'altezza continua che con quella discontinua. Portando la penna a contatto con la lavagna possiamo creare un effetto accendi/spegni, in modo da passare da un valore all'altro, mentre sollevandola saltiamo i valori che non vogliamo. Dato che c'è soltanto una penna, questa interfaccia è monofonica, ma una penna-puntatore a controllo manuale consente di effettuare dei controlli dell'altezza molto accurati.

Fig. 7. Una penna e una lavagna

Usando la tastiera *Continuum* di Lippold Haken [30] come metafora dello spazio dell'altezza, ci viene in mente il concetto di altezza continua, di altezza discreta e del gesto accendi/spegni. Dato che registra con 16 dita, dà anche l'idea della musica polifonica. Essendo sotto il diretto controllo delle dita, dà all'esecutore un senso più diretto (ma con minor accuratezza tonale) di quella fornita dalla punta della penna.

Fig. 8. Una tastiera *Continuum*

Ogni *controller* diventa una metafora dei parametri musicali che controlla: il *controller* incoraggia alcuni tipi di cambiamenti dei parametri, mentre ne blocca altri, al punto che il *controller* ha un effetto sul suono quasi pari a quello dell'algoritmo di sintetizzazione stesso.

Le rappresentazioni del suono sul computer

Un'interfaccia grafica uomo-computer è un ulteriore esempio di *mapping* tra due domini che conserva l'inferenza: una metafora per la comprensione e la creazione delle strutture dei dati sul computer.

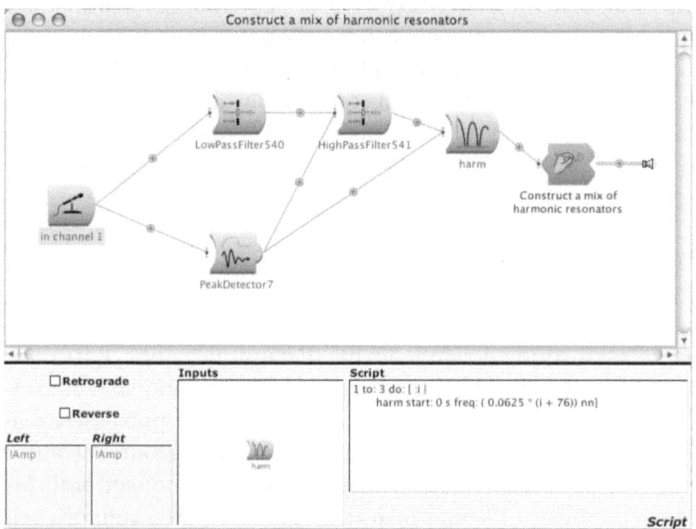

Fig. 9. Interfaccia di flusso del segnale nel linguaggio Kyma

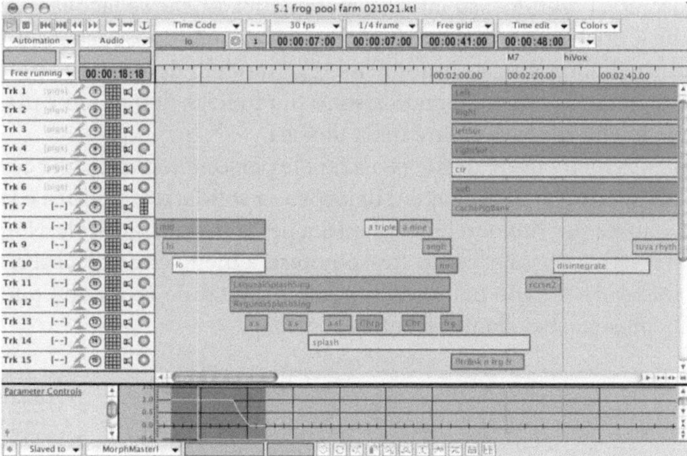

Fig. 10. Interfaccia temporale nel linguaggio Kyma

Nel linguaggio Kyma, al compositore vengono offerte molteplici maniere per vedere la stessa struttura dei dati, e ogni immagine enfatizza diversi aspetti della struttura sottostante [31]. L'immagine del flusso dei segnali mostra esattamente come è stato fatto un suono, ma non suggerisce immediatamente come il compositore possa aver progettato quei cambiamenti nel tempo (inserendo nel grafo dei nodi per la durata o per i cambiamenti del tempo).

Una immagine temporale, anche se basata esattamente sulle stesse strutture di dati, mostra chiaramente come sono sistemate nel tempo le varie componenti, ma nasconde la struttura gerarchica globale, che può essere facilmente visualizzata nell'immagine del flusso dei segnali.

Metafore differenti suggeriscono procedure diverse per la composizione della musica. Se si pensa al suono come a una collezione di oggetti invarianti, la composizione diventa il processo di selezionare degli oggetti, di stratificarli e di concatenarli. Se, invece, si pensa agli oggetti sonori come malleabili, si può cominciare a deformarli, a combinarli e a dividerli. E se si pensa al suono come movimento lungo un cammino, si ha l'idea degli spazi di parametri, delle metriche, degli intervalli e del *morphing*.

I compositori e i matematici

La musica e la matematica sono entrambe forme di comunicazione. Entrambe sono relativamente stabili nel corso delle generazioni e si evolvono sistematicamente nel tempo. Entrambe sono transnazionali e ciascuna di esse può essere piacevole come attività ricreativa. La matematica e la musica coinvolgono entrambe il gioco e la rottura sistematica di schemi, per testare degli scenari congetturali. Sia nella matematica che nella musica, c'è un senso che alcuni risultati siano più belli o esteticamente più piacevoli di altri. E grazie alla matematica e alla musica si può raggiungere l'estasi di perdersi.

La matematica ha il potere di descrivere il mondo fisico e di predire l'esistenza di qualcosa di sconosciuto, basandosi su modelli matematici. Anche se Jacques Attali può sostenere che le strutture e i processi nella musica contemporanea predicono la struttura futura della politica economica [32], i modelli descrittivi e predittivi che si possono creare con la matematica sono più precisi, dettagliati e utili di qualunque modello che si possa creare nella musica.

D'altra parte, la musica ha il potere di sincronizzare le persone verso un fine comune, come evidenziato attraverso le canzoni di lavoro, la solidarietà politica e le canzoni da stadio, la musica per rituali religiosi e quella per la marcia musicale. Non è chiaro come la matematica possa avere lo stesso potere, a meno che non ci si riferisca a quando i soldati marciano battendo il passo e contando (cosa che può essere più vicino alla musica che alla matematica).

Creazione = scoperta attraverso la ragione

Sebbene gli scienziati e i matematici siano entrambi impegnati nel processo della scoperta, ci sono volte in cui un matematico è coinvolto soltanto attraverso il ragionamento. La scoperta mediante il ragionamento è equivalente al processo creativo fatto da un artista. Un matematico può partire dalla sensazione che una congettura sia vera e poi far fatica, a volte per anni, a trovare la giusta successione di trasformazioni per provare che ha ragione. La dimostrazione che ne risulta non è facilmente riassumibile a parole, ma richiede che il lettore segua ogni passo per capirla completamente.

In modo simile, un compositore fa fatica a trovare la giusta successione di trasformazioni del suono per esprimere un pensiero o uno stato che non può essere comunicato a parole, ma che richiede che l'ascoltatore senta ogni passo del cammino in tempo reale tramite il suono.

Sia i matematici che i compositori amano giocare all'interno delle metafore e risolvere i *puzzle* sotto certe regole autoimposte. Amano anche fare esperimenti nel rompere o rimettere a posto la metafora, per vedere cosa questo potrebbe implicare. In un campo il risultato può essere un nuovo tipo di geometria e nell'altro un nuovo tipo di musica.

Conclusioni

Ci sono molti modi in cui il modo di pensare di un matematico ha delle analogie con il modo di pensare di un compositore. Se è vero che i compositori e i matematici usano le stesse metafore, nella ricerca comune per capire, manipolare e comunicare delle idee astratte, allora le somiglianze tra la musica e la matematica sono ancora più profonde delle proporzioni con cui viene divisa una corda, la serie delle armoniche, o l'applicazione degli algoritmi per produrre delle altezze musicali. Gli schemi del pensiero dinamico e i processi (schemata) si lasciano dietro tracce o strutture, che sono fondamentalmente simili, sia nel campo della matematica che in quello del suono.

Come compositori e matematici, abbiamo il privilegio di guidare i nostri rispettivi pubblici su cammini attraverso dei mondi astratti, consentendo loro di fare esperienza di questi mondi in un modo viscerale.

Ringraziamenti

Un grazie speciale a Kurt Hebel, per le lunghe discussioni, e agli studenti del *Centre de Création Musicale Iannis Xenakis*, per il *feedback* avuto su queste idee.

Bibliografia

[1] C.S. Peirce (1884) *How to Reason: A Critick of Arguments http://www.iupui.edu/~peirce/ep/ep2/ep2book/ch02/ep2ch2.htm*

[2] Geophone recording of an earthquake (1994) Personal communication, Dr. Chris Hayward, Geology Department Southern Methodist University (*http://www.geology.smu.edu/~hayward/*)

[3] C. Scaletti (1994) Sound Synthesis Algorithms for Auditory Data Representations, in: G. Kramer (ed.) *Auditory Display: Sonification, Audification, and Auditory Interfaces Proceedings Volume XVIII Santa Fe Institute Studies in the Sciences of Complexity* Addison-Wesley, Reading MA, pp. 223-251

[4] G. Lakoff, R. Núñez (2000) *Where Mathematics Comes From: How the Embodied Mind Brings Mathematics into Being,* Basic Books, New York

[5] M. Johnson (1987) *The Body in the Mind: the Bodily Basis of Meaning, Imagination, and Reason,* University of Chicago Press, Chicago

[6] M.D. Hauser, E.S. Spelke, E.S. (In Press). Evolutionary and developmental foundations of human knowledge: a case study of mathematics, in: M. Gazzaniga (ed.) *The Cognitive Neurosciences III* MIT Press, Cambridge

[7] R. Cusack (2005) The Intraparietal Sulcus and Perceptual Organization, *Journal of Cognitive Neuroscience 17:4*, pp. 641-651

[8] M. Johnson (1987) *The Body in the Mind: the Bodily Basis of Meaning, Imagination, and Reason,* University of Chicago Press, Chicago, pg 126

[9] Geophone recording of an earthquake (1994) Personal communication, Dr. Chris Hayward, Geology Department Southern Methodist University (*http://www.geology.smu.edu/~hayward/*)

[10] E. Shapiro (1998) Listen Closely *The Wall Street Journal Thursday, March 19, 1998* p. R8

[11] K. Masters (1998) The Prince and the Promoter *Time Magazine December 14, 1998 http://www.time.com/time/magazine/article/0,9171,989816,00.html*

[12] P. Dysart (2005) Music Harmony and Donuts *http://members2.boo.net/~knuth/*

[13] D. Tymoczko (2006) The Geometry of Musical Chords *Science 7 July 2006 Vol 313*, pp. 72-74

[14] J.M. Grey (1975) An exploration of musical timbre Ph.D. dissertation Dept of Music Report No. STAN-M-2 Stanford University, Stanford CA

[15] C. Scaletti (1987) Kyma: an Object-oriented Language for Music Composition *Proceedings of the 1987 International Computer Music Conference*, pp. 49-56

[16] C. Scaletti (2004) *Kyma X Revealed: Secrets of the Kyma Sound Design Language* Symbolic Sound Corporation, Champaign

[17] R. Bencina (2005) The Metasurface – Applying Natural Neighbour Interpolation to Two-to-Many Mapping *Proceedings of the 2005 International Conference on New Interfaces for Musical Expression* pp. 101-104

[18] Z. Kövecses (2005) *Metaphor in Culture: Universality and Variation* Cambridge University Press, Cambridge pp. 36-37

[19] S. Narayanan (1997) Talking the Talk is Like Walking the Walk: A Computational Model of Verbal Aspect *Proceedings of the Meeting of the Cognitive Science Society CogSci97*, Stanford

[20] L. Talmy (2000) *Toward a Cognitive Semantics—Vol. I* MIT Press Cambridge pp. 99-170

[21] E.W. Weisstein Dynamical System *MathWorld—A Wolfram Web Resource http://mathworld.wolfram.com/DynamicalSystem.html*

[22] F. Dhomont (1995) Acousmatic Update *Contact! V8 N2* Canadian Electroacoustic Community, Montréal

[23] J. Harrison (1992) …et ainsi de suite… *Articles indéfinis* IMED 9627, DIFFUSION i MéDIA - empreintes DIGITALes, Montréal

[24] G. Lakoff, R. Núñez (2000) *Where Mathematics Comes From: How the Embodied Mind Brings Mathematics into Being*, Basic Books, New York, pp. 155-207

[25] I. Xenakis (1971) *Formalized Music: Thought and Mathematics in Composition*, Indiana University Press, Bloomington, pg. 43

[26] G. Lakoff, R. Núñez (2000) *Where Mathematics Comes From: How the Embodied Mind Brings Mathematics into Being*, Basic Books, New York, pp. 77-103

[27] L. Tedeschini Lalli (2000) Matematiche e culture, matematiche e musiche: un modello matematico per gli studenti musicali in bronzo, in: M. Emmer (ed.) *Matematica e cultura 2000*, Springer-Italia, Milano, pp. 273-283

[28] A. Di Scipio (2005) Hörbare ökosysteme: live-elekronische kompositionen 1993-2005 10015 Edition RZ c/o Durand, Berlin

[29] C. Scaletti and K. Hebel (2004) Sketchpad for Sound Designers, *http://www.symbolic-sound.com/cgi-bin/bin/view/Company/KymaX1Released*

[30] L. Haken, R. Abdullah, and M. Smart (1992) The Continuum: A Continuous Music Keyboard *Proceedings of the International Computer Music Conference*, San Jose, California, pp. 81-85

[31] C. Scaletti (2002) Computer Music Languages, Kyma, and the Future, *Computer Music Journal Winter 2002 V26 N4: Language Inventors on the Future of Music Software*, MIT Press, Cambridge pp 69-82

[32] J. Attali (1985) *Noise: The Political Economy of Music* University of Minnesota Press, Minneapolis (Translated by B. Massumi from *Bruits: essai sur l'economie politique de la musique* (1977) Presses Universitaires de France, Paris

matematica e applicazioni

L'acchiapparella ed altri giochi (differenziali)

Maurizio Falcone

Il gioco dell'acchiapparella (a Roma, ma al Nord pare si chiami "acchiappino") è probabilmente uno dei giochi che più ci riporta alla nostra infanzia. Il meccanismo del gioco è molto semplice, almeno nel caso di due soli giocatori: uno scappa e l'altro insegue. L'obiettivo è, per l'inseguitore, quello di prendere il fuggitivo nel più breve tempo possibile. Per il fuggitivo l'obiettivo, evidentemente, è quello di sottrarsi alla cattura. Poiché in questo gioco uno vince e l'altro perde, non è previsto un risultato di parità e il gioco si dice *a somma zero*. Anche l'esito del gioco è abbastanza scontato nel caso di due giocatori in un grande cortile: se l'inseguitore è più veloce "cattura" il fuggitivo e vince, altrimenti vince il fuggitivo.

La questione più interessante nell'analisi del gioco è la seguente:

qual è la strategia migliore per ciascun giocatore?

Per esempio, se chiamiamo Ivano e Fabio i due giocatori (Ivano, insegue) e assegniamo loro la posizione di partenza indicata in Figura 1 penso che nessuno di voi si muoverebbe nella direzione indicata dalle frecce. Il motivo è ovvio: nella prima figura la scelta di Ivano lo allontana da Fabio invece di avvicinarlo alla posizione di cattura, nella seconda è Fabio ad avvicinarsi ad Ivano invece di fuggire dalla parte opposta. Qual è allora la strategia ottimale?

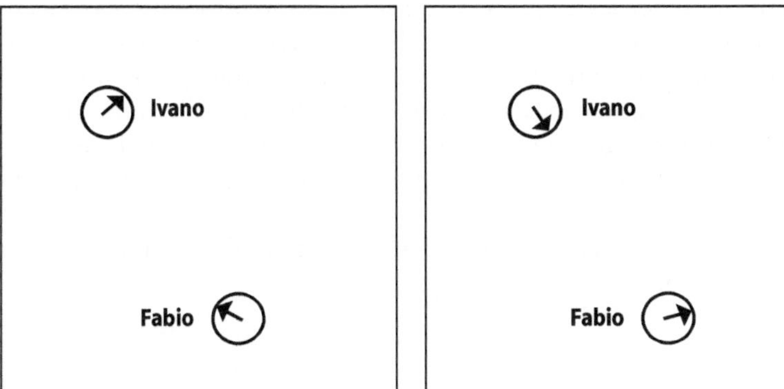

Fig. 1. Strategie non ottimali dei giocatori

La strategia ottimale per *ambedue* i giocatori è semplice: Fabio scapperà nella direzione opposta ad Ivano che lo inseguirà sulla stessa linea retta che passa per le due posizioni iniziali, come in Figura 2.

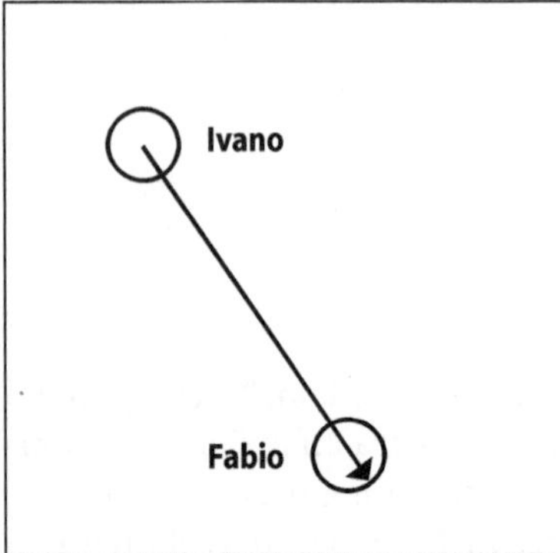

Fig. 2. Strategie ottimali dei giocatori

Se ricordate un po' quello che facevate da piccoli concorderete certamente con questa strategia. È quella ottima per ambedue i giocatori: una scelta diversa per Fabio ridurrebbe il tempo necessario alla sua cattura (se Ivano si comportasse nel migliore dei modi) e, viceversa, una diversa strategia per Ivano aumenterebbe il tempo di cattura (che invece Ivano vuole minimizzare).

La faccenda si complica se, come avveniva da piccoli, il numero dei giocatori è maggiore di due.

Immaginate di essere Ivano, vi fareste certamente queste domande:
– "Chi inseguirò per primo?"
– "Gli altri giocatori lo aiuteranno a non farsi catturare?"
– "Riuscirò a prenderli tutti?"

In questo caso descrivere la strategia ottimale per ognuno dei singoli giocatori diviene molto complesso, se non impossibile, e occorre definire qualche regola aggiuntiva. Se, per esempio, il gioco si arresta non appena Ivano prende il primo dei fuggitivi, la partita si riduce ad un gioco a 2 (e si tratta solo di scegliere bene chi inseguire per primo, non facevate così da piccoli?). Se invece il gioco si arresta solo quando Ivano riesce a catturare tutti gli altri giocatori, la strategia per lui è molto più complessa e non è detto che ce la faccia. Osservate che, nelle situazioni intermedie (Ivano cattura solo alcuni fuggitivi), si tratta di decidere chi vince e, magari, potrebbe anche presentarsi il caso di un pareggio, se Ivano cattura la metà dei fuggitivi.

Prima di approfondire l'analisi del gioco dell'acchiapparella, cerchiamo di inserirlo nel più vasto ambito della teoria dei giochi.

Giochi e conflitti

I giochi sono il *modello matematico* per tutte le situazioni di conflitto e competizione tra più agenti. Ogni agente (giocatore) cerca di migliorare la sua posizione e, nel far questo, entra in conflitto con gli altri giocatori. La domanda principale è: esiste un equilibrio del gioco?

Il concetto di *equilibrio* varia a seconda del tipo di gioco e delle regole, ma essenzialmente un equilibrio è una scelta di una strategia da parte di ciascun giocatore tale che se venisse modificata il giocatore potrebbe trovarsi in una posizione più svantaggiosa rispetto a quella raggiunta. L'obiettivo della teoria dei giochi è quello di descrivere le strategie ottimali dei giocatori, capire se esiste una posizione di equilibrio e, più in generale, descrivere il comportamento razionale dei giocatori in una situazione di conflitto di interessi con uno o più giocatori. Da questo punto di vista il caso dell'acchiapparella è solo uno dei casi possibili ma conflitti molto più importanti sorgono in ambito economico, politico o militare (vari esempi sono illustrati in [1, 2]). Questi settori sono sempre stati al centro dell'interesse della teoria dei giochi.

Le origini della teoria dei giochi vengono fatte risalire addirittura al Talmud (500 d. C.), nel quale è descritto il seguente problema:

Un uomo ha 3 mogli con le quali ha firmato un contratto, che prevede, in caso di morte, di dare 100 denari alla prima, 200 alla seconda e 300 alla terza. Come dividere l'eredità tra le 3 mogli, nel caso l'eredità sia inferiore a 600 denari?

Si tratta di un tipico conflitto di interessi tra le mogli, che devono dividersi l'eredità lasciata dal marito. Il Talmud suggerisce la soluzione seguente:
– se il valore dell'eredità è di 100 denari, verranno divisi in 3 parti uguali, (33,33,33);
– se il valore dell'eredità è di 300 denari, verranno divisi dando (50,100,150);
– se il valore dell'eredità è di 200 denari, verranno divisi dando (50, 75,75).

Questa divisione è un mistero che ha impegnato a lungo gli studiosi del Talmud. Nel caso infatti, l'eredità sia di 100 denari il Talmud suggerisce di dividere in tre parti uguali e non nel rapporto 1, 2, 3 indicato nei contratti di matrimonio, che avrebbe portato ad una divisione del tipo (17, 34, 51) superando però il totale di 100. Evidentemente la prima moglie sarà felice perchè invece di 17 denari ne riceverà 33. L'ultima invece sarà certamente contraria perchè invece di 51 denari ne riceverà solo 33. Ma osservate che la prima e la seconda moglie (che insieme costituiscono una maggioranza) sono invece favorevoli alla proposta del Talmud, poiché la prima ci guadagna e la seconda non ci perde. Nel caso di una somma di 300 denari la soluzione è ineccepibile perchè rispetta le proporzioni. Nel caso di 200 denari, invece, la soluzione è molto diversa da (33, 66, 99), che pure si avvicina al totale e la coalizione prima-seconda moglie è soddisfatta. Curiosamente, si è dovuto aspettare il 1985 perchè venisse data una spiegazione esauriente della soluzione proposta dal Talmud attraverso la teoria dei giochi cooperativi.

L'esempio del Talmud è molto antico, ma la moderna teoria matematica dei giochi nasce col libro di Von Neumann e Morgestern [3], dedicato allo sviluppo della teoria soprattutto in ambito economico. J. Von Neumann viveva a Princeton in quegli anni e si occupava di vari progetti, tra cui il *progetto Manhattan* per la nascita del primo calcolatore moderno, progetto che vedeva coinvolto anche il fisico R. Oppenheimer. Il primo computer che costruirono si chiamava MANIAC.

Fig. 3. Von Neumann in poltrona e con la moglie a Princeton

È interessante osservare come le questioni legate all'analisi dei comportamenti razionali descritti dalla teoria dei giochi e quelle relative allo sviluppo del calcolo scientifico si intreccino fin dall'inizio e coinvolgano spesso le stesse persone. In effetti, apparve subito chiaro che la possibilità di applicazione della teoria che si andava sviluppando sarebbe stata legata alla potenza di calcolo ed alla capacità di sviluppare algoritmi efficienti per la soluzione di problemi molto complessi, sia dal punto di vista della loro struttura sia dal punto di vista della quantità di dati necessaria per descrivere il gioco. Pensate alla complessità del "gioco" che si svolge quotidianamente in borsa, dove moltissimi agenti sono in competizione, spinti ciascuno dalla volontà di massimizzare un profitto. Per arrivare alla decisione che ogni agente ritiene migliore (per sé), si stringono e si rompono alleanze, si considerano le moltissime possibilità di investimento, si analizzano i dati del recente passato economico e si valutano le novità politiche che potrebbero influenzare i mercati.

Fig. 4. Von Neumann con Oppenheimer di fronte al MANIAC (sinistra), il gruppo dei ricercatori del progetto (destra)

Un gioco così vasto e complesso è ancora fuori dalla portata sia dell'analisi basata sulla teoria dei giochi che del calcolo scientifico. Tuttavia, già oggi in borsa si utilizzano modelli matematici più semplici per il prezzaggio delle opzioni, al punto che, ad un agente di borsa, basta premere un tasto della sua calcolatrice per avere una stima del prezzo di un'opzione. In un gioco con moltissimi giocatori occorre intanto capire quali sono le regole e, in particolare, se le coalizioni siano ammesse oppure no. La stessa definizione di equilibrio richiede un'analisi piuttosto raffinata. Il problema della definizione e dell'esistenza dell'equilibrio per un gioco a N-giocatori senza coalizioni venne risolto da J. Nash nella sua tesi di dottorato "Giochi non cooperativi" (1949) (che è contenuta, insieme ad altri lavori importanti di Nash, nel libro edito da Kuhn e Nasar [4]).

Fig. 5. Un ritratto di J. Nash

Per questi risultati, dopo molti anni di malattia, Nash vinse il Premio Nobel in Economia nel 1994. Una storia emozionante che è diventata pubblica grazie al libro di Nasar [5] e al film *A beautiful mind*. Anche Nash, da giovane, lavorava a Princeton e frequentava il seminario di teoria dei giochi, presso il Dipartimento di Matematica. La teoria dei giochi era un tema di punta negli anni '40. Morgenstern lo aveva anche incoraggiato a scrivere un lavoro sul problema della contrattazione economica e, nella nota di copertina, Nash ringrazia Von Neumann e Morgenstern per aver riletto il lavoro e per avergli dato suggerimenti sulla presentazione.

I giochi differenziali

L'acchiapparella è un gioco che appartiene alla classe dei cosiddetti giochi differenziali. In un gioco differenziale le azioni di ogni singolo giocatore sono descritte da una equazione differenziale, la dinamica del giocatore. Fissato il punto di partenza, l'effettiva traiettoria che descrive il movimento del giocatore è però nota solo una volta che il giocatore stesso abbia scelto la sua strategia di gioco (corro a destra, a sinistra, in avanti, ecc.).

Nel caso dell'acchiapparella la dinamica è piuttosto semplice, perchè ognuno dei due giocatori può cambiare direzione in ogni istante (sono a piedi) e ognuno avrà una velocità massima. Ma se, per esempio, uno dei due andasse in macchina, la sua dinamica sarebbe più complessa: dovrebbe girare il volante per cambiare direzione e non potrebbe cambiare direzione istantaneamente. La sua velocità massima evidentemente sarebbe più alta.

In questo tipo di giochi, la situazione complessiva del gioco è descritta dall'insieme delle dinamiche dei singoli giocatori e lo sviluppo dipende dalle posizioni relative di ognuno dei giocatori con il passare del tempo.

Questo tipo di modelli è stato introdotto da R. Isaacs, che lavorava alla RAND Corporation, uno dei principali centri di ricerca durante la guerra fredda. Negli anni '50 i giochi differenziali erano essenzialmente sviluppati nel segreto delle ricerche militari e lo stesso Nash lavorò alla RAND Corporation in quegli anni.

Bisogna attendere la metà degli anni '60 per vedere pubblicati i risultati di Isaacs nel libro *Giochi differenziali* [6].

Fig. 6. Un ritratto di R. Isaacs

Consideriamo il sistema di equazioni differenziali

$$\begin{cases} \dot{y}(t) = f(y(t), a(t), b(t)), & t > 0, \\ y(0) = x \end{cases} \tag{1}$$

dove $y(t) = (y^I(t), y^F(t)) \in \mathbb{R}^{2N}$ è lo stato del sistema che descrive la posizione del primo giocatore Ivano ($y^I \in \mathbb{R}^N$) e del secondo giocatore Fabio ($y^F \in \mathbb{R}^N$). Le loro traiettorie possono ovviamente essere modificate dalla loro strategia di gioco che è descritta da una funzione

$$a(\cdot) \in \mathcal{A} \quad \text{per Ivano e da una funzione } b(\cdot) \in \mathcal{B} \text{ per Fabio.}$$

$$\mathcal{A} = \text{insieme delle strategie di Ivano} = \{a : [0, +\infty[\to A, \text{misurabile}\}$$

Per esempio, questo insieme contiene le strategie costanti a tratti nel tempo, che hanno valori nell'insieme A e una scelta tipica per A è la palla unitaria di raggio 1. Analogamente, viene definito l'insieme delle strategie $b(\cdot)$ di Fabio come l'insieme

$$\mathcal{B} = \{b : [0, +\infty[\to B, \text{misurabile}\}.$$

Anche l'insieme B viene solitamente preso limitato. La modellizzazione della dinamica dell'acchiapparella è data dal seguente sistema di equazioni differenziali

$$\begin{cases} \dot{y}^I = v_I\, a \\ \dot{y}^F = v_F\, b \end{cases}$$

dove v_I e v_F sono rispettivamente le velocità massime per Ivano e Fabio (per avere cattura occorrerà supporre $v_I > v_F$).

Supporremo sempre che, fissata la posizione iniziale del giocatore e la sua strategia, la corrispondete traiettoria, soluzione della dinamica, sia unica. Per questo motivo, potremo associare un costo ad ogni posizione iniziale e tale costo dipenderà da ambedue le strategie, $a(\cdot)$ e $b(\cdot)$

Il costo naturale associato al gioco di fuga-evasione è il tempo di cattura

$$t_x(a(\cdot), b(\cdot)) = \min\{t : y_x(t; a,b) \in \mathcal{O}\} \le +\infty, \tag{2}$$

dove $\mathcal{O} \subseteq \mathbb{R}^N$ è l'insieme obiettivo definito come $\mathcal{O} \equiv \{(y^I, y^F) : |y^I - y^F| < \varepsilon\}$. Stiamo cioè dicendo che il tempo di cattura corrisponde al primo tempo nel quale i due giocatori distano tra loro meno di un ε fissato. A priori non è detto che ci sia un tempo di cattura finito, dunque in quel caso diremo che $t_x(a(\cdot), b(\cdot))$ è infinito. Un esempio tipico di questa situazione si ha se Ivano comincia a correre nella direzione opposta a Fabio, allontanandosi, oppure nel caso in cui Ivano insegue Fabio, che ha però una velocità di fuga maggiore. Evidentemente ci aspettiamo che, se i due giocatori adottano delle strategie ragionevoli e la velocità di Ivano è maggiore di quella di Fabio, al gioco corrisponda un tempo di cattura finito. In un comportamento razionale, Ivano vorrà minimizzare il costo agendo su a mentre Fabio vorrà massimizzare il costo agendo su b.

Possiamo definire il *valore* del gioco come il tempo di cattura ottimale dato da

$$T(x) \equiv \inf_{\alpha \in \Delta}\, \sup_{b \in \mathcal{B}}\, t_x(\alpha[b], b), \tag{3}$$

dove l'insieme delle strategie non anticipanti Δ viene introdotto per non avvantaggiare Ivano, che sceglie per ultimo (ma questo è un punto tecnico che non possiamo approfondire).

In questo approccio, la descrizione del gioco passa attraverso la caratterizzazione della funzione *tempo di cattura*, che contiene in effetti, molte informazioni importanti (e sintetiche) relative al gioco. Ci permette, per esempio, di sapere se partendo da un punto iniziale x potrà esservi cattura (in quel caso $T(x)$ sarà un valore finito) oppure se una certa strategia che abbiamo in mente sia quella ottimale (in questo caso il valore del costo corrispondente dovrebbe coincidere con quello di $T(x)$). È quindi particolarmente importante caratterizzare la funzione tempo di cattura in modo da aprire la strada ad una sua approssimazione numerica. Alla base di questa caratterizzazione c'è il principio della programmazione dinamica seguente:

Principio della Programmazione Dinamica: Per ogni $0 \le t < T(x)$

$$T(x) = \inf_{\alpha \in \Delta}\, \sup_{b \in \mathcal{B}}\, \{t + T(y_x(t; \alpha[b], b))\}, \qquad \forall x \in \mathbb{R}^{2N} \setminus \mathcal{O}, \tag{4}$$

Questo principio dice essenzialmente che, fissato un qualunque tempo intermedio t, il tempo di cattura corrispondente al punto iniziale x coincide con la somma tra t ed il tempo di cattura corrispondente a ripartire dal punto intermedio $y_x(t;\alpha[b], b)$ della traiettoria ottimale. Passando al limite, nel principio della programmazione dinamica si ottiene l'equazione di Isaacs

$$\min_{b \in \mathcal{B}} \max_{a \in \mathcal{A}} \{-\nabla T(x) \cdot f(x, a, b)\} = 1 \tag{5}$$

dove $\nabla T(x)$ indica il gradiente di T nel punto x, cioè $\nabla T(x) = (\partial T/\partial x_1, \ldots, \partial T/\partial x_{2N})$.

Il tempo di cattura nel punto x descritto dalla funzione $T(x)$ si può quindi caratterizzare come la soluzione (in un senso debole, presentato per esempio in [7] e [8]). Il punto interessante di questa teoria è che T è l'unica soluzione di (5). Questa caratterizzazione della funzione T ci permette di approssimarla numericamente [9, 10]. Se riusciamo, infatti, a costruire una soluzione approssimata dell'equazione alle derivate parziali (5), otterremo una approssimazione del tempo di cattura dal momento che la soluzione di (5) è unica.

Anche se non possiamo entrare nei dettagli dell'approssimazione, è interessante osservare che la conoscenza, anche solo approssimata, di T apre la strada ad una conoscenza completa della soluzione ottimale del problema. La soluzione approssimata W viene calcolata tramite lo schema numerico seguente che, per ogni nodo x_i appartenente alla griglia di calcolo G, associa il valore approssimato

$$W(x_i) = \max_{b \in B} \min_{a \in A} [e^{-\Delta t} W(x_i + \Delta t f(x_i, a, b))] + 1 - e^{-\Delta t} \text{ per } x_i \in G. \tag{6}$$

Lo schema numerico (6) è stato ottenuto attraverso una discretizzazione in tempo (con passo Δt) e spazio dell'equazione di Isaacs. Il calcolo descritto della formula è molto impegnativo anche perchè la dimensione del problema è alta [11]. Infatti, se i due giocatori giocano nel piano la dinamica del gioco è in $\mathbb{R}^4$ e ancora più alto è il numero dei nodi della griglia (con solo 100 punti su ogni componente si arriva a 10^8 nodi complessivi!). Un calcolo di questo genere, in situazioni reali, può richiedere l'uso di macchine parallele (con più processori) e tenerle impegnate per qualche giorno. Uno sforzo come questo è però giustificato dal fatto che, calcolata la W sui nodi della griglia, siamo in grado di ricostruire in modo abbastanza accurato le traiettorie ottime dei due giocatori (vedi [10]). Si può infatti dimostrare che, se il sistema che descrive la dinamica (y^I, y^F) si trova nel punto x, allora il controllo ottimo per ciascun giocatore sarà dato dalla coppia (a^*, b^*) che realizza il max-min (6), cioè

$$(a^*, b^*) \equiv \text{argminmax} \{e^{-\Delta t} W(x + hf(x, a, b))\} + 1 - e^{-\Delta t} \tag{7}$$

Questo calcolo è alla base delle simulazioni che vedete nelle quali P ed E rappresentano, rispettivamente, l'inseguitore Ivano (in inglese *pursuer*) e il fuggitivo Fabio (*evader*).

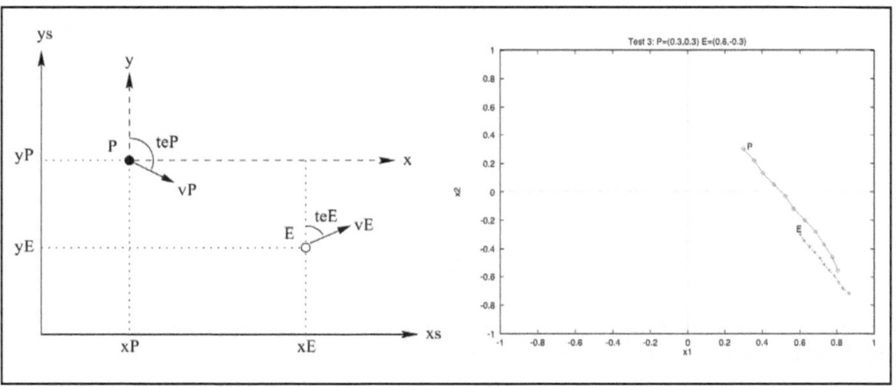

Fig. 7. Schema (sinistra) e traiettorie approssimate (destra) nel gioco dell'acchiapparella

Come si può vedere, il comportamento è simile a quello che ci aspettiamo (Ivano insegue Fabio lungo una retta) e le piccole oscillazioni lungo la traiettoria sono il risultato della discretizzazione della palla unitaria, nella quale sia Ivano che Fabio scelgono la loro direzione di spostamento.

Vediamo ora la soluzione di un gioco più complesso: lo "*chauffeur* omicida". In questo caso Ivano è in macchina e la macchina ha un raggio di sterzata minimo R (vedi Fig. 8). La dinamica di questo gioco è più complessa ed è descritta dal sistema seguente:

$$\begin{cases} \dot{x}_P = v_P \sin \theta \\ \dot{y}_P = v_P \cos \theta \\ \dot{x}_E = v_E \sin b \\ \dot{y}_E = v_E \cos b \\ \theta = \frac{R}{v_P} a \end{cases}$$

Come si può vedere in Figura 8, la funzione *valore W* corrispondente alla posizione di Ivano in $(0,0)$, mostra chiaramente l'effetto di questo raggio minimo di sterzata, che fa salire il tempo di cattura se Fabio è posto dietro la macchina.

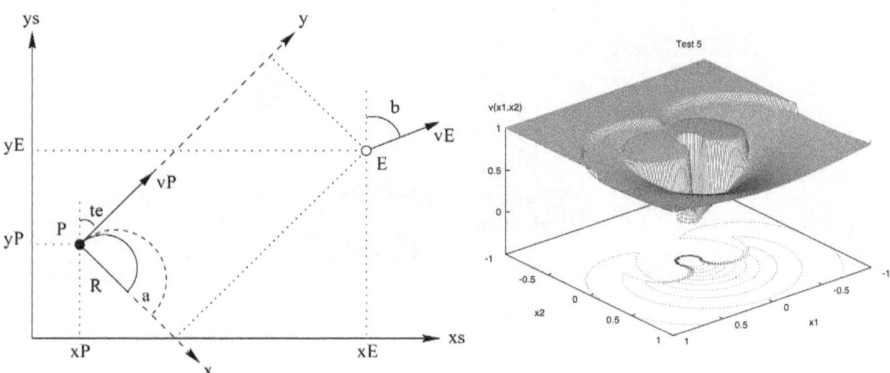

Fig. 8. Schema (sinistra) e funzione valore (destra) dello *chauffeur* omicida

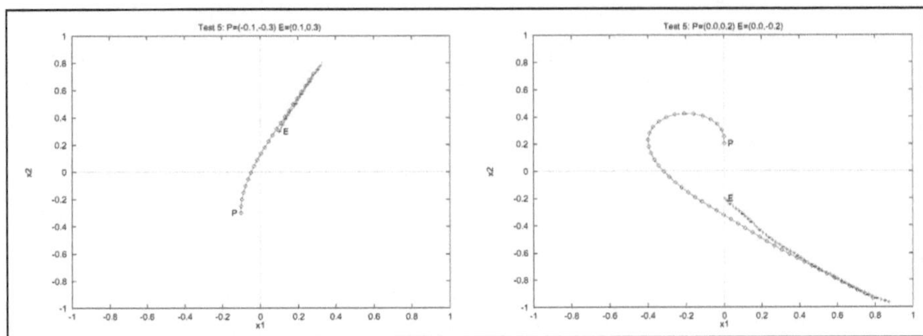

Fig. 9. Traiettorie ottime dello *chauffeur* omicida

A questo punto ci si chiederà se la soluzione dei giochi di fuga-evasione abbia altre applicazioni oltre quelle che abbiamo visto. È abbastanza chiaro l'interesse militare nel gioco dell'acchiapparella. Cos'è infatti il gioco "missile-antimissile" se non un'acchiapparella nello spazio [12] Ci sono però anche applicazioni civili di grande importanza, per esempio, nel controllo del traffico aereo, dove la teoria dei giochi viene usata per ridurre o prevenire disastri aerei. I momenti più delicati di un volo sono certamente il decollo e l'atterraggio ed è lì che si verifica il maggior numero di incidenti (Fig. 10). Immaginate allora un gioco nel quale il pilota dell'aereo vuole atterrare sano e salvo mentre il secondo giocatore (la natura avversa) vuole rendergli difficile l'atterraggio/decollo attraverso alcune raffiche di vento. Basta descrivere la dinamica dell'atterraggio e modellizzare la forza e la direzione delle raffiche di vento per avere un gioco differenziale in piena regola. Altre applicazioni dello stesso tipo servono ad evitare la collisioni tra due aerei in volo o due navi in navigazione (qui la dimensione è più bassa, perchè il gioco si svolge sulla superficie piana del mare). In un prossimo futuro meccanismi automatici di sicurezza dello stesso tipo, basati sulla teoria dei giochi, potrebbero essere montati sulla vostra auto.

Fig. 10. Alcuni disastri aerei in fase di decollo/atterraggio

Bibliografia

[1] K. Filinis (1971) *Teoria dei giochi e strategia politica*, Editori Riuniti, Roma

[2] R. Lucchetti (2001) *Di duelli, scacchi e dilemmi. La teoria matematica dei giochi*, Mondadori, Milano

[3] J. Von Neumann, O. Morgenstern (1944) *Theory of games and economic behaviour*, Princeton University Press, Princeton

[4] H.W. Kuhn, S. Nasar (2002) *The essential John Nash*, Princeton University Press, Princeton

[5] S. Nasar (1999) *Il genio dei numeri*, Rizzoli, Milano

[6] R. Isaacs (1965) *Differential games*, Wiley, New York

[7] M. Bardi, I. Capuzzo Dolcetta (1997) *Optimal control and viscosity solutions of Hamilton-Jacobi-Bellman equations*, Birkhäuser, Boston

[8] A. I. Subbotin (1995) *Generalized solutions of first-order PDEs*, Birkhäuser, Boston

[9] M. Bardi, M. Falcone, P. Soravia, Numerical Methods for Pursuit-Evasion Games via Viscosity Solutions, in M. Bardi, T. Parthasarathy and T.E.S. Raghavan (eds.) *Stochastic and differential games: theory and numerical methods*, Annals of the International Society of Differential Games, Birkhäuser, Boston, (2000) vol. 4, pp. 289-303

[10] M. Falcone, Numerical Methods for Differential Games via PDEs, *International Game Theory Review*, vol. 8, 2 (2006), pp. 231-272

[11] M. Falcone, Numerical solution of Dynamic Programming equations, Appendix A in M. Bardi and I. Capuzzo Dolcetta (1997) *Optimal control and viscosity solutions of Hamilton-Jacobi-Bellman equations*, Birkhäuser, Boston

[12] R. Lachner, M.H. Breitner, H.J. Pesch (1995) Three-dimensional air combat: numerical solution of complex differential games, in *New trends in dynamic games and applications*, Ann. Internat. Soc. Dynam. Games, 3, Birkhäuser, Boston, MA, pp. 165-190

Il girasole di Fibonacci

Marco Abate

La *fillotassi* è la disposizione caratteristica, e costante per ogni specie vegetale, secondo cui le foglie si inseriscono sui rami, o secondo cui si dispongono i semi o gli stami di alcuni fiori. Uno dei problemi aperti della botanica è capire quali sono i meccanismi della fillotassi e come mai alcune disposizioni sono in natura molto più comuni di altre.

La fillotassi dei fiori ha sempre affascinato i matematici. L'esempio più famoso in assoluto è quello dei girasoli. Esaminando la disposizione dei semi di girasole nella calatide (la tipica infiorescenza a capolino) si osservano due famiglie di spirali, composte la prima da curve ruotanti in senso antiorario, l'altra da curve ruotanti in senso orario. Ebbene, in moltissimi casi i numeri di curve che compongono le due famiglie sono due numeri di Fibonacci consecutivi! Per esempio, in Figura 1 si distinguono 34 spirali che ruotano in senso orario e 21 spirali che ruotano in senso orario e 21 spirali che ruotano in senso antiorario.

Situazioni analoghe si verificano anche in altri fiori (vedi la prima figura della sezione a colori), come pure in alcuni tipi di pigne o di broccoli (vedi [1] e [2]). In questo articolo, dopo aver ricordato chi era Fibonacci e cosa sono i numeri di Fibonacci, descriveremo un modello matematico che riproduce molto bene il fenomeno e, infine, discuteremo fino a che punto il modello può spiegare la fillotassi dei girasoli e la comparsa in natura dei numeri di Fibonacci.

Fig. 1. Un girasole di Fibonacci (foto di Yves Couder)

Leonardo Pisano, detto Fibonacci

Si sa pochissimo della vita di Leonardo Pisano, detto "Fibonacci". Non esistono suoi ritratti; le immagini che si trovano in letteratura o in rete, come pure la statua a lui dedicata presente a Pisa, sono ricostruzioni di fantasia. Il nome "Fibonacci" gli è stato probabilmente attribuito nel Settecento, e pubblicizzato nell'Ottocento dallo storico della matematica francese Guillame Libri, partendo dalla dicitura "filius Bonacci" presente nel *Liber Abbaci* [3] e [4], il libro più famoso di Leonardo Pisano. Un altro soprannome piuttosto noto, usato dallo stesso Leonardo in alcuni suoi scritti, è "bigollo". A questo termine (come all'attuale "bighellone") è usualmente attribuito il doppio significato di "viaggiatore" e "buono a nulla"; in altri contesti invece [5], il termine bigollo viene assimilato a "pigollo", che significa "trottola". Per semplicità, in questo articolo seguiremo l'uso corrente e ci riferiremo a Leonardo Pisano chiamandolo Fibonacci.

Fibonacci nacque a Pisa intorno al 1170 e morì, sempre a Pisa, nei dintorni del 1245. Queste date sono molto approssimative: non ci sono infatti documenti che permettono di determinarle con precisione. Si sa invece con certezza che la prima edizione della sua prima opera matematica, il *Liber Abbaci*, fu completata nel 1202 e che nel 1240 la città di Pisa gli attribuì un onorario annuale di 20 denari pisani, più le spese, quale uomo "riservato e colto [...] eccellente in scienze" per i servizi contabili resi al Comune[1] [6].

Il padre Guglielmo Bonacci fu inviato in Algeria intorno al 1192, a Bugia (in seguito Bougie e ora Bejaia), per rappresentare i mercanti pisani nel commercio di materie prime per la produzione di pellicce e cuoio, due delle principali industrie della repubblica marinara di Pisa, e lì si fece raggiungere dal figlio. Questo permise a Fibonacci di conoscere e studiare la cultura scientifica araba, la più avanzata dell'epoca e vera erede della conoscenza ellenistica. In particolare, poté vedere applicata la notazione decimale indo-araba e constatare sul campo quanto fosse più comoda e versatile della numerazione romana adoperata comunemente in Europa all'epoca.

Prima a seguito del padre e poi indipendentemente, Fibonacci viaggiò molto, ampliando le proprie conoscenze sulle tecniche e problematiche mercantili e, soprattutto, sulla matematica ellenistica come era stata sviluppata dalla scuola araba. Rientrato a Pisa verso il 1200, si dedicò alla stesura del suo libro più noto, il *Liber Abbaci* [3] e [4], completato nel 1202 e rivisto e ampliato nel 1228. La prima parte del volume è dedicata alla numerazione decimale arabo-indiana, descritta con dovizia di particolari e applicata a numerosi problemi commerciali e di ragione-

---

[1] *Il testo latino originale inciso su una placca posta nell'atrio dell'Archivio di Stato di Pisa recita: "Considerantes nostre civitatis et civium honorem atque profectum, qui eis, tam per doctrinam quam per sedula obsequia discreti et sapientis viri magistri Leonardi Bigolli, in abbacandis estimationibus et rationibus civitatis eiusque officialium et aliis quoties expedit, conferunter; ut eidem Leonardo, merito dilectionis et gratie, atque scientie sue prerogativa, in recompensationem laboris sui quem substinet in audiendis et consolidandis estimationibus et rationibus supradictis, a Comuni et camerariis publicis, de Comuni et pro Comuni, mercede sive salario suo, annis singulis, libre xx denariorum et amisceria consueta dari debeant (ipseque pisano Comuni et eius officialibus in abbacatione de cetero more solito serviat), presenti constitutione firmamus"*

ria (ora) elementare. Pur non essendo il primo libro apparso in Europa sull'argomento, né il più influente (occorse almeno un altro secolo prima che la notazione araba venisse largamente accettata in Europa: ancora nel 1299 i mercanti fiorentini proibivano l'uso dei numeri arabi per le contrattazioni ritenendoli troppo facilmente modificabili, dal momento che pochi tratti di penna erano sufficienti a trasformare 1000 in 1999), fu sicuramente uno dei più completi.

Dal punto di vista matematico, la seconda parte del *Liber Abbaci* è ben più interessante e discute temi di natura più teorica, dall'estrazione delle radici quadrate e cubiche a problemi di teoria dei numeri, esponendo in maniera autonoma tecniche elaborate dalle scuole ellenistiche, indiana e araba.

Pur essendo il più famoso, il *Liber Abbaci* non è l'unico testo matematico scritto da Fibonacci. Il suo lavoro più importante è stato il *Liber Quadratorum* [3] e [7] del 1225, dedicato a questioni di teoria dei numeri: partendo dai lavori classici di Diofanto, Fibonacci discute numerose tecniche per ricavare soluzioni intere di equazioni quadratiche in due o più incognite, proponendo metodi in parte derivati da fonti precedenti, ma in parte anche del tutto originali.

Altre sue opere giunte fino a noi sono il *Practica Geometriae* (1220), un'esposizione rigorosa di alcune parti degli Elementi di Euclide, e il *Flos* (ca. 1225), contenente le soluzioni di alcuni problemi di teoria dei numeri propostigli da Johannes di Palermo, matematico della corte dell'imperatore Federico II, protettore delle arti e delle scienze e estimatore delle opere di Fibonacci. Sono invece andati perduti il *De minor guisa,* trattato di aritmetica commerciale, e un suo commento al Libro X degli Elementi di Euclide.

Fibonacci, come matematico, fu decisamente in anticipo sui tempi (tanto che fino al Settecento molti storici della matematica lo postdatavano di due secoli... [8]): per trovare un altro matematico europeo con un'analoga padronanza della geometria e dell'algebra classica bisogna aspettare quasi duecento anni. Ironia della sorte, la fama odierna di Fibonacci non è legata ai suoi risultati originali, ma a un esercizio secondario, tratto da fonti precedenti, in cui sono implicitamente introdotti i numeri oggi chiamati "di Fibonacci".

Maggiori dettagli sulla vita e le opere di Fibonacci si possono trovare in [1], [9] e [10].

I numeri di Fibonacci

Il Capitolo 12 del *Liber Abbaci* contiene il seguente problema, che introduce i numeri a cui il nome di Fibonacci è ormai irrevocabilmente legato:

Un uomo mette una coppia di conigli in un luogo recintato da un muro. Quante coppie di conigli saranno generate in un anno dalla prima coppia se si suppone che ogni mese ciascuna coppia generi una nuova coppia che richiede due mesi per diventare fertile?

Se supponiamo che nessun coniglio muoia e che anche la prima coppia abbia bisogno di due mesi per diventare fertile, allora il numero di coppie di conigli presenti nel mese n è uguale al doppio del numero delle coppie di conigli già presenti nel mese $n-2$ (in quanto ciascuna di queste coppie ne genera un'altra) più il numero di coppie di conigli nate nel mese $n-1$ (che non sono ancora fertili). Se indichiamo con F_n il numero di coppie di conigli presenti nel mese n, e notiamo che il numero di coppie di conigli nate nel mese $n-1$ è uguale alla differenza $F_{n-1} - F_{n-2}$, troviamo $F_n = 2F_{n-2} + (F_{n-1} - F_{n-2})$, cioè

$$F_n = F_{n-1} + F_{n-2}. \tag{1}$$

In particolare, $F_1 = F_2 = 1$, $F_3 = 1 + 1 = 2$, $F_4 = F_2 + F_3 = 3$ e così via fino a $F_{12} = 144$. (Fibonacci suppone invece che la prima coppia di conigli inizi a figliare fin dal primo mese, per cui risparmia due mesi e ottiene come risposta $F_{14} = 377$).

Fibonacci non attribuì alcun valore particolare alla successione $\{F_n\}$, che del resto era già comparsa in lavori di matematici indiani quali Gospala, prima del 1135, e Hemachandra, ca. 1150 (vedi [11]). La successione $\{F_n\}$ comparve diverse altre volte nei secoli successivi, in vari contesti, ma fu solo il matematico francese Edouard Lucas [12], nella seconda metà del diciannovesimo secolo, a iniziarne uno studio sistematico e a battezzare *numeri di Fibonacci* i numeri F_n (e *successione di Fibonacci* l'intera successione). I primi $34 = F_9$ numeri di Fibonacci sono:

$$1, 1, 2, 3, 5, 8, 13, 21, 34, 55, 89, 144, 233, 377, 610, 987, 1597, 2584,$$
$$4181, 6765, 10946, 17711, 28657, 46368, 75025, 121393, 196418, 317811,$$
$$514229, 832040, 1346269, 2178309, 3524578, 5702887.$$

I numeri di Fibonacci godono di un quantità impressionante di proprietà speciali, la maggior parte delle quali tutt'altro che evidenti. Ci limitiamo a citarne alcune, scelte fra le più elementari ed espressive, rimandando a [1], [13] e [14] per una trattazione più completa.

1. La somma del quadrato di due numeri di Fibonacci consecutivi è un numero di Fibonacci:

$$F_n^2 + F_{n+1}^2 = F_{2n+1}.$$

2. Ogni terzo numero di Fibonacci è divisibile per $2 = F_3$; ogni quarto numero di Fibonacci è divisibile per $3 = F_4$; e in generale, ogni k-esimo numero di Fibonacci è divisibile per F_k.

3. Le cifre finali dei numeri di Fibonacci si ripetono a cicli di 60, le ultime due cifre si ripetono a cicli di 300, le ultime tre cifre a cicli di 1500, le ultime quattro cifre a cicli di 15000, le ultime cinque cifre a cicli di 150000 e così via.

4. Il quadrato di un numero di Fibonacci differisce dal prodotto dei numeri di Fibonacci precedente e successivo per un'unità:

$$F_{n+1}F_{n-1} - F_n^2 = (-1)^n. \tag{2}$$

Quest'ultima proprietà permette di realizzare un apparente paradosso geometrico. Prendiamo un quadrato di lato $8 = F_6$ (o, più in generale, di lato F_n) e suddividiamolo in due triangoli rettangoli e in due trapezi rettangoli come indicato in Figura 2(a): i due triangoli rettangoli hanno cateti di lunghezza $8 = F_6$ e $3 = F_4$ (o, più in generale, di lunghezza F_n e F_{n-2}), mentre i due trapezi rettangoli hanno altezza $5 = F_5$ (cioè F_{n-1}), e basi di lunghezza 3 e 5 (cioè F_{n-2} e F_{n-1}).

Sistemiamo ora i triangoli e i trapezi, accostandoli senza sovrapporli, come in Figura 2(b), in modo da ottenere un rettangolo di lato minore 5 (cioè F_{n-1}) e lato maggiore 13 (cioè F_{n+1}). Ovviamente l'area di ciascun triangolo e di ciascun trapezio non è cambiata, per cui il rettangolo e il quadrato dovrebbero avere la stessa area. Invece, il rettangolo ha area 5 x 13 = 65 (cioè $F_{n-1}F_{n+1}$), mentre l'area del quadrato è $8^2 = 64$ (cioè F_n^2)!

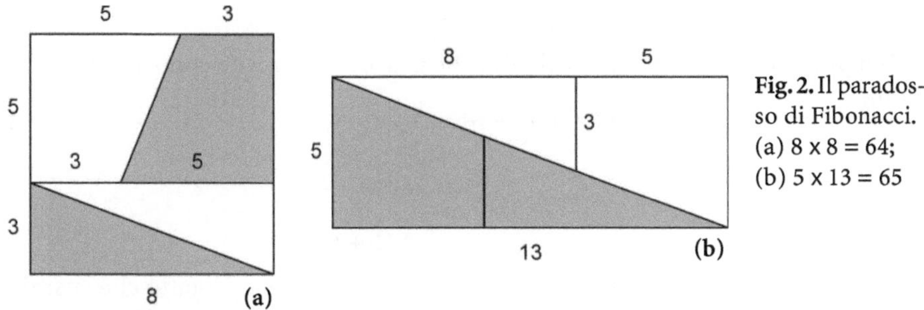

Fig. 2. Il paradosso di Fibonacci. (a) 8 x 8 = 64; (b) 5 x 13 = 65

La soluzione del paradosso consiste nel fatto che, contrariamente a quanto sembra nella figura, il trapezio e il triangolo rettangolo non sono disposti lungo la diagonale del rettangolo. Per esempio, la tangente dell'angolo del triangolo rettangolo in basso a destra in Figura 2(b) è 3/8, mentre la tangente dell'angolo della diagonale del rettangolo è 5/13, con una differenza di 1/104, piccola ma non nulla. Quindi in realtà fra la zona bianca e la zona grigia nella Figura 2(b) si trova un (sottile) spazio vuoto, che dà ragione dell'unità d'area mancante. Più in generale, partendo da un quadrato di lato F_n la tangente dell'angolo del triangolo in basso a destra è F_{n-2}/F_n mentre quella della diagonale del rettangolo è F_{n-1}/F_{n+1}; la differenza risulta essere

$$\frac{F_{n-2}}{F_n} - \frac{F_{n-1}}{F_{n+1}} = \frac{F_{n-2}(F_n + F_{n-1}) - (F_{n-1} + F_{n-2})F_{n-1}}{F_n F_{n+1}} = \frac{F_n F_{n-2} - F_{n-1}^2}{F_n F_{n+1}} = \frac{(-1)^{n-1}}{F_n F_{n+1}}$$

grazie a (2), e quindi sempre più trascurabile al crescere di n.

Sezione aurea e approssimazioni razionali

In realtà, la fillotassi del girasole non è guidata direttamente dalla successione di Fibonacci, ma da un numero a essa strettamente legato: la *sezione aurea*. Infatti, come vedremo nella prossima sezione, i numeri di Fibonacci compaiono nella fillotassi perché forniscono la migliore approssimazione razionale della sezione aurea. Per spiegare cosa intendiamo con questa frase, introduciamo prima di tutto la sezione aurea (con un giochetto tipografico!).

Abbiamo visto che i numeri di Fibonacci soddisfano la relazione $F_n = F_{n-1} + F_{n-2}$. Trasformiamo ora gli indici in esponenti, e chiediamoci se esiste un numero Φ (non nullo) tale che $\Phi^n = \Phi^{n-1} + \Phi^{n-2}$. Dividendo per Φ^{n-2} otteniamo

$$\Phi^2 = \Phi + 1. \tag{3}$$

Questa equazione ha una sola radice positiva, la *sezione aurea*

$$\Phi = \frac{1 + \sqrt{5}}{2} = 1{,}618033988749\ldots .$$

La sezione aurea Φ è un numero irrazionale con innumerevoli proprietà (vedi [1] e [15]). Per esempio, si ottiene come limite di radici quadrate:

$$\Phi = \sqrt{1+\sqrt{1+\sqrt{1+\sqrt{1+\sqrt{1+\cdots}}}}} .$$

Ben più interessante per noi è il fatto che Φ si ottiene anche come limite di frazioni:

$$\Phi = 1 + \cfrac{1}{1 + \cfrac{1}{1 + \cfrac{1}{1 + \cfrac{1}{1 + \ddots}}}} ; \tag{4}$$

come vedremo, infatti, questa formula ha come conseguenza il fatto che la sezione aurea è il numero irrazionale peggio approssimabile dai razionali.

Sia $x > 0$ un numero (irrazionale) positivo qualsiasi. Dato un numero naturale q, vogliamo trovare un numero naturale p tale che p/q disti da x il meno possibile. Siccome i numeri razionali con denominatore q suddividono la retta reale in segmenti di lunghezza $1/q$, esiste un unico numero naturale p tale che si abbia

$$\left| x - \frac{p}{q} \right| < \frac{1}{2q} ; \tag{5}$$

diremo che p/q è la *migliore approssimazione razionale* di *x con denominatore q*.

Chiaramente, più grande è q migliore è l'approssimazione di x data dalla migliore approssimazione razionale di x con denominatore q. Voglio ora descrivere un algoritmo che permette di ricavare migliori approssimazioni razionali di x con denominatore arbitrariamente grande. Dato $x > 0$, indichiamo con $a_1 = \lfloor x \rfloor$ la parte intera di x, e con $x_1 = x - \lfloor x \rfloor \in [0,1[$ la parte frazionaria di x, in modo da avere $x = a_1 + x_1$. Se $x_1 \neq 0$ (cioè se x non è un numero intero), poniamo $a_2 = \lfloor 1/x_1 \rfloor \geq 1$ e $x_2 = 1/x_1 - a_2 \in [0,1[$ e procediamo per induzione: se $x_n \neq 0$ poniamo $a_{n+1} = \lfloor 1/x_n \rfloor \geq 1$ e $x_{n+1} = 1/x_n - a_n \in [0,1[$. In questo modo possiamo scrivere x nella forma seguente:

$$x = a_1 + \cfrac{1}{a_2 + \cfrac{1}{a_3 + \ddots + \cfrac{1}{a_n + x_n}}} .$$

Se x è razionale prima o poi si ottiene $x_n = 0$ e l'algoritmo termina. Se invece x è irrazionale, questo algoritmo non si arresta mai e otteniamo l'*espansione di x in frazione continua:*

$$x = a_1 + \cfrac{1}{a_2 + \cfrac{1}{a_3 + \cfrac{1}{a_4 + \ddots}}} . \tag{6}$$

Per semplicità, abbrevieremo (6) scrivendo $x = [a_1, a_2, a_3, a_4, \ldots]$.

Se tronchiamo l'espansione in frazione continua di x al livello n otteniamo una migliore approssimazione razionale di x. Infatti, posto

$$\frac{p_n}{q_n} = a_1 + \cfrac{1}{a_2 + \cfrac{1}{a_3 + \ddots + \cfrac{1}{a_n}}} \, , \qquad (7)$$

si può dimostrare (vedi [16]) che

$$\left| x - \frac{p_n}{q_n} \right| < \frac{1}{q_n^2} \le \frac{1}{2q_n} \, ,$$

per cui la frazione continua troncata p_n/q_n è la migliore approssimazione razionale di x con denominatore q_n. Dal momento che, come vedremo fra un attimo, $q_n \to +\infty$ per n che tende all'infinito, abbiamo trovato un algoritmo che produce approssimazioni razionali arbitrariamente buone di x.

Ora, qual è il numero x peggio approssimabile dai razionali tramite questo algoritmo? È quello per cui la successione $\{x - p_n/q_n\}$ tende a zero più lentamente. Siccome ([16]) si ha

$$\frac{1}{2q_{n+1}^2} < \left| x - \frac{p_n}{q_n} \right| < \frac{1}{q_n^2} \, , \qquad (8)$$

il numero x per cui la successione $\{x - p_n/q_n\}$ tende a zero più lentamente è quello per cui la successione $\{1/q_n\}$ tende a zero più lentamente, cioè quello per cui la successione $\{q_n\}$ tende all'infinito più lentamente. Ma per $x = [a_1, a_2, a_3, a_4, \dots]$ si può dimostrare ([16]) che i denominatori q_n soddisfano le condizioni $q_1 = 1$, $q_2 = a_2$ e

$$q_n = a_n q_{n-1} + q_{n-2}$$

per ogni $n \ge 2$. Siccome $a_n \ge 1$ per ogni n, ricordando la (1) otteniamo

$$q_n \ge F_n.$$

In particolare, $q_n \to +\infty$ per n che tende all'infinito; quindi il numero x per cui la successione $\{q_n\}$ cresce più lentamente quello per cui è $q_n = F_n$ per ogni n. Ma questo accade se e solo se $a_n = 1$ per ogni n; dunque $x = [1, 1, 1, 1, \dots]$ cioè $x = \Phi$, grazie a (4). Riassumendo, in questo senso possiamo dire che *la sezione aurea è il numero irrazionale peggio approssimabile dai razionali.*

Quali sono le migliori approssimazioni razionali del numero peggio approssimabile dai razionali? Per scoprirlo, ci basta trovare i numeratori delle frazioni continue troncate. Non è difficile vedere ([16]) che i numeratori p_n soddisfano le condizioni $p_1 = a_1$, $p_2 = a_2 a_1 + 1$ e

$$p_n = a_n p_{n-1} + p_{n-2}.$$

In particolare, se $x = \Phi$ allora $p_1 = 1$, $p_2 = 2$ e $p_n = p_{n-1} + p_{n-2}$, per cui $p_n = F_{n+1}$ e *le migliori approssimazioni razionali del numero peggio approssimabile dai razionali sono i quozienti F_{n+1}/F_n di numeri di Fibonacci consecutivi.* Nella prossima sezione vedremo che proprio questo è il motivo della comparsa dei numeri di Fibonacci nella fillotassi dei girasoli.

Il girasole di Fibonacci

Un modello matematico che si rispetti deve sempre partire da dati biologici (o chimici, fisici, ecc.) della situazione che vuole descrivere. Nel caso della fillotassi del girasole (o di altri fiori), ci serve sapere tramite quale meccanismo il fiore si forma.

Studi biologici (riassunti in [17] e [18]) mostrano che la parte attiva del fiore, quella in cui avviene la crescita vera e propria, è una zona circolare (detta *apice*) posta al centro. Sul bordo dell'apice si formano i *primordi,* che poi si sviluppano fino a diventare semi, stami, foglie o cos'altro vogliono essere da grandi. Ciascun primordio nasce ruotato rispetto al precedente di un angolo $2\pi\phi$ (detto *angolo di divergenza*). Nel caso dei fiori, che hanno uno sviluppo essenzialmente bidimensionale, un primordio crescendo per farsi spazio sposta verso l'esterno i primordi più anziani a lui vicini; di conseguenza, i primordi sono disposti lungo una stretta spirale detta *spirale generatrice.* Le spirali più larghe, enumerate dalla successione di Fibonacci, dette *parastichi,* sono soltanto un sorprendente effetto ottico, che in un certo senso rende esplicita la struttura matematica soggiacente alla distribuzione dei primordi.

Lo sviluppo geometrico del fiore dipende quindi da tre fattori: l'angolo di divergenza, la forma dei primordi e come un nuovo primordio sposta i precedenti. Un modello matematico deve quindi fare delle ipotesi esplicite su questi fattori, ipotesi possibilmente compatibili con la realtà biologica. Dobbiamo quindi descrivere le ipotesi che caratterizzano il nostro modello. Vale la pena di sottolineare fin da subito che (contrariamente a uno dei modelli più noti [19]) il nostro sarà un modello *dinamico,* cioè un modello che descrive la crescita del fiore nel tempo, e non un modello *statico,* che descrive la struttura del fiore completo indipendentemente da come si è sviluppato. Dal sito [20] è possibile scaricare una rappresentazione animata dello sviluppo di un fiore ottenuto con questo modello.

Cominciamo con l'angolo di divergenza $2\pi\phi$. A priori, esso potrebbe variare nel tempo; per fortuna, l'evidenza biologica mostra che questo non accade. Probabilmente poichè la nascita dei primordi è regolata anche a livello cellulare dall'iterazione di uno stesso processo, l'angolo di divergenza è sostanzialmente costante nel tempo. Quindi la nostra prima ipotesi consiste nel rimuovere il "sostanzialmente":

– *supporremo l'angolo di divergenza $2\pi\phi$ costante in tutto il processo.*

I primordi nascono e crescono; ma l'ipotesi che l'unica parte attiva dello sviluppo del fiore sia l'apice implica che, una volta maturi e allontanati dal centro, la forma di ciascun primordio è sostanzialmente costante (almeno nel periodo di tempo che ci interessa). Con una semplificazione un poco più spinta, possiamo anche assumere che tutti i primordi maturi abbiano (sostanzialmente) la stessa forma, in quanto prodotti dallo stesso processo. Inoltre, siccome il tempo di maturazione di un primordio è trascurabile rispetto al tempo di vita del fiore, e è più o meno lo stesso per tutti i primordi, supporremo che ogni primordio nasca già maturo. Più precisamente, useremo un modello a *tempo discreto:* il modello non varierà in modo continuo, ma solo in istanti discreti, corrispondenti alla nascita di un nuovo primordio. L'intervallo fra un istante di tempo e il successivo sostituisce la maturazione del primordio, che avviene per così dire dietro le quinte.

Dobbiamo fare anche delle ipotesi sulla forma del primordio maturo. Per semplicità, e in quanto non troppo distante da ciò che avviene realmente in natura, supporremo che i primordi maturi siano dei cerchi di raggio costante e uguale per tutti i primordi; a meno di cambiare unità di misura, possiamo anche assumere che siano di raggio unitario. Riassumendo, ecco le nostre ipotesi sul secondo fattore:

– *i primordi sono dei cerchi di raggio unitario uguale per tutti i primordi, e il primordio j-esimo nasce all'istante j-esimo già maturo e con centro sul bordo dell'apice (anch'esso di forma circolare).*

Rimane da stabilire il meccanismo con cui la nascita di un nuovo primordio sposta i precedenti. Di nuovo, l'ipotesi che l'unica zona attiva sia l'apice implica che ogni spostamento deve essere conseguenza solo di quanto accade al centro; in altre parole, i primordi maturi si spostano solo per fare spazio al nuovo primordio. Siccome la dimensione del primordio maturo è molto maggiore di quella dell'apice, possiamo supporre che la nascita di un nuovo primordio modifichi la posizione di tutti i primordi precedenti. Più precisamente, se identifichiamo la posizione di ciascun primordio con le coordinate polari (r, θ) del suo centro (e ovviamente abbiamo messo l'origine nell'apice), possiamo supporre che lo spostamento non dipenda dall'angolo θ, ma solo dalla distanza r del centro del primordio dal centro dell'apice. A priori, lo spostamento causato potrebbe ridursi con l'allontanarsi dall'apice, cioè col crescere di r. Per i nostri scopi, però, sarà sufficiente un modello molto più semplice, in cui supporremo che

– *la nascita di un nuovo primordio sposta radialmente tutti i primordi precedenti verso l'esterno di una distanza costante d.*

In altre parole, la nascita di un nuovo primordio ha l'effetto di spostare il centro di un primordio già esistente di coordinate polari (r, θ) nel punto di coordinate polari $(r + d, \theta)$.

Dunque il nostro modello è completamente determinato dall'angolo di divergenza $2\pi\phi$, dallo spostamento d, e dal numero di primordi nel fiore. Come vedremo, la geometria della disposizione dei primordi sarà principalmente determinata dal solo $2\pi\phi$, mentre quali spirali sono visibili dipenderà anche dal numero dei primordi.

Per capire la geometria del fiore descritto dal nostro modello, numeriamo i primordi in funzione di quando sono nati, in modo che il j-esimo primordio nasca all'istante j (con $j = 0, 1, 2, \ldots$). Sistemiamo gli assi coordinati in modo che il primo primordio nasca con centro nel punto di coordinate polari $(r_0, 0)$, dove $r_0 \ll d$ è il raggio dell'apice. Allora le coordinate polari $P_j(n)$ del j-esimo primordio all'istante n sono date dalla formula

$$P_j(n) = (r_0 + (n - j)d, 2\pi j\phi)$$

con $n \geq j$. In particolare, all'istante n il fiore contiene $n + 1$ primordi. Chiameremo (ϕ, d, n)-*fiore* la configurazione prodotta dal modello con parametri ϕ e d all'istante n.

Se ϕ è razionale, diciamo $\phi = p/q$, con p e q relativamente primi, allora i primordi si dispongono a raggiera lungo q semirette uscenti dall'origine (vedi Fig. 3): il j-esimo primordio cade sulla semiretta di angolo $2\pi p j_q/q$, dove $j_q = j \bmod q$ è il resto di j

diviso per q. Chiaramente, non è questo che accade in natura; quindi d'ora in poi supporremo che *l'angolo di divergenza $2\pi\phi$ sia un multiplo irrazionale di 2π.*

Essere irrazionale non basta, però. Per esempio, la Figura 4 mostra un $(\pi, 0.2, 200)$-fiore, che è ben lontano dal riprodurre anche vagamente la disposizione dei primordi in un qualsiasi fiore naturale. Notiamo però che compaiono delle spirali, 7, ruotanti in senso orario, che invece erano completamente assenti nel caso razionale.

Il problema in entrambi questi casi è che i primordi così ottenuti non sono disposti in maniera efficiente: invece di occupare uniformemente lo spazio a disposizione si accumulano in alcune zone lasciandone completamente libere altre. Questo capita in maniera particolarmente evidente quando ϕ è razionale; si è quindi spinti a pensare che la scelta migliore di ϕ sia quella più lontana possibile dai razionali. Quanto visto nella sezione precedente suggerisce allora di provare con ϕ uguale alla sezione aurea Φ; un possibile risultato lo vediamo in Figura 5. L'aspetto è molto più realistico e possiamo facilmente identificare $21 = F_8$ spirali che ruotano in senso orario e $34 = F_9$ spirali che ruotano in senso antiorario. Un ulteriore esempio dell'efficacia del modello è mostrato nelle figure riportate nella sezione a colori di questo volume. Nella prima figura vediamo una foto ravvici-

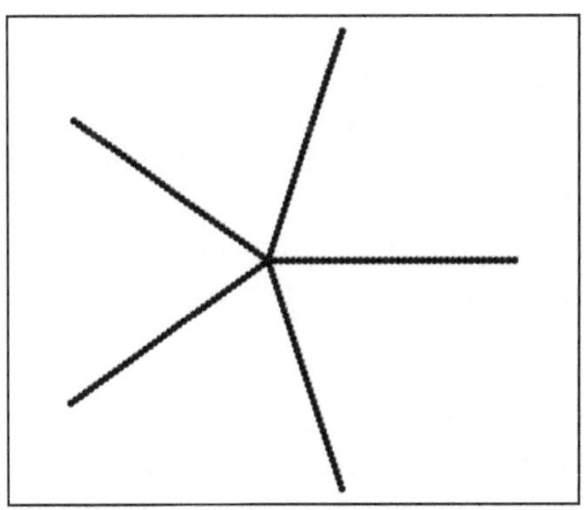

Fig. 3. Un $(2/5, 0.2, 200)$-fiore

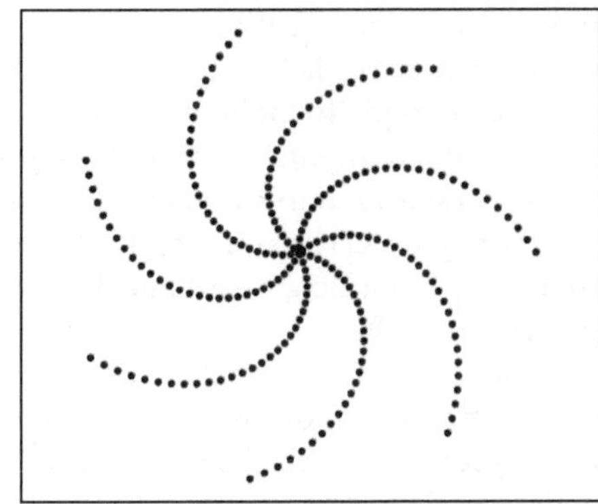

Fig. 4. Un $(\pi, 0.2, 200)$-fiore

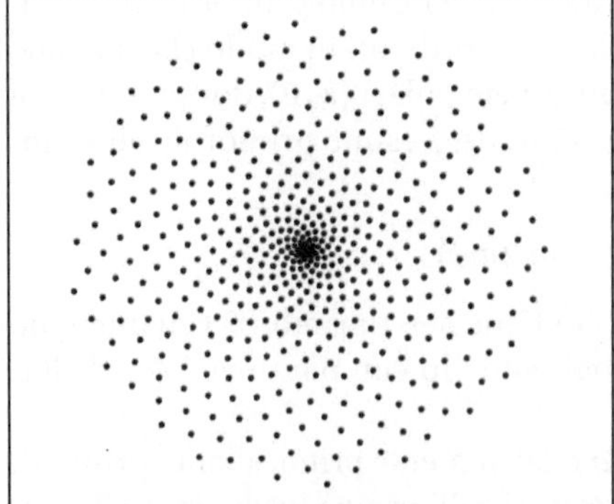

Fig. 5. Un $(\Phi, 0.1, 500)$-fiore

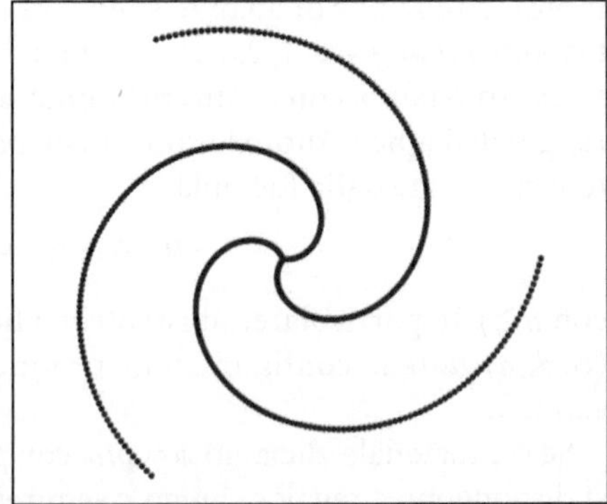

Fig. 6. Un $(\Phi + 0.05, 0.1, 1500)$-fiore

nata degli stami di una margherita (*Echinacea purpurea*), mentre la seconda contiene un $(\Phi, 0.1, 1000)$-fiore. La distribuzione dei primordi nei due casi è assolutamente identica! In entrambe le situazioni si vedono $34 = F_9$ spirali che ruotano in senso antiorario e $55 = F_{10}$ spirali che ruotano in senso orario.

Ovviamente, quanto detto nel paragrafo precedente è ben lontano dallo spiegare perché l'angolo di divergenza $2\pi\Phi$ (o altri angoli a esso legati) compaia in natura. Una possibile spiegazione è proposta in [21] dove, partendo da un modello lievemente più sofisticato del nostro, si dimostra che l'angolo di divergenza $2\pi\Phi$ è effettivamente quello che realizza, in un senso molto preciso, la distribuzione più efficiente dei primordi, con un'occupazione uniforme e più densa possibile dello spazio disponibile. Un'altra spiegazione è proposta in [22], dove si suggerisce che l'angolo di divergenza $2\pi\Phi$ minimizzi l'entropia (opportunamente definita) dei primordi.

Ritorniamo ora al nostro modello. Una prima osservazione è data dal fatto che la struttura geometrica di un (ϕ, d, n)-fiore dipende in maniera molto instabile da ϕ; si guardi, per esempio, il $(\Phi + 0.05, 0.1, 1500)$-fiore rappresentato in Figura 6. Il punto è che la struttura geometrica del (ϕ, d, n)-fiore dipende principalmente dall'espansione di ϕ in frazione continua e non dalla sua rappresentazione decimale.

Sia p_s/q_s la migliore approssimazione razionale di ϕ con denominatore q_s, data da un'espansione in frazione continua troncata. Allora il centro del q_s-esimo primordio ha un angolo uguale a $2\pi(q_s\phi - p_s)$, in valore assoluto minore di $2\pi/q_s$, grazie alla (8). Più in generale, per ogni $k=0, ..., q_s - 1$ e ogni numero naturale j, il $(jq_s + k)$-esimo primordio è ruotato rispetto al $((j - 1)\, q_s + k)$-esimo primordio del solito angolo $2\pi(q_s\phi - p_s)$; inoltre, la differenza in distanza dall'origine è dq_s, indipendente da j. Dunque la famiglia dei $(jq_s + k)$-esimi primordi al variare di j forma una spirale, tanto più evidente quanto più piccolo è $2\pi(q_s\phi - p_s)$. Infine, la spirale ruota in senso antiorario se $q_s\phi - p_s$ è positivo, in senso orario altrimenti.

Quali spirali effettivamente si vedono dipende, però, anche dal numero di primordi disponibili. Infatti, il ragionamento precedente mostra come l'approssimazione p_s/q_s generi q_s spirali, ognuna delle quali contenente circa n/q_s primordi. Quindi perché la spirale si veda, occorre che n/q_s sia abbastanza grande (diciamo almeno 10) e, di conseguenza, q_s non potrà essere troppo grande. Ma, d'altra parte, non può neppure essere troppo piccolo. Infatti, si vede facilmente che il passo della spirale è dell'ordine di $d/|q_s\phi - p_s|$, mentre il raggio del fiore è circa nd. Quindi il passo della spirale è dell'ordine di $1/n|q_s\phi - p_s|$ del raggio del fiore, per cui se $n|q_s\phi - p_s|$ è troppo grande (diciamo maggiore di 20) allora la spirale è talmente densa da non essere distinguibile. L'azione combinata di questi due fattori ha come conseguenza il fatto che solo di rado sono visibili più di due famiglie di spirali; inoltre, siccome si può dimostrare che l'errore $q_s\phi - p_s$ è alternativamente positivo e negativo, le due famiglie di spirali ruotano in senso opposto.

Siamo ora in grado di spiegare la struttura geometrica delle Figure 4-6. Lo sviluppo in frazione continua di π è $\pi = [3, 7, 15, 1, 292, 1, \ldots]$, da cui ricaviamo $q_2 = 7$ e $q_3 = 113$. Siccome $n = 200$, in Figura 4 è visibile solo una famiglia di spirali, composta da $q_2 = 7$ curve, che ruotano in senso orario, perché $q_2\pi - p_2$ è negativo.

In Figura 5 abbiamo $n = 500$; siccome $n/F_{10} \approx 9$, le famiglie composte da F_s spirali con $s \geq 10$ non sono visibili perché composte da troppo pochi primordi. D'altra parte, $n|F_6\Phi - F_7| \approx 28$, per cui le famiglie composte da F_s spirali con $s \leq 6$ non sono visibili perché troppo dense. Rimangono allora le famiglie composte da $F_9 = 34$ e da $F_8 = 21$ spirali, che si vedono bene; con un po' di fatica nel centro si distingue anche la famiglia composta da $F_7 = 13$ spirali. Nella Figura 2 della sezione a colori abbiamo invece $n = 1000$ e conti analoghi mostrano come siano visibili solo le famiglie composte da $F_9 = 34$ e $F_{10} = 55$ spirali (e con molta fatica quella composta da $F_8 = 21$ spirali).

Infine, lo sviluppo in frazione continua di $\Phi + 0.05$ è $\Phi + 0.05 = [1, 1, 2, 80, 1, 12, \ldots]$, per cui $q_2 = 1$, $q_3 = 3$ e $q_4 = 241$. Siccome in Figura 6 abbiamo $n = 500$, la famiglia composta da 241 spirali non è visibile. Invece, $n|q_3(\Phi + 0.05) - p_3| \approx 2$, per cui la famiglia composta da 3 spirali è ben visibile.

Conclusioni

Nella sezione precedente abbiamo descritto un modello dinamico molto semplice per la generazione di fiori con struttura analoga a quella del girasole. Tramite questo modello abbiamo verificato come la struttura geometrica del fiore dipenda principalmente dall'angolo di divergenza, o, più precisamente, dall'espansione in frazione continua dell'angolo di divergenza. Quello che il modello *non* spiega è perché la natura prediliga in maniera così evidente la sezione aurea (e alcuni altri angoli, detti nobili, che sono quelli il cui sviluppo in frazione continua è definitivamente uguale a quello della sezione aurea) come angolo di divergenza. Come accennato sopra, ci sono molti motivi matematici per preferire la sezione aurea ad altri angoli, quali, per esempio, il fatto che la distribuzione dei primordi è più efficiente. Solo che l'efficienza è verificata, per così dire, a posteriori, a fiore già completo: quello che a mia conoscenza manca ancora (vedi [23] per un interessante confronto di diversi altri modelli) è la comprensione del meccanismo biologico che spinge l'unica parte attiva nella crescita del fiore (l'apice centrale) a generare primordi ruotati di questo angolo speciale.

L'impressione è quindi che, mentre sono piuttosto avanzati sia la descrizione botanica del processo sia la comprensione matematica delle motivazioni che portano alla maggiore efficienza della sezione aurea su altri angoli, manchi ancora il collegamento che spieghi come la biologia della pianta realizzi l'ottimizzazione matematica.

Riassumendo, abbiamo visto in piccolo la sfida che ci si propone ogni volta che si vuole costruire un modello matematico di un sistema biologico (e non solo). La biologia descrive il *cosa;* la matematica, tramite il modello, tenta di spiegare il *perché;* ma è solo con un vero sforzo interdisciplinare che si può capire il *come.* E proprio lo sviluppo delle tecniche necessarie per costruire un collegamento funzionale fra biologia e matematica è probabilmente uno degli obiettivi più importanti per la scienza di questo secolo appena cominciato.

Nota

I disegni sono stati ottenuti usando il programma Mathematica, tramite la seguente codifica:

```
<< Geometry`Rotations`
Norma[v_]: = √v.v
Trasf [v_, d_]:= (1 + d / Norma[v]) v
punti[φ_, d_, n_]: = For [ S = {}; R = {}; i = 0, i ≤ n, i++,
Suno = MapThread [Trasf, {S, R}];
S = Append [Suno, Rotate2D [{d, 0}, 2π i φ]]; R = Append[R, d]]
girasole [φ_, d_, n_, h_]:= {punti [φ, d, n], Show [Graphics [Table [
{AbsolutePointSize[4], Hue[0.25 − h* Norma [S[[i]]]], Point
   [S[[i]]] }, {i, 1, n + 1}],
AspectRatio —> Automatic, Axes —> None,PlotRange —> All, ImageSize
   —> 8*n*d]]}
```

Il comando girasole [ϕ, d, n, h] produce un (ϕ, d, n)-fiore su fondo bianco, con primordi colorati in funzione del parametro h.

Bibliografia

[1] http://www.mcs.surrey.ac.uk/Personal/R.Knott/Fibonacci/fib.html

[2] A. Brousseau (1969) Fibonacci statistics in conifers. *Fibonacci Quarterly* 7, pp. 525-532

[3] L. Pisano, detto Fibonacci (1857-62) *Scritti di Leonardo Pisano*. A cura di Baldassarre Boncompagni, Tipografia delle Scienze Matematiche e Fisiche, Roma

[4] L. Pisano, detto Fibonacci (2002) *Fibonacci's Liber Abaci*, a cura di L.E. Sigler, Springer-Verlag, Berlin Heidelberg

[5] *Tesoro della lingua italiana delle origini*, http://tlio.ovi.cnr.it

[6] F. Bonaini (1857) *Memoria unica sincrona di Leonardo Fibonacci novamente scoperta*. Giornale Storico degli Archivi Toscani 1:4, pp. 239-246

[7] L. Pisano, detto Fibonacci (1987) *Liber Quadratorum*, a cura di L.E. Sigler, Academic Press, New York

[8] L. Pepe (2002) La riscoperta di Leonardo Pisano, in: E. Giusti (a cura di) *Un ponte sul Mediterraneo. Leonardo Pisano, la scienza araba e la rinascita della matematica in Occidente*. Polistampa, Firenze. Riprodotto in *http://web.math.unifi.it/archimede/fibonacci/catalogo/pepe.php*

[9] A. F. Horadam (1975) Eight hundred years young, *The Australian Mathematics Teacher* 31, pp. 123-134, riprodotto in *http://faculty.evansville.edu/ck6/bstud/fibo.html*

[10] *http://web.math.unifi.it/archimede/fibonacci/mostra.php*

[11] P. Singh (1985) The so-called Fibonacci numbers in ancient and medieval India, *Historia Mathematica* 12, pp. 229-244

[12] E. Lucas (1891) *Théorie des nombres*. Gauthier-Villars, Paris, ristampato da Blanchard (1961) Paris

[13] M. Gardner (1981) *Circo matematico*, Sansoni editore, Firenze

[14] D. Knuth (1973) *Fundamental algorithms*, Addison-Wesley, Reading

[15] M. Gardner (1973) *Enigmi e giochi matematici 2*, Sansoni editore, Firenze

[16] H.S. Wall (1948) *Analytic theory of continued fractions,* Chelsea Publishing, New York

[17] J.A. Adam (2003) *Mathematics in nature,* Princeton University Press, Princeton

[18] I. Stewart (1998) *Life's other secret,* Wiley, New York

[19] H. Vogel (1979) A better way to construct a sunflower head, *Mathematical Biosciences* 44, pp. 145-174

[20] *http://www.dm.unipi.it/~abate/film/filmmat/filmmat.html*

[21] J.N. Ridley (1982) Packing efficiency in sunflower heads, *Mathematical Biosciences* 58, pp. 129-139

[22] R.V. Jean (1988) Model of pattern generation on plants based on the principle of minimal entropy production, in: I. Lamprecht, A. I. Zotin (eds.) *Thermodynamics and Pattern Formation in Biology,* de Gruyter, Berlin, pp. 249-264

[23] R.V. Jean (1990) A synergic approach to plant pattern generation, *Mathematical Biosciences* 98, pp. 13-47

I modelli matematici per la previsione meteorologica

Alfio Quarteroni, Luca Bonaventura

Per molti di noi i fenomeni atmosferici costituiscono quasi il paradigma dell'imprevedibilità. La natura improvvisa e spesso drammatica di molti cambiamenti nello stato dell'atmosfera contrasta con i forti condizionamenti che storicamente tali cambiamenti hanno imposto alle società umane. Ancora oggi vi sono abbondanti esempi (dai cicloni tropicali alle semplici nevicate) di come perfino società tecnologicamente molto avanzate possano subire danni gravi in conseguenza di fenomeni meteorologici o essere condizionate, nelle loro scelte di politica energetica, dalle prospettive di evoluzione climatica. Ancora maggiore è ovviamente l'impatto sui paesi meno sviluppati, in cui la quantità e la natura delle precipitazioni sono determinanti per la stessa sopravvivenza delle popolazioni. Il problema della previsione meteorologica è, pertanto, di enorme rilevanza pratica e negli ultimi decenni si è legato, in modo sempre più stretto, ai problemi della previsione dell'evoluzione del clima (ovvero dell'andamento dei valori medi dei parametri atmosferici nell'arco di decenni o addirittura di secoli) e della previsione dei livelli di inquinamento atmosferico. Delineeremo qui una breve storia dei modelli matematici per la previsione meteorologica e dei metodi numerici sviluppati nel corso del XX secolo per rendere praticamente possibili previsioni meteorologiche accurate basate su una coerente descrizione matematica dello stato dell'atmosfera. Infine presenteremo alcuni risultati recenti della ricerca condotta presso il laboratorio MOX in questo settore, per sottolineare come i risultati della modellistica matematica applicata alla meteorologia possano fornire alcuni strumenti essenziali per la concreta gestione ambientale dei problemi legati all'inquinamento atmosferico.

Breve storia dei modelli matematici per la meteorologia

A differenza di altre discipline che affrontano problemi ambientali, come per esempio l'idraulica (in cui una applicazione sistematica di concetti e modelli matematici ebbe luogo già nel XVI secolo), il problema della previsione meteorologica è stato formulato compiutamente come problema matematico solo all'inizio del XX secolo. Si deve, infatti, al fisico matematico norvegese Vilhelm Bjerknes (1862-1951) la proposta, formulata nel 1904 in [1], di descrivere il moto dell'atmosfera utilizzando le già ben note equazioni di Eulero per la dinamica di un gas perfetto, opportunamente modificate per tener conto dell'azione della forza di gravità e del moto di rotazione terrestre. Bjerknes fu anche il pioniere dello studio qualitativo delle soluzioni fondamentali delle equazioni del moto e il fondatore della cosidetta "scuola di meteorologia di Bergen".

Trascurando la presenza del vapore acqueo, tali equazioni possono essere scritte come

$$\frac{D\rho}{Dt} + \rho \nabla \cdot \mathbf{u} = 0 \qquad p = RT\rho$$

$$\frac{D\mathbf{u}}{Dt} + 2\Omega \times \mathbf{u} + \frac{1}{\rho}\nabla p = -\nabla\Phi + \mathbf{F}$$

$$c_v \frac{DT}{Dt} = p\nabla \cdot \mathbf{u} + \mathbf{Q}$$

dove $\mathbf{u}$ rappresenta la velocità del vento rispetto alla superficie terrestre, ρ la densità dell'aria, p la pressione atmosferica e T la temperatura. Queste ultime tre quantità sono legate tra loro dall'equazione di stato per un gas perfetto. Nell'equazione del momento, derivata direttamente dall'applicazione della II legge di Newton a un elemento di fluido, sono presenti il termine $2\Omega \times \mathbf{u}$, che rappresenta l'effetto netto della rotazione terrestre, il gradiente del potenziale gravitazionale Φ e un termine $\mathbf{F}$ rappresentativo dei processi di dissipazione turbolenta dell'energia, mentre $\mathbf{Q}$ indica l'insieme di tutte le sorgenti di calore che devono essere considerate nella formulazione del bilancio complessivo dell'energia.

In questo modo la previsione del moto dell'aria si riconduce, in linea di principio, a un problema risolubile, una volta definiti i valori delle variabili coinvolte all'istante iniziale e ai bordi del dominio considerato, per tutto l'intervallo di tempo per cui si vuole effettuare la previsione. I problemi pratici che si pongono sono in realtà enormi, tanto da aver reso impossibile, per alcuni decenni, la realizzazione di questo schema concettuale apparentemente semplice.

Innanzitutto, i dati relativi allo stato dell'atmosfera sono disponibili in un numero relativamente limitato di punti, si riferiscono a variabili spesso eterogenee e ad istanti di tempo diversi e sono affetti da errori di misura tutt'altro che trascurabili. Inoltre, le equazioni presentate sopra descrivono in realtà una gamma enorme di moti dell'atmosfera, che possono avere luogo su scale spaziali e temporali diverse tra loro di molti ordini di grandezza. L'assenza di dati relativi ad alcune di queste scale può portare alla generazione di moti spuri e al deterioramento della qualità delle previsioni. Infine, una descrizione realistica dei fenomeni meteorologici non può ovviamente prescindere dalla previsione della distribuzione del vapore acqueo, dei suoi cambiamenti di fase e delle conseguenti precipitazioni. Questo è probabilmente l'aspetto dei fenomeni atmosferici che maggiormente contribuisce alla complessità della predizione quantitativa, data l'estrema irregolarità della distribuzione del vapore acqueo, la sua rilevanza nella determinazione dello stato termodinamico dell'atmosfera e la dipendenza dei cambiamenti di fase da fenomeni che avvengono sulla scala dei millesimi di millimetro e di cui necessariamente si devono dare descrizioni fortemente approssimate, nell'ambito di una previsione meteorologica su scale spaziali di decine o centinaia di chilometri.

Il primo tentativo di affrontare il problema della soluzione numerica delle equazioni del moto è strettamente legato alla figura dello scienziato britannico Lewis Fry Richardson (1881-1953), che nell'ambito di ricerche proseguite per vari decenni arrivò a descrivere e analizzare compiutamente tutte le principali fasi della previsione meteorologica basata su un modello matematico predittivo e sull'approssimazione numerica delle equazioni del moto [2]. Richardson introdusse numerosi concetti e strumenti ormai classici in analisi numerica, algebra lineare e meccanica dei fluidi, come, per esempio, l'estrapolazione delle derivate alle differenze finite, la formulazione generale dei metodi iterativi per la soluzione di sistemi lineari, il parametro adimensionale che regola la stabilità di un fluido stratificato. Per questi contributi, Richardson è spesso ricordato in letteratura senza che sia noto il contesto, molto peculiare, che ha fornito le motivazioni per il loro sviluppo. Lo sforzo pionieristico di Richardson, riassunto nel lavoro [1], apparso nel 1922, culminò con il primo esempio di calcolo concreto della soluzione numerica delle equazioni del moto atmosferico su di una regione vasta quanto l'intera Europa occidentale, ottenuta utilizzando approssimazioni alle differenze finite e ricostruzioni dei dati iniziali e al contorno, a partire dalle poche osservazioni allora disponibili. Il calcolo fu eseguito manualmente dallo stesso Richardson nell'arco di anni e in situazioni perfino romanzesche, come quelle verificatesi durante la prima guerra mondiale: obiettore di coscienza per motivi religiosi, Richardson fu impegnato come infermiere sul fronte francese e sfruttò le pause dei combattimenti per portare a termine una parte dell'enorme quantità di calcoli aritmetici necessari a raggiungere il suo obbiettivo.

Purtroppo, il lavoro di Richardson non ebbe alcuna conseguenza pratica immediata. Nonostante lo sforzo computazionale enorme, i suoi risultati portavano a una previsione totalmente errata. Ciò può attribuirsi all'assenza, negli anni in cui effettuò i suoi calcoli, di una teoria della stabilità degli schemi numerici per i problemi evolutivi, come pure all'uso di una procedura di inizializzazione estremamente semplice a fronte dell'applicazione di equazioni del moto che ammettevano anche soluzioni non correttamente rappresentabili sulla griglia di calcolo utilizzata da Richardson. Un'analisi dettagliata delle motivazioni concettuali degli errori presenti nei calcoli di Richardson è presentata, per esempio, in [3]. Per altri versi, però, l'opera di Richardson pose le basi alla prassi della previsione meteorologica odierna. Tutte le componenti di un modello numerico della circolazione atmosferica furono per la prima volta analizzate in dettaglio, secondo uno schema concettuale che, nella sostanza, non è dissimile da quello usato ancora oggi. Il costo computazionale associato alle varie componenti dello schema numerico fu stimato in dettaglio. In assenza di soluzioni analitiche delle equazioni del moto complete, per la prima volta si propose di validare la tecnica numerica su un caso test semplificato. Infine, nel passaggio più avveniristico e più noto della sua opera [1], Richardson immaginò un enorme anfiteatro con decine di migliaia di *calcolatori* (umani!) che eseguivano in parallelo le operazioni aritmetiche relative alla previsione del moto atmosferico su continenti diversi, allo scopo di produrre in tempo reale una previsione matematicamente fondata, con la tecnologia di calcolo disponibile ai tempi in cui scriveva.

Per arrivare a tradurre in realtà la visione di Richardson fu decisivo il contributo degli eredi della scuola norvegese di Bergen e, in particolare, del meteorologo svedese allievo di Bjerknes Carl-Gustaf Rossby (1898-1957). Emigrato negli USA negli anni '20, ricoprì posizioni di primo piano allo U.S. Weather Bureau, al MIT e all'Università di Chicago e contribuì a fondare il servizio meteorologico per l'aviazione civile americana e dell'esercito americano durante la seconda guerra mondiale. Tra i contributi indiretti del lavoro di Rossby si può, quindi, considerare anche la previsione meteo per lo sbarco in Normandia, eseguita senza fare uso di modelli numerici e di cui è stata recentemente dimostrata la buona qualità, applicando tecniche attuali ai dati allora disponibili. Rossby identificò alcune delle caratteristiche principali della circolazione atmosferica di grande scala, come le correnti a getto e quelle che oggi portano il nome di onde di Rossby, in lavori come [4] (si vedano anche i risultati del lavoro di J. Haurwitz [5]). Tali fenomeni furono interpretati sistematicamente come soluzioni particolari delle equazioni del moto atmosferico, mettendo in evidenza il ruolo centrale di grandezze come la vorticità potenziale nella descrizione della dinamica alle medie latitudini. Un'altra importante conseguenza dei lavori di Rossby fu la derivazione di sistemi di equazioni semplificate, in grado di descrivere le caratteristiche principali dei grandi sistemi meteorologici lontano dall'Equatore (dove è rilevante l'effetto della forza di Coriolis). Tali modelli sono giustificati da uno sviluppo asintotico delle equazioni complete in termini di parametri adimensionali come il numero di Rossby; le equazioni così derivate sono in generale meno sensibili ad errori o imperfezioni nei dati iniziali, dato che non ammettono soluzioni con velocità di propagazione molto elevata come le onde acustiche.

Il ricorso a tali modelli semplificati fu anche uno degli elementi chiave nella realizzazione della prima previsione meteorologica effettuata con un calcolatore elettronico [6], risultato della collaborazione avviata a Princeton, alla fine degli anni '40, da John von Neumann e Jules Charney, già allievo di Rossby a Chicago. Le imperfezioni presenti nei valori misurati, utilizzati per ricostruire i dati iniziali e al contorno del problema, ebbero così un impatto molto minore sulla qualità delle soluzioni numeriche. Inoltre, le basi di una teoria della stabilità dell'approssimazione numerica, poste contemporaneamente da von Neumann e di cui [6] mostra una delle prime applicazioni, permisero di inquadrare in modo corretto il problema della scelta di passi di discretizzazione spaziale e temporale adeguati, oltre che compatibili con le risorse di calcolo esistenti. In questo modo fu possibile calcolare l'approssimazione alle differenze finite, su di una regione coincidente approssimativamente con il Nord America, di un modello semplificato barotropico e quasi geostrofico, che descriveva l'atmosfera come un unico strato di fluido uniforme. Pur richiedendo 24 ore di calcolo sull'unico computer elettronico dell'epoca, l'ENIAC, per effettuare una previsione a 24 ore, il lavoro di Charney e von Neumann mostrò per la prima volta che una previsione basata esclusivamente su di un modello numerico poteva giungere a risultati qualitativamente e quantitativamente non molto diversi dalla previsione che avrebbe potuto formulare un meteorologo esperto dell'epoca, a partire dagli stessi dati.

Con questa sintesi di progresso tecnologico e tecniche matematiche più sofisticate, si posero le basi dell'approccio moderno alla previsione meteorologica numerica, che ha conosciuto, nel mezzo secolo successivo al primo lavoro di Charney e von Neumann, un continuo miglioramento in termini di accuratezza e affidabilità. Un'analisi dettagliata di tale sviluppo porterebbe facilmente oltre i limiti di questo breve contributo. Volendo identificare alcuni degli elementi chiave che hanno permesso tale progresso nelle previsioni meteo, oltre ovviamente allo spettacolare aumento delle prestazioni dei calcolatori, ci si può concentrare qui su alcuni punti fondamentali, come l'uso di metodi spettrali per la soluzione numerica delle equazioni del moto, lo sviluppo di una teoria della predicibilità dei sistemi dinamici caotici, il miglioramento delle tecniche di assimilazione dati, l'uso sistematico e sempre più ampio di rilevazioni effettuate via satellite.

Dal punto di vista del calcolo numerico, la risoluzione delle equazioni del moto mediante un metodo spettrale ha costituito senza dubbio un passo decisivo nella costruzione di modelli molto efficienti. La necessità di risolvere equazioni in geometria sferica portò naturalmente nella seconda metà degli anni '60 a considerare la possibilità di utilizzare per la discretizzazione orizzontale un metodo spettrale, in cui le funzioni base fossero delle armoniche sferiche, costituenti una base completa di autofunzioni dell'operatore di Laplace sulla sfera (si vedano ad esempio [7, 8]). Questo approccio, noto come metodo della trasformata spettrale nella sua specifica applicazione alle equazioni del moto atmosferico, permise di ottenere una accuratezza sufficiente anche utilizzando un numero relativamente modesto di gradi di libertà discreti, nonché di sfruttare in modo ottimale le architetture vettoriali dei primi supercalcolatori. Di fatto, alcuni dei sistemi di previsione meteorologica più accurati ed efficienti attualmente in uso sono basati su varianti del metodo spettrale.

Un altro contributo essenziale al miglioramento delle previsioni è derivato dalla comprensione più approfondita delle peculiarità dei sistemi dinamici non-lineari e caotici. La stessa nozione di sistema caotico è emersa dagli studi del meteorologo E. Lorenz (si vedano, per esempio, [9, 10]). Il notissimo sistema non-lineare di Lorenz si ottenne, in realtà, mediante una estrema semplificazione delle equazioni del moto atmosferico, allo scopo di ottenere una stima del limite teorico oltre il quale l'incertezza sulla conoscenza del dato iniziale viene amplificata dalla stessa dinamica atmosferica, fino al punto di non consentire una predizione quantitativamente esatta del suo stato futuro. Questo tipo di indagini ha consentito, da un lato, di evidenziare i limiti dell'impostazione puramente deterministica del problema della previsione meteorologica, aprendo la strada alle tecniche di previsione probabilistica e di *ensemble*. In un approccio di tipo probabilistico, le variabili che descrivono lo stato dell'atmosfera vengono interpretate come campi stocastici, di cui si tenta di approssimare, per un determinato periodo di tempo, le distribuzioni finito-dimensionali anziché i semplici valori medi. Ciò è possibile effettuando un grande numero di integrazioni numeriche con dati iniziali opportunamente perturbati, e calcolando le statistiche dei risultati di tali integrazioni. Tecniche di tipo probabilistico fanno parte ormai della pratica operativa, sia per la previsione su grande scala che per quella ad area limitata (si veda, per esempio, [11]).

D'altra parte, l'analisi dettagliata della dipendenza delle previsioni dalla quali-

245

tà del dato iniziale, ha permesso di sviluppare tecniche di assimilazione di dati sempre più progredite, in grado di integrare in modo ottimale milioni di misure puntuali, effettuate quotidianamente in tutto il mondo con i mezzi più disparati. Infatti, al di là dei pur significativi progressi in ambito teorico, è però indubbio che il miglioramento della qualità delle previsioni sia fortemente collegato al grande miglioramento, quantitativo e qualitativo, dei dati disponibili. In particolare, a partire dagli anni '60 alle stazioni di rilevamento a terra (che, paradossalmente, sono in alcuni casi diminuite di numero a causa degli alti costi) si è aggiunto l'uso sistematico dei rilevamenti effettuati da satelliti, che costituiscono ormai la parte più rilevante dei dati utilizzati per l'inizializzazione di modelli numerici. Nella maggior parte dei casi, le misure effettuate da satellite sono relative, per ogni istante temporale, solo ad un'area ristretta del globo. Per poter produrre un dato globale sincronico è stato necessario sviluppare adeguate procedure di trattamento dei dati, tra cui le più rilevanti ed efficaci sono le tecniche variazionali note come 4-D Var (si vedano, per esempio, [12, 13]). In queste tecniche, il dato globale ottimale viene individuato mediante la soluzione di un problema variazionale, in cui la funzione obiettivo tiene conto della discrepanza tra i valori predetti dal modello numerico (integrato con un dato iniziale di primo tentativo) su un determinato intervallo di tempo e le osservazioni disponibili in punti geograficamente distinti all'interno di tale intervallo.

L'impatto dei progressi scientifici e tecnologici che si sono qui brevemente riassunti è stato notevolissimo. Per dare un'idea del grado di risoluzione ed efficienza raggiunti dai modelli attuali, si può pensare, per esempio, ad alcune caratteristiche del modello globale IFS dello European Centre for Medium range Weather Forecast. Tale modello previsionale (considerato uno dei migliori esistenti al mondo) utilizza una griglia di calcolo con una risoluzione spaziale media di circa 22 km in orizzontale e 90 livelli verticali che consentono di includere nel modello anche parte della stratosfera. Tale modello può effettuare previsioni a 10 giorni in circa 1,25 ore di calcolo, su di un moderno supercalcolatore parallelo, a cui si devono aggiungere circa 6 ore, necessarie per la complessa procedura di assimilazione dati. Per quanto riguarda l'accuratezza delle previsioni e il loro miglioramento rispetto ai modelli precedentemente disponibili, si può considerare che il numero medio di giorni previsti in modo affidabile dalla previsione quotidiana del modello globale IFS dell'ECMWF è passato per l'Europa da 5,5 nel 1980 a 7,5 oggi, se si considera per il confronto con i dati misurati a posteriori un parametro importante quale l'altezza della superficie di pressione costante pari a 500 hectopascal. Ancora maggiore è stato l'impatto sulle zone tropicali e sull'emisfero meridionale della Terra, dove la scarsa rete di osservazione al suolo non permetteva in passato previsioni affidabili oltre un giorno, mentre per lo stesso modello citato prima, si è giunti ora a livelli di affidabilità analoghi a quelli delle regioni più ricche e densamente popolate, grazie a una migliore integrazione delle osservazioni effettuate da satellite. Inoltre, le previsioni probabilistiche sono ora una realtà operativa, che fornisce una descrizione concettualmente più accurata dell'evoluzione di un sistema caotico come l'atmosfera terrestre e consente, al tempo stesso, di quantificarne i margini di predicibilità in una data situazione meteorologica.

Risultati recenti sulle tecniche numeriche per la previsione dell'inquinamento atmosferico

Come accennato in precedenza, i modelli meteorologici non hanno rilevanza solo nell'ambito delle previsioni meteo. In questa sezione si vogliono presentare alcuni esempi di metodi numerici innovativi sviluppati recentemente, nell'ambito dell'attività di ricerca del laboratorio MOX, per affrontare problemi di modellazione matematica dell'inquinamento atmosferico e della qualità dell'aria. Problemi di questo genere rappresentano uno dei settori di maggiore rilevanza per l'applicazione dei modelli meteorologici, data la sempre crescente attenzione verso la previsione dei valori di concentrazione di inquinanti e l'interesse per politiche sostenibili di riduzione dell'inquinamento. I problemi su cui porremo l'attenzione comportano l'uso di tecniche di controllo ottimo per minimizzare l'impatto ambientale di sorgenti fisse di inquinanti e di metodi per l'approssimazione numerica delle equazioni che descrivono la dispersione di tali inquinanti.

Un problema tipico della gestione ambientale degli impianti industriali che immettono in atmosfera inquinanti primari consiste nel programmarne il funzionamento in modo da mantenere la concentrazione degli inquinanti stessi al di sotto del livello desiderato, in particolare con riferimento alle zone più densamente popolate nelle immediate vicinanze del sito stesso (si veda la situazione-tipo descritta nella Figura 1).

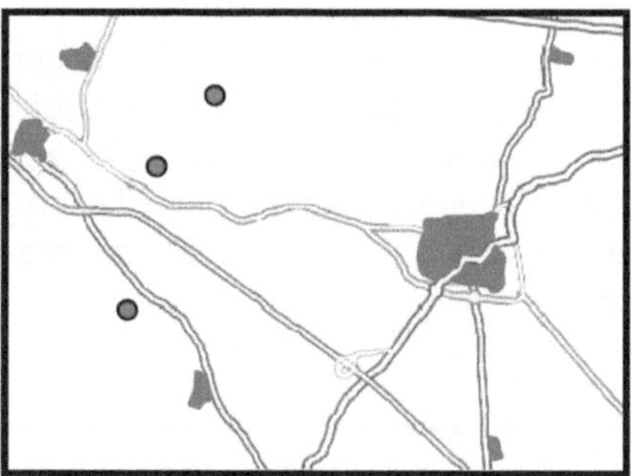

Fig.1. Siti di impianti industriali in prossimità di un centro abitato

Un modello semplificato di tale problema, per cui si può impostare una opportuna formulazione matematica, è quello descritto dalla Figura 2: l'emissione delle sorgenti puntuali u_1, u_2, u_3 all'interno del dominio rettangolare Ω deve essere tale da rendere minima una opportuna funzione obiettivo (per esempio, un funzionale come

$$J(C,u) = \frac{1}{2}\int_D (gC(u) - C_D^0)^2$$

che rappresenta lo scarto della concentrazione di inquinante C da un valore di riferimento C_D^0 ammesso dalle normative vigenti) all'interno di un sottodominio D, che rappresenta l'area considerata particolarmente sensibile.

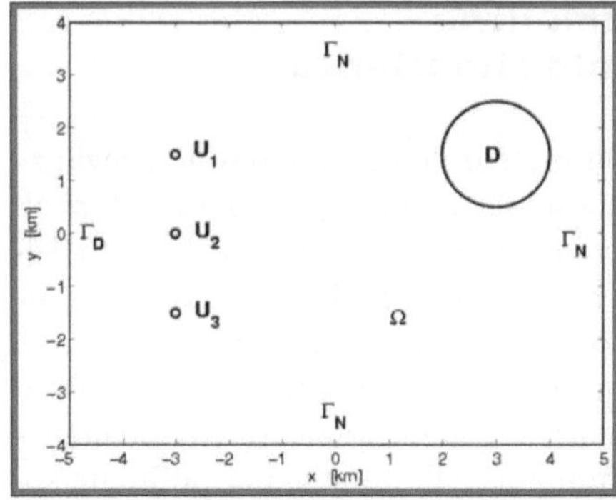

Fig. 2. Rappresentazione semplificata del problema di posizionamento di impianti

Si suppone che la concentrazione di inquinante soddisfi sul dominio Ω l'equazione di avvezione e diffusione

$$- \nabla \cdot (\nu \nabla C) + \mathbf{V} \cdot \nabla C = u \quad \text{in } \Omega$$
$$C = 0 \quad \text{su } \Gamma_D$$
$$\frac{\partial C}{\partial n} = 0 \quad \text{su } \Gamma_D$$

dove $\mathbf{V}$ è un campo di vento medio, rappresentativo delle condizioni meteorologiche tipiche in prossimità dell'impianto. Le tecniche di controllo ottimo studiate in [14] consentono, per esempio, di determinare le emissioni ammesse per i singoli impianti perché l'impianto stesso sia sfruttato al massimo della sua capacità compatibile con l'obiettivo di mantenere accettabile il tasso di inquinamento nella regione D. La differenza tra le emissioni non regolate e quelle regolate sulla base della soluzione del problema di controllo ottimo è visibile chiaramente nelle diverse concentrazioni di inquinanti presentate in Figura 3.

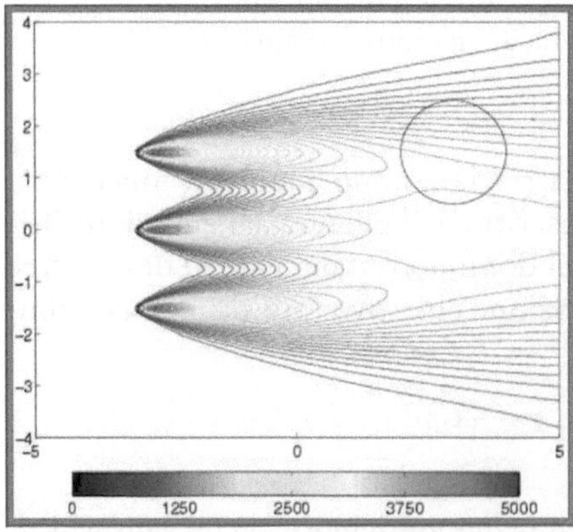
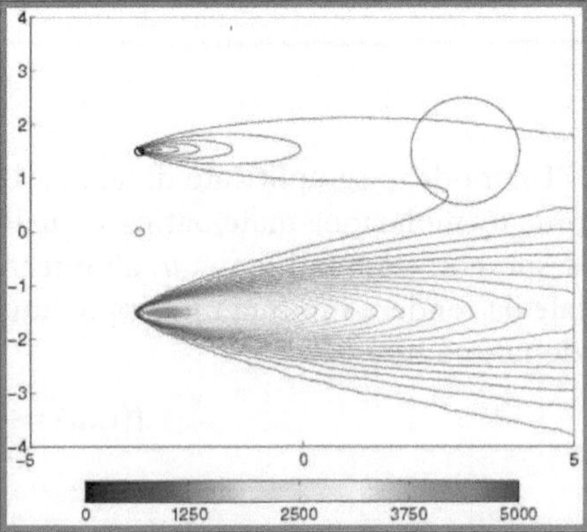

Fig. 3. Emissioni non regolate (sinistra) e emissioni regolate in modo ottimale, secondo il risultato del problema di controllo (destra)

I metodi sviluppati in [14] consentono anche di ridurre notevolmente la quantità di calcoli necessari per una applicazione realistica di questa tecnica, mediante una procedura di adattamento locale della griglia di calcolo, guidata anch'essa dalla tecnica di controllo ottimo (si veda un esempio di griglia ad alta risoluzione ottimizzata in Fig. 4).

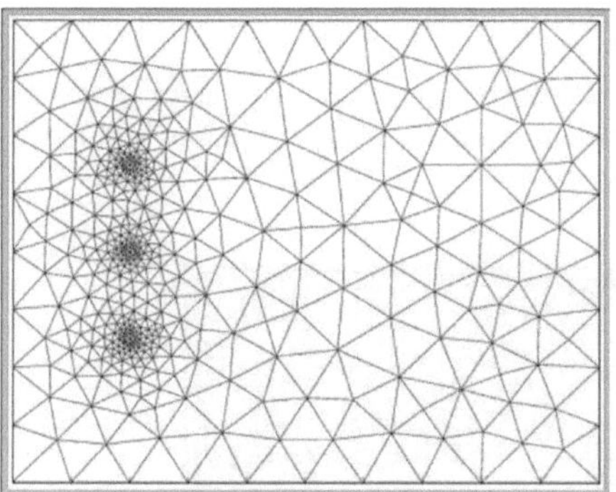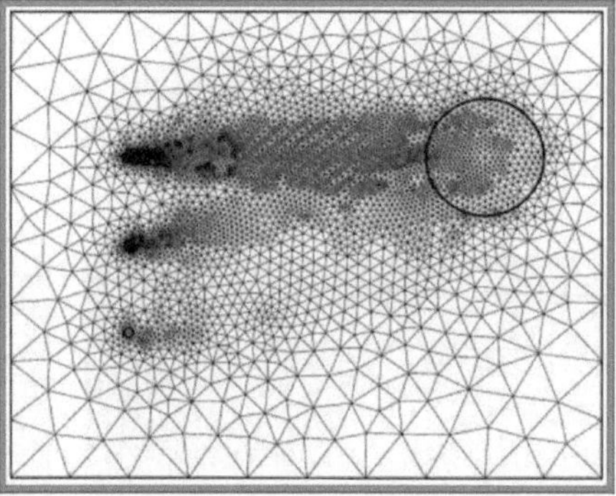

Fig. 4. Griglia di calcolo non ottimizzata (sinistra) e griglia ad alta risoluzione, adattata in modo ottimale secondo il risultato del problema di controllo (destra)

Altri risultati sono stati ottenuti, invece, relativamente al classico problema evolutivo per l'equazione di avvezione e diffusione, che descrive la dispersione di inquinanti in atmosfera. Per determinare la soluzione numerica sono note numerose tecniche, molto affidabili e competitive, ma gli attuali modelli più avanzati di chimica atmosferica, che tentano di descrivere accuratamente i processi secondari di formazione di inquinanti, al fine di ottenere una previsione accurata di sostanze come il particolato fine (PM10, PM2.5), tengono conto di un gran numero di specie chimiche e sono costituiti, pertanto, da un numero molto elevato di equazioni, rendendo computazionalmente assai pesante l'applicazione di molte delle tecniche tradizionali. La soluzione numerica dovrebbe essere calcolata in modo efficiente con un passo temporale relativamente lungo, con un livello di accuratezza sufficiente per formulare previsioni e senza introdurre oscillazioni numeriche spurie. Il metodo numerico proposto in [15] soddisfa tutte queste caratteristiche e consente di ottenere, a costo computazionale significativamente più basso delle tecniche tradizionali, risultati che approssimano molto meglio la soluzione corretta (vedi Fig. 5).

L'applicazione di queste tecniche a problemi realistici di previsione delle concentrazioni di inquinanti è attualmente in corso presso il laboratorio MOX, in collaborazione con il Servizio Idrometeorologico della Agenzia Regionale per l'Ambiente dell' Emilia Romagna. In Figura 6 sono riportati alcuni risultati ottenuti applicando il metodo proposto in [15] al caso di campi di vento effettivamente calcolati dal modello LokalModell, in uso per le previsioni meteorologiche sull'Italia e su vari altri paesi europei.

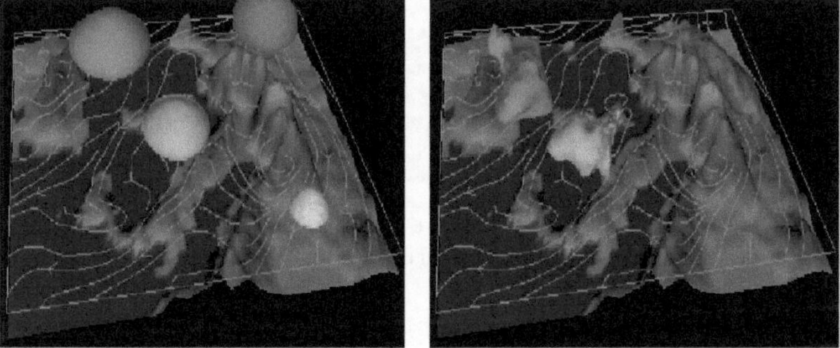

Fig. 5. Soluzione di un problema di avvezione calcolata con un metodo semi-lagrangiano agli elementi discontinui (**a**) e con un metodo agli elementi discontinui tradizionale (**b**), confrontate con la soluzione esatta (**c**)

Fig. 6. Dati iniziali di concentrazione di inquinanti (sinistra) e valori ottenuti dopo alcune ore di simulazione con campo di vento realistico (destra)

Conclusioni

In questa breve esposizione si è cercato di riassumere le principali tappe nello sviluppo storico della previsione meteorologica, basata su modelli matematici della fluidodinamica, evidenziando come lo sviluppo della modellistica matematica dei fenomeni meteorologici costituisca quasi un caso esemplare, un prototipo di ricerca interdisciplinare in cui i contributi della matematica, della fisica, della scienza dell'informazione e più in generale di vari settori della tecnologia si sono integrati, hanno sviluppato un linguaggio comune per affrontare problemi di enorme complessità scientifica e tecnologica e hanno trovato in questa sfida una fonte continua di motivazioni e di nuove idee. Si sono poi presentati alcuni risultati recenti della ricerca condotta nel laboratorio MOX nel settore della modellistica dell'inquinamento atmosferico, per sottolineare come i risultati della modellistica matematica possano fornire alcuni strumenti essenziali per una concreta gestione ambientale.

Si ringraziano per il loro apporto a questo contributo Davide Cesari, Luca Dedè, Marco Restelli e Gianluigi Rozza. Si ringraziano inoltre il Max Planck Institute for Meteorology, lo European Centre for Medium Range Weather Forecast e il Servizio Idrometeorologico della Agenzia Regionale per l'Ambiente dell'Emilia Romagna per l'accesso al materiale bibliografico d'archivio.

Bibliografia

[1] V. Bjerknes (1904) Das Problem der Wettervorhersage, betrachtet vom Standpunkte der Mechanik und der Physik, *Meteorologische Zeitschrift*, 21, pp. 1-7

[2] L.F. Richardson (1922) *Weather Prediction by Numerical Process*, Cambridge University Press, Cambridge

[3] P. Lynch (1992) Richardson's barotropic forecast: a reappraisal, *Bullettin of the American Meteorological Society*, 73, pp. 35-47

[4] C.G. Rossby (1939) Relations between variations in the intensity of the zonal circulation of the atmosphere and the displacements of the semipermanent centers of action, *Journal of Marine Research*, 2, pp. 38-55

[5] J. Haurwitz (1940) The motion of atmospheric disturbances on the spherical Earth, *Journal of Marine Research*, 3, pp. 254-267

[6] J.G. Charney, R. Fjörtoft, J.von Neumann (1950) Numerical Integration of the Barotropic Vorticity Equation, *Tellus*, 2, pp. 237-254

[7] A. J. Robert (1966) The Integration of a Low Order Spectral Form of the Primitive Metereological Equations, *Journal of the Meteorological Society of Japan*, 44, pp. 237-245

[8] W. Bourke (1972) An Efficient, One-level, Primitive Equation Spectral Model, *Monthly Weather Review*, 100, pp. 683-689

[9] E. Lorenz (1963) Deterministic Nonperiodic Flow, *Journal of the Atmospheric Sciences*, 20, pp. 130-141

[10] E. Lorenz (1969) The Predictability of a Flow Which Possesses Many Scales of Motion, *Tellus*, 21, pp. 289-307

[11] F. Molteni, R. Buizza, T.N. Palmer, T. Petroliagis (1996) The ECMWF Ensemble Prediction System: Methodology and Validation, *Quarterly Journal of the Royal Meteorological Society*, 122, pp. 72-119

[12] F.X. Le Dimet, O. Talagrand (1986) Variational Algorithms for Analysis and Assimilation of Meteorological Observations: Theoretical Aspects, *Tellus A*, 38, pp. 97-110

[13] F. Rabier, J.F. Thepaut, P. Courtier (1998) Extended Assimilation and Forecast Experiments with a Four-Dimensional Variational Assimilation System, *Quarterly Journal of the Royal Meteorological Society*, 124, pp. 1-39

[14] L. Dedé, A. Quarteroni (2005) Optimal control and numerical adaptivity for advection-diffusion equations, *Mathematical Modelling and Numerical Analysis*, 39, pp. 1019-1040

[15] M. Restelli, L. Bonaventura, R. Sacco (2006) A Semi-Lagrangian, Discontinuous Galerkin Method for Scalar Advection by Incompressible Flow, *Journal of Computational Physics*, 216, pp. 195-215

matematica e medicina

Evoluzione dell'istopatologia: da *flatlandia* a una visione a tre dimensioni

CATERINA MARCHIÒ, GIANNI BUSSOLATI

I patologi, un po' come succede nel mondo descritto nel romanzo di Abbott [1], trascorrono da sempre la maggior parte della loro giornata lavorativa alle prese con un'osservazione bidimensionale al microscopio ottico di sottili sezioni tissutali, e da qui nasce spesso il desiderio di poter disporre di una visione nelle tre dimensioni delle strutture istologiche osservate, soprattutto quando si ha a che fare con tessuti caratterizzati da morfologia complessa, la quale non può essere desunta prontamente da sezioni isolate (Fig. 1).

Il metodo delle ricostruzioni plastiche offre grande interesse a chi si dedichi alle ricerche nel campo dell'anatomia normale e patologica, e specialmente in quest'ultima, perché, consentendo lo studio esatto dei rapporti topografici spaziali, permette spesso di giudicare esattamente i rapporti interconnessi tra diverse formazioni, anche quando gli esami condotti con i metodi abituali falliscono questo scopo.

Così commentava, in uno scritto pubblicato nel 1945, Renato Dulbecco [2], assistente e libero docente presso l'Istituto di Anatomia e Istologia Patologica di Torino negli anni '40, anni che lo vedono impegnato anche nello studio della con-

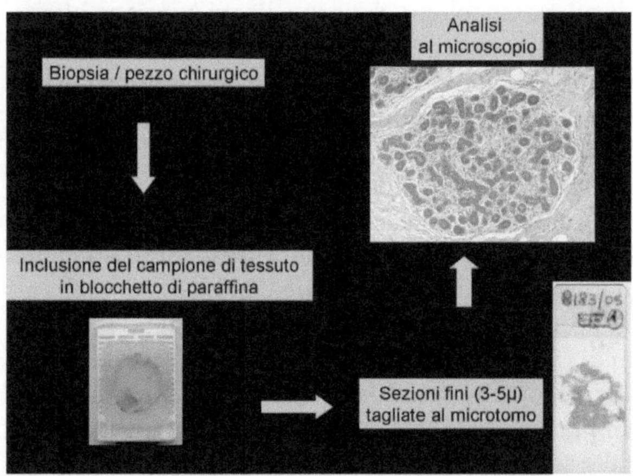

Fig. 1. Rappresentazione schematica del lavoro del patologo: a partire da materiale bioptico o chirurgico si ottengono dei campionamenti del tessuto in esame, che vengono inclusi in paraffina. Il blocchetto comprendente il tessuto incluso in paraffina viene tagliato al microtomo, ottenendo così delle fettine sottilissime che, dopo colorazione, sono pronte per essere osservate al microscopio

formazione tridimensionale dell'albero respiratorio bronchiale servendosi di fotografie, disegni e modellini plastici di cartoncini colorati, seguendo quella che era l'unica tecnica – peraltro laboriosissima – possibile al tempo. Attraverso questo metodo, da lui stesso perfezionato [2], Dulbecco elaborò una serie di modellini che riproducevano la struttura dell'albero bronchiale in polmoni normali e in polmoni affetti da vari tipi di pneumoconiosi: grazie ad essi chiarì anzitutto la questione dell'architettura dei bronchioli terminali e respiratori, dei dotti alveolari e dei loro rapporti con i vasi sanguigni, e successivamente svolse una serie di studi sui diversi tipi di pneumoconiosi che aiutarono a capire la patogenesi delle stesse [3] (Fig. 2).

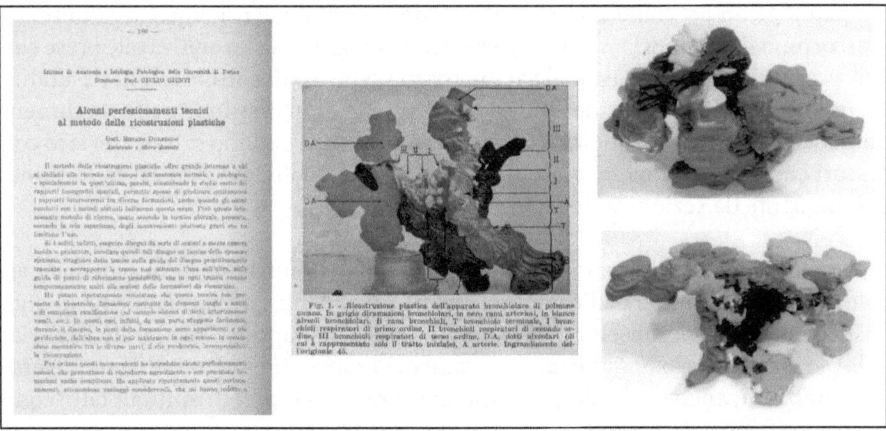

Fig. 2. Articoli originali pubblicati dai prof. Mottura e Dulbecco negli anni '40; fotografie dei modellini ottenuti dalla ricostruzione tridimensionale e ritrovati nello studio del Prof. Mottura nell'Istituto di Anatomia Patologica dell'Università di Torino

Raccogliendo questa tradizione ci siamo addentrati alla ricerca della terza dimensione, fiduciosi di ciò che le nuove tecnologie al giorno d'oggi potevano offrire. Grazie infatti alle nozioni di analisi, geometria euclidea e differenziata, nel tempo gli studiosi sono riusciti a creare dei *package* matematici che permettono l'utilizzo di software in varie discipline quali l'economia, l'ingegneria, l'architettura e la medicina – soprattutto nell'ambito della radiologia e ora anche nel mondo da sempre strettamente bidimensionale dell'istopatologia.

Parlando di ricostruzione tridimensionale, esistono approcci diversi quali le funzioni parametriche, i modelli parametrici deformabili e le funzioni implicite, quest'ultime specialmente adatte a raffigurare topologie complesse e risultanti particolarmente indicate per rappresentazione di superfici da immagini mediche. In breve, a partire da immagini di risonanza magnetica, di tomografia assiale computerizzata o da immagini microscopiche seriate nel nostro specifico caso, che forniscono una serie di sezioni planari della struttura in esame, si procede all'allineamento delle immagini e alla segmentazione delle stesse da cui si ottengono i contorni della regione di interesse: tramite un opportuno algoritmo di riconoscimento dei bordi, si estraggono dei punti che successivamente interpolati portano a ottenere una struttura tridimensionale.

Con l'avvento dell'era informatica molti hanno creduto di poter trovare la soluzione alla maggior parte dei problemi che da sempre la ricostruzione tridimensionale si porta dietro, in realtà ben presto ci si è accorti di quanto sia relativamente utile l'utilizzo di una "macchina" in un campo come questo, in cui è importante certo ottenere la massima automatizzazione, ma deve essere costantemente e inevitabilmente presente una guida da parte di chi conosce il mondo dell'anatomia, dell'istologia, dell'istopatologia. Il supporto informatico svolge un ruolo importante soprattutto nel momento in cui, raccolte le immagini delle varie sezioni, si procede alla creazione del modello tridimensionale, ma a monte di tutto ciò devono essere risolte alcune questioni fondamentali, quale per esempio il problema del riallineamento delle immagini seriate.

Un capitolo particolare è costituito dalla possibilità di ottenere modelli tridimensionali a partire da sezioni ottenuta grazie all'analisi del preparato al microscopio confocale. Quest'ultimo, facente parte della categoria dei microscopi ottici, utilizza come fonte di illuminazione, a differenza del microscopio ottico tradizionale, un laser, quindi una luce monocromatica, estremamente intensa e dotata della massima purezza; quello che il microscopio confocale compie è una analisi della luce riflessa dai preparati, con una profondità d'esame che dipende, quasi completamente, dalla natura del preparato e dalle dimensioni della struttura istologica di interesse (tuttavia, quando è richiesto un alto grado di risoluzione spaziale, la profondità d'esame all'interno di un preparato è al massimo di 50-100 µ). La risoluzione ottenibile è la massima risoluzione possibile dai microscopi ottici, ovvero 200 nanometri. Il microscopio confocale permette inoltre di andare a lavorare nelle tre dimensioni (asse x, asse y, asse z), a cui se ne possono eventualmente aggiungere altre due, il tempo e lo spostamento lungo uno degli assi suddetti, arrivando pertanto a parlare di un microscopio a 5 dimensioni. Quando si parla di microscopio confocale e sezioni del preparato analizzate tramite lo stesso si parla di sezioni ottiche, in quanto il microscopio crea delle sezioni virtuali in determinate strutture contenute nella sezione istologica osservata: il risultato ottenuto sarà dato da una serie di sezioni perfettamente allineate le une alle altre, che non devono essere sottoposte a nessuna procedura di orientamento, dato che il preparato non subisce alcuno spostamento sugli assi x e y. Per quanto riguarda l'asse z, occorre aggiungere che le sezioni seriate si trovano a una distanza sempre uguale le une dalle altre, distanza prestabilita prima di effettuare la procedura di *scanning*.

In un lavoro condotto dal prof. Papotti e dal prof. Bussolati [4], che rappresenta la prima applicazione del microscopio confocale e della ricostruzione tridimensionale allo studio della morfologia nucleare del carcinoma papillifero della tiroide e, più in generale, dei tumori, si è andati a indagare la forma e le alterazioni, le deformazioni (definite in termini tecnici "*grooving* e inclusi") dei nuclei del carcinoma papillifero della tiroide e a differenziarle rispetto a altre condizioni in cui era presente la caratteristica dei nuclei chiari. I modellini tridimensionali ottenuti hanno messo in evidenza nuclei irregolari e fortemente deformati, con indentazioni e protuberanze della superficie nucleare e, in alcuni nuclei, la presenza di un cratere più o meno profondo, fino alla creazione di un vero e proprio "buco": queste alterazioni morfologiche corrisponderebbero al *grooving* e alle zone otticamente vuote osservabili al microscopio ottico tradizionale e sarebbero, pertanto, diverse espressioni dello stesso fenomeno di irregolarità della membrana nucleare. I vacuoli intranucleari, o inclusioni visibili all'osservazione tradizionale, sarebbero invece rappresentate, nel modello tridimensionale, dalle strutture *tunnel-like* che il modello tridimensionale mette ben in evidenza e corrisponderebbero pertanto alla massima espressione delle deformità, tipiche dei nuclei di carcinoma papillifero.

Ottenuti questi primi risultati nel campo della microscopia confocale, è stato affrontato lo studio delle strutture microscopiche, analizzate su sezioni istologiche seriate al microscopio ottico, approccio che porta con sé sicuramente delle difficoltà in più. Il primo problema, legato alla possibilità di riallineare le sezioni seriate una volta tagliate, è stato superato utilizzando uno strumento chiamato *Tissue Micro Arrayer* (mod. ATA-100, Chemicon International, Tamecula, CA) [5]. Questo strumento permette di estrarre dei cilindri di tessuto da un blocchetto di paraffina, contenente un determinato tessuto, e di inserirli in un altro, contenente un tessuto diverso. In questo modo abbiamo potuto immettere nel blocchetto contenente il tessuto oggetto del nostro studio dei cilindri di tessuto antracotico (risultante nerastro alla visione al microscopio ottico), che sono stati tagliati assieme al tessuto in studio e hanno rappresentato dei punti di riferimento (Fig. 3).

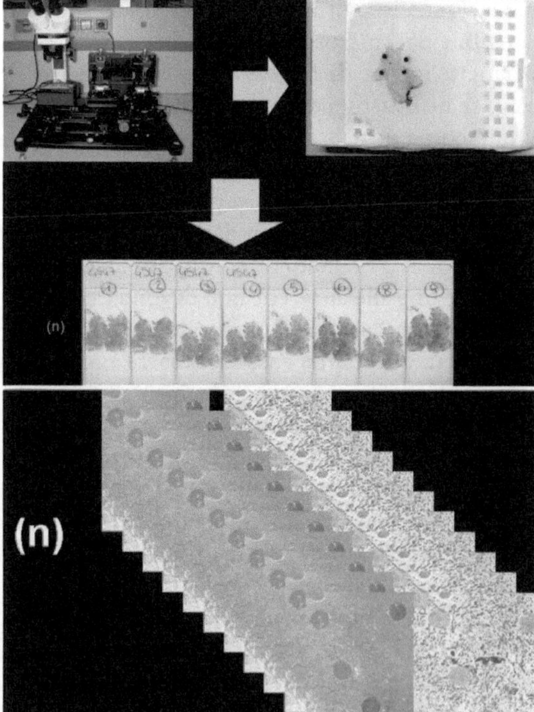

Fig. 3. Schema dell'impiego del *Tissue Micro Arrayer* nel posizionamento dei *reperi* per il corretto allineamento delle sezioni. Per una descrizione dettagliata si veda [5]

Ottenute le sezioni seriate, si procede ad analizzarle al microscopio ottico e a fotografare il campo di interesse su ogni sezione, servendosi proprio dei punti di riferimento per fissare il campo, mantenendo sempre lo stesso orientamento. Lo *stack* di immagini viene quindi caricato e gestito tramite un software 3D chiamato *Amira 4.0* (TGS, Template Graphics Software). Amira è un programma di elaborazione tridimensionale, che permette l'allineamento delle sezioni in maniera automatica o semi-automatica e una segmentazione delle immagini gestita in maniera manuale o semi-automatica. L'algoritmo alla base della ricostruzione tridimensionale a partire dalle immagine segmentate è il *marching cube algorithm* (MC), originariamente proposto da Lorensen e Cline nel 1987 [6] e successivamente modificato allo *Zuse Institute* di Berlino, dove Amira è stato prodotto [7]. Il concetto alla base di tale algoritmo si esplica nel suddividere la superficie che si vuole creare in una serie di cubi o parallelepipedi, per ridurre il problema della triangolazione della superficie alla più semplice triangolazione delle porzioni di superficie contenute in ogni singolo cubo. I cubi che intersecano tale superficie vengono individuati in base alla posizione dei loro vertici: se parte dei vertici sono esterni all'oggetto e parte sono interni, allora il cubo contiene una porzione di superficie. Come accennato, l'algoritmo che viene utilizzato è leggermente modificato, in modo da evitare le irregolarità, sia geometriche che topologiche, proprie del MC: si parla, in questo caso, di *marching tetrahedra body centered lattice*. Infatti, con il MC non modificato si possono avere 256 (2^8) possibili configurazioni dei vertici dei cubi: ogni cubo ha 8 vertici e ogni vertice può essere selezionato o meno secondo la regola binaria, per la quale se il vertice è selezionato, allora viene settato in nero, altrimenti in bianco, quindi le possibili combinazioni possono essere 2 – bianco/nero – elevato alla 8 – il numero totale dei vertici del cubo –. L'algoritmo modificato, invece, screma queste configurazioni che a volte risultano ridondanti, riducendole a 16, attraverso una suddivisione del volume di interesse in tetraedri anziché in cubi. In questo modo si riduce notevolmente il numero di triangoli necessari per la ricostruzione, con la conseguente minimizzazione del costo computazionale. A seconda dei vertici posizionati all'interno del volume che si vuole ricostruire, vengono generate delle isosuperfici, la cui giustapposizione crea l'oggetto tridimensionale. L'algoritmo specifico implementato in Amira è denominato GMC (*Generalized Marching Cubes*) e permette la definizione di più materiali all'interno dello stesso cubo [7]. In questo modo non si ha più una configurazione binaria dei vertici dei cubi, ma delle combinazioni che dipendono da quanti materiali o tessuti differenti si vogliono ricostruire. L'utente, quindi, colora con tonalità differenti i materiali di interesse e l'algoritmo provvede a riconoscere le diversità. Dopodichè, il programma scansiona due strati contigui alla volta e genera i cubi che collegano questi due strati andando a posizionare quattro vertici in ogni sezione. Il passo successivo è la triangolazione e, quindi, la generazione del volume.

I nostri campi di interesse sono stati fino ad oggi sostanzialmente due: da un lato quello dell'istologia della ghiandola mammaria e delle patologie a essa correlate e dall'altro la cardiopatologia fetale. Nel primo ambito abbiamo ricostruito quella che è l'unità base della ghiandola mammaria, ovvero il lobulo, con la possibilità di mappare, all'interno della struttura mammaria, lo spettro di espressione di determinate proteine da parte delle cellule che compongono la strutture duttali e lobulari. In un secondo momento si è passati allo studio di due particolari tipi istologici di carcinoma della mammella: il carcinoma tubulare e il carcinoma tubulolobulare, simili dal punto di vista dell'istologia all'osservazione bidimensionale. L'analisi tridimensionale ha messo in luce come queste due entità condividano lo stesso pattern di crescita, composto da filoni cellulari e dilatazioni a bolla, pattern definito "a corona di rosario". Questa osservazione porta pertanto a dedurre che questi due carcinomi non siano in realtà due entità distinte, ma diverse facce di un unico istotipo, osservazione comprovata anche da dati clinici di follow-up delle pazienti e da analisi di immunoistochimica [8].

Risultati incoraggianti provengono anche dall'applicazione della ricostruzione tridimensionale al campo della cardiopatologia fetale: è questo infatti un settore dove spesso l'osservazione macroscopica al momento dell'autopsia dà uno scarso contributo, dati i limiti imposti dalle piccole dimensioni dell'organo, a una analisi dettagliata. Ecco allora che lo studio tramite sezioni istologiche seriate e la successiva ricostruzione tridimensionale, con la possibilità di sezionare virtualmente il cuore ricostruito (Fig. 4), possono venire in aiuto, in quanto in grado di superare i limiti inevitabilmente imposti dall'osservazione macroscopica e microscopica convenzionale permettendo una migliore interpretazione delle alterazioni funzionali, in rapporto anche ai dati ecografici [5].

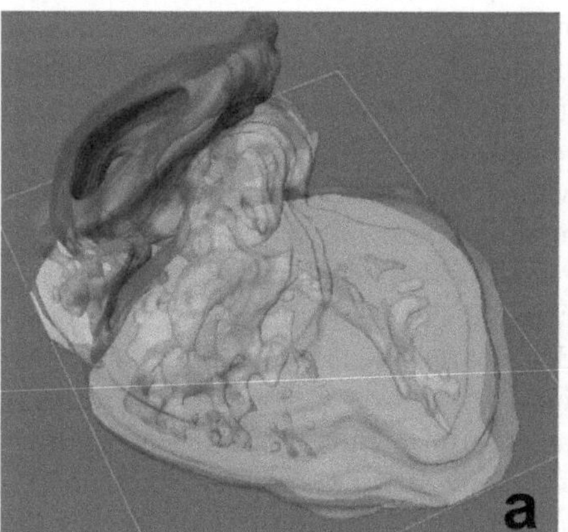
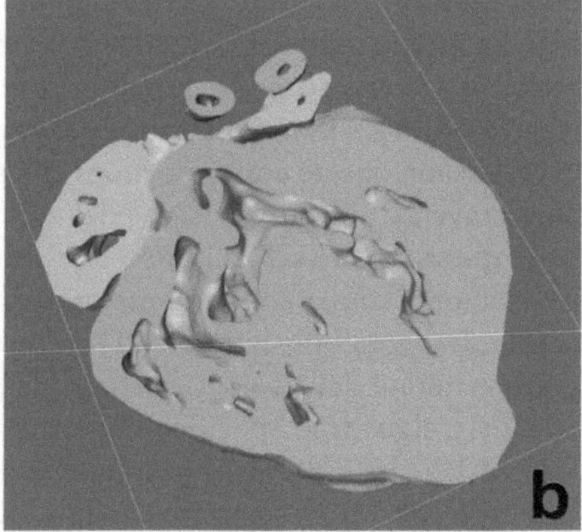

Fig. 4. Modellino tridimensionale di cuore fetale di 11 settimane di età gestazionale affetto da difetto interventricolare e aorta "a cavaliere"

Con il nostro studio ci siamo inoltrati nella scoperta di un mondo ignorato o trascurato dalla maggior parte dei patologi, scettici sul fatto che possa meritare investire del tempo su una metodica di analisi singolare, non ancora perfetta sotto il punto di vista tecnico, certo pionieristica, esplorata da pochi nel settore. Abbiamo scoperto le sue promettenti potenzialità, tali da poter costituire un mezzo nuovo per l'interpretazione delle strutture patologiche nel campo della ricerca e, magari, in un futuro una tecnica semplice e affidabile per la diagnosi delle lesioni patologiche.

Bibliografia

[1]   A. Edwin Abbott (2003) *Flatlandia, racconto fantastico a più dimensioni*, Adelphi Edizioni s.p.a., Milano

[2]   R. Dulbecco (1945a) Alcuni perfezionamenti tecnici al metodo delle ricostruzioni plastiche, *Arch Sc. Med.*, 79, pp 180-183

[3]   R. Dulbecco (1945b) Ricerche sull'architettura dei bronchioli respiratori del polmone umano. Considerazioni sulla dinamica respiratoria e loro riflessi nella patologia, *Giornale della R. Accademia di Medicina di Torino*, pp.7-12

[4]   M. Papotti, A.D. Manazza, R. Chiarle, G. Bussolati (2003) Confocal microscope analysis and tridimensional reconstruction of papillary thyroid carcinoma nuclei, *Virchows Arch.*, 444, pp. 350-355

[5]   G. Bussolati, C. Marchiò, M. Volante (2005) Tissue arrays as fiducial markers for section alignment in 3-D reconstruction technology, *Journal of Cellular and Molecular Medicine*, 9, pp. 438-445

[6]   W. Lorensen and H. Cline (1987) Marching cubes: a high resolution 3D surface construction algorithm, *Computer Graphics*, 21, pp.163–169

[7]   H.C. Hege, M. Seebass, D. Stalling, M. Zöckler, *A Generalized Marching Cubes Algorithm Based On Non-Binary Classifications*, Konrad-Zuse-Zentrum für Informationstechnik, Berlin

[8]   C. Marchiò, A. Sapino, R. Arisio, G. Bussolati (2006) A new vision of tubular and tubulo-lobular carcinomas of the breast, as revealed by 3D modeling, *Histopathology*, 48, pp 556–562

matematica, Cina e Giappone

Matteo Ricci: un gesuita matematico alla corte dei Ming

Michela Fontana

Matteo Ricci, pioniere

Matteo Ricci il gesuita maceratese che visse in Cina dal 1583 al 1610, occupa un ruolo significativo nella storia della scienza cinese perché con la sua opera pionieristica di divulgazione in Cina delle conoscenze matematiche e astronomiche europee, tra fine Cinquecento e inizi Seicento, aprì la strada agli altri gesuiti che in seguito si recarono in Cina e ampliarono dopo di lui il lavoro di diffusione della cultura scientifica occidentale, realizzando un fecondo scambio tra due civiltà fino ad allora separate.

Fig. 1. Ritratto ad olio su tela di Matteo Ricci, dipinto da You Wenhui (Manuel Pereira) nel 1610 dopo la morte del gesuita. Opera conservata presso la Chiesa del Gesù a Roma

Matteo Ricci, chiamato in cinese Li Madou, è l' uomo simbolo dell'incontro tra Cina e Europa. Conoscitore della lingua cinese, introdusse per primo la cultura europea nel vastissimo paese orientale pubblicando in mandarino testi di argomento morale, filosofico, religioso e scientifico, quali, tra gli altri, il *Trattato sull'Amicizia, Il Vero Trattato del Signore del Cielo, Il trattato della memoria locale, oltre che* la traduzione e l'adattamento di parte degli *Elementi* di Euclide, opera ancora oggi menzionata nei libri di storia cinese. Fu lui a mostrare ai cinesi, con i suoi famosi mappamondi, come era fatto il mondo al di fuori dell'Impero Celeste, incluso il continente americano scoperto nel secolo precedente e ignoto ai cinesi. Ma Ricci fece molto di più: egli fece anche conoscere la Cina in Europa traducendo per primo in latino alcuni testi classici della filosofia confuciana e descrivendo gli usi, i costumi e la cultura cinesi nelle sue numerose lettere ai superiori e nell'opera *Dell'entrata della Compagnia di Gesù e Christianità nella Cina* [1] pubblicata dopo la sua morte.

Anche se il maceratese non era uno scienziato, scelse di usare la matematica e l'astronomia come strumento di penetrazione culturale, stimolando l'interesse degli intellettuali cinesi verso le conoscenze occidentali. Quanto la matematica fosse importante per il successo della missione gesuita lo rivelano le parole del successore di Ricci, Niccolò Longobardo. Il nuovo superiore della missione chiede infatti, in una lettera indirizzata al Generale dell'Ordine il 15 ottobre 1612, che vengano inviati a Pechino libri scientifici e confratelli esperti nella disciplina di Pitagora:

[...] Per noi è cosa accertata che la matematica ci apre il campo al quale miriamo... all'ombra della matematica noi dovremmo arrivare ad offrire al re la filosofia e la teologia... [2].

Studi scientifici

Ricci aveva frequentato per cinque anni, dal 1572 al 1576, il Collegio Romano, l'università gesuita oggi Università Gregoriana. Il corso di studi comportava due anni di retorica, tre di filosofia e tre di teologia. Parte integrante della preparazione filosofica era lo studio della filosofia naturale, in particolare della matematica, che comprendeva anche astronomia, musica, geografia e materie applicate come la meccanica e l'architettura.

La decisione di dare ampio spazio nei programmi del Collegio Romano ad aritmetica, algebra e geometria era dovuta alle scelte pedagogiche del tedesco Christoph Klau, noto con il nome umanistico di Christophorus Clavius, italianizzato in Cristoforo Clavio, che insegnava al Collegio Romano dal 1563 ed era astronomo e matematico di riconosciuto valore.

Fig. 2. F. Villamena, *Ritratto di Cristoforo Clavio nel suo studio*, 1606. Incisione. Archivio Storico della Compagnia di Gesù, Roma

Clavio veniva chiamato *l'Euclide del sedicesimo secolo*, dopo la pubblicazione, nel 1574, del volume *Euclidis Elementorum libri XV* [3], una traduzione commentata dal greco al latino degli *Elementi* di Euclide, considerata una delle migliori realizzate nel Rinascimento. Il gesuita aveva anche scritto trattati di astronomia, sua materia di elezione, e di pedagogia ed era membro della commissione incaricata da papa Gregorio XIII della riforma del calendario che portò all'adozione, nel 1582, del nuovo calendario gregoriano.

Clavio si era adoperato affinché nel piano di studi delle università gesuite fosse inclusa la matematica, consapevole di quanto tale disciplina di Pitagora fosse indispensabile per l'apprendimento delle altre scienze e delle discipline applicate:

[...] I professori di filosofia devono conoscere la matematica [...] Gli studenti devono persuadersi che la filosofia e le matematiche sono connesse... [4].

La presa di posizione di Clavio rispondeva allo spirito del tempo. Nella seconda metà del Cinquecento, infatti, la matematica stava assumendo un ruolo crescente e pervasivo nella tecnica e nello studio della natura e nelle applicazioni pratiche della scienza. Procedimenti aritmetici avanzati erano richiesti nelle attività commerciali e bancarie, in architettura, balistica, cartografia, navigazione e in altre attività tecniche e artigianali che richiedevano misure e calcoli precisi. Anche nell'arte era indispensabile possedere competenze geometriche per dipingere con la prospettiva, perfezionata nel secolo precedente. Ma il riconoscimento da parte gesuita dell' importanza della matematica non aveva soltanto una motivazione strumentale relativa alle applicazioni. In effetti la Chiesa aveva fatto propria la filosofia greca della natura, che attribuiva alla matematica un ruolo basilare come fondamento della conoscenza e come via privilegiata all'interpretazione della natura. La filosofia scolastica descriveva un cosmo dotato di senso in cui erano presenti ordine e gerarchia. L'universo era razionale e era stato creato da Dio seguendo leggi matematiche che l'uomo era in grado di scoprire e capire. La ricerca scientifica si poteva pertanto considerare una ricerca religiosa e la scoperta delle relazioni matematiche soggiacenti i fenomeni naturali diventava un modo per celebrare la grandezza e la gloria dell'opera di Dio, concetti che si ritrovano nelle affermazioni di uno dei grandi astronomi del Seicento, il tedesco Giovanni Keplero:

L'obiettivo principale di tutte le investigazioni del mondo esterno dovrebbe essere la scoperta dell'ordine razionale e dell'armonia che gli è stata imposta da Dio e che Egli ci ha rivelato nel linguaggio della matematica[5].

In campo astronomico Ricci apprese la descrizione del cosmo risalente ad Aristotele e esposta in forma matematica dall'astronomo e geografo Claudio Tolomeo nell'*Almagesto*, per poi essere rielaborata alla luce della dottrina cristiana da Tommaso D'Aquino. Secondo tale modello l'Universo era finito, la Terra era immobile al suo centro e intorno ad essa ruotavano otto sfere, o *cieli*, di materiale cristallino purissimo e incorruttibile, sulle quali erano incastonati la Luna, Mercurio, Venere, il Sole, Marte, Giove, Saturno e le stelle fisse. Oltre le stelle vi era, poi, un'ultima sfera, il Primo Mobile, e al di là di essa la dottrina cristiana collocava l'Empireo, dimora di Dio, l'unico cielo immobile in grado di trasmettere il movimento a tutti gli altri.

Il sistema tolemaico, reintrepretato alla luce della dottrina cristiana, era un dato acquisito di cui nessuno aveva dubitato per secoli e rispondeva pienamente alla visione dell'universo perfetto creato da Dio, con la Terra e l'uomo come suo nucleo centrale. Gli scienziati lo accettavano perché consentiva previsioni sufficientemente esatte di fenomeni astronomici e descriveva il movimento dei pianeti con un sistema matematico che, per quanto complicato e macchinoso, era in sufficiente accordo con l'osservazione.

Quando Ricci studiava al Collegio Romano l'opera di Copernico *De revolutionibus orbium coelestium*, pubblicata nel 1543 e contenente la nuova e più corretta ipotesi sulla struttura dell'universo, che poneva il Sole al centro del sistema planetario, era ancora poco conosciuta, anche se i semi della rivoluzione copernicana, che sarebbe esplosa nel Seicento con l'opera di Galileo e Keplero, cominciavano già a germogliare. Ma la contrapposizione tra l'eliocentrismo di Copernico e il geocentrismo di Tolomeo non toccò Ricci, che sarebbe morto a inizio Seicento lontano dall'Italia e ben prima degli eventi drammatici che avrebbero portato alla condanna da parte della Chiesa di Galileo Galilei, sostenitore del copernicanesimo.

Matematica e astronomia in epoca Ming

Insediatosi in Cina, Ricci si rese conto che i letterati e i funzionari della burocrazia, l'*élite* culturale e politica del paese, avevano una cultura quasi esclusivamente letteraria e si convinse che la matematica e l'astronomia fossero molto arretrate rispetto all'Europa. Infatti, anche se in Cina l'aritmetica veniva insegnata nelle scuole di base e i letterati ne approfondivano alcune parti durante gli studi successivi, in epoca Ming la matematica era considerata una forma di conoscenza di valore inferiore rispetto a quella letteraria e non compariva tra le materie necessarie a superare gli esami imperiali per entrare nelle file della burocrazia. La conseguenza era che i più capaci cultori della matematica dell'epoca appartenevano, nella grande maggioranza dei casi, alle classi meno elevate. Per esempio, Cheng Dawei, autore di uno dei più importanti testi matematici del periodo Ming, il *Trattato sistematico di aritmetica (Suangfa Tongrong)* pubblicato nel 1593, dove veniva descritto in dettaglio il funzionamento dell'abaco cinese, proveniva da una famiglia di mercanti e lavorava come impiegato nell'amministrazione locale.

Anche se Ricci era portato a sottovalutare la scienza cinese in modo pregiudiziale, senza conoscerla a fondo, è un fatto che durante il periodo Ming la matematica e l'astronomia vivessero una fase di declino. Erano lontani i tempi in cui la Cina poteva vantare una netta supremazia in campo tecnologico e scientifico rispetto all' Europa, come durante il periodo Sung (960-1279), considerato il "Rinascimento" cinese e la successiva epoca Yuan (1279-1368). A quell'epoca l'algebra era molto avanzata e venivano prodotti risultati di valore, alcuni dei quali in netto anticipo sull'Occidente. Nel *Trattato matematico in nove sezioni (Shushu jiuzhang)*, pubblicato nel 1245 da Qin Jiushao, per esempio, si affrontavano equazioni numeriche di grado superiore al terzo e venivano calcolate radici quadrate di grandi numeri con un metodo che venne scoperto in Occidente soltanto sei secoli dopo; nel trattato *Prezioso specchio dei quattro elementi* (*Siyuan yujian*) scritto da Zhu Shijie 1303, considerato il risultato più alto raggiunto dall'algebra cinese dell'epoca, si trattavano equazioni fino al quattordicesimo grado e si presentava un metodo approssimato di calcolo delle soluzioni che comparve in Occidente con il nome di metodo di Horner soltanto cinque secoli dopo. Sulla copertina dello stesso volume compariva una rappresentazione in caratteri cinesi di un insieme di numeri disposti in forma triangolare, che serviva a calcolare i coefficienti della potenza di un binomio, scoperto due secoli prima e quindi con quattrocento anni di anticipo rispetto all'Occidente. In Europa, infatti, lo stesso metodo, noto come "triangolo di Pascal", fu introdotto da Niccolò Tartaglia nel sedicesimo secolo e la tipica immagine a forma di triangolo dei coefficienti comparve per la prima volta sulla copertina di un libro di Peter Bienewitz, ovvero Pietro Apiano, nel 1527.

Nonostante la ricca produzione delle epoche precedenti, in epoca Ming i risultati ottenuti in passato erano stati dimenticati e i classici della matematica erano spariti dalle biblioteche. Anche il più famoso di tutti, intitolato *Nove capitoli dell'arte matematica* (*Jiuzhang suanshu*), risalente ai primi secoli prima di Cristo e che aveva avuto numerossissimi commentatori ed era stato dato alla stampa per la prima volta nel 1084, ben quattrocento anni prima che in Europa venissero stampati gli *Elementi* di Euclide (pubbicati a Venezia in versione latina nel 1482), era diventato introvabile nella sua versione completa.

In epoca Ming non esisteva una comunità di scienziati paragonabile a quella oc-

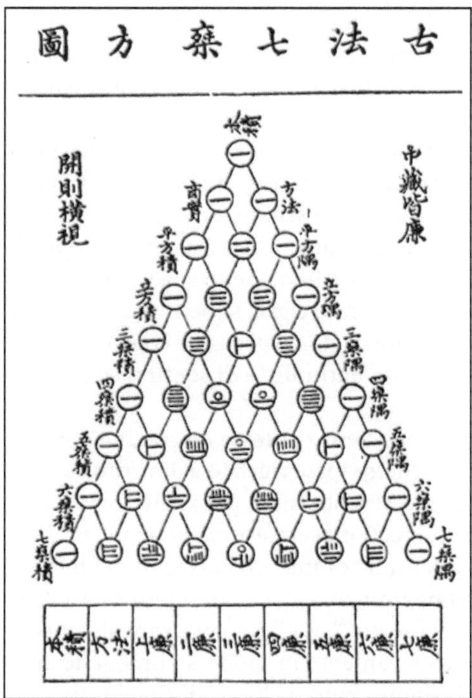

Fig. 3. Il "Triangolo di Pascal" per il calcolo dei coefficienti di un binomio, frontespizio di un testo cinese del 1303

cidentale dello stesso periodo storico e i matematici di valore erano costretti a lavorare in un completo isolamento. Gli unici matematici con un ruolo pubblico riconosciuto erano i funzionari della burocrazia, incaricati di svolgere i calcoli necessari per redigere il calendario: la loro attività era definita soltanto all'interno del ruolo preciso che l'astronomia rivestiva per lo stato cinese. L'imperatore infatti, indicato con l'appellativo di Figlio del Cielo, era considerato il mediatore tra Cielo e Terra; egli doveva garantire che l'ordine del cielo fosse rispecchiato sulla Terra e aveva il compito di promulgare ogni anno il calendario, che conteneva, tra l'altro, le previsioni delle eclissi. Se il calendario era difettoso o se un'eclissi di sole, considerata un presagio di sventure, era prevista in modo inesatto, il fatto veniva intepretato come prova che l'imperatore aveva perso il favore del cielo. E lo stesso succedeva se si verificava un fenomeno astronomico improvviso e non previsto, come l'apparizione di una nova o di una cometa, o se si verificava una calamità naturale sulla Terra.

Ricci si rese conto ben presto che il sistema calendariale cinese non era allineato con il reale scorrere delle stagioni. Verificò che, usando le semplici tavole astronomiche portate con sè dall'Europa, riusciva a prevedere le eclissi con maggiore precisione degli astronomi imperiali. Questo perchè il sistema calendariale usato in epoca Ming risaliva al 1280 e non era mai più stato modificato.

Anche nel campo dell'astronomia, però, i cinesi non erano sempre stati così incompetenti come li giudicava Ricci sulla base della sua diretta esperienza. Proprio perché tenuti a comunicare a corte ogni apparizione celeste anomala, gli astronomi cinesi erano sempre stati ottimi osservatori del cielo e avevano catalogato le stelle e preso nota di ogni evento celeste, con una tenacia e una precisione superiore a quella di ogni altro popolo dell'antichità. Essi avevano compilato i cataloghi stellari più antichi e più dettagliati e disegnato mappe del cielo con netto anticipo rispetto all'Occidente. Tra i numerosi documenti che attestano il primato dei cinesi rispetto all'Europa vi sono la prima testimonianza scritta di un eclissi di sole, annotata sopra un frammento di osso animale usato per gli oracoli più di mille anni prima dell'era cristiana, e la prima registrazione delle macchie solari, la cui apparizione veniva regolarmente annotata indicando ogni particolare: durata, forma, dimensione, ecc.. In Occidente, a fine Cinquecento, le macchie solari non erano ancora state osservate, e si deve aspettare fino al 1610, quando Galileo Galilei, per primo, puntando al cielo il telescopio fece questa scoperta, con un ritardo di quasi duemila anni rispetto alla Cina.

In base alla propria esperienza, Ricci si era convinto che la superiorità del suo sapere fosse schiacciante e scrisse ai suoi superiori a Roma di essere considerato dai cinesi "il maggior matematico et ancho filosofo naturale" e di sentirsi equiparato ad un "un altro Tolomeo".

Stando così le cose, il gesuita ritenne, che la scienza potesse essere una preziosa alleata della sua opera di apostolato e pensò che, se fosse riuscito a dimostrare la superiorità della cultura scientifica occidentale, sarebbe stato più facile convincere i cinesi della superiorità della propria religione. Il maceratese si era anche prefigurato che se i cinesi avessero affidato ai gesuiti il compito di correggere il loro calendario, il prestigio dei missionari sarebbe immensamente cresciuto e così la loro influenza. Egli considerava la scienza come un' "esca " per catturare all'amo discepoli da convertire, ma. non la usò esclusivamente in modo strumentale all'evangelizzazione. Infatti, come uomo del Cinquecento e allievo di Clavio, era consapevole di quanto la matematica fosse parte integrante della cultura, base della scienza e delle sue innumerevoli applicazioni in campi di pubblica utilità, come descrive estesamente nella sua prefazione alla versione cinese degli *Elementi* di Euclide. Inoltre, il maceratese era convinto che l'apprendimento della matematica e della logica attraverso cui i ragionamenti matematici venivano espressi, avrebbe consentito ai cinesi di comprendere con la ragione non solo le leggi della natura, ma anche i principi della religione cristiana. Studiare la matematica era per Ricci un modo per avvicinarsi alla mente di Dio, il legislatore supremo del mondo, sommo matematico, artefice del disegno meraviglioso della natura.

L'opera scientifica

Nella sua opera di divulgazione scientifica Ricci collaborò soprattutto con due letterati cinesi, Li Zhizao e Xu Guangqi, membri autorevoli della burocrazia imperiale e profondamente interessati alla cultura scientifica europea. Dopo la morte di Ricci il secondo divenne Gran Segretario, l'incarico di più alto grado nella burocrazia e tutore dell'erede al trono. I due mandarini, convertiti al cristianesimo, erano consapevoli che la diffusione delle nozioni e dei metodi della matematica e dell'astronomia occidentali sarebbe stata apprezzata dagli intellettuali confuciani più illuminati e avrebbe consentito un progresso delle conoscenze e una spinta verso la modernizzazione dell'impero. Furono loro ad offrirsi di tradurre insieme a Ricci i volumi scientifici di Cristoforo Clavio portati dall'Europa.

Con l'aiuto di Xu Guangqi il gesuita tradusse i primi sei libri della versione latina di Clavio degli *Elementi* di Euclide, la relativi alla geometria delle figure nel piano e alla teoria delle proporzioni. Il testo presentava ai cinesi, per la prima volta, in epoca Ming, il sistema ipotetico deduttivo perfezionato dai greci (si ritiene che in epoca Yuan vi sia stata una traduzione del testo di Euclide in lingua mongola, di cui non è rimasta traccia). Il volume fu pubblicato nel 1607 con il titolo *Jihe yuanben*, che letteralmente significa "Origine della quantità" (*Jihe* per quantità e *Yuanben* per origine), ma il termine *Jihe*, dopo essere stato impiegato per il titolo del libro di Euclide, viene oggi considerato in Cina un equivalente della parola geometria. Il volume, definito da Peter Engelfriet in *Euclid in China* [6] "una pietra miliare nella storia delle traduzioni", è ancora oggi ricordato nei libri di storia cinesi.

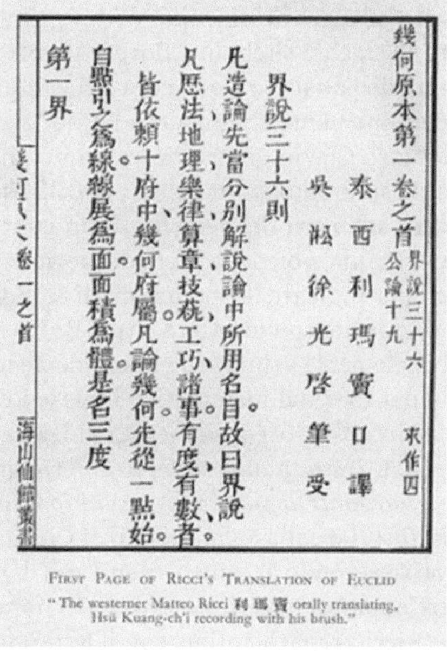

Fig. 4. Prima pagina dell'edizione cinese degli *Elementi* di Euclide (Pechino, 1607)

271

L'edizione cinese completa degli *Elementi* fu pubblicata nel 1856, con lo stesso titolo *Jihe Yuanben*, grazie alla traduzione degli altri nove libri del testo greco, ad opera del missionario inglese Alexander Wylie e del cinese Li Shanlan.

Con lo stesso Xu Guangqi, Ricci preparò anche *Metodi e teoria della misura (Celiang fayi)*, pubblicato nel 1607, tratto dalla *Geometria pratica* [7] di Clavio. Nel volume, dove, per la prima volta, venivano introdotte in Cina nuove nozioni di trigonometria, veniva anche spiegato come costruire la squadra del carpentiere e misurare con essa altezze e distanze. Insieme a Li Zhizao Ricci compose il *Manuale integrato di calcolo (Tongwen suanzhi)*, tratto *dall'Aritmetica pratica* [8] di Clavio, completato nel 1608 e dato alle stampa solo dopo la morte di Ricci, nel 1613. Il testo forniva le regole per compiere per iscritto somme, sottrazioni, moltiplicazioni, divisioni e estrazioni di radice, facendo a meno del tradizionale abaco cinese. Il calcolo scritto era una novità per i cinesi, ancora legati all'uso dell'abaco, anche se in Cina esisteva già un sistema di scrittura dei numeri posizionale a base dieci che aveva avuto origine ancora prima che l'analogo sistema venisse adottato in India.

Il metodo occidentale di calcolo scritto, presto soprannominato dai cinesi "calcolo con il pennello", non solo permetteva ai letterati di svolgere operazioni più complesse di quelle consentite dall'abaco, ma consentiva anche di acquisire un vantaggio culturale rispetto alle altri classi sociali, in particolare ai mercanti, in un settore come quello della matematica, dove non avevano avuto alcuna supremazia.

Oltre al calcolo scritto, Ricci e i gesuiti che entrarono in Cina dopo di lui, introdussero alcune delle nuove notazioni algebriche semplificate sviluppate in Europa. I cinesi non avevano ancora iniziato a usare i simboli al posto delle parole per scrivere le espressioni matematiche; in Europa, invece, in quegli anni si stava passando dall'algebra "retorica", dove un espressione matematica veniva descritta a parole, all'algebra "sincopata", dove simboli e parole si mescolavano, per poi arrivare all'algebra simbolica, dove le parole sarebbero state abolite per usare soltanto lettere dell'alfabeto. Se ancora nel Cinquecento l'incognita di una equazione veniva comunemente chiamata in latino *"res"*, in italiano "cosa" e in tedesco *"coss"*, Cristoforo Clavio già usava un segno analogo alla "x" dei nostri giorni, insieme ad altri simboli oggi in disuso, che il gesuita esponeva nel suo testo *Algebra* pubblicato agli inizi del Seicento, i cui contenuti forse Ricci in parte già conosceva. In Germania, poi, dalla metà del secolo precedente erano stati introdotti i simboli + e - per indicare le operazioni di somma e di sottrazione, che in Italia erano ancora indicate con le lettere *p* (più) e *m* (meno). Il segno di uguale "=" era stato pubblicato per la prima volta in occidente nell'opera *La pietra per affilare l'ingegno*, scritta nel 1557 dal matematico inglese Robert Recorde.

Ricci compose insieme a Li Zhizao anche opere di astronomia. Nel 1601 fu stampato il *Trattato sulle costellazioni (Jingtian gai)* e, nel 1607, *Diagrammi e spiegazioni riguardanti la Sfera e l'Astrolabio (Huangai tongxian tushou)*, tratto dall'*Astrolabium* [9] e dalla *Sphaera* [10] di Clavio, dove veniva presentata il modello dell'universo secondo Tolomeo e venivano descritte le tecniche per costruire astrolabi e altre apparecchiature per l'osservazione del cielo.

Ricci preparò, infine, con il letterato cinese, anche il *Trattato sulle figure isoperimetre (Yuanrong jiaoyi)*, stampato nel 1614 dopo la morte del gesuita, tratto dalla *Sphaera* e della *Geometria pratica* di Clavio.

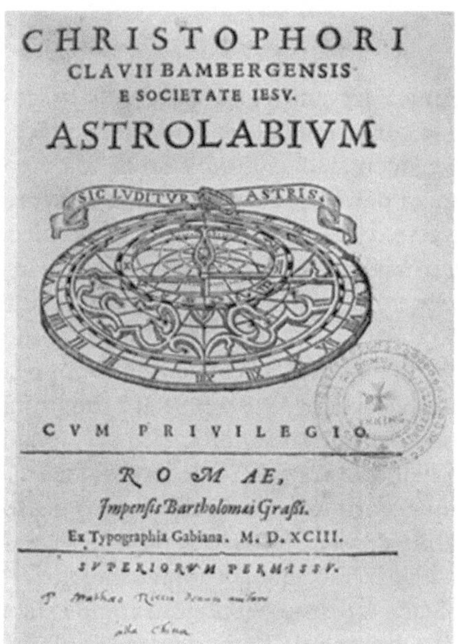

Fig. 5. Copertina del volume *Astrolabium* che Crisotofio Clavio inviò a Ricci in Cina

Dopo Ricci

La diffusione delle opere occidentali, al di là del loro valore oggettivo, ebbe l'effetto importante di spingere gli studiosi cinesi a riscoprire le loro stesse tradizioni matematiche. Xu Guangqi e Li Zhizao approfondirono autonomamente quanto appreso da Ricci, intensificando le loro ricerche dopo la morte del gesuita e proponendosi di confrontare la produzione matematica cinese antica con le nuove nozioni "occidentali". Xu Guangqi, tra l'altro, ampliò il volume *Metodi e teoria della misura*, il testo di trigonometria preparato con Ricci, e pubblicò nel 1608 *Uguaglianze e differenze nelle tecniche di rilevamento (Celiang Yitong)*. Nel testo vengono presentati problemi di planimetria e di agrimensura tratti da testi classici cinesi, come i *Nove capitoli sull'arte matematica*, risolti confrontando i metodi di risoluzione occidentali e quelli cinesi. Nel 1609 scrisse con l'allievo Sun Yuanhua *Spiegazioni sul triangolo rettangolo (Gougu Yi)*, dove espone quindici problemi tratti dai testi classici cinesi, in cui viene impiegato il teorema di Pitagora e ne propone una nuova trattazione secondo i metodi insegnati da Ricci. Insieme a Li Zhizao, Xu Guangqi pubblicò nel 1613 il testo *Guida al calcolo con confronti letterari (Tongwen suanzhi tongbian)*, paragonando ancora i metodi artimetici e algebrici di Ricci con quelli esposti nei testi classici cinesi.

Dopo la morte di Li Zhizao, avvenuta nel 1630, e quella di Xu Guangqi nel 1633, altri studiosi cinesi continuarono il lavoro di recupero della tradizioni matematiche, rielaborando in modo originale le nozioni via via introdotte dai missionari che arrivavano in Cina, come le notazioni algebriche semplificate, i logaritmi, le funzioni trigonometriche. La ricerca che ne scaturì viene considerata un'importante contributo lasciato dai gesuiti alla scienza cinese.

Il calendario

Gli insegnamenti di Ricci in campo astronomico avevano avuto soprattutto lo scopo di spingere i cinesi ad affidare ai gesuiti la correzione del calendario. Il maceratese aveva introndotto in Cina il modello geocentrico dell'universo di Tolomeo proprio negli anni in cui in Europa esso stava per essere abbandonato a favore della teoria eliocentrica. Ma anche se Ricci avesse conosciuto la teoria di Copernico, non avrebbe potuto insegnare una dottrina considerata eretica dalla Chiesa. E infatti, i gesuiti della generazione successiva, che più si dedicarono alla diffusione della cultura scientifica, soprattutto Johan Adam Schall (1591-1666), Giacomo Rho (1590-1638) e Johan Schreck (1576-1630), arrivati in Cina circa dieci anni dopo la morte di Ricci, e successivamente Ferdinand Verbiest (1623-1688) approdato in Cina nel 1658, consapevoli che la descrizione dell'universo tolemaica era ormai superata, presentarono ai cinesi il modello dell'universo di Ticho Brahe, l'astronomo danese che aveva ideato a metà Cinquecento una teoria di compromesso tra eliocentrismo e geocentrismo compatibile con le direttive della Chiesa. Secondo Ticho Brahe la Terra era al centro dell'Universo, il Sole ruotava intorno alla Terra e i pianeti orbitavano intorno al Sole. La teoria eliocentrica sarebbe stata introdotta in Cina soltanto nel 1760, durante il regno dell'imperatore Qianlong, dal gesuita francese Michel Benoist (1715-1774).

Va detto che l'utilizzo del sistema dell'universo di Tolomeo e quello di Brahe al posto di quello di Copernico non influenzava la validità dei calcoli per il calendario, i quali non dipendevano dalla scelta del modello geometrico del cosmo a cui si faceva riferimento. La superiorità delle previsioni astronomiche e dei calcoli calendariali proposti dai gesuiti dipendeva, infatti, soltanto dall'uso di metodi di computo più avanzati e di tavole astronomiche più aggiornate di quelle in uso in Cina.

Grazie al lavoro pionieristico di Ricci i gesuiti ottennero, molti anni dopo la sua morte, durante la dinastia mancese Qing (1644-1911), l'incarico di correggere il calendario insieme a un gruppo di letterati cinesi. Il tedesco Schall Von Bell fu nominato nel 1644 Direttore dell'Ufficio delle Osservazioni Astronomiche, la più alta carica della burocrazia imperiale in campo scientifico, e dopo di lui ottenne lo stesso incarico, nel 1669 il belga Ferdinand Verbiest, a cui si deve anche la costruzione di avanzati strumenti astronomici, alcuni dei quali ancora oggi conservati presso l'antico Osservatorio di Pechino.

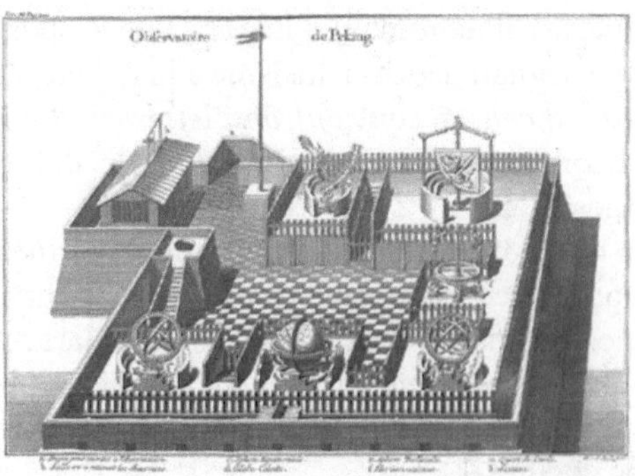

Fig. 6. La terrazza dell'Osservatorio di Pechino con gli strumenti astronomici di Ferdinand Verbiest.Immagine tratta da Jean-Bapiste Du Halde, *Description géographique,historique,chronologique,politique,et physique de l'empire de la Chine et de la tartarie chinoise,* 1735

Un gesuita rimase alla direzione dell'Ufficio astronomico fino alla soppressione dell'ordine avvenuta nel 1773. Ricordiamo, tra l'altro, che fu il gesuita Johann Schreck uno dei primi membri dell'Accademia dei Lincei a portare in Cina il primo cannocchiale e fu Schall von Bell a regalarne un esemplare all'imperatore e a descriverlo per la prima volta in un libro cinese.

Conclusioni

Gli insegnamenti matematici e astronomici di Ricci aprirono la porta al lavoro di diffusione scientifica svolto dagli altri gesuiti che operarono in Cina dopo la sua morte. Il ruolo di divulgatori della scienza occidentale dei membri della Compagnia di Gesù ebbe valore di per sè come opera di scambio culturale tra Cina e Occidente, ma ebbe anche importanza come spinta al rilancio della scienza cinese. Grazie al loro lavoro di pubblicazione di opere tecniche e scientifiche, vennero introdotte in Cina nuove nozioni via via sviluppate in Europa, stimolando la ricerca autoctona e consentendo alla scienza cinese di perdere il carattere di separatezza che possedeva fino ad allora.

Senza l'opera di Ricci, pioniere infaticabile e coraggioso, il ricco scambio culturale che caratterizzò, pur con alterne vicende, l'avvento dei gesuiti in Cina, non sarebbe stato possibile.

Tutto sommato - scrive lo storico della scienza cinese Joseph Needham nell'opera *Scienza e civiltà in Cina* - il contributo dei gesuiti, per quanto variegato, ebbe l'impronta dell'avventura generosa. Se l'esportazione della scienza e della matematica europee costituì per loro un mezzo teso ad ottenere un fine, non di meno rimane ancora oggi un esempio di rapporti culturali al massimo livello tra due civiltà prima separate [10]

Bibliografia

[1] R. Matteo *Storia dell'Introduzione del Cristianesimo in Cina* edizione a cura di Pasquale D'Elia (1942-49), Istituto Poligrafico dello Stato, Roma
[2] P. D'Elia (1946) Echi delle scoperte galileiane in Cina, vivente ancora Galileo (1612-1640), in *Rendiconti dell'Accademia Nazionale dei Lincei, Classe di Scienze Morali, Storiche e Filosofiche*, I, pp. 5-6 Roma
[3] (1574) *Euclidis Elementorum libri XV*, Romae apud Vincentium Accoltum
[4] H. Bernard (1935) *L'apport sceintificque du père Matthieu Ricci à la Chine*, Tientsin, Hautes Etudes, p.28
[5] K. Morris (1991) *Storia del pensiero matematico*, Giulio Einaudi Editore, Torino
[6] P. Engelfriet (1998) *Euclid in China* Brill, Leiden,
[7] C. Clavius (1604) *Geometria Pratica*, Roma
[8] C. Clavius (1585) *Epitome Aritmeticae praticae nunc denuo ab ipso auctore recongnita*, Roma
[9] C.Clavius (1593)*Astrolabium*, Roma
[10] C. Clavius (1585) *In Sphaeram Ioannis de Sacro Bosco, commentarius*, Roma
[11] J.Needham (1985) *Scienza e civiltà in Cina*, Volume terzo Parte prima Matematica e Astronomia, Giulio Einaudi Editore, Torino

La proporzione e la dimensione della mente: il giardino zen del Ryōan-ji, Kyōto

Sachimine Masui

Fig. 1. Veduta del giardino del Ryōan-ji

Dopo la sua introduzione in Giappone dalla Cina, circa 800 anni fa, la filosofia zen cominciò ad affrontare il tema del giardino, e nel tempo continuò ad approfondire il suo rapporto con esso. Il legame tra lo zen e il giardino era quasi predestinato. Il giardino è un mondo ideale ed è allo stesso tempo qualcosa di fisico e reale, progettato e costruito sulla terra secondo le forme più appropriate alle differenti situazioni e ai vari contesti legati al territorio. In altre parole, il giardino è un universo progettato e costruito secondo una composizione geometrica al tempo stesso ideale e reale. Si può andare oltre, sostenendo che nessuna altra opera riunisce, come il giardino, il piano "ideale" a "reale": una pittura, infatti, sarebbe troppo "ideale", un'architettura troppo "reale". Siccome lo zen ci insegna che la realtà non esiste altrove se non nel nostro cuore-mente, dove l'ideale - ciò che non si vede con i nostri occhi mondani - ci governa e ci guida, e siccome il giardino è il luogo dove l'ideale deve assumere un corpo materiale, possiamo dire che l'alleanza tra zen e giardino è naturale e forse necessaria: entrambi mirano a realizzare la condizione ideale piuttosto che a dar forma a un'idea di realtà prestabilita.

Se il giardino, a qualunque tipologia appartenga, assume una forma geometrica che è un'astrazione matematica dello spazio, è naturale pensare che il giardino zen debba riflettere la composizione geometrica della mente zen. Ma se esiste una composizione geometrica tipica dello zen, occorre chiedersi se e dove essa sia stata applicata nell'ideazione e nella realizzazione di un giardino. Probabilmente questa ipotesi non è facilmente verificabile, ma indubbiamente occorre leggere le composizioni geometriche dei giardini zen secondo la logica dello zen.

Per affrontare questa tematica è necessario prendere in considerazione parallelamente due studi:

1. Esaminare l'essenza dello zen attraverso la visione della composizione geometrica;
2. Analizzare la composizione geometrica del giardino zen *vis-à-vis* con l'essenza dello zen così esaminata.

Lo zen, prima di tutto, non è una religione, ma, in estrema sintesi, uno stato dell'Essere: la realizzazione *qui e ora* della propria vera e innata natura. Questa condizione richiede d'essere pienamente centrati e, *allo stesso tempo*, perfettamente consapevoli di quanto sta accadendo intorno a sé.

Con la pratica zen si aspira a comprendere l'autentico Sé innato e la verità dell'Universo, che sono, secondo lo zen, due problematiche identiche. In altre parole, zen significa realizzare l'Uomo Universale tramite la negazione dell'ego e dell'individualità particolare[1].

Shin'ichi Hisamatsu (1889-1980), un praticante e filosofo dell'arte zen, sosteneva:

Prevale il chiasso finché c'è l'ego. Non si realizza mai lo stato 'senza chiasso' se non si realizza il Sé senza forma. Tale Sé senza forma è zen, equivalente al Silenzio. Il Silenzio a cui si fa qui riferimento, però, non si trova cercando una condizione di silenzio [esteriore] o di non chiasso; è invece qualcosa di assoluto e autonomo[2].

Il *sutra* più comunemente recitato nell'amibito della pratica zen è il *Sutra del Cuore* in sanscrito *Mahaprajñāpāramitā-hṛdaya-sutra* e in giapponese *Maka-hannya-haramita-shingyō*. *Maha* vuol dire "suprema"; *prajna* vuol dire "saggezza"[3]. *Pāramitā* è composto da *pāram* (l'Altra Riva) + *i* (andare verso) + *tā* (lo stato di esserci arrivato). Quindi, *Mahaprajñāpāramitā* significa "la suprema saggezza che conduce all'Altra Riva dove la condizione dell'essere sopra descritta sarà pienamente realizzata"[4].

L'espressione più rappresentativa di questo sutra è: "*La forma non è differente dal vuoto, il vuoto non è differente dalla forma, forma è vuoto, vuoto è forma...*"

La *forma* equivale all'*essere* e il *vuoto* al *senza sostanza*. Ciò insomma significa che l'essere che ha forma equivale al vuoto senza sostanza. L'interpretazione di questa equivalenza è che proprio perché non c'è alcuna sostanza, l'essere può manifestarsi con una forma temporanea.

Il sutra poi continua:

ciò vale anche per le altre quattro funzioni del cuore: sensazione, pensiero, volontà e coscienza. Tutti gli esseri e tutti i fenomeni del mondo hanno questa ca-

---

[1] *Ryōmin Akizuki (1976)* Zen no tankyū *[In cerca dello zen],* Sanpō, Tōkyō, pp 24-26, 50-51.

[2] *Hitsuzen-kai (2006)* Hitzu-zen n.28: Zen to Nihon bunka - II *(Hitzuzen n.28: Lo zen e la cultura giapponese – II)* , Tōkyō, p.1.

[3] *Quella radicale che avviene quando l'uomo si sveglia alla vita vera. Si distingue dall'intelligenza (la facoltà di distinguere).* Hannya Shingyō - Kongō hannyakyō [Mahaprajñāpāramitā-hṛdaya-sutra – Vajracchedikā-prajñāpāramitā-sutra] *(2004) a cura di Gen Nakamura e Kazuyoshi Kino, Iwanami-shoten, Tōkyō, p.17.*

[4] *Ryōmin Akizuki, op.cit., p. 20.*

ratteristica innata. Non hanno né inizio né fine, non sono impuri nè puri, non si accrescono nè diminuiscono... Non esistono occhio, orecchio, naso, lingua, corpo, e intelletto, e non esistono neanche gli oggetti di tali organi di sensazione, non c'è forma, suono, odore, gusto, tatto, né coscenza. Non ci sono le tenebre dell'ignoranza, né la fine delle tenebre, non c'è vecchiaia né morte, né inesistenza di vecchiaia e di morte. Non c'è sofferenza né causa della sofferenza, né cessazione della sofferenza, né il modo di eliminarla. Non esiste né oggetto da conoscere né da cui trarre profitto... Perciò, colui che arriva all'altro riva è senza ostacoli ed è libero.

Infine, il sutra conclude: "Ho attraversato, anche altri hanno attraversato, l'Altra Riva: abbiamo attraversato tutti e così l'Illuminazione è completa"[5].

Tutto sommato, lo zen esprime tre condizioni di equivalenza strettamente legate tra loro:
- l'Altra Riva + andare verso l'Altra Riva + esserci arrivato = la condizione di Nirvana, la pratica dello zen e la Libertà = il Silenzio assoluto
- la Forma (gli esseri e i fenomeni) = il Vuoto (senza sostanza)
- il sé = l'Universo

Supponiamo che queste formule siano nascoste nella composizione geometrica di un giardino zen. Secondo questa ipotesi, la sua composizione dovrebbe esprimere la condizione in cui il sé si identifica con l'Universo e al suo interno si dovrebbero rintracciare dei segni dell'Altra Riva, dell'azione di andare verso l'Altra Riva e dell'esserci arrivato, e altresì la rappresentazione della condizione in cui la forma e la nostra percezione della forma vengano concepite come vuoto. Il giardino che merita d'essere qui preso in considerazione è il giardino del Ryōan-ji a Kyōto (Fig. 2).

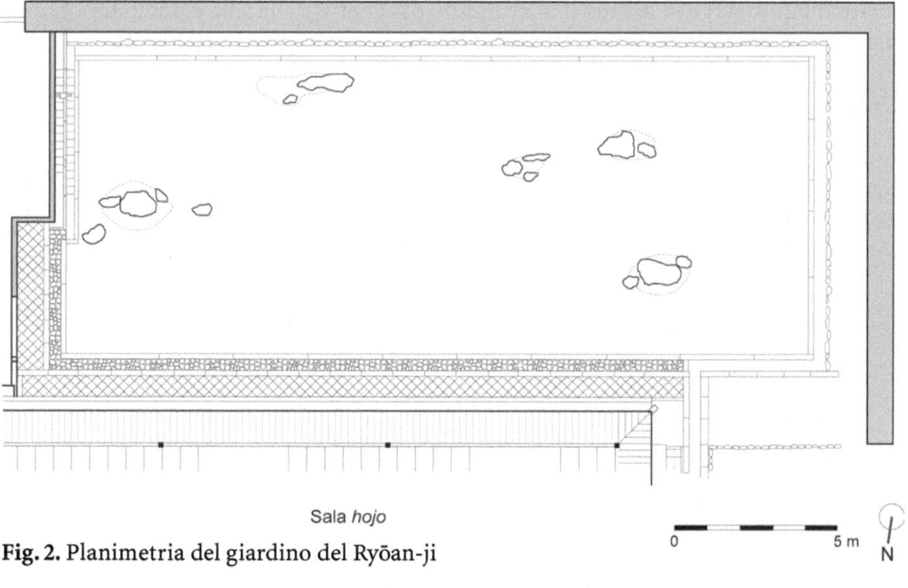

Fig. 2. Planimetria del giardino del Ryōan-ji

---

[5] Questa frase è recitata in Giappone "Gyatei gyatei, haragyatei", una traslitterazione fonetica dalla lingua originale (sanscrito), considerata come una sorta di "formula magica".

È il più famoso esempio di giardino zen nel mondo. La sua storiografia è nebulosa, a causa della perdita di documenti storici attendibili. Nonostante le numerose congetture non si sa precisamente quando, nell'arco di 200 anni, dal 1450 al 1650 circa, fu costruito e da chi fu progettato o creato. L'importante è, però, che il giardino appartiene ed è sempre appartenuto al monastero zen, il Ryōan-ji, e che tutti gli studiosi si accordano nel sostenere che in questo giardino si manifesta lo zen.

Il giardino è composto dai seguenti elementi:

- 15 rocce di varie misure raggruppate in cinque insiemi [I-V] di due o tre rocce. Alcune sono ricoperte, alla base, di muschio;
- un bacino rettangolare di sabbia bianca (22m x 9m) solcato da righe leggere;
- un bordo continuo di granito che contiene sabbia e, al di fuori, un canaletto di drenaggio;
- un muro di terra battuta, sul fondo della scena verso Sud e a destra verso Ovest, con una tettoia coperta di schegge di legno (altezza 1,9 m all'apice, 1,0 m alla base di gronda) e una parete di legno, verso Est, coperta di terra;
- degli alberi fuoristanti (probabilmente non facenti parte del progetto originario).

Ci sono stati numerosi tentativi di interpretare questa composizione, dando vita a diverse tesi. C'è anche chi nega vi sia una precisa intenzionalità logico-progettuale alla sua base; eppure le rocce non sono state posate a caso. Un osservazione più attenta ci mostra infatti la compresenza di tre giochi geometrici: 1. il gioco della vista radiale e della prospettiva; 2. il gioco della composizione tra vuoto e pieno; 3. il gioco dei frattali. Questi giochi possono essere interpretati secondo le tre fondamentali condizioni di equivalenza dello zen appena viste. Allora il gioco della vista radiale e della prospettiva si ricollega alla formula "l'Altra riva + Andare verso + essere arrivato = il Nirvana"; il gioco della composizione dinamica tra vuoto e pieno rimanda evidentemente, all'identità di Forma e Vuoto mentre il gioco dei frattali ci ricorda che il vero Sé non è, in definitiva, distinto dall'Universo.

Sul giardino di Ryōan-ji sono state date molteplici interpretazioni, sempre a partire dal punto di vista **A**, cioè osservandolo dal centro della sala principale del monastero chiamato *hoj_* che si affaccia direttamente sul giardino (Fig. 3).

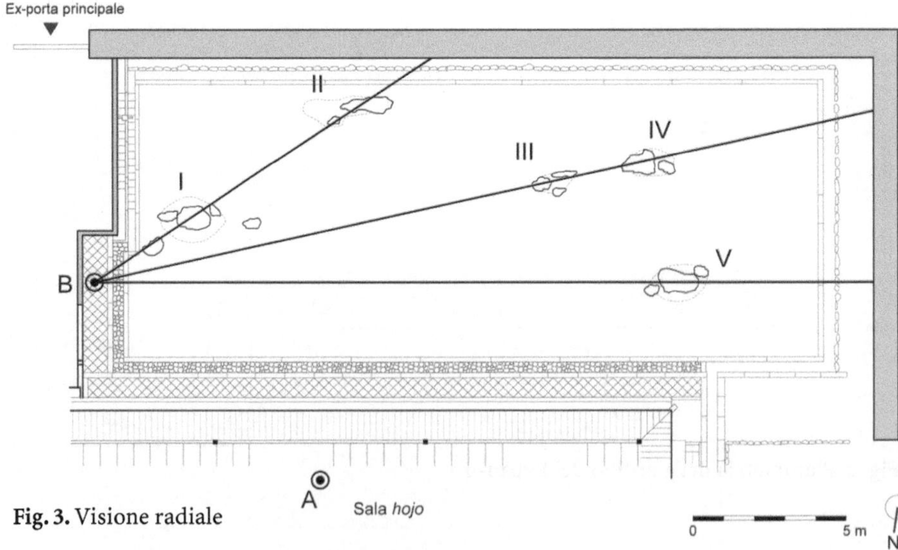

Fig. 3. Visione radiale

L'importanza di questa visuale è indiscutibile. Però, c'è un'altro punto di osservazione da prendere in considerazione: il punto **B**.

Inizialmente l'accesso al giardino, infatti, comportava il passaggio dalla porta principale e poi il percorso del corridoio. Ciò significa che, verosimilmente, per avere una prima visione integrale del giardino, si poteva sostare nel punto **B**, prima di girare a sinistra e entrare nello *hojō*. Da qui (**B**) si ha una visione radiale e prospettica, approfittando della massima profondità (la diagonale) del giardino (Figg. 3, 4).

Fig. 4. Visione prospettica

Solo da qui è possibile notare che i cinque gruppi di rocce [I-V] cadono tutti sulle tre linee radiali. Le rocce più grandi sono posizionate vicino al punto di osservazione **B** e quelle più piccole, o più basse, sono le più lontane da esso. Non solo; è stato verificato da uno studioso che l'altezza della tettoia diminuisce verso il punto di fuga e che anche la terra è inclinata: la quota del piano sabbioso aumenta verso quello stesso angolo, anche rispetto all'altezza della zona vicina allo *hoj_*[6]. Questo stratagemma prospettico enfatizza molto la profondità del giardino, così, mentre il gioco della vista radiale raccoglie i diversi elementi e unisce l'universo della composizione delle rocce dal punto di vista dell'osservatore, il gioco della prospettiva dona a questo universo la profondità necessaria.

Il gruppo **I**, proprio di fronte all'osservatore posto in **B**, è decisamente imponente. È questa la composizione più maestosa in questo giardino. Essa può essere interpretata come la rappresentazione dell'Essere, dell'Io, il quale, per chi comprende, non è differente dal Vuoto.

Spostandosi nella sala *hojō*, ci si siede al suo centro (**A**), abbastanza vicino alla veranda per guardare l'intero giardino. Da questo punto di osservazione (**A**), si ottiene un'altra visione complessiva, molto diversa da quella ottenuta dal punto **B**, e subito si notano il gruppo **II**, in fondo, vicino al muro retrostante, il gruppo **I** a sinistra e, a destra, i gruppi **III**, **IV**, e **V** (Figg. 5, 6).

---

[6] *Kenji Miyamoto (2001)* Ryōan-ji o suiri suru *[Deduzione del giardino roccioso del Ryōan-ji], Shūeisha, Tōkyō, pp.106-109.*

Fig. 5. Gruppo I davanti e II in fondo

Fig. 6. Metagruppo III (sinistro), IV (centro in fondo), V (destro)

Questi ultimi devono essere considerati nel loro insieme come un metagruppo, il cui centro corrisponde orizzontalmente al centro della composizione del gruppo [I] (Fig. 7).

Quindi, è lecito interpretare questo metagruppo come lo specchio del gruppo I, dell'Io. Però, questo metagruppo manifesta il Sé in una forma "esplosa", cioè lo simboleggia nel movimento di espansione. Si vede che il gruppo I è composto principalmente da tre rocce: una grande al centro e due laterali. Si osserva poi che queste tre rocce diventano un insieme di rocce affiancate ad altre due rocce quasi interrate. Nel metagruppo, questa triade si allontana, dando vita a tre differenti gruppi.

Che succede quando l'Io si espande? Crea vuoto. All'interno di questo meta-

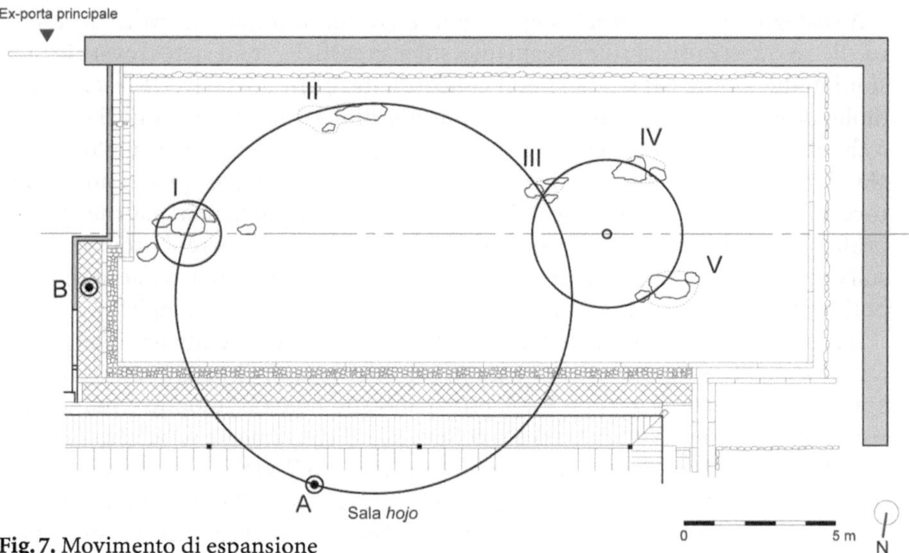

Fig. 7. Movimento di espansione

gruppo III-IV-V è infatti già presente un seme di vuoto. Dove si realizza allora il vuoto "maturato" in questo giardino? Il grande vuoto si trova proprio davanti agli occhi di chi siede nella veranda dello *hojō* (punto **A**). Il seme del vuoto definito da III-IV-V adesso si compie e diventa un grande cerchio di vuoto circoscritto dai gruppi I, II, III e la posizione **A** dell'osservatore (Fig. 7).

Il gruppo II è simbolicamente l'Altra Riva (Fig. 8) La sua collocazione, proprio davanti e in fondo al giardino rispetto al punto **A**, giustifica questa interpretazione. Più precisamente, questa roccia più grande e rotondeggiante, come se fosse un'isola sul mare, è l'Altra Riva, e quella piccola davanti sinistra è il segno dell'esserci arrivato, avendo "viaggiato" dal gruppo I.

Fig. 8. Gruppo II

A sostegno di questa tesi bisogna aggiungere che, durante un lavoro di restauro, dietro questa roccia rotondeggiante, sulla superficie, sono state trovate le incisioni di due nomi. Gli studiosi non concordano su chi possa averle lasciate, ma, molto probabilmente, gli autori sono i due giardinieri che realizzarono il giardino o che ebbero comunque un ruolo fondamentale per il compimento di questo lavoro[7]. Non è affatto una prassi, per i giardinieri giapponesi, incidere i propri nomi sulla roccia in un giardino zen. Probabilmente ci deve essere stata una qualche ragione profonda. In ogni modo è lecito pensare che, dovendo apporre il proprio sigillo sull'opera, per questi due artisti non vi fosse una roccia più adatta di quella che simbolicamente rappresenta l'Altra Riva (dove l'Illuminazione si completa).

Il gruppo III è il simbolo dell'Io in moto verso l'Altra Riva, mentre il gruppo V rappresenta l'Io in "Questa Riva" (Figg. 9, 10). Dal punto di vista A, questa sequenza appare chiarmente: il gruppo V è il più vicino allo *hojō* (al "mondo fenomenico" rispetto al giardino in questione) e si colloca significativamente all'altezza del punto B. Il gruppo III è come in movimento (dal gruppo V verso al gruppo II); è tradizionalmente interpretato come la rappresentazione della mamma tigre con i suoi due tigrotti mentre attraversano il fiume[8]. Questa vecchia interpretazione è perfettamente in linea con quella ora presa in esame.

Il gruppo IV è, apparentemente, quello tra i cinque di minore significato. Questo è probabilmente la rappresentazione di un'altro Sé che "osserva" consapevolmen-

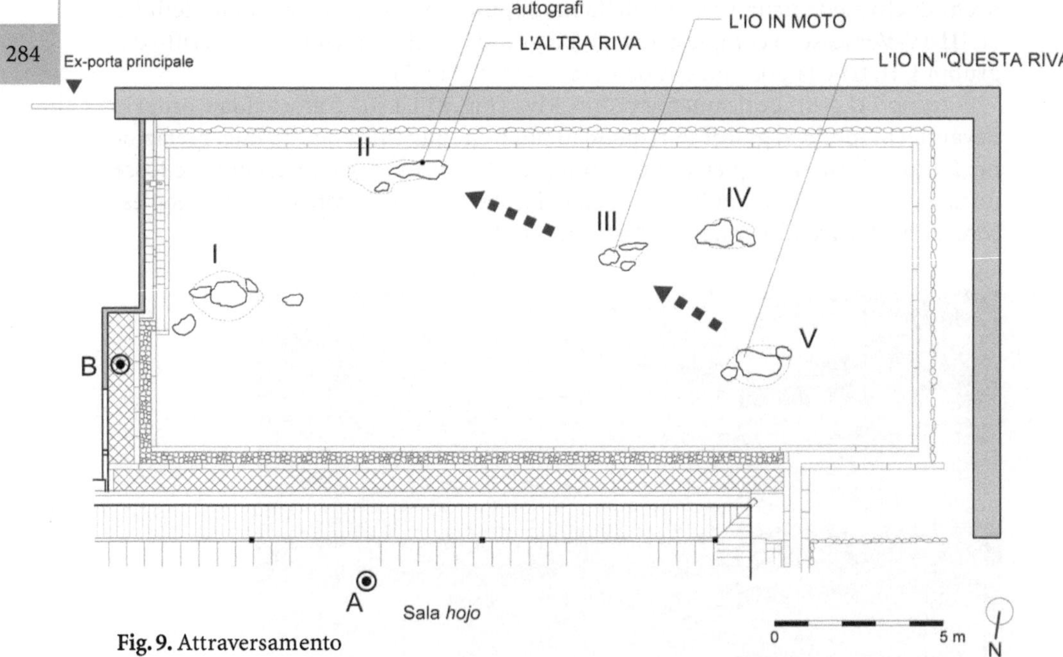

Fig. 9. Attraversamento

[7] *Heishirō Ōyama (1995) Ryōan-ji sekitei: nanatsu no nazo o toku [Il giardino di rocce del Ryōan-ji: le chiavi per risolvere i sette misteri], Tankōsha, Kyōto, pp.102-105.*

[8] *Secondo il racconto di origine cinese: "Quando la madre tigre partorisce tre figli, tra questi c'è sempre un leopardo. Dovendo attraversare un fiume, deve affrontare questa sfida: se rimanesse da solo con gli altri tigrotti, il leopardo li mangerebbe. Quindi la madre deve attraversare il fiume prima con il leopardo e lasciarlo da solo all'altra riva, poi deve tornare a questa riva e portare un tigrotto, quindi è costretta a riportare il leopardo dall'altra riva a questa riva per poi prendere l'altro tigrotto al posto del leopardo, e tornare da sola a questa riva e infine riprendere il leopardo". Kenji Miyamoto, op.cit., pp.78-79.*

Fig. 10. Metagruppo III-IV-V davanti e gruppo II in fondo

te l'Io in movimento. Una condizione delicata, nel senso che è necessario, da una parte, "essere pienamente immersi in se stessi" e, dall'altra, "essere consapevoli di ciò che sta accadendo", secondo la definizione dello zen data prima. Il gruppo **IV** e **V** rappresentano quindi degli stati transitori del Sé e sono infatti lasciati appositamente fuori dal grande vuoto composto da **I**, **II**, **III** e il Sé *reale* nella posizione **A**.

Fino a qui, si è ragionato sul fatto che l'Io non ancora concepito come "senza forma" (**I**) si divide e si espande (**III-IV-V**) per creare il vuoto al suo interno, mentre uno dei suoi frammenti, alla ricerca dell'Origine, parte per andare verso l'Altra Riva (**II**), lasciandosi alle spalle "questa Riva" (**V**) e il Sé che osserva nel distacco (**IV**). Il Grande Vuoto, il Nirvana, è quindi realizzato unendo i gruppi **I**, **II**, e **III** all'osservatore nella posizione **A**.

Il gioco della composizione tra vuoto e pieno continua grazie a quello dei frattali. È stato scoperto che il giardino del Ryōan-ji contiene la sezione aurea[9]. La sua pianta è infatti suddivisibile in due rettangoli aurei (i cui due lati sono nella proporzione di 1 a 1,618): un rettangolo orizzontale maggiore e l'altro verticale minore. Se si colloca idealmente sul lato destro il rettangolo orizzontale e si tracciano le rispettive diagonali, risulta una cosa interessante: le due linee attraversano le zone "piene" (cioè, i gruppi di rocce e il centro di gravità del metagruppo III-IV-V (Fig. 11). Se, invece, si colloca il rettangolo maggiore sul lato sinistro, le sue diagonali passano per le zone "vuote" (Fig. 12).

C'è infine, un'altro gioco di frattali in questo giardino. Il gruppo **I** (Fig. 13), composto da cinque rocce, è stato definito come l'Io; questa composizione viene "riprodotta" dall'insieme dei cinque gruppi (**I-V**) di rocce in questo giardino, che può essere definito come l'Universo (Fig. 14). Meravigliosa trasformazione da un gruppo di cinque rocce (**I**) (passando per il doppio raggruppamento di tre), all'"arci-gruppo" complessivo di cinque (**I-V**) (passando per il "metagruppo" di tre (**III-IV-V**)). Questo non è altro che la manifestazione dell'equivalenza dello zen: il sé = l'Universo.

---

[9] *Ibidem.*, pp.111-113.

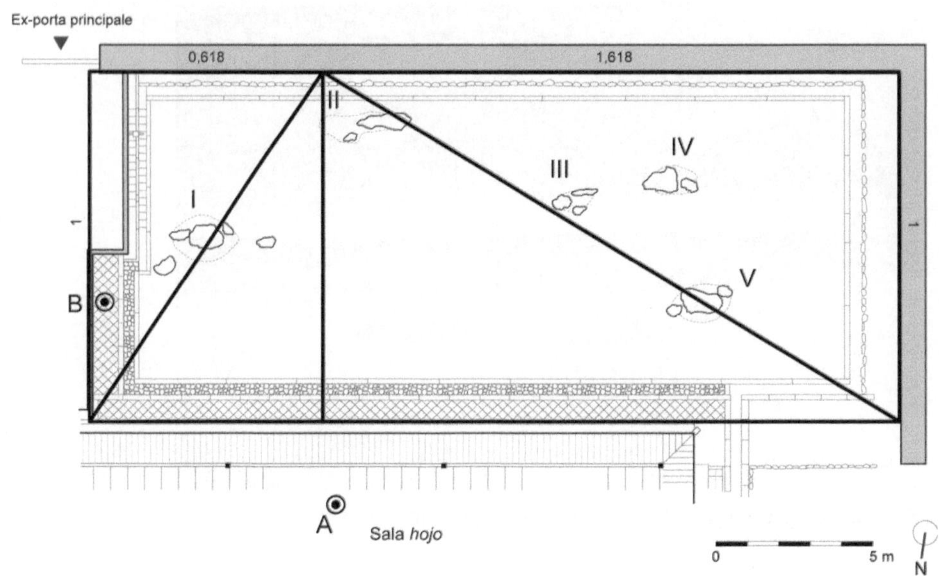

Fig. 11. Sezione aurea (il rettangolo orizzontale a destra)

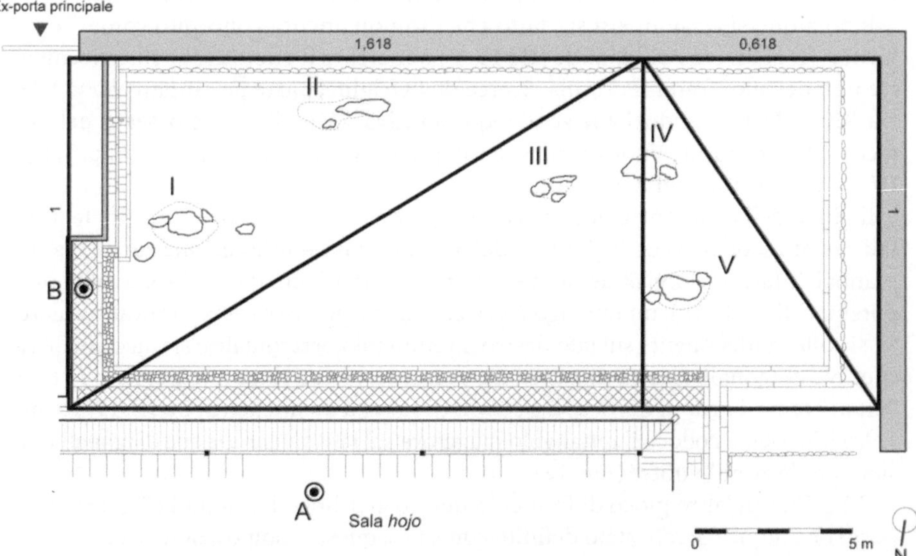

Fig. 12. Sezione aurea (il rettangolo orizzontale a sinistra)

Fig. 13. Gruppo I

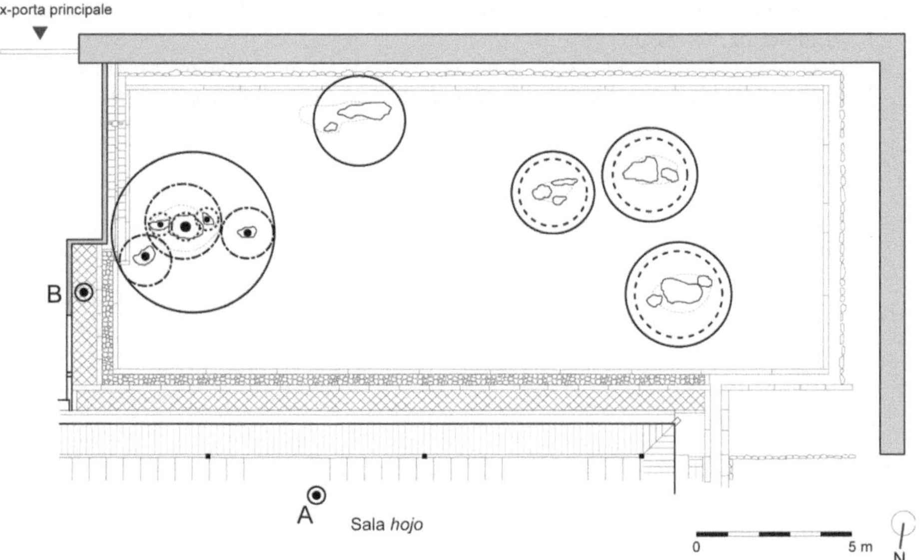

Fig. 14. Frattale in trasformazione numerica sul 3 e sul 5

In questo modo sono stati esplicitati i tre giochi presenti nella composizione geometrica del giardino del Ryōan-ji. È interessante notare che il Sè si sposta e si trasforma continuamente dentro al giardino per unirsi finalmente all'Universo, incorporando geometricamente i gruppi di rocce e anche i punti di osservazione. Nel processo di trasformazione; è notevole anche il gioco tra pieno e vuoto.

Questa è un tentativo d'interpretazione. Il progettista monaco zen aveva davvero premeditato tutto questo? Forse no. Tuttavia il giardino zen è uno strumento per esercitare l'assoluta libertà della mente, perciò la sua struttura simbolica dev'essere aperta a indefinite applicazioni possibili in accordo con lo spirito della pratica. Quella qui proposta è naturalmente una delle numerose interpretazioni possibili, che non ne esclude altre. Come ricorda l'insegnamento "Né fine, né inizio... l'interpretazione è vuoto, il vuoto è l'interpretazione...".

Bibliografia

[1] S. Masui, B. Testini (2007) *San Sen Sou Moku. Il giardino giapponese nella tradizione e nel mondo contemporaneo*, Casadei Libri Editore, Padova

[2] R. Akizuki (1976) *Zen no tankyū* (In cerca dello zen), Sanpō, Tōkyō

[3] *Hitzu-zen n.28: Zen to Nihon bunka - II* (Hitzuzen n.28: Lo zen e la cultura giapponese - II) (2006) Hitsuzen-kai, Tōkyō, p.1

[4] G. Nakamura, K. Kino (a cura di) (2004) *Hannya Shingyō - Kongō hannyakyō* (Mahaprajñāpāramitā-hṛdaya-sutra – Vajracchedikā-prajñāpāramitā-sutra), Iwanami-shoten, Tōkyō, p.17

[5] K. Miyamoto (2001) *Ryōan-ji o suiri suru* (Deduzione del giardino roccioso del Ryōan-ji), Shūeisha, Tōkyō, pp.106-109

[6] H. Ōyama (1995) *Ryōan-ji sekitei: nanatsu no nazo o toku* (Il giardino di rocce del Ryōan-ji: le chiavi per risolvere i sette misteri), Tankōsha, Kyōto, pp.102-105

matematica e teatro

Star Messengers e *Delicious Rivers*: rappresentare concetti matematici a teatro

Ellen Maddow, Paul Zimet[1]

Star Messengers

Negli ultimi anni, sono usciti negli Stati Uniti numerosi film e rappresentazioni teatrali in cui comparivano dei matematici o scienziati: per esempio, *Copenaghen* di Michael Frayn, *Proof* di David Auburn (un lavoro teatrale e, in seguito, anche un film) e il film *A beautiful mind*, che racconta la storia del matematico John F. Nash, vincitore del premio Nobel. Nei loro soggetti i matematici o gli scienziati vengono visti come eroi, individui tormentati e, nel caso di *Copenhagen*, come misteri storici. Una cosa accomuna questi lavori: non sono in realtà lavori sulla scienza o la matematica.

Con *Star Messengers* e *Delicious Rivers* uno dei nostri scopi era quello di mettere la matematica e la scienza al centro delle storie e di presentarle in un modo teatrale, comprensibile e divertente per il pubblico.

Star Messengers è un musical su Galileo, Keplero e Tycho Brahe, che fu realizzato dallo Smith College nel 2000 su commissione dell'Istituto Kahn di Arti Liberali. L'istituto si prefigge di sostenere ricerche interdisciplinari. La produzione di *Star Messengers* è avvenuta a conclusione di una serie di conferenze settimanali (andate avanti per un anno) a cui hanno partecipato gli studenti, il corpo docenti e diversi ospiti studiosi in vari campi, come la fisica, l'astronomia, la storia della scienza, il teatro, la musica e la letteratura italiana.

I primi anni del XVII secolo forniscono un modello meraviglioso per questo tipo di ricerca interdisciplinare. Fu un periodo di grandi scoperte nelle scienze e di intenso fermento creativo nelle arti. Le premesse teoriche per le prime opere - scritte da Monteverdi e da Peri - furono messe in pratica dalla Camerata di cui era membro il padre di Galileo, Vincenzio. Il pittore Cigoli interpretò le osservazioni di Galileo sulla luna nell'affresco dell'*Assunzione della Vergine* sul soffitto della cappella di Santa Maria Maggiore. Galileo e Cigoli erano membri dell'Accademia dei Lincei, di cui facevano parte matematici, filosofi e artisti che si riunivano per indagare con l'occhio acuto delle linci i misteri della natura.

In *L'Armonia del mondo* Keplero non ha soltanto annunciato la terza delle sue leggi sul moto dei pianeti, ma ha anche cercato di operare una sintesi tra musica,

[1] *Ellen Maddow e Paul Zimet sono membri fondatori del gruppo "Talking Band", una compagnia teatrale con sede stabile a New York che ha creato e rappresentato piecés teatrali a contenuto interdisciplinare dal 1974. Zimet ha scritto e diretto* Star Messengers *e Maddow ne ha composto i brani musicali.* Delicious Rivers, *scritto e composto da Maddow, è stato diretto da Zimet.*

architettura e matematica. E non si è fermato qui; egli, infatti, ha scritto anche il primo lavoro di fantascienza, il *Somnium*, che parla addirittura di un viaggio immaginario sulla luna.

In questo periodo c'era quindi un forte legame tra arte e scienza. La presenza alla conferenza di Venezia è un segno rincuorante che ancora una volta c'è interesse a stabilire questi collegamenti.

Ho affrontato una grande sfida nello scrivere un musical teatrale su Galileo e Keplero, che cerca non soltanto di presentare le loro personalità fuori dalla norma, ma anche di far fede alle loro idee, soprattutto per la difficoltà di distillare il contenuto del *Siderius Nuncius* di Galileo e la risposta di Keplero, di trasformare la *Conversazione con i Star Messengers* in un dialogo cantato e di far diventare l'enorme tomo di Keplero, *L'armonia del mondo,* un testo cantato. Naturalmente, scrivere musica e libretto è un po' fare poesia e, come dice il poeta Karl Shapiro, "la poesia è il modo in cui si percepiscono le idee". Sapevo che non avrei potuto trasmettere tutti i dettagli del loro pensiero scientifico, ma speravo di poter dare un vago sentore delle idee.

Nel frammento che segue, tratto da *Star Messengers*, Keplero racconta la sua scoperta delle leggi del moto dei pianeti. Il suo entusiasmo di fronte alla bellezza della matematica è evidente nelle sue lettere, da cui ho estratto parte del testo.

Titolo: La guerra dei Trent'Anni tra i protestanti e i cattolici ha inizio. La figlia di Keplero muore. La madre di Keplero viene accusata di stregoneria. Keplero finisce di scrivere L'armonia del mondo. Uno sfondo con il cielo. Nuvole al tramonto e sopra le stelle. Appaiono le teste del coro, come un coro celeste, dai buchi nello sfondo. Cantano durante il discorso di Keplero[2].

KEPLERO

Nove anni fa
ho annunciato nella Nuova Astronomia
due leggi stupefacenti.
Per sei lunghi anni
ho faticato sulle osservazioni di Tycho.
Sono stato deviato molto spesso
lungo questo viaggio doloroso,
ho fatto molti errori
che miracolosamente
si sono cancellati l'un l'altro.
La guida divina mi deve aver
diretto verso la verità.
Poveri seguaci di Tolomeo,
avete sprecato tempo e ingegno
a costruire spirali, curve, eliche,
interi labirinti di convoluzioni.
Non riuscivate a vedere il tragitto
che i pianeti tracciano attorno al Sole.

---

[2] *Traduzione italiana di Gilberto Bini.*

Anch'io ho sperato di tenere il cerchio perfetto per l'orbita,
ma dato che i fatti non combaciavano, l'ho abbandonato.
Ho pulito la stalla, ma ho paura d'aver lasciato
dietro a me vagoni di merda.
Quel che ho trovato è questo: i pianeti
descrivono un'ellisse. E in più:
il moto dei pianeti non è uniforme.
Questa è la mia seconda legge.
C'è una forza che attrae un pianeta al Solee una che lo respinge.
Questo tiro alla fune
accelera quando il pianeta
è piu vicino al sole
e rallenta quando si ritira.
La bella semplicità è questa:
in tempi uguali, aree uguali spazzano.
Nove anni pesanti sono trascorsi,
tre bambini cari morti
e mia madre accusata di stregoneria,
io stesso senza comunione.
Il Dio della Guerra cerca di fermarmi
a suon di bombe e *tarantarantaran*,
ma brontola invano.
Diciotto mesi fa ho visto
le prime luci dell'alba,
tre mesi fa ero in pieno giorno,
e solo tre giorni sono passati
da quando la luce abbagliante
mi ha fatto aprire gli occhi.
Niente può trattenermi.
Sono in pieno delirio mistico.
Ho derubato le urne
dorate degli Egizi
per un tabernacolo a Dio.
Se mi perdoni, sono felice.
Se sei arrabbiato, lo sopporterò.
Ho lanciato il dado e scritto
un libro per il presente,
per la posterità.
Fa lo stesso per me.
Che importa se nessuno lo legge
per altri cent'anni -
Dio ne ha attesi seimila
per un testimone.
Quando la terza legge dei cieli
mi si è disvelata
ho pensato che stessi sognando;

ma ho fatto tutti i conti:
i quadrati dei periodi
dei due pianeti sono in rapporto tra loro
come i cubi delle loro distanze medie.
Così l'anno è in proporzione
alla sua distanza dal sole.
La matematica ci mostra come è un pianeta.
Questa terza legge è un altro segno
del gran disegno del Cielo.
Il mondo è formato su armonie -
la metrica della poesia,
i ritmi della danza,
gli odori, i sapori, la vita dell'uomo
gli edifici che realizza
la musica che lo compiace
sono uno sprazzo del divino.
I moti dei pianeti
cantano un mottetto,
con Giove e Saturno come bassi,
la Terra e Venere come contralti,
Marte il tenore
e Mercurio soprano.
La loro musica segna
il flusso incommensurabile
del tempo.
Quando gioiamo della musica,
è Dio che conosciamo.

Il lavoro di Galileo mi è servito come incoraggiamento e ispirazione. Era un gran venditore delle sue idee. Ha scritto il *Dialogo sui due massimi sistemi del mondo* e i suoi *Discorsi* con uno stile drammatico preso dalla Commedia dell'Arte. Ho provato a rendere il mio lavoro divertente almeno come quello di Galileo. A tal fine, mi sono stati enormemente utili gli spartiti scritti da Ellen Maddow, i costumi e le suntuose scenografie. Volevo che il lavoro fosse colorato e attraente come un luna park e che come un luna park dove ogni giostra e attrazione viene realizzata per attirare i clienti con un'esca differente, contenesse generi diversi. Questo *mix* di generi mi ha consentito di ripetere una stessa idea in modi diversi - come un dialogo, una canzone, uno schema grafico, una danza, un pezzo strumentale, una routine della commedia dell'arte. Un'idea ripetuta più volte, ma riproposta in modi differenti (ripetizione-variazione) prende meglio forma e si chiarisce nella mente dello spettatore. In una coreografia di *Star Messengers*, gli attori hanno dei costumi da geometri del XVII secolo, misurano forme geometriche e introducono un motivo che compare per tutta la *pièce* in diverse forme. Il ritmo alla base di queste musiche è il suono reale delle onde radio emesse da una stella pulsar (PSR 0833-45, una supernova rimasta nella costellazione di Vela, che ha un periodo di 89.3 millisecondi).

Delicious Rivers

Nella nostra produzione di *Delicious Rivers*, rappresentata per la prima volta a New York nel Gennaio del 2006, la ripetizione-variazione è stata usata come una trovata per presentare a teatro delle idee matematiche. L'ispirazione per questa pièce è venuta da una collaborazione con la matematica Marjorie Senechal, professore allo Smith College e coeditore di *The Mathematical Intelligencer*. Nell'Agosto 2003 ho seguito un *workshop* sulla scrittura creativa rivolto a matematici con interessi a scrivere e a scrittori con forti interessi matematici e scientifici. Il *workshop* era stato organizzato da Marjorie e da un suo collega, Chandler Davis, presso il Centro di Ricerca Internazionale di Banff in Canada.

Ispirata dal suo articolo *La Mistica della Simmetria* (che Marjorie aveva condiviso con i partecipanti al *workshop*), ho scritto una serie di scene basate sulle definizioni matematiche di diversi tipi di simmetrie: le traslazioni, le rotazioni e le glissoriflessioni. Queste forme simmetriche venivano usate nella struttura del testo, nella caratterizzazione dei personaggi, nelle immagini e nel modo in cui la musica giocava un ruolo nelle scene. Marjorie era entusiasta del modo in cui usavo la matematica per strutturare la *pièce*. Mi suggerì di ampliare i miei orizzonti matematici e di includere le rotture di simmetria, che, secondo lei, erano matematicamente ricche e presentavano sfide nuove ed emozionanti. Mi suggerì di dare un'occhiata alle tassellazioni di Penrose (lo studio di certi tipi di mosaici non-periodici) le cui strutture potevano evocare ambientazioni teatrali insolite e suggestive (come poi hanno fatto). Ho incontrato non so quante volte Marjorie per prendere un caffè e per parlare dei diversi campi in cui matematici e commediografi hanno interessi comuni e come le idee matematiche possono essere rese a teatro. Mi suggerì delle idee per realizzare delle animazioni con cui visualizzare questi concetti matematici in forma teatrale. Le nostre discussioni e l'articolo di Marjorie *Il misterioso Mr. Ammann*, che è stato pubblicato nel *The Mathematical Intelligencer*, hanno ispirato *Delicious Rivers*.

Il dramma è ambientato in un ufficio postale di New York. Le vite dei personaggi - quattro impiegati delle poste, tre clienti e tre musicisti (un trombone basso, un violino basso e un basso, che sono anche clienti dell'ufficio postale) vengono in contatto in modi inaspettati. Le loro vite sono un alternarsi ingannevole di ordine e di deviazioni inaspettate dall'ordine stesso, un pò come le tassellazioni di Penrose.

A ciascun spettatore, che entra per la prima volta in teatro, viene consegnata una tovaglietta segnaposto come quella di Figura 1 e dei pastelli in modo da esplorare un tassellazione di Penrose, mentre aspettano l'inizio della rappresentazione.

Una delle caratteristiche della costruzione di una tassellazione di Penrose è quella di poter seguire tutte le regole e di arrivare ugualmente a un punto morto. Si è così costretti a tornare sui propri passi e provare un'altra soluzione. L'idea di "non questo ma quello" - un'altra caratteristica delle tassellazioni di Penrose, per cui gli stessi motivi ricorrono più volte, ma in contesti inaspettati - ha ispirato la seguente scena, in cui il personaggio, Sy Turner, è ossessionato da situazioni che sono "le stesse, ma non proprio le stesse".

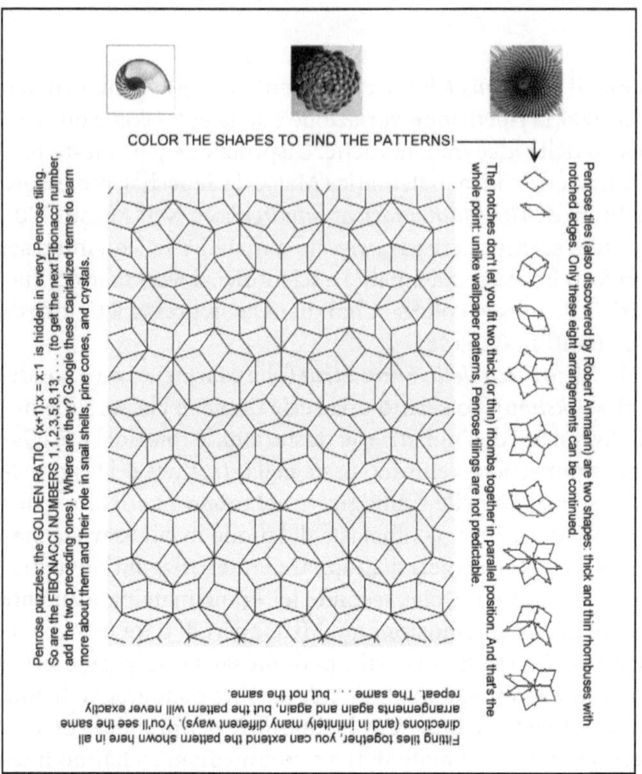

Fig. 1. "Penrose placemat"

Irma Lurchman e Sy Turner (suonatore di trombone basso) sono seduti su una panchina di fronte all'ufficio postale. Due cani, tenuti al guinzaglio e legati alla panchina, guardano ansiosamente verso la porta dell'ufficio postale in cui sono scomparsi i loro padroni. Lorraine Store arriva con un carrello della spesa pieno di borse di vestiti usati[3].

SY: Lo stesso... ma non lo stesso.
(*Lascia andare un enorme respiro*)
LORRAINE: Che cosa ha?
IRMA: Era il suo compleanno.
LORRAINE: Buon compleanno, Sy. Ti hanno fatto la festa?
SY: Avrebbero potuto, ma non l'hanno fatto.
LORRAINE: E allora tu...
SY: Allora io sono andato a fare una gita con la mia famiglia.
LORRAINE: Bene! Dove siete andati? Ai Caraibi? In Europa, alle Fiji?
SY: Avrei potuto, ma non l'ho fatto.
IRMA: E allora tu...
SY: allora io sono andato in Florida.
LORRAINE: Florida?

---

[3] *Traduzione italiana di Gilberto Bini.*

SY: Passavo le mie estati in un *cottage* che i miei genitori prendevano in affitto sul lago Mock, così si chiama. L'erbaccia lungo le rive ha un profumo meraviglioso, evocativo. L'acqua era limpida e tiepida, le luci pomeridiane - sai la luce al tramonto verso la fine dell'estate quando si alza la brezza e ogni stelo d'erba, ogni minuscolo scarafaggio, ogni sasso sulla riva del lago proietta un'ombra enorme e il tempo si dilata indefinitamente e i tuoi piedi nudi sono leccati dalla calda lingua del tuo vecchio cane e...

IRMA: E?

SY: Nuotavo fino al centro del lago e mi sdraiavo sulla schiena con le braccia allungate. Il mondo sembrava girarmi attorno e io stavo al centro.

(TROMBONE: Musica. Tutte le volte che parte la musica, gli attori cambiano la loro posizione sul palcoscenico per disporsi in un'altra maniera. Si siedono in ordine diverso, i cani si muovono dall'altra parte della panchina, ecc.)

IRMA: Così volevi rifarlo un'altra volta?

SY: Volevo farlo vedere alla mia famiglia, ma il *cottage* non c'era più, arso al suolo nel 1969.

LORRAINE: E allora tu?

SY: Allora abbiamo preso una stanza all'Hotel Marriot, vicino al lago Mock. Siamo andati sul lago, ma il lago si era prosciugato e il fango grigio secco, crepato, si estendeva a vista d'occhio.

IRMA: Che peccato! Scommetto che stavi malissimo.

SY: Avrei potuto, ma non l'ho fatto.

LORRAINE: E allora tu...

SY: E allora ho provato a spazzarlo via dalla mia memoria. Ho cercato di dimenticarlo del tutto.

IRMA: Hai provato a...

SY: Ho provato, ma non ci sono riuscito.

IRMA: E allora tu...

SY: E allora sono sgattaiolato fuori nel tardo pomeriggio, mi sono messo i calzoncini verdi per fare *jogging* e sono andato di corsa verso il lago prosciugato.

(TROMBONE: Musica e cambio)

SY: Sono arrivato alla spiaggia, l'erbaccia era ancora lì, pungente come sempre, la luce andava bene. Potevo sentire la Terra che si inclinava, le nuvole a girandola e io che giravo e giravo di nuovo.

LORRAINE: Ti sei girato e sei tornato all'Hotel?

SY: Avrei potuto, ma non l'ho fatto.

IRMA: E allora tu...

SY: Allora ho proseguito sulla riva. Pensavo di camminare sul fango grigio crepato fino al centro del lago Mock prosciugato e di volgere lo sguardo verso le erbacce e le luci sui sassi, e il cielo a spirale. Pensavo che potesse ancora essere come una volta, nello stesso modo anche se non lo stesso.

LORRAINE: Deve essere stato strano.
SY: Era anche peggio.
           La luce andava bene, ma ho iniziato ad affondare e, rimasto impigliato, affondavo in fretta, fino ai miei polpacci nel fango viscoso.
LORRAINE: Hai chiamato aiuto?
SY: Avrei potuto, ma non l'ho fatto.
LORRAINE: E allora tu...
SY: E allora mi sono guardato intorno.
           Ho visto un uomo che faceva *jogging*, ma era così lontano, così piccolo, minuscolo, che mi sono detto: "Sto per morire".

(TROMBONE: *Musica e cambio*)

LORRAINE: Ma eccoti qui. Non sei morto.
SY: Avrei potuto, ma non è successo.
IRMA: E allora tu...
SY: E allora ho iniziato a dimenarmi a cadere come un sacco di patate, a spingere e rotolarmi, a tenermi e a strisciare a contorcermi fino a liberarmi. Sono sgusciato via come una foca sulla sabbia, ho perso una scarpa nel letame del lago Mock.
LORRAINE: Ti sarai sentito fortunato!
SY: Avrei potuto, ma non l'ho fatto.
IRMA: E allora tu...
SY: E allora mi vergognavo. Ho zoppicato fino all'hotel, sgocciolando nella hall fino al patio, non c'era nessuno. Mi sono buttato nella piscina, andando fin in fondo fino a ripulirmi tutto.

(TROMBONE: *Musica e cambio*)

SY: Non proverò mai più a ritornarci di nuovo.
LORRAINE: Beh, potresti.
SY: Potrei ma non lo farò.

Uno degli impiegati alle poste, Donald Arnold (ispirato a Robert Amman, dall'articolo di Marjorie) è un appassionato di matematica, che ha scoperto per conto proprio le tassellazioni non-periodiche. Ha anche scoperto che queste tassellazioni sono collegate ai numeri di Fibonacci, che esistono in natura nelle conchiglie, nele pigne e nei girasoli. Lascia piccoli regali nelle caselle postali dei suoi clienti. Le sue idee sono presentate nel brano seguente.

Si vede una griglia di caselle postali. Si sente lo sbattere della posta sul metallo quando viene sistemata nelle varie caselle. Di tanto in tanto, si sente un mormorio di sottofondo seguito da uno scoppio di risate sarcastiche e contagiose.
Entra Irma, cerca qualcosa nella sua tasca destra, cerca qualcosa nella sua tasca sinistra e tira fuori un mazzo di chiavi che tintinnano. Mette la chiave nella serratura della casella postale, la apre, guarda dentro. Un occhio la fissa. Emette un gridolino, sbatte la porta della casella, mette in tasca le chiavi e scappa via.
Entra Lorraine, cerca qualcosa nel taschino della camicia, nella tasca sinistra,

nella tasca destra, e tira fuori le chiavi, che tintinnano. Apre la casella e guarda dentro. Vede un orecchio a cui fa da cornice la casella postale.

LORRAINE: È proprio una scemenza.

Sbatte la porta della casella e va fuori sbuffando.
Entra SY, tocca le sue tasche a destra e a sinistra, scopre che le chiavi sono nella tasca della giacca. Le tira fuori facendole tintinnare, sceglie una casella, la apre, infila la sua mano per prendere la posta. La ritira sorpreso, la sua mano ha toccato qualcosa di umido. Guarda dentro, vede una bocca che ride timidamente.

SY: Whoa!

Chiude la casella, esce fuori camminando e facendo finta che non sia successo niente. Si sentono delle risa sarcastiche e contagiose da dietro la griglia delle caselle.
Entrano di nuovo Irma e Lorraine, sentono se nelle tasche ci sono le chiavi e come prima le fanno tintinnare, scelgono una casella e la aprono come prima. Nessuna delle due sa dell'altra ma i loro movimenti sembrano sincronizzati. Irma scopre una conchiglia nella casella. Lorraine un piccolo cristallo.

IRMA: hmmmm!
LORRAINE: HUHN!
IRMA   *(Guardando nella casella mormora)*: Ciao? È per me?
LORRAINE *(guardando, mormorando)*: Scusi! Scusi!

Non c'è nessuno. Irma mette la conchiglia in tasca, Lorraine mette il cristallo nel borsello. Escono.
Entra SY rapidamente, si tocca le tasche, tira fuori le chiavi. Apre la sua casella lentamente, come se potesse esplodere, guarda dentro, trova una grande pigna.

SY: Che significato ha? *(Annusa la pigna)*
             mmmh, si, Camp Wannawakus.

Esce, tenendo la pigna nelle sue mani.
Entrano tuti e tre insieme - ognuno di essi noncurante degli altri; si toccano le tasche, fanno tintinnare le chiavi, aprono le caselle. In ogni casella c'è un quadrilatero di cartone con delle scritte sopra. Le leggono ad alta voce.

IRMA: Il disordine...
LORRAINE: ... a volte...
SY: ... è in ordine...

Si guardano a vicenda. Guardano la griglia delle caselle. Sono comparse altre piastrelle nelle loro caselle, alcune spesse e altre meno. Le tirano fuori.

IRMA: La realtà...
LORRAINE: ...salta fuori...
SY: ... e si rimette a posto.
IRMA: I motivi...
LORRAINE: ... si ripetono...
IRMA: ... in modo inaspettato...

SY: … come linee costiere…
IRMA: … e molecole.

Si dirigono a corsa verso le caselle postali, tirano fuori altre piastrelle.

LORRAINE: Un girasole ha una struttura …
SY: … simile a quella di una conchiglia.
LORRAINE: Ha tutto questo...
SY: … un senso?
LORRAINE: Che cosa...
SY: … significa?
IRMA: Fibo...
LORRAINE: … nacci
IRMA: che gioca...
SY: bacci.
IRMA: 1,1,2,3,...
LORRAINE: … 5,8,13.

Lasciano cadere le piastrelle su un tavolo dell'ufficio postale, si dirigono a corsa verso le caselle postali e tirano fuori altre piastrelle.

LORRAINE: L'infinito è senza fine, …
SY: … il motivo è elusivo, …
IRMA: … combaciano,
LORRAINE: … la forma 1 e la 2.
SY: Non c'è via di scampo, …
IRMA: … se la dimostrazione è conclusiva.
LORRAINE: Provano a ripetere, …
SY: … ma diventa qualcosa di nuovo.

Corrono indietro e cercano.

IRMA: Niente?
LORRAINE: No, niente.
SY: Niente davvero!

Ansimano sulla griglia freneticamente, provano le chiavi nelle altre caselle. Infilano le loro braccia dentro fino alle spalle.

TUTTI: Avanti, ancora, ancora, ancora!

Uno dei personaggi della commedia è una impiegata di nome Lily Trillium. Il suo carattere e il linguaggio che usa seguono la forma di una rotazione di ordine tre (certi fiori, come i gigli mostrano questa simmetria). L'estratto finale da *Delicious Rivers* è un monologo, che segue la forma 1,2,3 - 2,3,1, - 3,1,2 e, così, si avvolge sul concetto principale a forma di spirale.

Lily Trillium sta in piedi, rigida; le fa da cornice la finestra dello sportello 2 dell'ufficio postale. Ha la pella secca, occhi spalancati e il tono della sua voce è intenso e monotono. Il violino basso è allo sportello 1. Suona mentre parla. La musica è dolce, melodica e circolare.

Dicono che un forte vento viene dall'Ovest.
Dicono che arriverà dopo mezzanotte, o forse domani
un forte, fortissimo vento. Tutto cambierà;
un temporale dall'Ovest, un cambiamento d'aria,
forse stanotte, un vento forte, un brutto temporale.
Ripulirà tutto, rinfrescherà ogni cosa.
Proprio ora, dicono, c'è un'inversione,
una perpetua depressione barometrica
Il mio appartamento è umido, ventottesimo piano.
Il mio materasso è leggero, i mobili sono tedeschi
le finestre sono grandi, ma non so tenerle aperte.
Se mi metto nell'angolo, posso appena vedere il fiume.
(Non può andare avanti così).

1 Agosto, ore 4:15
Uno stormo di piccoli uccelli è arrivato dall'Est.
Ho sentito una lieve brezza, sono uscita di casa.
Mi sono abbottonata il maglione, ho camminato fino al fiume.
Il molo è lungo, l'acqua è oleosa.
I pescatori tengono quello che prendono in un secchio.
Uno mi ha fatto vedere uno sgombro che aveva appena preso.
Non poteva mangiarlo, era contro la sua religione.
Me lo ha dato in una borsa di plastica marrone.
Era un regalo, non potevo rifiutarlo.
Quando sono arrivata a casa era ancora vivo.
I suoi occhi erano gialli, le sue squame fangose.
(Non può andare avanti così).
Ho riempito la vasca e ce l'ho schiaffato dentro.
Gli ho dato del fegato da mangiare, le sue branchie pulsavano.
L'ho chiamato Anton. Sta diventando enorme.
Non posso fare il bagno nella vasca, la pressione aumenta.
Di notte sogno che è il mio amante.
La mattina mi lavo in cucina.
Di pomeriggio tramo la sua morte.
Di sera gli dò da mangiare e ricambio l'acqua nella vasca.
Magari compro una grande borsa a tracolla.
E chiedo al portiere di chiamarmi un taxi.
Lascio la borsa in mezzo alla Stazione Centrale
e lascio Anton esalare l'ultimo respiro tra estranei.
(Non può andare avanti così).
Il primo d'Agosto, uno stormo di piccoli uccelli
sono andata a piedi al fiume. Mi ha dato uno sgombro.
Non potevo rifiutarlo. Era vispo e fangoso,
alimenta il fondo del fiume. Non può andare avanti così.
Vive in una vasca da bagno. Si chiama Anton.
Comprerò un martello pneumatico e gli fracasserò il teschio.

Cuocerò stufato di sgombro con aneto selvatico e cipolle,
e lo mangerò per cena, non può andare avanti così.
Il mio teschio va a fuoco, e mi metto in un angolo.
Una perpetua depressione barometrica.
Tutto cambierà, un temporale dall'Ovest.
Dicono dopo mezzanotte, non può andare avanti così.
La pressione sta crescendo.
Sogno che sia il mio amante.
Lo chiamerò Rabbino Gutbaum
per dargli la benedizione.
Poi nuoteremo verso il mare
lontano dal tempo.
Sta venendo un brutto temporale,
le mie finestre che sbattono.
Apro la porta.
La stanza si riempie di fumo.
Il suo sangue fuoriesce e
scola nella fogna.
Taglio il mio maglione.
Cammino verso il fiume.
L'acqua è oleosa.
Il pescatore starnuta.
Il pesce era un regalo.
Non potevo rifiutare.
Dicono dopo mezzanotte. I suoi occhi sono gialli.
Riempie la vasca da bagno, vispo e fangoso.
Le sue branchie che pulsano, ventottesimo piano.
Tramo la sua morte, il mio teschio va a fuoco.
È ancora vivo.
È ancora... è ancora...
È ancora...
È morto.

omaggio a Peter Greenaway

I testi di Peter Greenaway, Luca Massimo Barbero, Michele Emmer sono tratti dal catalogo della mostra "92 drawings of water" tenutasi durante il convegno alla Galleria "Venezia Viva" di Venezia. Catalogo del Centro Internazionale della Grafica di Venezia.

Sembrerebbe che una tale magia potesse accadere soltanto a Venezia

Luca Massimo Barbero

Peter Greenaway è stato a Venezia per *Watching Waters* nel 1993 in occasione della VL Biennale Internazionale d'Arte di Venezia. Il progetto, nato grazie al comune della città, doveva essere il primo di una serie -ideata da chi vi scrive- per lieve e provocatorio paradosso destinata a: "*Portare Acqua a Venezia*". Poi, come per *lagunar destino*, i successivi furono lasciati naufragare, o meglio *affogare*. Quello fu però un *incipit* così glorioso e felice che bastò e non ebbe bisogno di capitoli seguenti, tanto da rimaner scolpito in varie memorie e racconti.

Nel mio primo lavoro -*Intervals*- girato a Venezia, l'acqua è l'elemento che non c'è, che non si vede, ed è tutto suggerito, celato.

Con queste parole il regista inglese decise di affrontare il viaggio in città per quella mostra dove straordinario fu il suo incontro con Mariano Fortuny e il suo palazzo tramutato in curioso Museo. Il vecchio spagnolo *venezianizzato* aveva ancora una volta mantenuto intatto il suo eterogeneo e suadente fascino. Mariano - artista, grafico, fotografo, inventore e decoratore, creatore di stoffe sontuose e ancora di luci, sistemi illumino-tecnici e lampade- accende immediatamente un'affinità con Greenaway. Da qui sarebbe stato creato il progetto intorno alla sua casa, intorno all'immagine di Venezia e soprattutto si sarebbe partiti dalla nemica apparente dell'acqua: la corrente elettrica. L'invisibile e tremenda forza, così cara al Fortuny, inventore di quella cupola teatrale che ancora oggi porta il suo nome e che consente magici cambiamenti di luce in scena nei grandi teatri.

Palazzo Pesaro degli Orfei, sede di una gloriosa accademia musicale, è diventato in seguito Palazzo Fortuny, dopo faticose ricostruzioni, ripristini, restauri. Greenaway avrebbe fatto parlare quell'emblematica e simbolica architettura come fosse un corpo, come se avesse parti viventi e soprattutto come se il visitatore potesse, entrando, sentire ancora la presenza del vecchio eccentrico signore, di lì appena transitato. Ogni apertura della facciata (finestra, riquadro marmoreo, finanche gli eterni cassettoni laceri in legno di un restauro mitologico) furono numerati da uno a cento; il palazzo doveva prendere forma, ritrovare una vita d'arte. Fotografie, documenti e dipinti del Canal Grande addobbato a parata, un Canaletto *famigerato* ritraente una corte con un grande telo rosso, una tenda-sipario, furono presi a ispirazione per "vestire" quel corpo numerato. Sulla facciata si utilizzarono metri e metri di stoffa Fortuny e teli scenografici metallici, riflettenti argenti e ori per creare un nuovo vestito al Palazzo degli Orfei.

La verticale corte interna divenne una sorta di glorioso fortino, difeso dalla vampa irresistibilmente accesa di enormi velluti rossi grondanti dall'alto, che riparavano dal sole estivo l'accesso al primo piano del salone nobile. Venezia sembrava festeggiare, grazie a un regista inglese, uno dei suoi palazzi più nascosti.

Ma il vero "castello di Armida" era ospitato nelle sale del palazzo: quel salone immenso e longitudinale, talvolta cupo e colmo come una grotta dei quaranta ladroni, e le spoglie sale che gli corrono parallelamente. Oltre cinquecento punti differenti di illuminazione controllati da tre centraline computerizzate, un impianto sonoro e materiali riesumati dalle collezioni del Museo o portati dallo sciame di scenografi olandesi, creavano nello spazio – insieme alle stoffe originali, le raccolte, i dipinti, le statue e l'arredamento della casa – un ambiente vivo e mutante, dove si poteva cogliere il suono di una penna scrivere su di un ruvido foglio o credere a un improvviso scroscio di pioggia tramutato in breve in un temporale ricco di saette. Un desco era stato appena abbandonato dopo un pasto imperiale e la maschera funebre di Wagner, di dannunziana memoria, guardava a occhi chiusi bucrani e tempere del Fortuny, dipinti con uno sguardo al Veronese transitato in Tiepolo, come alle illustrazioni per riviste anni quaranta a colori.

Tutto questo antro splendido era mutabile, tramite accensioni, crepuscoli, suoni, ombre. Tutto il mistero era trama e ordito della regia di Greenaway, come un gigantesco set cinematografico praticabile dal pubblico per molti mesi, e tutto era dovuto alla magia della corrente elettrica.

Venezia smetteva di essere l'eterna settecentesca, spacciata al turista non ancora colpito d'aviaria sindrome, e si rimpossessava del mistero e dello spessore di uno dei suoi cittadini, sospeso nel tempo memorabile tra l'alchimista e l'imprenditore. Si fotografarono i luoghi di Venezia partendo da bianconere panoramiche scattate da Fortuny, recandosi nei medesimi luoghi, creando identiche inquadrature, si *mappò* la città con gli occhi dello *spagnolo di S. Beneto*.

Ma quello che Greenaway definì "un dialogo con Mariano Fortuny" doveva incontrare la città, leggerne l'acqua. In ogni sala laterale giganteschi acquari simboleggiavano l'elemento, giocavano con i riflessi, ricordavano le maree, le alluvioni (il 1966), l'isola di Prospero, in un gioco di rimandi e riferimenti tra letteratura e arti visive, numeri, libri e dipinti di Greenaway stesso. Una *Wunderkammer* di immagini come un dono a Mariano. Questo sembrava raccontare il regista all'aristocratico ospite virtuale di Palazzo e al pubblico. L'androne a piano terra era percorso da un "fiume d'acqua" che scorreva *veramente*, solo che… l'acqua era costruita da fasci luminosi e riflessi artificiali proiettati da fari sospesi al soffitto del grande androne, con un effetto prossimo alle macchine ingegnose narrate da Jules Verne. Il Palazzo splendeva e respirava, lo si sentiva già da Calle della Mandola, dal Campo, quasi l'architettura stesse muovendosi o *risonando* di voci.

Guardare l'acqua fatta di luce elettrica e portare ancora sogni a questa città. Come scrive Greenaway nel suo ultimo libro *Tulse Luper in Venice*: "Such magic, could of course only to be seen to have happened in Venice".

Greenaway ama i numeri, alcuni numeri in particolare, come il 100 e il 92, il numero atomico dell'uranio. Ama Venezia; nel 1999 pur di arrivare a parlare a *Matematica e cultura* ha atteso molte ore all'aeroporto di Amsterdam ed è arrivato solo a notte fonda per ripartire la mattina dopo. Era il primo giorno del bombarda-
mento nella ex Jugoslavia. Non voleva che la guerra lo fermasse.

E ama l'acqua, Greenaway. Una sua mostra è stata allestita a Palazzo Fortuny
qualche anno fa, curata da Luca Massimo Barbero sull'acqua. Scriveva Greenaway
nel catalogo:

Rappresentare l'acqua, riflettere sull'acqua, è per me uno dei temi ricorrenti che
poi spesso diventano quasi identificativi dei miei film. Ecco perché l'acqua è on-
nipresente in questa mostra. Portare altra acqua a Venezia sembra cosa non meno superflua che adornare un giglio, ma non me ne scuso. Pressoché tutta l'acqua di questa mostra è illusione.

Fortuny, simbolo di tessuti raffinati. I tessuti e i libri ama Greenaway. I suoi libri.
Libri d'arte.

Bisogna aprire una scatola di legno chiusa da delle piccole viti, con appoggiato
sopra un pezzo di tessuto *veneziano* Rubelli tenuto insieme con delle piccole corde, e allora si estrae il... certo, il libro. Si apre la prima pagina ed appaiono numeri, tanti numeri.

E il libro di cui si parla ha 92 pagine, ovviamente. Un libro in cui il protagonista
è Tulse Luper, il viaggiatore, il regista stesso. Ed è pieno di immagini di Venezia, di
cose, oggetti, visioni, numeri, parole e di acqua il libro. Le parole stesse che nel libro sono grafica, immagini, narrazione, e suoni, come il violino le cui 92 parti sono nella valigia di Luper arrivata in laguna.

Ama l'architettura Greenaway, e tutto è costruito senza lasciare alcuno spazio
libero. Un'avventura di Luper a Venezia. Misteriosa, magica, cosicché *una tale ma-*

gia sarebbe potuta accadere solo a Venezia, e nessuno crede che quello che succede a Venezia può accadere nel resto del mondo.

Non poteva che finire così: una mostra dei disegni di Peter Greenaway, una mostra del libro d'arte, nella galleria di Venezia luogo d'incontro degli amanti dei libri, dell'arte, della grafica. E dell'acqua che tutto muove, senza fine.

MICHELE EMMER

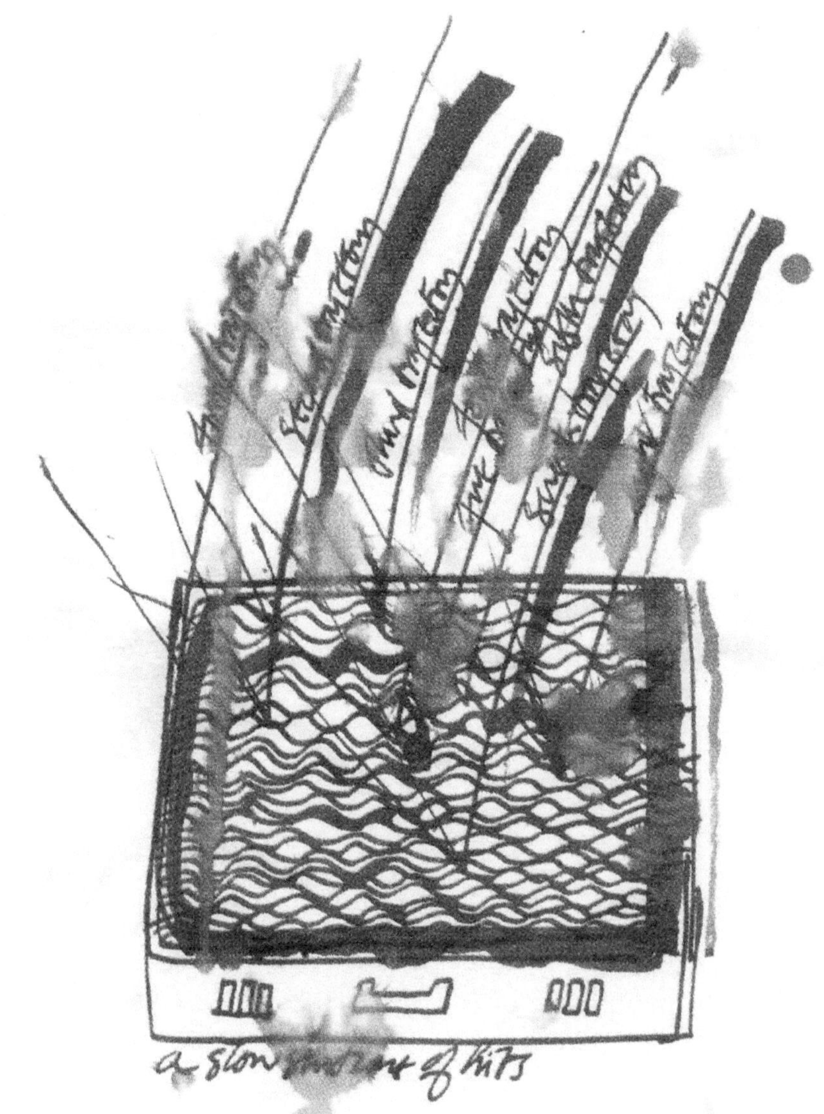

a slow movement of kits

92 drawings of water[1]

Peter Greenaway

The first "foreign" film I made - that is to say the first film I shot on a location outside England - was made in Venice. Who's surprised? All the English come to Venice sooner or later, and sooner rather than later. And I suspect the very fact of English overkill in Venice created the discipline for the film of deliberately not showing the water. To make a film about Venice without showing the water is a certain sort of contradiction, a paradox, an oxymoron. I like that Dorothy Parker telegram, "Arrived late in Venice. The streets are full of water. Please advise". Which is to observe the obvious and pretend to be disconcerted. To acknowledge what is staring you in the face and avoid it. Water is so obvious in Venice - leave it out.

This little foreign film was called *Intervals*. It was very modest, an exercise in structuralism. I was learning to be a film editor and was fascinated by the relationship of time and space in film editing; one second equals 24 frames - Godard said that cinema was The Truth 24 times a second - one foot of 16 mm contains 40 frames therefore one foot equals 1.8 seconds. The length of my foot and your foot is 1.8 seconds. There are 12 inches in a foot and an inch derives from the length of the top digit of the thumb, which is half of the thumb, so therefore my thumb, measured by Godard's conversion table, is 0.30 seconds long. It's the truth.

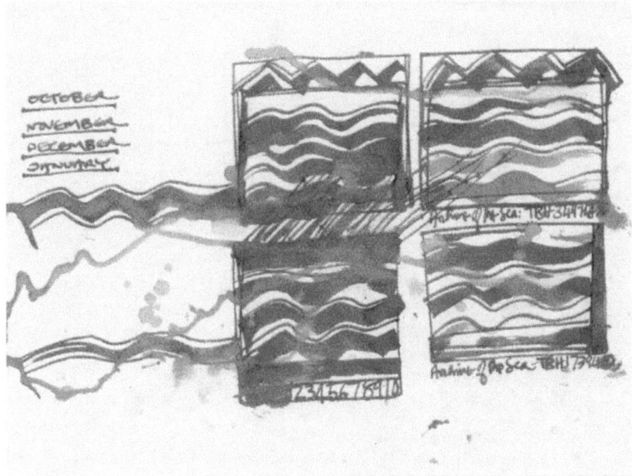

Fig. 1. Drawing N. 10

---

[1] *A collection of drawings made for the art-book Tulse Luper in Venice published by Volumina*

The film *Intervals* was based on the number thirteen because I had read somewhere that the ubiquitous Venetian Vivaldi had been musically fascinated by the number 13. And the film in its entirety was in fact three films in one, and that one film was repeated three times, each time with an ever more complex sound-track. The first of the three films was structured editorially on a 13-beat metronymic count, the second by the 26 (2 times 13) structure of the alphabet, and the third film gave voice to the neutral metronome and the almost neutral alphabet by giving each letter a word of significance musically and structurally and - excuse the neologism - Venetianly. But there was no image of water - to be honest there were some sounds of water - but no imagery.

Now in compensation for such severity, temerity and audacity, I bring back water - lapping, splashing, calm and torrid, wandering, ebbing and flowing, dripping and over-excited and simply being stagnant. It is a curiosity that fresh water in England is referred to as stagnant water whilst in Holland it is referred to as sweet water. Does that say something about water or something about nationality?

And the medium for all this excess of water is primarily water itself - in the ink. With a dash of iron oxide. Black ink used to be made from lamp black, the carbon deposited by the candle-flame or the flame of the oil-lamp on any suitable smooth surface - except in India with Indian Ink - where the ink is a very black substance made from burnt camel-dung. Ink is an emulsion. And because there are impurities in water - even in Dutch sweet-water - because I made the drawings in Amsterdam (the Venice of the North) - and because there are impurities in the modern equivalent of lamp black - the medium is not strictly black - it dilutes or over-floods with a little light blue, some dark blue and some brown and much sepia - hence the dynamic. I have let the ink and its impurities have their freedom and not curtailed or restricted or suppressed them - and I have let the water and the pen attack the paper - even stab it occasionally - certainly flood it to make it wrinkle and stretch here and there - and then, as it dries out again, it contracts And all these things make the depicted waters of Venice more Venetian - since the stretching and the contracting is, I suppose, a form of an ebbing and a flowing.

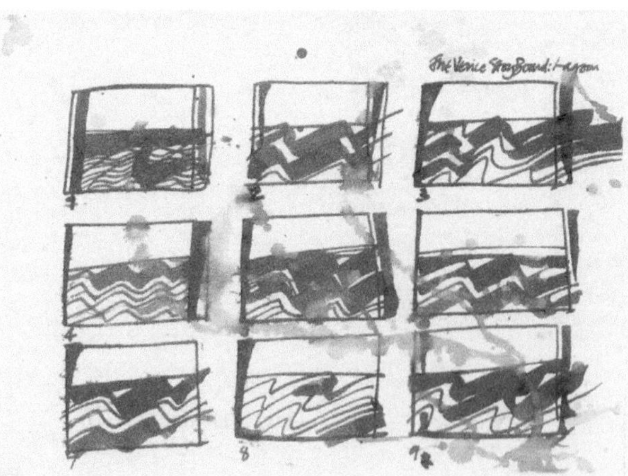

Fig. 2. Drawing N. 11

As for the pen - well, it's a fountain pen, but only a moderately expensive fountain-pen, not one of those things named after an Alp, but I use it as a dip-pen and do not fill its fountain. That way the ink comes in fits and starts, heavy and then thin, and is not smoothly continuous as the manufacturers proudly advertise. The pen has a broadish nib, but I confess the nib has been abused - made coarse by deliberately treating it roughly. And it is not only the nib which is used but the pen itself - certainly the rim of the screw of the head of the pen which is sometimes scratched across the page by holding the pen at a low angle - creating the possibility of an exactly parallel line to the nib - but more crudely. And when the nib, and the pen itself, is plunged deep in the ink-pot and become entirely overloaded with ink - almost the whole of the top of the pen is dragged across the page. Then to aid the destruction further - a finger might be brought to bear to do some smudging, and a rag brought to bear to do some blotting.

When wet and alive whilst moving, and whilst wet and alive immediately after movement, the result can look somewhat dissipated, and hurriedly searching for the trash-can for deliverance. But patiently it should be left to dry - sometimes on a cold day when there is much water in the air, it might take twenty minutes to dry completely, and then it should be examined for reference to the real world and the world of ink, and the Venetian world of memories and dreams and hopes-to-be-there-again, and if we are lucky or merely generous, it might be interesting enough to be permitted to survive. And as like or not, it suffices to be a memory's fragment of an aide-memoire to the great city itself. Some indeed of these watery melanges find the trash-can - maybe in fact, to be honest, three times out of every ten times. Not so bad. It's better than my film shooting average which is more like a ratio of five to one.

As to the number 92? Well, that is becoming obsessive. 92 is the atomic number of uranium, and uranium now dictates the plans and diagrams and politics of the world, and it could, and often is, in the public imagination, likely to be destructi-

313

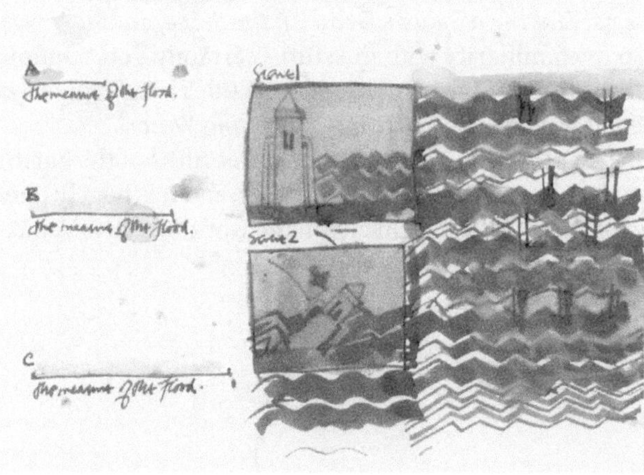

Fig. 3. Drawing N. 72

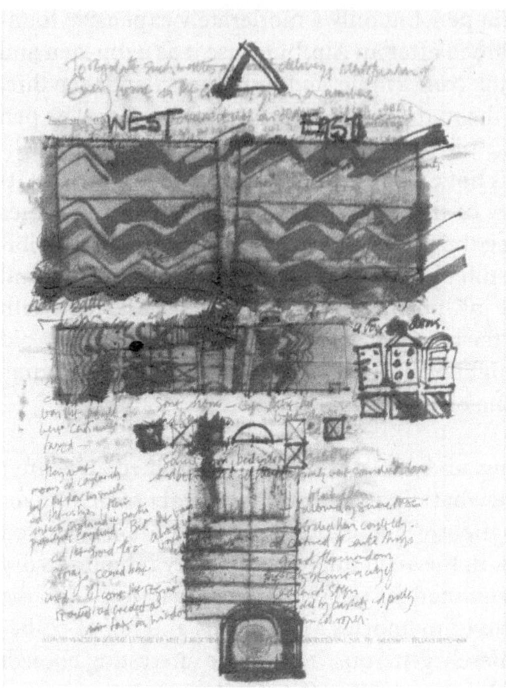

Fig. 4. Drawing N. 84

314

ve and ill-disciplined, but as I sit here at midnight in water-logged Amsterdam - the foundations of my house too - like the foundations of most houses in Venice, are below sea-level - I know the artificial light I work with is the result of electricity made along the River Rhine across the border in Germany from uranium.

Between that foreign film made in Venice called *Intervals* around 1963 and these drawings of Venice made in Amsterdam in 2005, I have made many films of and about water. They have titles like *Drowning By Numbers*, *Fear of Drowning*, *Twenty-Six Bathrooms*, *Water-Wrackets*, *Making a Splash*, *Death in the Seine*, and now very recently, *Writing on Water*, so my familiarity with the stuff - certainly - on celluloid and tape - is becoming predictable. Even the exhibitions have titles like *Flying Over Water* and - in Venice indeed at the Palazzo Fortuny - *Watching Water*.

I make no apology of course - it's the staff of life, it covers three fifths of the Earth's surface, we are born in it, it makes up seven-tenths of our being, and it is hugely photogenic, and it is responsible for the most beautiful city in the world which is Venice.

Matematica e cultura dieci anni dopo: un bilancio

Michele Emmer

In questi ultimi anni si è moltiplicato l'interesse dei media per la matematica. È normale che si organizzino rassegne cinematografiche, che vengano messi in scena spettacoli teatrali, che si scrivano libri che parlano di matematica e di matematici. Qualche anno fa era impensabile.

Seduti in quel caffè

Nel marzo 2006, dal 24 al 26, si è tenuto all'Auditorio Santa Margherita dell'Università di Ca' Foscari a Venezia il decimo incontro *Matematica e cultura*. L'idea nacque in un bar di Torino nel 1996. O meglio, il progetto venne messo a punto in quel bar. Avevo già in mente l'idea da alcuni anni, ne avevo discusso con Valeria. Vivevamo a Torino in quegli anni, perchè all'ospedale *Le Molinette* cercavano di curare Valeria. Riusciranno ad allungare la sua vita di qualche mese, una vita per parecchi mesi accettabile, se accettabile è il sapere di dover morire entro breve tempo. Ad un certo punto abbiamo sentito la necessità di sentire l'opinione anche di altri. La nostra era una vita molto appartata, non avevamo amici a Torino. Io frequentavo il Dipartimento di Matematica dell'Università di Torino e, tra gli altri, avevo conosciuto Piergiorgio Odifreddi, che nel 1997 non era ancora la grande celebrità che è oggi. Così noi tre ci trovammo in quel bar a Porta Nuova. Una riunione in cui Valeria e io discutevamo del nostro futuro, dei nostri progetti, pur sapendo entrambi che non avremmo avuto progetti futuri. E come lei diceva, solo io avrei avuto un futuro, un nuovo futuro. E venne messa a punto l'idea di *Matematica e cultura*. Il luogo per svolgere gli incontri non poteva che essere Venezia. All'Università di Ca' Foscari ero stato per 6 anni e avrei voluto rimanerci, se ci fosse stata la possibilità. In fondo, quella riunione avveniva non tanto per discutere dell'idea, che era molto chiara sia per Valeria che per me, quanto per avere dei testimoni, una persona che provasse che non stavamo solo vaneggiando di un incerto futuro. Pianificare serve a mettere da parte per qualche tempo, non certo per dimenticare, che era impossibile, il prevedibile.

Oltre all'Università vi era allora a Venezia la sede distaccata dell'Istituto di Studi Filosofici diretto da Gerardo Marotta, la cui sede è a Napoli; quella veneziana era invece diretta da Umberto Curi. L'apertura del primo convegno si tenne alla Scuola Grande di San Giovanni Evangelista. Vennero centinaia di persone, con mia grande sorpresa, che riempirono la grande sala. Sala in cui torneremo per una paio di volte in occasione di scioperi generali, che si sono svolti gli stessi giorni del convegno.

Da allora molte cose sono successe. Valeria non parteciperà mai ai convegni di Venezia e morirà a Torino nel 1998. L'Istituto di Studi Filosofici sede veneziana verrà chiuso qualche anno dopo. Nel frattempo nascerà una grande collaborazione e amicizia con gli artisti del Centro Internazionale della Grafica di Venezia, in particolare con Lilli (Nicola Sene) e Silvano Gosparini che del centro sono l'anima.

Perché a Venezia?

Non volevo organizzare un "semplice" convegno, ma degli incontri in cui la città lagunare non restasse sullo sfondo, ma diventasse la protagonista. Coinvolgere le tante istituzioni culturali che ci sono a Venezia, far visitare luoghi che, oltre che interessanti per il convegno, fossero unici per tutti i visitatori. Organizzare mostre di artisti contemporanei, realizzare libri d'arte, cataloghi, concerti di musica contemporanea e barocca, proiezioni di film, documentari. Sembrava una follia, soprattutto senza avere uno *sponsor*. La prima cosa a cui pensa chiunque deve organizzare qualcosa è allo sponsor, a come trovare i fondi insomma. Noi, con i nostri amici veneziani, abbiamo sempre pensato prima a che cosa fosse possibile e come avremmo amato procedere.

Una delle esperienza più frustranti è stato l'aver avuto, per i primi due anni, una sorta di comitato scientifico che doveva prendere le decisioni. La perdita di tempo e le discussioni erano interminabili. L'idea di organizzare degli incontri che prima di tutto dovevano essere una specie di festa gioiosa per tutti si stava perdendo. Ecco perché, da allora, le principali decisioni vengono prese solo da una persona, pur con il coinvolgimento di tanti altri. Una scelta che, con la crisi finanziaria del paese e quindi con i tagli a Università e istituzioni culturali, forse decreterà la fine degli incontri. Ma ne è valsa la pena.

Perché la fine degli anni novanta era un periodo giusto per organizzare gli incontri su "Matematica e cultura"?

Qualche segnale

C'era stato qualche film che negli anni precedenti aveva parlato dei matematici. Episodi, però. In cui il matematico veniva visto come un personaggio pieno di passione, pieno di comportamenti eccessivi, strani, al limite della follia. James Stewart in un film degli anni sessanta "Dear Brigitte" griderà all'indirizzo del figlio, che a scuola ha mostrato abilità di conto, "Quello è un matematico", commentando "Noi non vorremmo mai che accadesse qualcosa del genere!".

Nel 1973 Ansano Giannarelli realizza un film sulla vita di Galois "Non ho tempo" in cui, tra l'altro, figurava tra gli attori il matematico Lucio Lombardo Radice (impersonava l'insegnante di Galois). Un film, quello di Giannarelli sul "movimento" di quegli anni, di cui Galois diventava un simbolo. Riprese cinematografiche in presa diretta, macchina da presa a mano, bianco e nero. Film molto nervoso, oltre che eccessivamente didascalico, con un Galois perennemente arrabbiato contro tutto e tutti.

Quel film rimase un episodio, era ovviamente il personaggio Galois che appassionava il regista, anche se nel film, oltre a Lombardo Radice, erano stati coinvolti altri matematici come consulenti.

Vi è poi il protagonista del film "Bianca" di Moretti e la divertente scena della lezione su matematica e arte imperniata sulla famosa incisione di Albrecht Dürer "Melencolia I". Argomento, quello di matematica e arte, che mette molto in imbarazzo l'insegnante impersonato da Moretti.

Nel 1992 Mario Martone realizza il film "Morte di un matematico napoletano", un film sugli ultimi giorni di vita di Renato Caccioppoli, grande protagonista della vita intellettuale di Napoli prima e dopo il secondo dopoguerra.

Qualche anno prima, nel 1989, era stata organizzata in Italia la prima grande mostra sulla matematica, o meglio sui rapporti tra la matematica e l'arte. Intitolata "L'Occhio di Horus: itinerari nell'immaginario matematico" era stata realizzata in collaborazione tra *l'Istituto della Enciclopedia Italiana* e la *Cité des Sciences de la Villette* di Parigi. Una mostra itinerante che toccò Bologna, Milano, Parma e Roma. Visitata da migliaia di persone. Il canale RAIUNO realizzò sulla mostra uno dei documentari della serie "Le grandi mostre dell'anno". Ad essa avevano partecipato artisti come Fabrizio Clerici (che aveva appena terminato il ciclo di quadri sul grande tema del labirinto, ne erano esposti tre alla mostra), Max Bill, Lucio Saffaro, Attilio Pierelli e altri.

Venne realizzato un volume dallo stesso titolo della mostra, con in copertina uno dei dipinti di Clerici dedicati al ciclo di Horus. Per motivi che non ho mai compreso il libro, tutto a colori e molto ben curato, non venne mai distribuito, così come tutti gli apparati della mostra, che era stata richiesta da molte altre città in Italia e in Europa, vennero distrutti. Ne è in compenso rimasto il ricordo.

L'idea della mostra era nata dalla lettura, qualche anno prima, nel 1975, del libro di Morris Kline "La matematica nella cultura occidentale". Libro di grande interesse, che metteva a fuoco i rapporti tra la matematica, la musica, l'arte antica e quella moderna.

Nel 1976 l'inizio della realizzazione dei film della serie "Arte e matematica". Tra l'altro uno dei primi, i "Solidi Platonici" viene realizzato negli anni in cui si gira il film di Moretti "Bianca". Il mio aiuto regista era l'aiuto regista di Moretti e nel film di Moretti interpretava l'insegnante di religione. Ovviamente, nel film "Solidi Platonici" una parte era dedicata all'incisione di Dürer di cui si parla in "Bianca".

Erano anche gli anni in cui esplodeva il fenomeno Escher. Nel 1985 veniva organizzata all'Istituto Olandese di Roma, dove Escher era stato studente, la sua prima grande mostra. Collegata a un convegno internazionale a cui, tra l'altro, parteciparono il fisico matematico Roger Penrose e il *geometra* H.S. M. Coxeter. Negli stessi anni veniva portato a termine il film "Il mondo fantastico di Escher", con interventi di Penrose e Coxeter.

Insomma, il momento era favorevole. Se si aggiunge che iniziavano ad avere un grande diffusione alcuni libri che trattavano di matematica e dei matematici, si capisce come la matematica stesse suscitando un vasto interesse.

Matematica e cultura a Venezia

Come detto, dal primo incontro veneziano avvenuto nel marzo del 1997 sono passati dieci anni al convegno del marzo 2006. Se si considera che, ad ogni convegno, coloro che parlano sono di solito venticinque, gli speaker sono stati più o meno 250. Circa tremila i partecipanti, di cui mille studenti. Il caso degli studenti è molto interessante. Dopo i primi anni il numero di richieste da parte di studenti universitari e liceali da tutta Italia per poter partecipare è andato via via crescendo, tanto che, negli ultimi anni, si è dovuto effettuare una sorta di sorteggio, per selezionare gli studenti ammessi al convegno.

Tra i temi trattati nel corso degli anni: matematica e musica, teatro, cinema, architettura, medicina, design, letteratura, fumetti, *computer graphics*, meteorologia, modelli e tanti altri. Con sempre una sezione dedicata alla città della laguna. Alle sue geometrie, alla sua storia, alla sua arte.

Sono state organizzate mostre di Pizzinato, Licata, Blenner, Perilli, Greenaway e altri ancora. Concerti di musica contemporanea con Ambrosini. Incontri sulla musica con Roman Vlad. Incontri con i registi, da Mario Martone a Peter Greenaway a Davide Ferrario a Luca Ronconi. Collaborazioni con il Museo Guggenheim, l'archivio di Stato e altre istituzioni veneziane.

Spettacoli teatrali, come quelli di Pep Bou e di Bustric. Persino balletti.

Una delle cose più interessanti: la realizzazione di libri con il Centro della Grafica, da quello sul "Gioco del pesse" al fumetto di Topo Lino, con sei disegnatori della Walt Disney , al fantastico libro *In viaggio con Marco Polo*.

Con tutti gli interventi sono stati realizzati i dieci libri della serie *Matematica e arte*, edito da Springer. Libri di cui quattro sono stati già tradotti in inglese, gli altri lo saranno nei prossimi anni.

Un bilancio

Dopo tanti anni è tempo di cercare di capire se questa esperienza è stata interessante non solo per chi l'ha organizzata.

Scriveva Morris Kline nel citato volume *La matematica nella cultura occidentale*:

Pochissimo noto è il fatto che la matematica ha determinato la direzione e il contenuto di buona parte del pensiero filosofico, ha distrutto e ricostruito dottrine religiose, ha costituito il nerbo di teorie economiche e politiche, ha plasmato i principali stili pittorici, musicali, architettonici e letterari, ha procreato la nostra logica e ha fornito le risposte migliori che abbiamo alle domande fondamentali sulla natura dell'uomo e del suo universo [...] Infine, essendo una realizzazione umana incomparabilmente raffinata, offre soddisfazioni e valori estetici almeno pari a quelli offerti da qualsiasi altro settore della nostra cultura.

Anche solo per questo sarebbe valsa la pena iniziare un percorso di collegamento tra la matematica e i diversi aspetti della cultura. Certo la diffusione della cultura matematica ha un grave svantaggio in questo mondo della comunicazione, in cui all'approfondimento e alla comprensione è stata sostituita la capacità di *chiacchierare* di un certo argomento. Non conta molto che cosa si dice ma *come* lo si dice. Con fare accattivante, con battute scherzose, con giochi di parole, con un approccio tra il ludico e il divertito che forse si pensa dovrebbe essere il veicolo per far passare quello che negli anni sessanta si chiamava "il messaggio".

Da questo punto di vista la matematica ha il grande vantaggio di avere la caratteristica di dimostrare quello che afferma. Una grande verità *etica* si potrebbe dire.

La grande scommessa era proprio quella, da un lato, di cercare di mettere insieme una corretta informazione scientifica e, dall'altro, di organizzare degli incontri che non fossero rivolti solo ai matematici, ma potessero interessare chiunque avesse delle curiosità intellettuali. Ecco perché il luogo, quella chiesa sconsacrata del Settecento, quel luogo meraviglioso che è l'Auditorio Santa Margherita nel campo omonimo, è insostituibile, pur avendo lo svantaggio del numero limitato di posti. Un luogo magico in una città fascinosa come Venezia, con in più un eccellente supporto tecnico per l'organizzazione del congresso.

Un incontro tra amici, un incontro tra veneziani.

Non sarebbe stato possibile se noi tutti non fossimo stati veneziani. Chi aveva abitato per anni nella città, chi vi aveva studiato, chi vi aveva lavorato, chi aveva cugini, nipoti, nonni veneziani, zii. Chi era fotografo, chi sarà regista, chi antiquario, chi farmacista.

Un incontro dunque, tra il cinema, il teatro, la letteratura, l'arte, la scienza, la matematica e la città.

E in dieci anni tanti luoghi, tante istituzioni della città, che i *foresti* non vedono, non possono vedere perché non sono veneziani.

E dagli incontri nasce sempre qualcosa che non si era pensato, qualcosa di inaspettato che diventa uno spettacolo, un concerto, una mostra e un libro.

Tanti libri, tante immagini raffinate, che resteranno nella memoria degli incontri.

E si è creato sin dall'inizio un incontro, non un congresso, una riunione, una conferenza. Un incontro a cui si va a ritrovare gli amici, nei luoghi amati, a scoprire le cose nuove, ogni anno.

Tanti sono stati i momenti memorabili. Il concerto parlato e suonato di Roman Vlad, l'arrivo di Peter Greenaway, la lezione a tutti di Emma Castelnuovo, i film su Venezia di Luciano Emmer, le mostre di Perilli, Pizzinato, Licata, Paladino, il libro su Marco Polo, il gioco del Pesse, le bolle di sapone in due occasioni indimenticabili.

Una vita, tante vite, le cui tracce restano nei libri che continueranno a creare occasioni di incontri.

Molti hanno chiesto di spostare gli incontri da Venezia, perché il luogo, bellissimo, dove ci si incontra non consente di partecipare a più di duecentocinquanta persone alla volta.

Avrebbe un senso incontrarsi in un'altra città, in un altro luogo?

Senza quella bellissima chiesa, che era una volta il cinema dove andava Luciano Emmer da piccolo?

Senza quegli spazi, quelle luci, quei rumori, fatti solo di parole?

Senza quel pranzo, portato con i barconi, nel teatro che da solo vale il partecipare all'incontro? Pranzo che il Senato Accademico dell'Università di Ca' Foscari ha deciso di vietare a partire del 2006.

Senza le sorprese che il Centro Internazionale della Grafica realizza ogni anno?

Non so se tutti gli obiettivi che ci si era prefissi sono stati raggiunti. Sicuramente chiunque ha partecipato ai convegni di "Matematica e cultura" ha avuto la sensazione di partecipare a qualche cosa di diverso dai tanti congressi, incontri, eventi (parola che andrebbe abolita) che riguardano sia la scienza, che lo spettacolo, che la cultura umanistica. Le tante *feste e festival su qualsiasi argomento* disseminati per il nostro paese.

Infine in quel luogo, proprio in quella chiesa che allora era un cinema, mio padre, il regista Luciano Emmer, vide i primi film, come ha raccontato lui stesso nello stesso luogo di tanti anni prima, durante il convegno del 1999. Nella città delle maree, dove tutto muta e tutto si trasforma per poi ritornare, il ciclo della memoria si chiude.

Autori

Marco Abate — Dipartimento di Matematica
Università di Pisa

Oscar Joao Abdounur — Universidade de Sao Paulo, Brasile

Luca Massimo Barbero — Peggy Guggenheim Collection, Venezia

Paolo Barlusconi — Artista, Como

Luca Bonaventura — MOX, Dipartimento di Matematica
Politecnico di Milano, Milano

Chris Bosse — PTW Architects, Sidney, Australia

Gianni Bussolati — Dipartimento di Scienze Biomediche
e Oncologia Umana
Università degli Studi di Torino

Massimo Cacciari — Sindaco di Venezia

Ade Capone — Scrittore, Trieste

Mike Eisenberg — Department of Computer Science
University of Colorado, CO, USA

Michele Emmer — Dipartimento di Matematica
Università "La Sapienza", Roma

Brian Evans — Department of Art
University of Alabama, AL, USA

Maurizio Falcone — Dipartimento di Matematica
Università "La Sapienza", Roma

Michela Fontana — Scrittrice, Roma

Nikos Georgiadis — Anamorphosis Architects, Atene, Grecia

Peter Greenaway — Regista

George Hart — *Computer Science Department, Stony Brook University, NY, USA*

Giorgio Israel — *Dipartimento di Matematica, Università "La Sapienza", Roma*

Ioan James — *Department of Mathematics, Oxford University*

Greg Leibon — *Department of Mathematics, Dartmouth College, Hanover, NH, USA*

Tony Levy — *Centre National de la Recherche Scientifique, Paris, Francia*

Ellen Maddow — *New Dramatists, New York*

Caterina Marchiò — *Dipartimento di Scienze Biomediche e Oncologia Umana, Università degli Studi di Torino*

Sachinine Masui — *Paesaggista, Roma*

Anthony Phillips — *Mathematics Department, Stony Brook University, NY, USA*

Alfio Quarteroni — *Ecole Polytechnique Fédérale de Lausanne, Suisse, MOX, Dipartimento di Matematica, Politecnico di Milano*

Daniel Rockmore — *Mathematics Department, Dartmouth College, Hanover, NH, USA*

Scaletti Carla — *Symbolic Sound Corporation, Urbana Champaign Illinois, IL, USA*

Gian Marco Todesco — *Digital Video Srl, Roma*

Paul Zimet — *Smith College, Northampton, MA, USA*

Collana Matematica e cultura

Volumi pubblicati

M. Emmer (a cura di)
Matematica e cultura
Atti del convegno di Venezia, 1997
1998 – VI, 116 pp. – ISBN 88-470-0021-1 (*esaurito*)

M. Emmer (a cura di)
Matematica e cultura 2
Atti del convegno di Venezia, 1998
1999 – VI, 120 pp. – ISBN 88-470-0057-2

M. Emmer (a cura di)
Matematica e cultura 2000
2000 – VIII, 342 pp. – ISBN 88-470-0102-1 (*anche in edizione inglese*)

M. Emmer (a cura di)
Matematica e cultura 2001
2001 – VIII, 262 pp. – ISBN 88-470-0141-2

M. Emmer, M. Manaresi (a cura di)
Matematica, arte, tecnologia, cinema
2002 – XIV, 285 pp. – ISBN 88-470-0155-2 (*anche in edizione inglese ampliata*)

M. Emmer (a cura di)
Matematica e cultura 2002
2002 – VIII, 277 pp. – ISBN 88-470-0154-4

M. Emmer (a cura di)
Matematica e cultura 2003
2003 – VIII, 279 pp. – ISBN 88-470-0210-9 (*anche in edizione inglese*)

M. Emmer (a cura di)
Matematica e cultura 2004
2004 – VIII, 254 pp. – ISBN 88-470-0291-5 (*anche in edizione inglese*)

M. Emmer (a cura di)
Matematica e cultura 2005
2005 – X, 296 pp. – ISBN 88-470-0314-8 (*anche in edizione inglese*)

M. Emmer (a cura di)
Matematica e cultura 2006
2006 – VIII, 300 pp. – ISBN 88-470-0464-0

M. Emmer (a cura di)
Matematica e cultura 2007
2007 – VIII, 336 pp. – ISBN 978-88-470-0630-0

Per ordini e informazioni consultare il sito ❯springer.com